地理信息关联理论与方法

郭 黎 编著

科学出版社

北 京

内 容 简 介

关联是多源地理空间数据挖掘的重要工具，也是人工智能最重要的组成部分。本书详细介绍了地理信息表达内容和表达方法；介绍了地理语义，探讨了基于文本语义、图形图像语义和地理属性语义关系的关联方法；从邻近相关理论角度阐述了地理空间邻近关系、空间顺序关系和空间拓扑关系的关联方法；从相似相关理论角度研究了地理相似关联方法；基于统计理论探讨了地理空间统计关联方法；从地理现象的周期理论探讨了地理时间序列自相关方法和地理时空序列灰色关联方法；介绍了地理因果关联方法。

本书条理清晰、叙述严谨、实例丰富，既可作为地理信息科学专业或相关专业本科生和研究生教材，也可供从事信息化建设、信息系统开发等有关科研、企事业单位的科技工作者阅读参考。

图书在版编目（CIP）数据

地理信息关联理论与方法/郭黎编著. —北京：科学出版社，2023.5
ISBN 978-7-03-073774-8

Ⅰ. ①地… Ⅱ. ①郭… Ⅲ. ①地理信息学–研究 Ⅳ. ①P208

中国版本图书馆 CIP 数据核字（2022）第 222855 号

责任编辑：杨 红 郑欣虹 / 责任校对：杨 赛
责任印制：张 伟 / 封面设计：迷底书装

科 学 出 版 社 出版
北京东黄城根北街 16 号
邮政编码：100717
http://www.sciencep.com

北京中石油彩色印刷有限责任公司 印刷

科学出版社发行 各地新华书店经销

*

2023 年 5 月第 一 版 开本：787×1092 1/16
2023 年 5 月第一次印刷 印张：21 3/4
字数：541 000

定价：108.00 元
（如有印装质量问题，我社负责调换）

序

　　地理信息，指对地理世界各要素(现象)的感知，包括地理世界各要素的数量、质量、分布特征、相互联系和变化规律，分为空间位置信息和属性特征信息两大类，在计算机中以数据的形式存储和处理。

　　地理世界是一个非线性复杂系统，构成非线性复杂地理世界的各要素(现象)并不是各自孤立的，而是相互联系、相互依存、相互制约和相互作用的，这决定了地理信息具有关联性特征。

　　应该说，目前有关地理信息的教材著作已经很多了，但是还没有一本专门研究地理信息关联方面的论著，所以，郭黎教授在长期从事该领域研究的基础上撰写的《地理信息关联理论与方法》填补了这个空白，可喜可贺!

　　该书基于作者长期从事科学研究和教学工作的成果编写，内容十分丰富，涉及多方面的基础知识，有深度。全书共 8 章，除绪论外，涵盖了地理信息表达、地理语义关联、地理空间关联、地理相似关联、地理统计关联、地理时序关联和地理因果关联等方面的内容，读者通过阅读该书可以获得多方面的知识，对认知非线性复杂地理世界各要素(现象)之间相互联系、相互依存、相互制约和相互作用的本质会有帮助。

　　郭黎教授经过 20 多年科研教学工作积累完成这本书，这种"二十年磨一剑"的科学态度值得提倡，也望更多年轻学者著书立说，共同推动地理信息科技的进步和学科发展。

中国工程院院士

王家耀

前　　言

地理现象由于受空间扩散和空间相互作用的影响，彼此之间可能不再相互独立。地理环境中各要素之间相互联系、相互制约和相互渗透，构成了地理环境的整体性。由于人类认知的局限性和时间的有限性，人类认知客观世界就像盲人摸象，只能感受到事物的局部，通过归纳和演绎推理的方法认识客观世界的整体和本质。在归纳推理过程中，需要通过客观事物或现象之间的各种关系把感知现象联系起来，利用语义、邻近、相似和时序进行综合关联分析，认识客观世界的整体性联系和客观发展规律，推动科学技术不断发展。

在计算机世界里，地理现象(地理实体)被表达为不同模式、格式、尺度、语义和时段的多源地理数据。多源，指地理数据具有内容丰富、来源广泛、形式多样、结构各异和量纲不一的特性。内容丰富：描述地理实体空间特征、属性特征、关系特征和动态特征四类特征；来源广泛：外野观测与实验、地图数字化、文本资料、统计图表、遥感图像、GPS 轨迹、公众出行等；形式多样：数字、文字、报表、图形和图像等；结构各异：地理数据模型的差异、支撑软件平台的差异导致数据结构的差异；量纲不一：不同的空间坐标系统，属性既有定量数据，又有定性的文字描述。这些数据客观记录了地理世界的演变规律，利用各种关联方法建立多源地理空间数据之间的联系，揭示数据背后的客观世界的本质规律、内在联系和发展趋势，为人类可持续发展提供科学决策依据。

作者长期从事多源地理空间数据集成和融合的研究工作，承担了国家自然科学基金青年科学基金、面上项目和国家科技基础资源调查专项课题，以及多项军队科研项目，深入并系统地研究了地理信息集成与融合的理论和方法。在国家"地表覆盖时空变化知识关联与整合"课题以及河南省高等教育教学改革研究与实践重点项目(2021SJGLX299)资助下，作者对地理信息关联的理论与方法进行系统研究，二十多年教学与科研积累也为本书的撰写奠定了坚实的基础。

地理信息关联是指从多源地理空间数据中抽取没有清楚表现出来的隐含的知识和关系，并发现其中有用的特征和模式的理论、方法和技术，是多源地理空间数据挖掘的重要组成部分，也是一项涉及多学科综合性研究的课题，有很多难题需要解决，需要一个强大而有效的硬件环境、软件环境和海量多尺度地理空间数据支持。但由于本人水平有限，再加上地理信息关联技术还处在不断发展和完善的阶段，书中不足之处在所难免，希望相关专家学者及读者给予批评指正。

值此成书之际，作者要感谢解放军战略支援部队信息工程大学领导的支持；感谢历届研究生姜晶莉、李豪、王云阁、刘贺、李乾乾、王彩璇在多源地理信息集成和关联研究方面所作出的不懈努力。还需要说明的是，本书在编写过程中引用和参阅了大量国内外有关论著和网站资料，不能逐一列注，遗漏之处敬请海涵，特此致谢！

作　者

2022 年 8 月于郑州

目　　录

第1章 绪 论

地球是人类赖以生存的家园，认知地球及人与地球的关系产生了地理学科。随着空间信息技术的发展和应用，地球观测探测仪器、地球观测系统和各种遥感数据处理等研究取得突破性进展。观测的多源时空地理数据是对地理事物或现象观察的结果，也是自然和生命现象的一种表示形式。正确认识地理现象的动态变化规律，必须对分布于统一时空基准上的不同表达模式、表达尺度、语义和时段的瞬间片断的地理数据进行关联分析。挖掘海量地理数据之间的关系是探索宇宙奥秘和社会发展规律的一种重要手段，能够发挥多源地理数据的综合优势，克服人类对地理信息感知、认知和表达等方面的局限性。在大数据时代，地理信息关联已成为地理信息智能分析和推理研究的热点，并已有效应用于空间决策分析、突发事件应急管理、智慧城市建设等领域。

1.1 信息关联概述

知识是人类在实践中认识客观世界(包括人类自身)的成果。人与人之间知识的交流和传播产生了信息。信息载体包括以能源和介质为特征，运用声波、光波、电波传递信息的无形载体和以实物形态记录为特征，运用纸张、胶卷、胶片、磁带、磁盘传递和储存信息的有形载体。数据是信息的载体之一，是反映客观事物属性的记录，是信息的具体表现形式。关联反映了知识关联、也反映信息关联，最后以数据关联的形式体现。

1.1.1 人类智慧的知识关联

"古往今来曰世，上下四方曰界"，世界就是全部时间与空间的总称。世界因人而产生联系，因人的联系而有了世界。认识世界和改造世界是人类创造历史的两种基本活动。

1. 知识获取

人类最显著特征是拥有一个十分发达的大脑。知识的获取涉及许多复杂的过程：感觉、交流和推理。知识也可以看成是构成人类智慧最根本的因素。智慧是运用知识和实践经验的能力。

1) 感知和认知

人类用心念来诠释自己器官所接收的信号，称为感知。我们身体上的每一个器官都是外在世界信号的接收器，器官接收范围内的信号，经过某种刺激，器官就能将其接收，并转换成感觉信号，再经由自身的神经网络传输到心念思维的中心——头脑中进行情感格式化的处理，就带来了我们的感知。

80%以上的外界信息是通过人类视觉获得的。人通过视觉感知外界物体的大小、明暗、颜色、动静。人的一只眼睛只能感受一个平面(二维)图像，立体物体(三维)是通过两只眼睛观测并经过人脑关联思维构建的，所以人只能观测立体物体的表象和侧面，不能观测立体物体的内部和背面。

人脑反映客观事物特性与联系、并揭露事物对人的意义与作用的思维活动称为认识。简单来说，认识指人脑对客观世界的反映。人们认识活动的过程称为认知，即个体对感觉信号接收、检测、转换、简约、合成、编码、储存、提取、重建、概念形成、判断和解决问题的信息加工、处理过程。认知是人类最基本的心理过程。人脑接受外界输入的信息，经过大脑的加工处理，转换成内在的心理活动，进而支配人的行为，这就是认知过程。

认识是表层的，而认知是一个将认识再深化的过程，一般比较理性、深层次。认识是对事物简单的了解。认知一般是指自己以前所认识的事物通过自己再次经历后，对其有了更深一层的认识。

2) 思维与推理

人们在工作、学习、生活中遇到问题，总要想一想，这种"想"，就是思维，是人脑对客观事物间接概括的反映。思维形式是人们进行思维活动时对特定对象进行反映的基本方式，即概念、判断、推理。推理是由一个或几个已知的判断推出一个新的判断的思维形式，任何一个推理都包含已知判断、新的判断和一定的推理形式，推理的已知判断称为前提，根据前提推出新的判断称为结论。前提与结论的关系是理由与推断，原因与结果的关系。

3) 存储和记忆

人们通过感知所获得的知识经验，在刺激物停止作用之后，并没有马上消失，它还保留在人们的头脑中，并在需要时再现出来。这种积累和保存个体经验的心理过程称为记忆。记忆是人对经历过的事物的一种反映，包括识记(对当前事物的认识并记住)、再认(该事物重新出现后能够认识出来)和重现(把头脑中的印象回想起来)。

4) 知识的获取

人类从各个途径中获得并经过提升总结与凝练的系统认识叫知识。也可以说知识就是可以解释为什么或者原因的那些东西。有一个经典的定义来自柏拉图：一条陈述能称得上是知识必须满足三个条件，它一定是被验证过的，正确的，而且是被人们相信的。这也是科学与非科学的区分标准。

在《中国大百科全书·教育》中知识条目是这样表述的："所谓知识，就它反映的内容而言，是客观事物的属性与联系的反映，是客观世界在人脑中的主观映象。就它的反映活动形式而言，有时表现为主体对事物的感性知觉或表象，属于感性知识，有时表现为关于事物的概念或规律，属于理性知识。"从这一定义中我们可以看出，知识是主客体相互统一的产物。它来源于外部世界，所以知识是客观的；但是知识本身并不是客观事实，而是事物的特征与联系在人脑中的反映，是客观事物的一种主观表征，知识是在主客体相互作用的基础上，通过人脑的反应活动而产生的。

把一些零碎的、分散的、相对独立的知识概念或观点加以整合，使之形成具有一定联系的知识系统。这种系统像一棵树，每片叶子都是独立的，但树干把它们联系在一起，形成了某种体系。知识体系不是简单的堆积，而在于制造关联，不然无法构成体系。从知识到知识体系的构建就是元认知的构建(关联)。关联是知识的结构特征。想要完整地构建一套知识体系，一定要经历知识的分解和再聚合，知识的分解和再聚合是从理论—实践—理论的循环迭代过程。

知识体系是基于人而存在的，别人总结的是别人的，你吸收得到的知识体系才是你自己的。

2. 知识关联

世界的普遍联系是世界物质统一性的内在表现。联系是指一切事物、现象、过程及其内部要素之间的相互影响、相互作用和相互制约。联系的特征：①联系具有客观性。联系是客观事物固有的本性，是独立于人的意识之外的客观存在，它不依赖于人的意识和主观认识而转移。就其与实践的关系来说，事物的联系可以分为自在事物的联系和人为事物的联系，它们都是不以人的意志为转移的。②联系具有普遍性。世界上的一切事物都与周围其他事物有着这样或那样的联系。每一事物内部的各个部分、要素之间是相互联系的；整个世界是一个普遍联系的有机整体，没有一个事物是孤立存在的；从自然界到人类社会都是由相互联系的各个要素、各个部分组成的复杂系统。③联系具有多样性。由于事物和现象之间的联系是具体的，并且世界上的事物千差万别，因而事物的普遍联系必然复杂多样，如直接联系与间接联系、内部联系与外部联系、本质联系与非本质联系、必然联系和偶然联系等。④联系具有条件性。条件性是指任何一种联系总是在一定条件下的联系。条件是指某一事物相关联的、对它的存在和发展产生影响的诸要素的总和。

世界上的任何事物都同它周围的事物相互联系，这种联系表明它们彼此存在一致性、共同性，并在此基础上形成不同的事物、特性的统一形式，即表现为一定的关系。世界上的事物、现象以及它们的特性是复杂的、无限多样的，导致事物之间的关系也是复杂的、无限多样的，如整体与部分的关系、原因与结果的关系、函数相依关系、内部关系与外部关系、空间关联(邻近关系)、空间和时间关系、相似关系。关系是事物相互联系的必要因素，不同关系表现事物、特性的不同联系方式，每一种关系都是不同事物、特性的具体统一形式。事物之间的关系，以及它们特性之间的关系，是由世界物质统一性决定的。关系是客观的，为事物所固有，存在于相应的事物之间。

关联是依据事物之间有某种关系建立的联系。知识关联是知识之间以某一中介为纽带，所建立起来的具备参考价值的关系。在这个概念中有三个重点：①这种关系是知识之间的。②关联是依靠某一中介来建立的。③关联要产生价值。

人类具有基于已有的知识，针对物质世界运动过程中产生的问题获得的信息进行关联、分析、对比、演绎，找出解决方案的能力。这种能力运用的结果是将无数关联的知识点集合并构建知识体系，将信息的有价值部分挖掘出来并使之成为已有知识架构的一部分。

知识是通过知识点的逐渐积累形成的，但知识点在头脑中不是堆积的。心理学研究发现，优生和差生的知识组织存在明显差异。优生头脑中的知识是有组织、有系统的，知识点按层次排列，而且知识点之间有内在联系，具有结构层次性。而差生头脑中的知识则水平排列，是零散和孤立的。知识关联是人类认知世界的基本技能。大脑是用来思考的，而不是用来记忆的。

心理学家指出，人们普遍喜欢记忆规律性强的东西。许多知识本身看起来并不是很有规律，但经过分类，就能将其规律性显现出来。通过将知识分类，能够增强人的有意注意，提高对知识记忆的效果。分类是根据对象的共同点和不同点，将对象区分为不同的种类，并且形成有一定从属关系的、不同等级的、系统的逻辑方法。分类也是将零散的、个别的知识系统化和条理化，从而形成有关客观世界的概念的过程。首先，分类使大量繁杂的材料系统化、条理化，使知识之间建立起立体的从属关系。其次，科学分类反映了事物之间的规律性联系，因此可以根据系统的特性，推出某些未被发现的事物的性质，从而有利于更快地掌握新知识。

分类思维方法是一种基本的科学思想方法，人在整个学习过程中，会一直对身边的事物进行分类。通过分类，可以不断加深对事物的了解，明确事物间的内在联系，从而构建自己的知识体系。知识体系能精确地反映事物的本质。知识关联对构建知识体系具有重要的作用。

3. 知识传播

人受到时空的限制，直接感知和认识世界的能力是有限的。人的大量知识是从交流和学习中获得的。这种学习的能力是人类长期进化的结果，在交流和学习过程中产生了语言。人类传播知识时离不开知识表达、学习和传播三个基本过程。

1) 知识表达

知识表达是对知识的一种描述，或者说是对为描述知识而作的一组约定，是知识的形式化过程和符号化过程。人们最初用来描述客观世界和人与人之间互相交往用的是自然语言，但是随着科学技术的发展和认识的深入，人们利用符号语言和图形语言来对客观事物的本质属性以及事物间的关系加以描述。因为任何事物及其运动的属性都是质和量的统一，所以知识的描述既有定性的一面，又有定量的一面。知识的定量描述可以借助于符号语言和图形语言，而知识的定性描述主要借助于自然语言。

知识表达的目的是知识传播。当某些知识被传播的时候，知识主体所表述的是主体向外部世界输出的信息。信息是传播学的概念，是人与人之间沟通传播的内容、是被传播的知识。知识的传播一般遵循的模式为传播者的知识—信息—载体(数据、书本)—信息接收者的知识。信息能够转化为知识的关键在于信息接收者对信息的理解能力。

在知识输入和输出时，为了表达、传播、识别和理解知识，人们把一个领域的整个知识体系分解成多个互相关联的组成部分，成为相对独立的最小单元，称为知识点。知识点是知识输入和输出时信息传递的基本单元。

知识点是一个立体的存在，不是孤立的存在。一种认为知识单元是知识不再分解的基本单位，是构成系统知识的最小的、最基本的要素；一种认为知识单元是知识不同层次的，自为一组的相对独立的单位。两种认识并不矛盾，前一种是狭义知识单元，而后一种是广义的知识单元。

知识点之间具有千丝万缕的联系。这些联系是知识关联的基础。知识关联是指知识点之间存在的各种关系的总和。通过知识点的关联，我们可以从 A 知识延伸并获取 B、C 知识，从而延展开来，直到我们获得解决问题的正确信息。严格地说，这种关联本身也属于知识，因此知识关联兼具关系与知识双重属性。知识表示是指把知识客体中的知识点与知识关联起来。

2) 知识学习

知识是学习的一种结果。学习是主体所感知外部世界向主体输入信息的过程。人类所感知的信息，通过与先验知识的关联、思维(推理)和实践验证，去伪存真，正确的、有用的信息保存(记忆、书籍和图表等媒介)，逐步积累，形成概念分类有机联系的知识。

心理学认为人们进行知识学习的过程是一个知识建构的过程，必须将这些知识与原有的经验、体会关联起来，并将这些外在的知识和经验进行编码，与既有的知识和经验建立关联，成为学习者原有知识体系的一部分，作为新增的知识，准备与未来的知识建立关联。自己的知识体系是指个人将通过系统学习、实践与反思转化的个人知识进行整合与关联，最终内化为一定系统的、能够独立输出的知识系统。知识学习过程如图 1.1.1 所示。

结构化对知识学习具有重要作用，因为当知识以一种层次网络结构的方式储存时，可以大大提高知识应用时的检索效率。结构化是指将逐渐积累起来的知识加以归纳和整理，使之条理化、纲领化，做到纲举目张。

图 1.1.1　知识学习过程

3) 传播模型

知识传播是个人、组织或团体通过符号和媒介交流信息，向其他个人、组织或团体传递信息、观念、态度或情感，以期发生相应变化的活动。知识传播具有以下几个方面的特点：①传播表现为传播者、传播渠道(媒介)、接受者等一系列传播要素之间的传播关系；②传播过程是信息传递和接收的过程，也是传播者与接受者信息资源共享的过程；③传播者与接受者、相关人群之间，由于信息的交流而相互影响、相互作用。知识传播模型如图 1.1.2 所示。

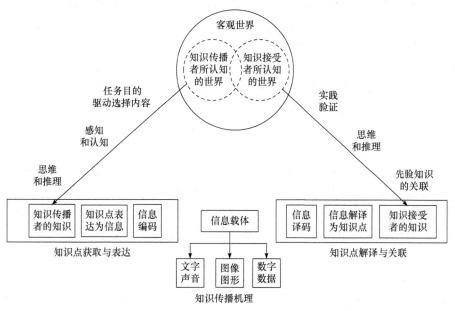

图 1.1.2　知识传播模型

1.1.2　传播知识的信息关联

世界是万事万物相互联系的统一整体。知识在人的记忆中具有关联性，导致传播知识的信息也存在必然的联系。信息是一种普遍联系的形式，是对客观世界中各种事物的运动状态和变化的反映，是客观事物之间相互联系和相互作用的表征，表现的是客观事物运动状态和变化的实质内容。

1. 信息定义

知识是一种正确且具有价值的认识。信息这个概念，至少有三种类型的定义。

第一种是本体论型的定义：信息是事物运动的状态和状态变化的方式，其特点在于它是建立在所有的事物都具有自身的信息这一认识基础之上的。

第二种是认识论型的定义：信息是主体所感知的事物运动的状态及其变化方式，是指本体论型信息中被人感知、认识的那部分信息或人工信息。

　　例如，钟义信教授分别将这两种信息定义为："信息是事物运动的状态和方式，也就是事物内部结构的状态和方式，以及事物外部联系的状态和方式"。"信息，是关于事物运动状态和方式的表述，或者说，是关于事物运动状态和方式的广义化知识"。

　　这样就可以作出比较清晰的判断：作为事物运动状态及其变化方式的本体论层次信息属于物质属性的范畴，但不等同于物质本身；作为主体所感知的事物运动状态及其变化方式的认识论层次信息属于精神范畴，而精神本身又是思维物质(大脑)的属性。于是就整体而言，信息是物质的普遍属性，但不是物质本身。

　　第三种定义是从通信工程的角度界定的。香农把信息定义为两次不确定性之差，认为信息能够用来消除不确定性的东西。

　　知识与信息存在密切的关系。由于信息和知识在概念的界定上存在差别，人们对两者之间关系的认识自然也不同，主要有以下五种观点：①知识是信息的一部分。很多人都支持这个观点。②信息是知识的一部分。例如，经济合作与发展组织认为：知识的概念比信息要宽得多。③信息等于知识。例如，信息本身也是知识，而且是更新知识的基础。④信息与知识在外延上呈部分交叉的关系，如《知识论》一书所持的观点。⑤信息和知识是两个不同类的概念，不存在简单的包含或交叉关系。知识是有价值的正确认识，信息是事物属性的反映。前者属于人类的认识结果，后者是一切事物都具有的品性。两者有同有异，相辅相成，并在一定条件下互相转化。知识的正确性和价值属性、信息的普遍性和客观存在性，有时被不同程度地忽略乃至否定，辩证地认识它们对正确界定和掌握这两个概念至关重要。

　　知识是由信息形成的。信息是对客观世界各种事物特征的反映，是关于客观事实的可传播的知识，是信息接受者运用大脑思维对获取或积累的信息进行系统化的提炼和推理而获得的正确结论。知识是用于解决问题的结构化信息，学习知识过程就是将信息转化成知识的过程。知识是反映各种事物的信息进入人们大脑，对神经细胞产生作用后留下的痕迹。只有人们参与了对信息通过归纳、演绎、比较等手段进行的挖掘，使其有价值的部分沉淀下来，并与已存在的人类知识体系相结合，这部分有价值的信息才能转变成知识。

2. 信息关联

1) 信息表达

　　信息传播是对信息的表达。同一种信息可以采用不同的表达方式，以满足信息接受者的特点和实际需要。常用的信息表达方式有：文字、语言、图形、图像、图表、声音和体形动作(肢体语言)等。信息在获取、整理、加工、存储、传递和利用过程中所采用的技术和方法称为信息技术。信息技术经历了语言的使用、文字的创造、印刷、电报、电话、广播和电视的发明和普及应用、电子计算机的普及应用及计算机与现代通信技术的有机结合等不同阶段。新技术条件下常用的信息表达技术有广播电视、报刊书籍、多媒体技术、网络技术等，其中多媒体技术和网络技术是信息社会中比较重要的信息表达技术。为了进行正常的信息交流，信息表达要遵循一定的标准，以避免引发双方交流过程中的误解。利用计算机进行信息交流时，事先必须对各类信息制定统一的编码标准，使通过计算机及其网络交流信息成为可能。目前国际公认的信息表达规范有英文字符信息交换的 ASCII 码、汉字信息交换的国标码(GB2312)、商品信息的条形码、网络数字音乐的 MP3 编码，以及静态图像压缩技术的 JPEG 标准和视频压缩技术 MPEG 标准等。

2) 信息关联描述

　　信息关联表示方法常用信息模型(information model)来定义。它的基本思想是描述三个内容：实体(entity)、实体属性和实体之间的关系。

客观事物变化多样，研究、认识它们必须对它们进行抽象和概括。实体指自然界现象和社会经济事件中不能再分割的单元，是客观存在并可相互区别的事物。实体可以是人，可以是物体实物，也可以是抽象概念。实体之间存在一定的关系，关系以属性的形式表现。

信息模型用两种基本的形式描述：一种是文本说明形式，包括对系统中所有的实体、关系的描述与说明；一种是图形表示形式，它提供一种全局的观点，考虑系统中的相干性、完全性和一致性。

实体-联系(entity-relationship，ER)模型是常用的信息模型之一。ER 模型由实体、属性和联系组成。其中实体是一个客观存在于生活中的实物，如人、动物、物体、列表、部门、项目等。同一类实体构成了一个实体集，实体的内涵用实体类型来表示，实体类型是对集中实体的定义，实体中的所有特性称为属性，如用户有姓名、性别、住址、电话等属性。实体标识符是在一个实体中，能够唯一表示实体的属性和属性集的标示符。但一个实体只能使用一个"实体标识符"来标明，实体标识符是实体的主键。在我们生活的世界中，实体不会是单独存在的，实体和其他的实体之间有千丝万缕的联系。

ER 模型图形表示方法如下：

(1) 实体集用矩形框表示，矩形框内写上实体名。

(2) 实体的属性用椭圆框表示，框内写上属性名，并用无向边与其实体集相连。

(3) 实体间的联系用菱形框表示，联系以适当的含义命名，名字写在菱形框中，用无向连线将参加联系的实体矩形框分别与菱形框相连，并在连线上标明联系的类型。联系可分为一对一联系($1：1$)、一对多联系($1：N$)和多对多联系($M：N$)三种类型。

3) 信息关联方法

人类社会是一个分工社会，由于社会分工信息通常被分割为多个信息域，每个信息域表述具有特定含义的内容，如标题、分类目录、标签、关键词等。

在进行信息关联建模时，通常将信息分割为多个特定的信息域关联在一起，形成特定的信息结构。以信息结构分类，信息关联方法可分为线型关联域、树型关联域和网型关联域。

(1) 线型关联域。对信息进行关联处理最简单有效的方法是使用相同的关联词来表示两条信息之间的关联关系，如标签、关键词等。使用一个或多个关联词来表示信息关系的信息域，称为线型关联域。线型关联域关联度的计算方式，是以一个信息为起点，包括所有与它通过一个或多个关联词连接的直连信息，并分别计算各直连信息与该起点信息之间的关联度。

(2) 树型关联域。信息处理最常用的一种方法是建立分类目录，然后把各种不同的信息归类到不同的目录中，方便对信息的整理和加工。可以用树型分类目录来表示的信息域，称为树型关联域。利用分类目录的层次关系计算两个信息的关联度。依据关联度判断两个信息是否存在关联关系，其底层结构是按照二叉搜索树来实现的。

(3) 网型关联域。现实世界中事物之间的联系更多是非层次关系的，用树型关联域表示这种关系不直观，此时用有向图结构表示实体类型及实体间联系。网型关联域表示实体间的多种复杂联系，能更为直接地描述现实客观世界，提高信息关联的处理准确度。

通常情况下，对信息进行关联处理会使用多个信息域来建立信息之间的关联模型，这些信息域可以分别归类到树型关联域和线型关联域中。通过多个信息域建立关联的信息之间的关联度，需要计算它们之间的综合关联度。

1.1.3　信息载体的数据关联

随着信息和通信技术的发展与应用，可利用各类传感器对客观事件进行记录，通过一定意义的文字、字母、数字符号的组合，以及图形、图像、视频、音频等，抽象表示客观事物的属性、数量、位置及其相互关系。数据的表现形式不能完全表达其内容，需要经过解释。数据和关于数据的解释是不可分的。数据的解释是指对数据含义的说明，数据的含义称为数据的语义，数据的语义就是信息。随着数据量的逐渐积累，人们逐步改变了以往依靠经验分析判断事物的状况，取而代之的是用数据说话的创新模式。但在实践过程中，同一数据，每个人的解释可能不同，其对决策的影响也会不同。决策者利用经过处理的数据作出决策，可能取得成功，也可能失败，关键在于对数据的解释是否正确，即是否正确地运用知识对数据作出解释，以得到准确的信息。

1. 数据表达

数据是事实或观察的结果，是对客观事物的逻辑归纳，是用于表示客观事物的未经加工的原始素材。数据可以是连续的值，如声音、图像，称为模拟数据；也可以是离散的，如符号、文字，称为数字数据。

知识是结构化的信息，数据是信息的载体，因此数据是知识的表示。知识的表示是为描述世界所作的一组约定，是知识的符号化、形式化或模型化。知识描述语言是运用语言对世界客观存在的知识进行更加精确的描述。从计算机科学的角度来看，知识表示是研究计算机表示知识的可行性、有效性的一般方法，是把人类知识表示成机器能处理的数据结构和系统控制结构的策略，即：表示=数据结构+处理机制。数据就是对知识的一种描述，

近几年本体论被广泛用于知识表示领域。本体是一种特殊类型的术语集，具有结构化的特点，且更加适合在计算机系统中使用，实际上是对特定领域中某套概念及其相互之间关系的形式化表示。本体是一个形式化、共享、明确化、概念化的规范。本体论能够以一种显式、形式化的方式表示语义。用本体表示知识的目的是统一应用领域的概念，并构建本体层级体系表示概念之间的语义关系，实现人类、计算机对知识的共享和重用。

本体构建是建立一个面向具体应用领域的本体模型，明确领域的概念、术语及相互关系。本体的建模元语是本体层级体系的基本组成部分。元语分为类、关系、函数、公理和实例五个基本构成要素。

(1) 类：集合(sets)、概念、对象类型或者说事物的种类，包括对象(和类)所可能具有的属性、特征、特性、特点和参数。

(2) 关系：类与个体之间彼此关联所可能具有的方式。基本的关系有四种：part-of、kind-of、instance-of 和 attribute-of。各种关系的具体含义见表 1.1.1。

表 1.1.1　四种基本关系

关系名	含义
part-of	表达概念之间部分与整体的关系
kind-of	表达概念之间的继承关系，类似于面向对象中父类和子类之间的关系
instance-of	表达概念的实例和概念之间的关系，类似于面向对象中对象和类之间的关系
attribute-of	表达某个概念是另一个概念的属性。例如，概念"价格"可作为概念"桌子"的属性

(3) 函数：函数是一种特殊的关系，可代替具体术语的特定关系所构成的复杂结构。

(4) 公理：采取特定逻辑形式的断言(包括规则)所共同构成的，其本体在相应应用领域当中所描述的整个理论。

(5) 实例：代表属于某概念/类的基本元素，即某概念/类所指的具体实体。从语义上分析，实例表示对象，而概念表示对象的集合，关系对应对象元组的集合。

在实际应用中，不一定要严格地按照上述五类元语来构造本体，同时概念之间的关系也不仅限于上面列出的四种关系，可以根据特定领域的具体情况定义相应的关系，以满足应用的需要。

2. 数据关联

数据关联是从大量数据中发现项集之间有趣的关联和相关联系，挖掘某个数据与其他数据之间相互依存关系。如果两个或多个事物之间存在一定的联系，映射到表达事物的数据中，两个或多个事物的数据之间也存在关系。换句话说，两个数据的属性项或多个数据的属性项之间存在关系，那么其中一个数据的属性项的属性值可以依据其他属性值进行预测。

1) 数据挖掘中的数据关联

数据挖掘的目的是找到数据之间的关联和联系，是从大量的数据中通过算法搜索隐藏于其中的信息的过程。通过分类、估值、预测、关联和聚类等分析方法，在所有数据的属性中寻找某种关系。数据挖掘中关联规则常用支持度(support)-置信度(confidence)框架。

support 的公式是：$\text{support}(A \to B) = P(A \cup B)$。支持度揭示了 A 与 B 同时出现的概率。如果 A 与 B 同时出现的概率小，说明 A 与 B 的关系不大；如果 A 与 B 同时出现的概率大，则说明 A 与 B 是相关的。

confidence 的公式是：$\text{confidence}(A \to B) = P(A|B)$。置信度揭示了 A 出现时，B 是否会出现或有多大概率出现(条件概率)。如果置信度为 100%，则 A 和 B 关联；如果置信度太低，则说明 A 的出现与 B 是否出现关系不大。

大数据时代，相关分析面向的是数据集的整体，因此，高效地开展相关分析与处理仍然非常困难。为了快速计算大数据的相关性，需要探索数据集整体的拆分与融合策略。显然，在这种"分而治之"的策略中，如何有效地保持整体的相关性，是大规模数据相关分析中必须解决的关键问题。有关学者给出了一种可行的拆分与融合策略，指出随机拆分策略是可能的解决路径。当然，在设计拆分与融合策略时，如何确定样本子集规模、保持子集之间的信息传递、设计各子集结果的融合原理等都是具有挑战性的问题。

2) 数理统计中的相关分析

从统计学角度看，变量之间的关系大体可分为两种类型：函数关系和相关关系。确定性现象之间的关系常表现为函数关系，即一种现象的数量确定以后，另一种现象的数量也随之完全确定，表现为一种严格的函数关系。相关关系是客观现象存在的一种非确定的相互依存关系，即自变量的每一个取值，因变量由于受随机因素影响，与其所对应的数值是非确定性的。相关分析中的自变量和因变量没有严格的区别，可以互换。一般情况下，数据很难满足严格的函数关系，而相关关系要求宽松，所以被人们广泛接受。

研究变量之间的相关关系主要从两个方向进行：一个是相关分析，即通过引入一定的统计指标量化变量之间的相关程度；另一个是回归分析，回归分析不仅刻画相关关系，更重要的是刻画因果关系。利用数理统计的相关分析和回归分析可以确定数据关联性等级，一般分为：①两个或多个事物数据之间根本不存在任何关联性；②两个或多个事物低测度数据之间存在模糊的关联性；③两个或多个事物高测度数据之间存在较强但不清晰的函数关系的关联性；④两个或多个事物数据之间存在清晰的函数关系。

采用数理统计中的两个量化指标：相关系数和显著性检验概率。其中，检验概率值反映了没有相关性的可能性，若概率小于 0.05，则表示两个数据序列之间存在相关性；相关系数则反映了相关程度和方向，相关系数的绝对值越大，表示两列数据的关联性越强，相关系数的符号说明数据之间是正相关还是负相关。虽然利用相关性分析能发现变量之间的关联性程度，但不能证明变量之间的因果关系和函数关系。

数据相关性分析面临着高维、多变量、大规模、增长性的数据及其可计算方面的挑战。多变量非线性相关关系的度量方法是我们面临的一个重要的挑战。在探索随机向量间相关性度量的研究中，随机向量的高维特征导致巨大的矩阵计算量，成为高维数据相关分析中的关键难题。面临高维特征空间的相关分析时，数据可能呈现块分布现象，如医疗数据仓库、电子商务推荐系统。探测高维特征空间中是否存在数据的块分布现象，并发现各数据块对应的特征子空间，本质上来看，这是基于相关关系度量的特征子空间的问题。结合子空间聚类技术，发现相关特征子空间，并以此为基础，探索新的分块矩阵计算方法，有望为高维数据相关分析与处理提供有效的求解途径。

3) 数据融合中的数据关联

数据融合是对来自多传感器(同类或不同类)探测的多源数据按一定规则进行分析和综合后，生成人们所期望的合成数据的数据处理技术。它包括多类型、多源、多平台传感器所获得的各种情报数据(如数据、照片、视频图像等信息)进行采集、传输、汇集、分析、过滤、综合、相关及合成等过程。

多传感器数据融合的基本问题是数据关联。假设空间存在两个观测实体 A 和 B，同时我们获得三个新的观测 Y_1，Y_2，Y_3，对于每一个观测 Y_i，存在四种可能：①Y_i 与实体 A 关联；②Y_i 与实体 B 关联；③Y_i 既不与实体 A 关联也不与实体 B 关联；④Y_i 是假观测(虚信号)，可以不考虑。

数据关联的结果是要确定观测 Y_i 属于四种可能性中的哪一种可能性。数据关联可以采用数据拟合的最小二乘法、近邻(nearest)和 K-means 算法、概率数据关联、多重假设检验、分布式多重假设检验等方法。

在动态目标监控中，多传感器获取的时序数据的数据关联目标是预测。时序数据关联分析是以分析时间序列的发展过程、方向和趋势，预测将来时域可能达到的目标的方法。此方法运用概率统计中时间序列分析的原理和技术，利用时序系统数据的相关性，建立相应的数学模型，描述系统的时序状态，以预测未来。它的基本步骤是：①以有关的历史资料数据为依据，区别不规则变动、循环变动、季节变动等不同时间的动势，特别是连续的长期动势，并整理出统计图。②从系统原则出发，综合分析时间序列，反映曾经发生过的所有因果联系及影响，分析各种作用力的综合作用。③运用数学模型求出时间序列以及将来时态的各项预测值，如移动平均法、季节系数法、指数平滑法。时序分析适用以数据量化的时序系统，主要是以概率统计分析随时间变化的随机系统。利用概率统计，整理过去的数据，分析其变化规律，特别是掌握连续的长期动势，可以预测物理现象随时间变化的未来状态。

1.1.4　人工智能的知识图谱

在现实生活中存在这种现象：任何两个素不相识的人，通过一定的方式，总能够产生必然联系或关系。由此产生一个数学领域的猜想："六度空间"理论。"六度空间"现象在学术上称为小世界效应(small world effect)，又称"小世界现象"(small world phenomenon)，也称为六度分割理论或小世界理论。理论指出：世界上任意两个人之间建立联系，最多只需要 6 个人。也就是说，最多通过 6 个中间人你就能够认识任何一个陌生人。假如我们每个人都至少认识 44 个人，而这 44 个人又分别各认识另外 44 个人，以此类推，数学计算告诉我们，仅仅通过 6 个步骤，我们便能和 44 的 6 次方，即 72.6 亿人联系在一起。所搜集的大量数据使得社会学研究人员得出结果发现六度空间理论的确存在。

人工智能是研究计算机模拟人的某些思维过程和智能行为(如学习、推理、思考、规划等)的学科。尼尔逊教授这样定义人工智能："人工智能是关于知识的学科——怎样表示知识以及获得知识并使用知识的科学。"而另一位美国麻省理工学院的温斯顿教授认为："人工智能就是研究如何使计算机去做过去只有人才能做的智能工作。"这些说法反映了人工智能学科的基本思想和基本内容。即人工智能是研究人类智能活动的规律，构造具有一定智能的人工系统，研究如何让计算机去完成以往需要人的智力才能胜任的工作，也就是研究如何应用计算机的软硬件来模拟人类某些智能行为的基本理论、方法和技术。

知识关联是人工智能的基本功能。通过关联把所有不同种类的知识连接在一起而得到的一个关系网络，这个关系网络称为知识图谱。人工智能用知识图谱所提供的知识及知识之间的关系，提升了分析问题的能力。

图是相互连接事物及其关系的一种结构化表达，是最接近真实世界的数据组织结构。通过图将所有的数据连接起来，及时地传达信息，易于揭示复杂的关系模式(图 1.1.3)。

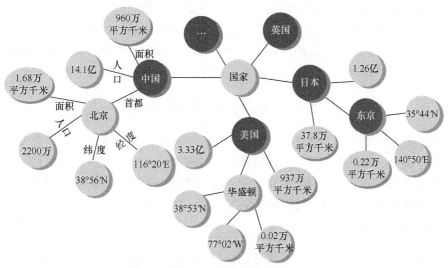

图 1.1.3　知识图谱结构

知识图谱中包含三种节点。

实体：指具有可区别性且独立存在的某种事物。如某一个人、某一座城市、某一种植物、某一种商品等。世界万物由具体事物组成，此指实体，如图 1.1.3 中的中国、美国、日本等。实体是知识图谱中最基本的元素，不同的实体间存在不同的关系。

语义类(概念)：具有同种特性的实体构成的集合，如国家、民族、书籍、电脑等。概念主要指集合、类别、对象类型、事物的种类，如人物、地理等。

内容：通常作为实体和语义类的名字、描述、解释等，可以由文本、图像、音视频等来表达。

属性(值)：从一个实体指向它的属性值。不同的属性类型对应于不同类型属性的边。属性值主要指指定对象属性的值。如图 1.1.3 所示的面积、人口、首都是几种不同的属性。

关系：形式化为一个函数，它把 k 个点映射到一个布尔值。在知识图谱上，关系则是一个把 k 个图节点(实体、语义类、属性值)映射到布尔值的函数。

基于上述定义。三元组是知识图谱的一种通用表示方式，即知识库中的实体集合，共包含 $|E|$ 种不同实体；是知识库中的关系集合，共包含 $|R|$ 种不同关系；代表知识库中的三元组集合。三元组的基本形式主要包括"实体 1-关系-实体 2"和"实体-属性-属性值"等。每个实体(概念的外延)可用一个全局唯一确定的 ID 来标识，每个属性-属性值对(attribute-value pair,AVP)可用来刻画实体的内在特性，而关系可用来连接两个实体，刻画它们之间的关联。如图 1.1.3 所示，中国是一个实体，北京是一个实体，中国-首都-北京是一个"实体-关系-实体"的三元组样例。北京是一个实体，人口是一种属性，2200 万是属性值。北京-人口-2200 万构成一个"实体-属性-属性值"的三元组样例。

关联图谱可以把六度空间理论变成现实。关联图谱存储在图数据库(graph database)中，图数据库以图论为理论基础，图论中图的基本元素是节点和边，在图数据库中对应的就是节点和关系。与传统的关系型数据库相比，图数据库更擅长建立复杂的关系网络。用节点和关系所组成的图为真实世界直观的建模，图计算引擎对数据进行查询和分析，实现秒级数据运算，支持百亿量级甚至千亿量级规模的巨型图的高效关系运算和复杂关系分析。

关联图谱基于图数据库建立关系网络图，是一种人工智能分析产品。用户可以基于已建好的图谱进行查询、分析和探索。可以这么说，凡是有关系的地方都可以用到关联图谱，我们现实生活中的实体都是由一个个看似非常简单的关系组成的，如人与人、公司与人、公司与公司、人与某个项目、某个活动与某个明星、学校与某个学生等，生活中可触摸的不可触摸的事物都可以用关系连接起来。所以说，关联及其推理是实现人工智能化的关键。

1.2　地理信息关联概述

人类探索在地球表面的生存环境，产生了地理的概念。地是指地球，地球表面、地球表层，或指一个区域。理是指事理、规律或者是事物规律性的内在联系。地理是指地球表层的地理现象或事物的空间分布、时间演变和相互作用规律。地理学是研究地理要素或者地理综合体的空间分布规律、时间演变过程和区域特征的一门学科。

1.2.1　地理知识关联

地理是人类探索、研究、感悟宇宙万物变化规律的知识体系。其核心是研究人地关系问题，解释地球表面区域的差异现象，预测这种现象发展趋势及相互影响。由于地理区域的差异现象不遵循严密的因果关系，大量的地理现象只遵循统计规律，难以用数学描述，地理知识难以用演绎法推理获取，以至于地理规律无法实现精确的科学预测。采用归纳法，利用普遍联系的原理，从许多个别事例中获得一个较具概括性的规则，这是地理学长期以来难以称为科学的原因之一。

1. 地理知识分类

地理表面是自然-社会-经济的复合体系，是一个非线性、复杂的巨系统。空间位置的隔离，造成了地物之间的差异。

地理基本知识包括自然地理、人文地理和区域地理三类知识。自然地理包括天体系统、气候类型、水循环及板块之间的运动；人文地理包括人口与环境、人类农业、工业的生产和文化旅游活动、世界政治、经济地理格局；经济地理包括经济活动区位、空间组织及其与地理环境的相互关系。以生产为主体的人类经济活动，包括生产、交换、分配和消费的整个过程，是由物质流、商品流、人口流和信息流把乡村和城镇居民点、交通运输站点、商业服务设施以及金融等经济中心联结在一起而组成的一个经济活动系统。

2. 地理知识相关性

地理学研究地球表面同人类相关的地理环境，以及地理环境与人类的关系。地理学对人地关系的研究着重于其空间关系。组成陆地环境各要素(气候、地形、水文、生物、土壤)相互联系、相互制约和相互渗透，构成地理环境的整体性。整体性还表现在某一要素的变化会导致其他要素甚至整个环境状态的变化，即牵一发而动全身。人类在改造某环境要素时，应注意对其他要素以至整个环境所带来的可能影响。这种空间上的相关性或关联性是自然界存在秩序与格局的原因之一。

3. 地理知识关联方法

知识是基于人而存在的，无数个关联的标准知识的集合构建成个人的知识体系。知识体系是一个主题和领域内涉及的知识内容及其关联，包括事实概念类知识、操作流程类知识和领域问题的知识及其关联关系。知识体系有客观性，不因为你知道或者不知道而变化。知识体系有主观性，有不知道自己不知道的问题。不同的人有不同的知识体系。

知识架构以知识体系为基础，从解决问题入手，解决那些困难的、陌生的、复杂的问题时，已经具备和应该具备的涉及不同知识主题和领域的关联，这些主题和领域可能相关，也可能无关。知识结构包括横向上的宽度和纵向上的深度，基于解决问题不同宽度要求不一样，深度要求也不同。如果没有对多个领域知识体系的掌握，知识结构即便完整全面，但可能每个分支上都欠缺深度，仍然没有价值。

地理知识体系构建一般要先搭建整体框架，然后运用各种知识关联方法，去分析寻找各种现象之间的关系。

1.2.2　地理信息关联

1. 地理信息概述

地理信息与其他信息的差异表现在其具有空间特征。空间特征决定了任何地理信息均明确表达一定空间范围内的地理现象及其变化过程。地理信息是地球表面自然和人文要素空间分布、相互联系和发展变化规律的信息，是地理文献、地图和地理数据所表达的地理内容。

地理信息可以定义为地球表层特定地方的一组事实，是有关位于地球表层附近的现象和地理变化过程的信息。各种定义对地理信息的描述和内涵有不同的侧重。直观地讲，地理信息是鉴别地球上各种自然或人工特征、不同界线的地理位置及其属性的信息。从信息角度来讲，地理信息指与地球参考空间（二维或三维）有关的，表达地理客观世界各种实体的变化过程、存在状态及其数量和质量特征。不论如何定义地理信息，其内涵至少包含：①空间位置和形态，即以地球表面空间位置为参照，在一定的空间坐标系中描述所研究地理对象的大小范围、空间分布及其相互联系的信息；②属性，描述地理对象的数量和质量特征；③时间，描述地理对象在一定时间的状态，时间特征可以很长，也可以很短，甚至是瞬时的；④尺度，描述地理实体空间形态的细致程度。

2. 地理信息特性

地理信息除具备信息的一般特性外，还具备以下独特特性：①空间性。地理信息属于空间信息，这是地理信息区别其他类型信息最显著的标志，是地理信息的定位特征。②多维性，指在一个坐标位置上具有多个专题和属性信息。例如，在一个地面点上，可取得高程、污染程度、交通状况等多种信息。③动态性。主要是指地理信息的动态变化特征，即时序特征。依据时序特征来寻找时间分布规律，进而对未来作出预测和预报。

3. 地理信息关联方法

地理信息关联的主要媒介是地理空间关系、相似关系、地理统计关系和因果关系方法。

地理空间关系包括距离关系、方向关系和拓扑关系等。距离关系用于描述空间实体间的相对位置，反映空间相邻目标的接近程度。从表达方式看，空间距离可分为定量距离和定性距离。

空间相似关系具有两方面的含义：一是指空间目标几何形态上的相似，二是指空间物体(群)结构上的相似。形态是空间物体的特征之一，而属性特征是另一个重要方面。对形态的相似性关联有两种途径，一是在相似变换下图形吻合度的关联，二是基于形态参数的聚类关联或相关分析。结构的相似是物体间的另一种相似，在地学研究中，我们经常会研究地理现象空间的分布和布局，以及地理实体的内部结构。河网水系常被分类为树状结构、扇状结构、网状结构等，这种结构的相似性就是分类关联的基础。

地理统计又称空间统计，是对一定区域内的地理要素的数量、种类等情况进行汇总，反映地理要素的空间分布情况。与常规统计方法不同的是，它不仅考虑研究对象的属性统计特征，同时反映研究对象的空间分布特征(二维分布、三维上的起伏变化等)。地理相关是应用相关分析法研究各地理要素间的相互关系和联系强度的一种度量指标，主要研究地理信息之间的相互关系密切程度。

地理因果关系主要包括分布成因、特征成因和过程成因等。可以运用地理知识体系和逻辑推理的思维方法，揭示地理事物之间的因果关系。

1.2.3 地理数据关联

1. 地理数据概述

地理数据指表征地理圈或地理环境固有要素或物质的数量、质量、分布特征、联系和规律的数字、文字、图像和图形等的总称，包括地理信息的空间位置、属性特征及时态特征三部分。对于不同的地理实体、地理要素、地理现象、地理事件、地理过程，需要采用不同的测度方式和测度标准进行描述和衡量，这产生了不同类型的地理数据，如人们对地理系统利用、管理、规划等的数据，包括观察数据、分析测定数据、遥感数据和统计调查数据。按内容可分为自然条件数据和社会经济数据两大类。在客观世界里地球表面存在地理连续(气候、地形起伏)和不连续空间分布(河流、道路)的现象。在数字世界里不连续分布的地理实体常用矢量方式表达，连续分布的地理实体常用栅格方式表达。

地理数据是按照应用主题的要求，突出而完善地表示与主题相关的一种或几种要素，其内容侧重于某种专业应用，对于不同的应用，地理数据存在不同的属性，一个属性只能从某一个(些)侧面或角度描述地理事物的特征，其中不仅有表达内容的取舍，同时还存在表达模式的选择，如土地覆盖类型数据、地貌数据、土壤数据、水文数据、植被数据、居民地数据、河流数据、行政境界及社会经济方面的数据等。

地理感知手段只是记录地理变化的某种瞬间状态和关注某种地理表面现象。地理数据仅是地理信息本体的某种瞬间的片段记录。

目前的地理空间数据模型只能表达简单的、显式的地理现象联系，通过关系表、数据结构和指针等技术表达简单的地理要素之间的关系，包括空间拓扑关系、空间顺序关系和空间度量关系等，对地理空间位置及动态时空过程中隐含的地理现象的关联性关系表达具有局限性。

一个地理客观存在的本体可以用不同模式、不同尺度、不同语义和不同时段的瞬间片段的地理数据进行描述，相关数据在空间、语义、尺度和时序上存在显式的或内在隐含的关联信息。

2. 地理数据特征

地理数据是对地理实体特征的描述，地理空间数据模型是关于地理数据间联系逻辑组织形式的表示，是各类地理数据有效地组织、存储、管理、有效传输、交换和应用的基础，为地理数据应用开展提供了支撑。地理数据特征一般分为以下三类。

(1) 空间特征描述地理实体的空间位置、分布及相对位置关系。地理空间数据必须包括指明地物在地理空间中的位置的成分，这部分数据称为空间特征数据或空间位置数据，有时也简称为空间数据。空间特征数据又有两层含义，①地物本身的地理位置。位置通常用某种地理坐标(x，y，z 或经纬度、高程等)组合表达；也可用相对其他参照系或地物的位置来描述，如铁路旁某地物，在"铁路以东 6m"等。②多个地物之间的位置相互关系或空间关系，如地物之间的距离、相邻、相连、包含关系等。绝大多数空间特征数据具有明显的几何特点，因而有时也称为几何数据。

(2) 属性特征描述地理实体的物理属性、地理意义和关系特征。除空间位置外，地理空间数据还必须包括描述地物的自然或人文属性的定性或定量指标的成分，这部分数据称为属性特征数据或属性数据。例如，表述一个城镇居民点，若仅有位置坐标(x, y)，那只是一个几何点，要构成居民点的地理空间数据，还需要其经济(人口、产值等)、社会(就业率等)、资源和环境(污染指数等)等域性数据。关系特征描述地理实体之间所有的地理关系，包括空间关系、分类关系、隶属关系等基本关系的描述，也包括对由基本地理关系所构成的复杂地理关系的描述。

(3) 动态特征描述地理实体的动态变化特征。时态特征指地理数据采集或地理现象发生的时刻或时段，这部分数据称为时态特征数据或时态数据。同一地物的多时段数据，可以动态地表现该地物的发展变化。

地理数据对这些特征的描述，是以一定信息结构为基础的。一个合理的信息结构中的各个信息项应当具有明确的数据类型定义，它不但能全面地反映上述地理实体的三类特征，而且还能够很容易地被映射到一定的数据模型之中。一般地，设计出反映地理实体某项信息的信息结构并不困难，难度较大且也更为主要的是设计一个能够全面反映地理现实的信息模型。

3. 多源地理数据

多源地理空间数据产生有客观和主观两个方面的原因。客观原因是：现实世界的自身复杂性和模糊性，人类对现实世界认识表达能力的局限性以及观测手段存在误差，计算机对地理对象表达的局限性和数据处理中存在的误差。主观原因包括两个方面：一方面，测绘业务部门受人力和物力的限制，所提供的基础地理空间数据产品难以满足要求；另一方面，高精度地理空间数据是国家的保密产品，它的传播和使用的范围受一定限制。地理信息应用部门根据自己特定的应用目的采集的地理空间数据，由于受地理实体的不确定性、认识表达能力的局限性、测量误差、数字化采集误差及地理空间数据在计算机中表达的局限性等因素的影响，不同的数据获取手段，如遥感、实地勘测、地图、不同专业领域的数据，不同的比例尺，不同的获取时间和使用不同软件系统所获取的同一地区的地理空间数据存在差异。这种同一地区多次获取的地理空间数据称为多源地理空间数据。

广义上讲，多源空间数据包括多数据来源、多数据格式、多时空数据、多比例尺(多精度)、多语义性几个层次；狭义上讲，多源空间数据主要是指数据格式的多样式，包括不同数据源的不同格式及不同数据结构导致的数据存储格式的差异。多源，指地理数据内容丰富、来源广泛、形式多样、结构各异和量纲不一。内容丰富：描述地理实体空间特征、属性特征、关系特征和动态特征四类特征；来源广泛：野外观测与实验、地图数字化、文本资料、统计图表、遥感图像、GPS 轨迹、公众出行等；形式多样：数字、文字、报表、图形和图像等形式；结构各异：地理数据模型的差异、支撑软件平台的差异导致数据结构的差异；量纲不一，不同的空间坐标系统，属性既有定量数据，又有定性的文字描述。地理空间数据分为地理矢量数据和栅格数据，它们的数据来源、结构和格式都不同。

4. 地理数据关联特点

地球表层是一个具有动态变化、非线性特征明显、空间相互作用显著、时间紧密连续的复杂系统。多源地理数据客观记录了地理世界的演变规律，为了满足综合地学分析、防灾减灾、政府决策等重大需求，需要利用不同学科、专业和应用的地理数据，基于地理现象的空间、空间相似、语义和时空序列等关系，以地理空间位置为媒介建立数据之间的相关性和依赖度，得到多源地理数据之间的内在联系，将相互影响、相互制约、相互依存的地理要素构成一个有机整体，实现区域内自然和人文地理要素的整体全息关系表达，揭示出蕴含在数据背后的客观世界的本质规律、内在联系和发展趋势，为人类可持续发展提供科学决策依据。

地理数据基本构成思想是围绕某一地理现象进行构建，是将数据的组织方式由事务化转化为对象化，这是地理数据与传统数据关联的最大区别。地理数据之间的关联信息是地理数据的重要内容。地理数据是与地理现象相关的数据及其关系的数据集合。

1.3　地理信息关联理论

在地球上的事物和现象是相互依存、相互制约、相互影响和相互作用的。地理信息联系是地理现象客观存在的本质特征，地理信息是特殊的空间信息。地理信息关联理论继承了信息的关联理论。

1.3.1　信息关联理论

理论的创立来源于现象。人们在实践中认识了某类现象，产生了兴趣，运用相关知识详细分析，提出合理的假设，根据这一假设再回到实践中检验，被实践检验为正确的假设就可以上升为理论，被人们所接受，成为科学。

1. 普遍联系原理

哲学认为万事万物皆有联系，世界上没有孤立存在的事物。普遍联系的观点是唯物辩证法的根本观点，是唯物辩证法的一个总特征。联系是事物之间以及事物内部诸要素之间相互影响、相互制约和相互作用。人们以事物间存在普遍联系这一客观事实为依据，得出了相关定律。相关定律也叫普遍联系定律，主要内容包括以下三个方面。

(1) 任何事物内部的各个部分、要素、环节是相互联系的。世界上任何事物都是由若干部分、要素构成的。构成事物的各个部分、要素不是散乱的一团，而是相互依存、相互联系的。

(2) 任何事物都与周围的其他事物相互联系。正是由于事物之间存在这种普遍联系，它们才会相互作用、相互影响。这个联系包括横向联系和纵向联系两个方面。任何事物都不能孤立存在，都与周围其他事物处于相互联系之中，是该事物存在和发展的条件。

(3) 整个世界是一个相互联系的统一整体。联系的普遍性不仅指一事物与周围其他事物存在联系，还包括事物内部诸要素之间存在联系。不能把普遍联系理解为任何两个事物之间都有联系。事物总是处在普遍联系之中，这是无条件的、绝对的；而某一具体事物与另一具体事物是否有联系，则是具体的、有条件的、相对的。不能把联系的普遍性等同于联系。联系的普遍性是联系的特征之一，另外，联系还具有客观性、多样性特征。从自然界的内部到人类社会的内部、人的意识内部，从自然界与人类社会之间到客观世界与人的意识之间，都连接为一个统一的整体。整个世界就是一个普遍联系的有机整体，没有任何一个事物是孤立存在的。

我们认知的客观世界是由相互联系和相互作用的诸元素构成的统一整体，也就是说客观世界本身就是整体，因此它必然具有整体性的基本特征。由客观世界各个构成要素形成的有机整体，从整体与部分相互依赖、相互制约的关系中揭示事物的特征和运动规律。

普遍联系原理给我们的启示是：这个世界上的事物之间都有一定的联系，没有一件事物是完全独立的。由于事物间的普遍联系，因而不同事物相互作用，相互影响。积云成雨，说的是云和雨的关系；水涨船高，说的是水和船的关系。这些都充分说明了事物之间是相互关联的，整个世界是一个相互联系着的统一整体。

2. 认知关联理论

1) 认知理论

认知理论是关于有机体学习的内部加工的过程，如信息、知识及经验的获得和记忆、达到顿悟，使观念和概念相互联系以及问题解决的各种心理学理论。认知学派把人的心理功能看作信息加工系统。认知心理学重视心理内部过程的研究。认知心理学将认知过程看作一个由信息的获得、编码、储存、提取和使用等一系列连续的认知操作阶段组成的按一定程序进行信息加工的系统。

在认知过程中，通过信息的编码，外部客体的特性可以转换为具体形象、语义或命题等形式的信息，再通过储存，保存在大脑中。这些具体形象、语义和命题实际就是外部客体的特性在个体心理上的表现形式，是客观现实在大脑中的反映。认知心理学将在大脑中反映客观事物特性的这些具体形象、语义或命题称为外部客体的心理表征，简称表征。通常，表征还指将外部客体以一定的形式表现为大脑中的信息加工过程。

2) 认知关联

人类语言活动的本质是认知。人类的认知以关联为取向，话语理解是从一系列假设中识别相关的假设，这个假设所产生的语境效果越大，就越具有关联性；语言交际关联性的大小决定了语言交际的成功与否。人类进行语言交际时可能仅仅是一个"嗯"字便能胜过长篇大论所取得的效果，而人类如何进行语言交际一直是相关领域学者关注的焦点之一。

代码理论认为语言交际是通过编制和解译符号代码进行的，即编码和解码。交际过程涉及一系列的符号与信息，将二者联系起来的是代码。语言交际中，说话人通过语言符号(即话语)对信息(即说话人打算传递的思想)进行简单的编码(encoding)，这套语码通过信道/空气传播给听话人；听话人对话语理解的过程就是对信息的接收和解码(decoding)，之后实现交际。代码模式下的交际实质上是一个机械过程，说话人传递信息的过程也就是传递符号的过程。在这个过程中，语言充当信息传递的代码。说话人通过语言来发送信息，听话人通过语言来接收信息，其间经历编码、发送、传递、接收、解码五个阶段。由于人与人之间具有认知、学识、立场以及理解能力等差异，会导致编码与解码有所差异。因此成功交际是一个信息复制过程，即编码信息等同于解码信息。代码模式无法充分描写人类语言交际的各种复杂情况。人类的语言交际活动不可能是代码模式所描述的那种单纯的语码交际；人类交流思想仅通过语言编码/解码是不能完成的，还需通过现实的语境等手段分析语言以外的含义；语言是人类思想的外部形式，说话人的心理状态与意图对语言形式有非常大的影响；在说话人不同的心理状态下即使是同一语言形式其意义也不尽相同。所以简单的对话码的解码并不能了解说话人的真实意图及其命题态度。

莫里斯把语用学看成是探讨语言符号与符号使用关系的学科，格赖斯、奥斯汀等认为符号信息和交际意图有关系，是由推理支撑的超符号关系。斯波伯和威尔逊逐渐把语言超符号关系的研究引入了认知的轨道，于1986年出版了一本名为《关联性：交际与认知》的专著，提出了与交际和认知有关的关联理论(relevance theory)。1995年，他们又推出了第二版。它是近几年来在西方语用学界有较大影响的认知语用理论。

关联理论有两个原则：第一个原则(认知原则)即人类的认知以关联为取向，也就是说，人类无论做什么事情，大都更关注相关信息。人类的认知倾向与最大程度的关联性相吻合。第二个原则(交际原则)：即每一个话语(或推理交际的其他行为)都应设想为话语或行为本身具备最佳的关联性。说话者以引起听话人的注意为出发点，听话人根据对相关的期待推导出说话者的意图。

认知作为一个心理术语，涉及人对信息的选择、接收、处理、理解和储存的能力和过程，关联则涉及一个省力问题，关联性越强，话语就越直接，认知所耗的脑力越小，给受话者带来的认知负荷就越小；关联性越弱，话语就越隐含，消耗的脑力越大，受话者的认知负荷越大。关联理论是基于这种生物心理性质的经济原则，把关联定义为认知关联(人的认知倾向于最大限度地增加关联)和交际关联(交际行为所传递的是最佳关联的假设)。

关联理论的观点认为，语言符号的运作或语言交际，从认知角度出发，把语境定义为一个心理结构体，它是受话者头脑中关于世界的一系列假设，不仅包括交际的具体环境和上下文的信息，还包括对未来的期待、总体文化概念以及受话者对说话人心智状态的判断等，这些都对话语的理解起重要作用。在语言交际中，受话者对世界的假设以概念表征的形式储存在大脑中，构成用来处理新信息的认知语境。话语的关联程度依赖于语境效果和处理能力，语境效果与关联成正比，处理能力与关联成反比。并将把处理努力理解为认知语言环境所消耗的脑力，关联性越强，话语就越直接，认知所消耗的脑力越小，给受话者带来的认知负荷就越小；反之亦然。

在关联理论中，语境假设就是认知假设。听话人凭借认知语境中的逻辑、百科和词语信息作出语境假设。找到对方话语与语境假设的最佳关联，通过推理推断出语境暗含的意思，最终取得语境效果，达到成功交际。关联理论对格赖斯会话理论提出挑战。关联理论认为，交际不是以合作准则为基础的，为使交际成功，说话人与听话人唯一的共同目标就是要理解对方与被对方理解。

3. 知觉整体理论

与感觉不同，在知觉过程中，人们不是孤立地反映刺激物的个别特性和属性，而是多个个别属性的有机综合，反映事物的整体和关系，这就是知觉的整体性。知觉的整合作用离不开组成整体的各个成分的特点。如点子图，尽管这些点子没有用线连起来，但仍能看到一个三角形和一个长方形。如果点子数量不同，其空间分布不同，我们知觉到的几何形状也不同。我们对事物个别属性的知觉依赖于事物的整体特性。如观看缺口的圆环，没顶的三角时，心目中仍能将缺少的部分补足，完成一个整体的形象。在此过程中过去的知识和经验常常能提供补充信息(图 1.3.1)。

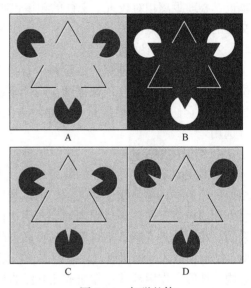

人们对知觉场中客体的知觉，是根据它们各部分彼此接近或邻近的程度而组合在一起的。各部分越接近，组合在一起的可能性就越大。也就是说，靠的近的元素比离得远的元素更被认为是有关联的，空间中距离相近的元素会看作一体。接近性是暗示元素关联性的最佳工具，可以利用它更快更有效地划分信息层级。人们在知觉时，对刺激要素相似的项目，只要不被接近因素干扰，就会倾向于把它们联合在一起。换言之，相似的部分在知觉中会形成若干组。相比分散的元素而言，相似的元素会被认为是有关联的。人的潜意识会将视线内一些相似的元素自动整合

图 1.3.1　知觉整体

成整体。相似性帮助我们用关联性组织元素，这些属性可以是颜色、大小、形状或方向。

格式塔心理学知觉律认为人们有一种倾向，尽可能把被知觉到的东西呈现为一种最好的形式——完形，如图 1.3.1 所示。如果一个人的知觉场被打乱了，他马上会重新形成新的一个知觉场，对被知觉的东西仍然有一种完好的形式。需注意的是，这种完好的形式并不是指最佳的形式，而是指具有一种完整性。这个过程，也就是前面所说的知觉重组的过程。

知觉整体性的三条定律如下。

(1) 接近律。在空间、时间上彼此接近的部分容易被人知觉为一个整体。

(2) 相似律。物理属性(强度、颜色、大小、形状)相似的个体易被知觉为一个整体。

(3) 连续律。具有连续性或共同运动方向等特点的客体，易被知觉为同一整体。

接近性和相似性一同帮助我们组织关联元素。

4. 接近关联理论

事物由于受空间相互作用和空间扩散的影响，彼此之间可能不再相互独立，而是相关的。例如，视空间上互相分离的许多市场为一个集合，如市场间的距离近到可以进行商品交换与流动，则商品的价格与供应在空间上可能是相关的，而不再相互独立。实际上，市场间距离越近，商品价格就越接近、越相关。

1) 邻近性原则

远亲不如近邻，邻近性原则是人们认知的一个重要原则。典型的邻近关系是空间领域的

一种位置关系，它对语言的理解有影响。认知发展心理学的研究表明，主体对于空间位置的表征至少有三种形式：第一种是自我中心的表征，即用主体自身与目标物之间的位置关系来标明目标物的具体位置；第二种是用关系来标明目标物的具体位置，即用环境中的其他物体与目标物之间的关系来标明目标物的具体位置；第三种是描述目标物的位置，即利用些抽象的形式(如地图等)来描述目标物的位置。

调查结果表明，居住距离越近的人，交往的次数越多，关系越密切。在人际交往中，距离的接近程度与交往的频率有直接的关系，较小的空间距离有利于建立密切的人际关系。这便是心理学上的邻近性原则，是指人与人之间的距离，对双方的亲密程度影响很大：空间距离越近，心理距离相对较近，交往的频率也越高；相反，空间距离越远，心理距离也随之较远，交往的频率也较低。

2) 邻近性关联度量

邻近性关联度量是综合评定两个事物之间相近程度的一种度量，某位置上的数据与其他位置上的数据间的相互依赖程度。两个事物越接近，它们的关联度量也就越大，而两个事物越疏远，它们的关联性度量也就越小。关联度量的方法种类繁多，一般应根据实际问题进行选用。

5. 相似关联理论

相似现象是自然界存在的普遍现象，支配相似现象的固有规律是事物间的相似性，揭示相似规律的学科称为相似性科学。物以类聚是人们根深蒂固的概念，无论是色彩、形状或质感方面的相似，在一定范围内均会产生这样的联系效果。一切事物都是以相似性为中介而联系的。相似性是人感官上对事物内在联系的一致性认识。常见相似性关系主要包括：形式相似、结构相似、过程相似、关系相似和功能相似。相似联想思维法是指根据事物之间的形式、结构、性质、作用等某一方面或几方面的相似之处进行联想。

相似理论是研究自然现象中个性与共性，或特殊与一般的关系以及内部矛盾与外部条件之间关系的理论。相似理论主要应用于指导模型试验，确定模型与原型的相似程度、等级等。在地理模型的建造中，主要涉及相似性原理。相似性理论的概念，很早就被承认是一种有力的工具，将其应用于一般的推理过程。地理模型是对某种地理学理论的揭示，事实上它是一种客观实体的相似物。同地理系统相比，人们对于地理模型更加熟悉，理解起来也更加容易。它通常包括了内部关系上更为简单的可接近性、可观测性、可控制性，而且更为方便和更加容易地被建造出来，并可以进一步去深化和发展。一般说来，任何两种事物、事件、形势、状态、属性、结构、功能等，倘若它们在某个范围内或某种层次上，在性质、行为或函数方式等方面具有某种程度的相像，即可以认为它们是相似的。于是在实际中，相似这个术语常被松散地表达事物在广泛范围内的可比程度。

随着计算机技术的不断进步，相似理论不但成为物理模型试验的理论而继续存在，而且进一步扩充其应用范围和领域，成为计算机仿真等领域的指导性理论之一。随着相似概念日益扩大，相似理论有从自然科学领域扩展到包括经济、社会科学以及思维科学和认知哲学领域的趋势。

1) 相似性原则

一切创造，无论是自然界的创造还是人类的创造，都是基于某种相似性而进行的。科学地讲，相似绝非等于相同。相似就是客观事物存在的同与变异的辩证统一。在客观事物发展过程中，始终存在着同和变异。只有同，才能有所继承；只有变异，事物才能往前发展。

著名科学家高士其在为《相似论》所作的序中这样写道：我们生活在科学的世界，我们更生活在规律的世界，每一件事都有其规律可循，科学本身就是在遵循规律，运用规律上的劳动创造。世界上的事物，虽然千姿百态，但究其内在的本质，都有其相同的哲理，当我们摸清了事物各自迥异的个性后，就需要开始去寻找它们内在的共性，这才是一个明哲、智慧的做法，也是认识事物的最好途径。只有这样才能掌握大自然的运动规律，从而站在哲学的高度，通晓自然科学和社会科学领域的真谛。

人类研究相似现象，并不是看相似而说相似，而是为了透过相似现象，认识相似的本质。相似的观点产生于人们的相似思维，相似思维又提供人们认识世界的一种思辨方法，它能使我们透过表面现象认识问题本质。

2) 相似性思维

在人们的认识过程中，有时面对的认识对象不是判断其性质的差异性，而是观察、分析、综合其相似性、规律性，对实物之间的相似性、规律性的认识，逻辑思维是无能为力的，只能依靠相似思维的思维操作来进行。因为相似思维不是对逻辑关系的思考、判断，而是在两个或几个事物的形象上来洞察其性质的相似性，所以相似思维是寓于形象的思维。相似性思维分为相似分析与综合。相似分析就是从一个具有某种性质特点的事物身上联想到与它的性质、特点相似的另一个事物或一类事物。相似综合就是在形式上具有差异性的两个或几个事物中发现了它们的内在性质具有相似性特征。相似分析思维的目的在于看出对象事物的各自个体特征，从而认识这个事物的完整特征，而相似性综合思维的目的在于从纷繁的事物中看出共性、规律、原理。

相似思维可以分为互相似思维和自相似思维两大类型。互相似思维是指在两个独立的具有外在差异性的事物上洞察到其内在性质的相似的思维过程。互相似思维是在两个或两个以上的事物身上发现性质的相似性，其实，相似分析和综合还可以运用到对某种认识对象内部特征的认识上。自相似思维是指从一个事物的局部特征洞察到这个事物的整体特征的思维活动过程，或者从一个个体事物身上洞察到这个个体事物所属的类的事物整体性质特征的思维过程。简言之，自相似分析和综合是从事物的局部洞察事物的整体性质的相似性的思维过程。他相似即人们一般所说的相似，而自相似则既指全息思维，又指混沌学的分形思维。应该说，自相似思维是一种更为高级的思维方法和艺术。

3) 互相似原理

互相似将两种不同事物间某些相似的特征进行比较。两个属于同一类的物理现象，如果在空间、时间对应点上所有表征现象的对应的物理量都保持各自的固定的比例关系(如果是矢量还包括方向相同)，则两个物理现象相似。物理现象(过程)的相似是以几何相似为前提的，并且是几何相似概念的扩展。两个流场的空间、时间对应点上所有表征流场的对应的物理量都保持各自的固定的比例关系(如果是矢量还包括方向相同)，则两个流场相似。若两个现象服从同一规律，即两个现象可以用同一物理方程描述，则称这两个现象为同类现象。两个现象如相似，则必为同类现象，这是两个现象相似的一个必要条件。能把一个现象从同类现象中区分出来的条件，称为单值条件。涉及单值条件的物理量，称为单值件。有了描述现象的物理方程，并给定了单值条件后，对现象的数学描述才是完整的。彼此相似的现象，其同名相似准则的数值一定相等。反之，如果两个流动的单值条件相似，而且由单值条件组成的同名相似准则的数值相等，则这两个现象一定相似。

相似第一定理：两个相似的系统，单值条件相同，其相似判据的数值也相同。

相似第二定理：凡同一类物理现象，当单值条件相似且由单值条件中的物理量组成的相似准则对应相等时，则这些现象必定相似。它是判断两个物理现象是否相似的充分必要条件。相似第二定理又称相似第一定理逆定理。

相似第三定理：凡具有同一特性的现象，当单值条件(系统的几何性质、介质的物理性质、起始条件和边界条件等)彼此相似，且由单值条件的物理量所组成的相似判据在数值上相等时，则这些现象必定相似。

4) 自相似性理论

自然界有一种很常见的现象，那就是局部与整体的惊人相似。局部与整体相似的现象称为自相似(self-similarity)。自相似是部分和整体严格的相似，反映了整体与部分关系。地理学中有广泛的自相似现象，如地形起伏、海岸线的形状和长度、分水岭及水系的分布、河流流量、降水量、气温、气压随时间的变化具有自相似性。

(1) 全息论。全息论是研究事物间所具有的全息关系的特性和规律的学说。它本质上是事物之间的相互联系性。全息论的核心思想和主要观点是：宇宙是一个各部分之间全息关联的统一整体。

全息相似是指整体和部分之间的相似性。部分就犹如整体的缩影，系统整体呈现多级相似镶套结构，这种系统称为全息系统。因为整体与部分相似，所以由相似的传递性，便可导出部分和部分的相似。如果系统与系统之间存在相似性，整体和部分以及部分与部分之间在形态、结构方面也都具有相似性，那就可以在整体里面寻找浓缩的信息的局部；也能反过来，寻找部分所隶属的整体，并存在信息的对应性。

全息地理学是将部分能反演整体，时段能反演过程的物理学全息概念应用于地理学的一种研究方法。

(2) 分形理论。自相似思维又指混沌学的分形思维。组成部分以某种方式与整体相似的形体叫作分形。分形理论的重要原则包括自相似原则和迭代生成原则。其表征分形在通常的几何变换下具有不变性，即标度无关性。由于自相似性是从不同尺度的对称性出发，也就意味着递归。分形形体中的自相似性可以是完全相同，也可以是统计意义上的相似。

分形是一个数学术语，也是一套以分形特征为研究主题的数学理论。分形理论既是非线性科学的前沿和重要分支，又是一门新兴的横断学科，是研究一类现象特征的新的数学分科，相对于其几何形态，它与微分方程与动力系统理论的联系更为显著。分形几何是一门以不规则几何形态为研究对象的几何学。因为不规则现象在自然界普遍存在，所以分形几何学又被称为描述大自然的几何学。分形几何学建立以后，很快就引起了各个学科领域的关注。不仅在理论上，在实用上分形几何都具有重要价值。

分形几何与传统几何相比有以下几个特点：①从整体上看，分形几何图形是不规则的。例如，海岸线和山川形状，从远距离观察，其形状是极不规则的。②在不同尺度上，图形的规则性又是相同的。上述的海岸线和山川形状，从近距离观察，其局部形状又和整体形态相似，它们从整体到局部，都是自相似的。当然，也有一些分形几何图形，它们并不完全是自相似的。其中一些是用来描述一般随机现象的，还有一些是用来描述混沌和非线性系统的。

分形的自相似性是从不同尺度的对称性出发，也就意味着递归。线性分形又称为自相似分形。自相似原则和迭代生成原则是分形理论的重要原则。根据自相似性的程度，分形可以分为有规分形和无规分形。有规分形是指具体又严格的自相似性，即可以通过简单的数学模型来描述其相似性的分形，迭代生成无限精细的结构，如科契雪花曲线、谢尔宾斯基地毯曲线等。这种有规分形只是少数，绝大部分分形是统计意义上的无规分形。无规分形是指具有统计学意义上的自相似性的分形，如曲折连绵的海岸线、飘浮的云朵等。

分数维度是基于分形理论产生的，作为分形的定量表征和基本参数，是分形理论的又一重要原则。在欧氏空间中，人们研究一个几何对象，总是习惯于在欧几里得空间对其研究和度量，空间的维数用字母 n 表示，通常为整数，如 n 分别为 1、2、3 时，对应的空间为线性、平面、立体空间，在相应的空间中，我们可以测得几何对象的长度、面积、体积等。数学家豪斯道夫(Hausdorff)在 1919 年提出了连续空间的概念，也就是空间维数是可以连续变化的，它可以是整数也可以是分数，称为豪斯道夫维数。它表征分形在通常的几何变换下具有不变性，即标度无关性。

分形一词，是芒德勃罗创造出来的，其原意具有不规则、支离破碎等意义。分形具有以非整数维形式充填空间的形态特征。通常被定义为一个粗糙或零碎的几何形状，可以分成数个部分，且每一部分都(至少近似的)是整体缩小后的形状，即具有自相似的性质。

由于图形拥有自相似性，产生了分数维度。分形作为一种数学工具，现已应用于各个领域，如应用于计算机的各种分析软件中。

6. 统计相关理论

在大量变量关系中，存在两种不同的类型：函数关系和相关关系。函数关系是指变量之间存在的一种完全确定的一一对应的关系，它是一种严格的确定性关系。相关关系是指两个变量或者若干变量之间存在一种不完全确定的关系，它是一种非严格的确定关系。由于人类认知水平的限制，有些函数关系目前可能表现为相关关系。对具有相关关系的变量进行量上的测定需要借助于函数关系。

1) 数理统计理论

数理统计研究的对象主要是带有随机性质的自然及社会现象。它通过现象的观察收集一定量的数据，然后进行整理、分析，并应用概率论的知识作出合理的估计、推断、预测。其核心是相关与回归分析和统计预测。数理统计的理论基础是概率论中的大数定律和中心极限定律。

(1) 统计定律。在随机事件大量重复出现时，往往呈现几乎必然的规律，这个规律就是大数定律。通俗地说，这个定理就是，在试验不变的条件下，重复试验多次，随机事件的频率近似于它的概率。偶然中包含着某种必然，大数定律通俗一点来讲，就是样本数量很大的时候，样本均值和真实均值充分接近。

中心极限定理，是指概率论中讨论随机变量序列部分和分布渐近于正态分布的一类定理。该定理证明所研究的随机变量如果是由大量独立且均匀的随机变量相加而成，那么它的分布将近似于正态分布。中心极限定理就是从数学上证明了这一现象。

(2) 相关分析。相关分析是研究两个或两个以上处于同等地位的随机变量间的相关关系的统计分析方法。如人的身高和体重之间、空气中的相对湿度与降水量之间的相关关系都是相关分析研究的问题。

在判断相关关系密切程度之前，首先确定现象之间有无相关关系。确定方法有：①根据自己的理论知识和实践经验综合分析判断；②用相关图表进一步确定现象之间相关的方向和形式。在此基础上通过计算相关系数或相关指数来测定相关关系密切的程度。

(3) 回归分析。在统计学中，回归分析指的是确定两种或两种以上变量间相互依赖的定量关系的一种统计分析方法。回归分析按照涉及的变量的多少，分为一元回归和多元回归分析；

按照因变量的多少，可分为简单回归分析和多重回归分析；按照自变量和因变量之间的关系类型，可分为线性回归分析和非线性回归分析。

在大数据分析中，回归分析是一种预测性的建模技术，它研究的是因变量（目标）和自变量（预测器）之间的关系。这种技术通常用于预测分析、时间序列模型以及发现变量之间的因果关系。

相关分析与回归分析之间的区别是回归分析侧重于研究随机变量间的依赖关系，以便用一个变量去预测另一个变量，相关分析侧重于发现随机变量间的种种相关特性。

2) 时间序列相关

记忆是我们感知时间存在的有力证据之一。时间是物质运动的延续性、持续性、顺序性及连续性，是物质周期性运动的某个过程、状态或性质。时间序列分析分为互相关(cross correlation)和自相关(auto correlation)两种。

互相关是两个不同时间序列的比较，如商店中的顾客数量与每天的销售数量之间是否存在相关性？以时间 x 为时间变量，$f(x)$ 和 $h(x)$ 为时间函数，$f(x)$ 和 $h(x)$ 互相关定义为由含参变量 x 的无穷积分定义，即

$$R_{fh}(x) = \int_{-\infty}^{\infty} f^*(x')h(x'+x)\mathrm{d}x'$$

或

$$R_{fh}(x) = \int_{-\infty}^{\infty} f^*(x'-x)h(x')\mathrm{d}x'$$

类似于卷积，这里参变量 x 和积分变量 x' 均为实数，函数 $f(x)$ 和 $h(x)$ 可以是实数，相关运算的结果反映了两个函数之间相似性的量度。特别是对于实函数 $f(x)$ 和 $h(x)$ 而言，其相关运算相当于求两函数的曲线相对平移 1 个参变量 x 后形成的重叠部分与横轴所围区域的面积。

自相关是时间序列在不同时间与其自身的比较，是指函数在一个时刻的瞬时值与另一个时刻的瞬时值之间的依赖关系。而经济系统的经济行为都具有时间上的惯性。例如，GDP、价格、就业等经济数据，都会随经济系统的周期而波动。又如，在经济高涨时期，较高的经济增长率会持续一段时间，而在经济衰退期，较高的失业率也会持续一段时间，这种情况下经济数据很可能表现为自相关。

3) 灰色关联度分析

灰色系统这个概念的提出是相对于白色系统和黑色系统而言的。按照控制论的惯例，颜色一般代表的是对于一个系统我们已知的信息的多少，白色代表信息充足，元素之间的关系都是能够确定的；而黑色代表我们对于其中的结构并不清楚的系统，通常叫作黑箱或黑盒的就是这类系统。灰色介于两者之间，表示我们只对该系统有部分了解。灰色系统理论提出了对各子系统进行灰色关联度分析(grey relation analysis，GRA)的概念，意图通过一定的方法，去寻求系统中各子系统(或因素)之间的数值关系。灰色关联分析是指对一个系统发展变化态势的定量描述和比较的方法，其基本思想是通过确定参考数据列和若干个比较数据列的几何形状相似程度来判断其联系是否紧密，它反映了曲线间的关联程度。

灰色关联度分析是一种多因素统计分析方法。灰色关联度分析是以各因素的样本数据为依据，用灰色关联度来描述因素间关系的强弱、大小和次序。若样本数据反映出的两因素变化的态势(方向、大小和速度等)基本一致，则它们之间的关联度较大，反之，关联度较小。简单来讲，就是在一个灰色系统中，若想要了解其中某个项目受其他因素影响的相对强弱，可

假设已经知道某一个指标可能与其他某几个因素相关，那么问题转化为这个指标与其他哪个因素相对来说更有关系，而哪个因素相对关系弱一点，依次类推，把这些因素进行排序，得到一个分析结果，就可以知道受关注的这个指标与因素中的哪些更相关。此方法的优点在于思路明晰，在很大程度上减少由于信息不对称带来的损失，并且对数据要求较低，工作量较少；主要缺点在于要求需要对各项指标的最优值进行现场实时确定，主观性过强，同时部分指标最优值难以确定。

1.3.2　地理信息关联原理

地理空间认知是研究了解地球表面各种事物与现象的相互位置、空间分布、依存关系以及它们的变化规律的行为过程。

1. 地理环境整体性原理

地球表层或地理环境是一个复杂的多级系统，存在普遍的相互联系。地理环境的两个最基本特征是整体性和差异性。

1) 地理环境整体性

地理环境的整体性有两种表现：①地理环境各要素的关联性。地理环境中的各要素相互联系，相互渗透，构成一个整体。各个要素都是作为整体的一部分发展变化的。②地理环境各要素的制约性，表现为某一要素的变化会导致其他要素甚至整个环境状态的变化。

2) 地理环境差异性

差异就是事物及其事物的运动过程的不同或差别。差异性在地理环境中的表现是由性质不同的各种要素(地形、气候、水、生物、土壤等)组成的；每种要素不是以单一形态而是以多种形态存在；地理环境是大小不同的各种形态单位有规律的组合。地域差异是指全球陆地环境是统一的整体，不同地区表现出极为显著的地域性。

差异是自然界人类社会的根本动力，是一切动力之源。没有差异就没有量子涨落，没有自组织、没有演化、没有系统、没有生命。没有差异就没有一切的存在，没有多元化的世界，没有人类的进步。物质世界客观的差异现象启示我们，差异是万事万物存在的基本样态和基本形式。与差异相似或相近的概念还有变异、分离、分化、突变等，它们分别从不同的角度或方面表达着事物间或事物内部差异的含义。

3) 地理环境关联性

事物的差异导致了事物的联系，事物的联系又导致了事物的运动变化和发展。一方面，没有差异就不能构成联系。如果事物都是混沌一片，没有区别，事物只能是一，而不是多，而只有一个的事物是谈不上谁与谁联系的。联系只能是具有差异性的具体事物、现象之间的联系。另一方面，没有联系也就没有差异。这是因为事物的差异要在一物与他物的联系中得到体现和验证。具体而言，事物的差异是在与他物的对比性联系中加以体现和验证的。

差异与发展包括两层含义：一方面，没有联系就不能构成运动，也不能显示运动，因为事物之间的相互联系总是通过联系的对象间的相互作用表现出来，而相互作用必然使对象的原有状态或性质发生或大或小的改变，即相互联系引起相互作用，进而引起运动。另一方面，离开事物的运动，也不能理解事物的联系，因为如果一切事物都不运动，都是绝对静止的，那么各事物之间也就不会有相互作用，因而也就没有联系。

2. 地理空间相关性原理

物理学中一个非常重要的概念是扩散，扩散现象是指当两种物质相接触时，物质分子可以彼此进入对方的现象。扩散现象是一个基于分子热运动的现象，是分子通过布朗运动从高浓度区域(或高化势)向低浓度区域(或低化势)活动的过程。它是趋向于热平衡态的弛豫过程，是熵驱动的过程。熵是热力学中表征物质状态的参量之一，其物理意义是体系混乱程度的度量。熵增原理能解释为何在地球上会出现生物这种有序化的结构。地球上的生物是一个开放系统，通过从环境摄取低熵物质(有序高分子)向环境释放高熵物质(无序小分子)来维持自身处于低熵有序状态。而地球整体的负熵流来自植物吸收太阳的光流(负熵流)产生低熵物质。地理扩散是一个与地理隔离相对的过程，指阻挡两个生态系统或种群之间发生交流的地理屏障消失后，两个生态系统或种群开始逐步融合的过程。

1) 空间自相关性

由于受空间相互作用和空间扩散的影响，地理事物彼此之间可能不再相互独立，而是相关的。空间上的相关性或关联性是自然界存在秩序与格局的原因之一，即地理事物或属性在空间分布上互为相关，存在集聚、随机、规则分布。在空间统计学中，相似事物或现象在空间上集聚的性质称为空间自相关(spatial autocorrelation)。空间自相关性是研究地球表面上的事物或现象之间存在着某种联系，即地理单元里某种现象存在与周围其他现象存在的联系，从另一个角度来说，空间自相关是研究同一种现象的聚集和分散程度。地物之间的相关性与距离有关，一般来说，距离越近，地物间相关性越大；距离越远，地物间相异性越大。空间相关性亦称为"地理学第一定律"，由 Tobler 提出。

2) 空间依赖性

空间自相关性是对单变量数据的描述，指某一空间单元和其他单元之间的功能性关系，也称为空间依赖性。空间依赖性是指当地理空间中某一点的值依赖于和它相邻的另一点的值时，就产生了空间依赖性，于是在这一个地理空间中各个点的值都会影响相邻的其他点的值。空间依赖性也称为空间自相关。在统计上，通过相关分析可以检测两种现象(统计量)的变化是否存在相关性。形象地讲就是度量自己行为对自己周边的影响。空间自相关系数度量的是同一事件在两个不同空间之间的相关程度。例如，在布局气象站时，不是隔几米或几十米布设一个，而是"零星"地布置了几个站点。利用这些"零星"站点的气象信息及气象要素的空间自相关性，我们可以比较准确地推测无气象站周围地区的气象信息。空间相关性可以用半方差函数体现，也可以用距离衰减函数表达，或用空间自相关系数表达，还有人用泰森多边形的方式实现。

3. 地理空间异质性原理

地球表面太阳辐射的纬度分带性和地球内能非均质性导致了地域分异。随着对陆地表面的分异现象的深入研究，人们发现许多自然地带是不连续的，大的山系、高原还出现垂直带现象。这种空间的隔离，造成了地物之间的差异，即异质性。

地理现象的空间异质性(即空间差异性)是指地理现象的空间变化以及变化的差异性，即不可控的空间变化规律。空间异质性理论认为地理环境越复杂、越多样，即异质性越高，则动物和植物的区系就越复杂，物种多样性越高。

空间异质性(spatial heterogeneity)是指生态学过程和格局在空间分布上的不均匀性及复杂性，所研究的系统或系统属性在空间上的复杂性和变异性。

空间异质性定律(law of spatial heterogeneity)是不可控的空间变化规律。空间异质性定律用来解释地表之间存在差异。它认为每一个空间位置上的事物(现象)都具有区别于其他位置上的事物(现象)的特点，有其存在于空间的必然性、关联性和异同性。如一个相对独立的事物相对于其他事物，在空间上相对独立，且与其他事物不同且有着一定的联系。

空间异质性分为空间局域异质性(spatial local heterogeneity)和空间分层异质性 (spatial stratified heterogeneity)，前者是指该点的属性值与周围不同，如热点或冷点；后者是指多个区域之间互相不同，如分类和生态分区。

空间异质性定量分析可从空间特征与空间比较两方面考虑。空间特征主要采用数学方法，如变异函数、信息指数、分数维等对景观上某些属性的空间变异定量化。空间比较是在空间特征定量化基础上，探索景观属性的变异程度，探测同一系统、同一变量在不同抽样时间中的变化；比较不同地点同一变量在不同系统间的变化；建立同一地点上不同变量之间的相关关系。

4. 地理环境相似性原理

地域相似性研究也是地域差异研究的主要内容和比较方法之一。尽管地域相似性研究并不显示地域差异特点，但从大范围看，在对区域某个要素或几个要素的相似程度研究后，能据此划分出不同类型的地区。地域相似并不是地域差异的对立，而只是一种将次要差异加以忽略，将主要差异予以强调的概括。地域的相似和差异研究是地域差异研究的两个重要方面。

1) 地理环境相似

自然界存在大量的相似现象：中低纬的高山都有相似的自然带垂直更替现象；赤道附近的高大山岭，其垂直自然带的分布规律相似于自赤道到两极所出现的水平自然带分布。在地理研究中我们不仅重视区域差异性，还要注意区域之间的联系，认识到差异背后的相似性。地理相似性是指不同空间位置在地理环境(包括空间和非空间要素)上的综合相似性，即地理景观越相似，其构成的地理因素越相似。在地理研究中人们往往在相似的地理环境中寻找同一种地理现象。这里需要说明三点：①不同位置在空间上不一定相衔接；②地理特征是指所关注的目标地理变量的特征；③在一个位置上的地理环境(地理要素的构成)与所关注的对象(目标地理变量)有关。

地理综合体由地理要素组成，主控地理环境因子对地理综合体的形成具有决定性作用。首先，空间相关性定律和空间异质性定律都只考虑空间维，它们只考虑地理现象在空间距离这个单变量上的关系(相似或异质)，忽略了地理现象中一个要素与其他地理要素的相互作用关系；而地理相似性定律的核心是地理环境，关注的是地理现象的多要素组合特征，即一个点的某个地理要素(目标地理变量)与该点其他地理要素的组合关系。因此，从事物本质的机理看，空间相关性定律和空间异质性定律只是考虑地理现象在空间上的连续性特征，而地理相似性定律涉及目标地理要素与其他地理要素组合在所在点上的相互关系或相互作用。从度量的角度看，空间相关性和空间异质性定律仅考虑同一地理要素在空间上 2 个点间距离的关系，而地理相似性定律则考虑一个点(或域)上的地理要素组合(地理环境)与另一个点(或域)上的地理要素组合间的相似性，以此进行度量，而不是仅用两点距离进行度量。

尽管地理学的定律在形式和提出的方式上与经典力学定律有所区别，但仍符合人们对定律给出的定义。地理相似性与空间相关性、空间异质性相比，有同样的普遍性，但这一普遍性与空间相关性和空间异质性定律所涉及的规律有本质上的区别，不仅所涉及的内涵不一样，甚至比它们更广泛，更具有包含性，在应用上能解决空间相关性和空间异质性定律所面临的挑战，与地理学空间相关性和空间异质性定律相互补充，构成一个比较完整的地理解释体系。

2) 地理自相似性理论

随机性和复杂性是客观世界的主要特征。自然界大部分处于无序、不稳定、非平衡和随机的状态之中，它存在着无数的非线性过程。客观世界是复杂的，所以科学家们认为世界在本质上是非线性的。但以往人们对复杂事物的认识总是通过还原论方法加以简化，即把非线性问题简化为线性问题。

自相似性理论是地球科学理论与系统科学理论、非线性科学理论，尤其是与拓扑学、几何学理论的综合。这个理论的诞生，尤其在地理科学中的应用时间很短，还处在初级阶段，很多地方还不成熟，但它具有很大的发展前途，并将成为解决地球科学复杂图形问题的科学手段。

自相似性理论认为对于自然界或社会现象，普遍存在局部形状与整体形状的相似性。在统计意义上，总体形态的每一部分可以被看作是整体标度减少的映射。不论形态如何复杂，它们在统计上或概率上的相似性是普遍存在的。

一个系统的自相似性是指某种结构或过程的特征从不同的空间尺度或时间尺度来看都是相似的，或者某系统或结构的局域性质或局域结构与整体类似。另外，在整体与整体之间或部分与部分之间，也存在自相似性。一般情况下自相似性有比较复杂的表现形式，而不是局域放大一定倍数以后简单地和整体完全重合。

海岸线作为曲线，其特征是极不规则、极不光滑的，呈现极其蜿蜒复杂的变化。我们不能从形状和结构上区分这部分海岸与那部分海岸有什么本质的不同，这种几乎同样程度的不规则性和复杂性，说明海岸线在形貌上是自相似的，也就是局部形态和整体形态的相似。

1.4　地理数据关联方法

在计算机世界里，不同的地理实体、要素、现象、事件、过程，采用不同的测度方式和标准进行描述和衡量，被表达为不同模式、格式、尺度、语义和时段的多源地理数据。这些多源数据客观记录了地理世界的演变规律，利用各种关联方法建立多源地理空间数据之间存在的隐含关系，揭示数据背后的客观世界的本质规律、内在联系和发展趋势。

1.4.1　地理数据语义关联

语义是对数据符号的解释，符号是语言的载体。语义可以简单地看作数据所对应的现实世界中的事物所代表的概念的含义，以及这些含义之间的关系，是数据在某个领域上的解释和逻辑表示。语义具有领域性特征，不属于任何领域的语义是不存在的。语义异构是指对同一事物在解释上存在差异，也就体现为同一事物在不同领域中的理解不同。对于计算机科学来说，语义一般是指用户对于那些用来描述现实世界的计算机表示(即符号)的解释，也就是用户用来联系计算机表示和现实世界的途径。地理数据包括文本、栅格图像和矢量地图等。地理语义是地理数据所描述地理事物的空间形态、数量、质量、性质、分布特征和相互联系等地理意义。地理语义关联就是通过地理语义数据的挖掘，建立的地理空间数据之间的联系。

1. 地理文本数据关联

地理文本之间关联算法常用一定的策略来比较两个文本之间的相似程度。文本相似度算法主要朝着两个方向发展：①利用向量空间模型将文本表示成文本向量的形式，采用余弦向量法计算文本向量之间的夹角，用夹角的大小来表征文本之间相似度的低与高；②采用语义词典法逐次提取文本中最佳关键词匹配，用各个最佳关键词匹配对的相似度总和来反映文本之间的相似度。

2. 图形图像数据关联

图形图像数据关联是指通过一定的匹配算法在两幅或多幅图像之间识别同名点。通过对影像内容、特征、结构、关系、纹理及灰度等的对应关系、相似性和一致性的分析，寻求相似影像目标的方法。图像匹配主要分为以灰度为基础的匹配和以特征为基础的匹配。

基于灰度的匹配是逐像素地把一个以一定大小的匹配图像窗口的灰度矩阵与模板图像的所有可能的窗口灰度阵列按某种相似性度量方法进行搜索比较的匹配方法，从理论上说就是采用图像相关技术，利用两个信号的相关函数，评价它们的相似性以确定同名点。

特征匹配是指通过分别提取两个或多个图像的特征(点、线、面等特征)，对特征进行参数描述，然后运用所描述的参数来进行匹配的一种算法。基于特征匹配所处理的图像一般包含的特征有颜色、纹理、形状、空间位置等特征。特征匹配首先对图像进行预处理，提取其高层次的特征，然后建立两幅图像之间特征的匹配对应关系，通常使用的特征基元有点特征、边缘特征和区域特征。

3. 地理属性数据关联

地理属性数据关联是基于地理矢量属性数据关系建立地理实体之间的联系。地理属性数据关联分为两类：一类是基于地理实体属性项实现实体关联；另一类是基于地理属性相似度实现实体关联。

基于地理实体属性项实现实体关联，就是通过实体与实体间同一个属性项这一中介，将实体关联起来。如基于地址属性项关联，又称地址匹配(address matching)或地理编码(geocoding)，主要应用于非空间数据与空间数据之间的转化，是将待匹配的中文地址字符串通过一系列的匹配算法在标准地名地址库中进行比对、匹配，查找出对应的地理坐标并进行定位获取位置的过程。在地址匹配过程中字符串匹配的越彻底越准确，成功率越高，反之则会造成不必要的歧义，增加匹配的难度。

基于地理属性相似度实现实体关联是指计算两个不同实体的属性的相似度的过程，通过相似度的值来判断地理实体之间的语义关系。若两个地理实体表达的是同一类地物，那么它们的属性语义应该是有较高的相似性甚至完全相同。

1.4.2 地理数据空间关联

地理事物的空间特性有位置、大小、形状和方向等。地理事物的空间特性引起地理实体之间的距离、方位、邻近、包含、连通性、相似性等空间关系。地理数据空间关联就是依据地理实体之间的空间关系发现地理空间数据中地理实体之间特定的相关关系。地理空间数据关联主要分为拓扑、方向、邻近和聚类关系四种基本类型。

1. 空间邻近关联

空间邻近度描述了地理空间中两个地物距离相近的程度。空间距离是空间邻近度的一种度量方法，又称度量空间关系。度量空间关系是一切空间数据定量化的基础，其中最主要的度量空间关系是空间对象之间的距离关系。

在数学中，度量空间是具有距离函数的集合，该距离函数定义集合内所有元素间的距离。

此一距离函数被称为集合上的度量。度量关系既可以定量描述，也可以定性描述。对于度量关系的定量描述，一般所采用的数学描述公式形式简单、统一。具体到距离关系而言，两个空间目标间的距离有欧几里得距离、曼哈顿距离、广义距离、切比雪夫距离以及统计学中的斜交距离、马氏距离等多种定义。

距离关系为一个物体到另一个物体的直线距离。因为地物具有点、线和面三种类型，所以各种物体之间的距离关系定义也不相同。

2. 空间方位关联

顺序空间关系(order spatial relationship)描述地理实体在空间中的某种排序关系。按照实物的空间位置，或事物构成部分的组合顺序，或人们观察事物的先后顺序，以地理事物结构、方向、位置的一定顺序来安排说明地理实体之间的前后、上下左右、东西南北、由远而近、或由外到内、或由表及里、或从整体到局部，描述空间实体之间在空间上的排列次序，这种说明顺序有利于全面说明事物各方面的特征。

空间方位关系描述了对象间的空间顺序关系。方位关系指两个地物之间方向与位置的相对关系，用来描述地理实体边界并不相互接触的两个物体。通常采用以一个物体为中心，描述另一个物体位于它的哪个方向上。方向关系常用八个方向来描述，分别为：正北、东北、正东、东南、正南、西南、正西、西北。每个方向可以用方位角区间定量表示。

3. 空间拓扑关联

拓扑关系是指满足拓扑几何学原理的各地理实体数据间的相互关系。各种地理现象的位置和形态可抽象地表示为纯数学的点、弧段和多边形，拓扑关系即用点、弧段和多边形所表示的地理实体之间的连通、邻接和包含关系。连通性是指对线段连接关系的判别，可以用在每个结点上汇集的线段的列表表示；邻接性通常指多边形之间的邻接关系；包含关系通常指多边形包含点或其他多边形。

基于矢量数据结构的结点-弧段-多边形之间关系能清楚地反映实体之间的逻辑结构关系，用于描述地理实体之间的连通性、邻接性和区域性。但空间上相邻但并不相连的离散地物之间的空间关系用拓扑关系难以直接描述，还要通过空间拓扑关联建立地理实体之间的联系。

(1) 根据拓扑关系的连通性，不需要利用坐标或距离，就可以确定一种空间实体相对于另一种空间实体的位置关系。拓扑关系能清楚地反映实体之间的逻辑结构关系，它比几何数据具有更大的稳定性，不随地图投影而变化。

(2) 利用拓扑关系和空间计算关联一个区域的内地理实体，例如，某条铁路通过哪些地区，分析河流能为哪些地区的居民提供水源。

(3) 根据拓扑关系重建地理实体。例如，根据弧段构建多边形，实现面状实体的面积计算，一条道路的长度计算等。

4. 空间聚类关联

空间聚类关联包括聚类分析和关联分析两部分。聚类分析是无监督地发现数据间的聚簇效应。关联分析是从统计上发现数据间的潜在联系。作为一种无监督学习方法，空间聚类不需要任何先验知识，如预先定义的类或带类的标号等。空间聚类方法能根据空间数据对空间对象进行分类划分，空间数据具有空间实体的位置、大小、形状、方位及几何拓扑关系等信息，因此空间数据的存储结构和表现形式比传统事务型数据更为复杂，主要表现在以下几个方面。

(1) 空间数据的尺度特征，指在不同层次上，空间数据所表现出来的特征和规律都不尽相同，增加了空间聚类的难度。

(2) 空间数据的不确定性。各种类型的空间数据存在大量不确定的信息，如空间位置误差、属性数据的模糊性和空间关系的不确定性，这种特性最终会导致空间聚类结果的不确定性。

(3) 空间数据的高维度性。空间数据的高维度性指空间数据的属性(包括空间属性和非空间属性)个数迅速增加，如在专业应用领域，获取的空间数据的维度已经快速增加到几十甚至上百个，给空间聚类的研究带来很大的困难。

(4) 空间属性间的非线性关系。由于空间数据中蕴含复杂的拓扑关系，空间属性间呈现一种非线性关系。这种非线性关系不仅是空间聚类需要进一步研究的问题，也是空间数据挖掘所面临的难点之一。

空间聚类主要包括划分聚类算法、层次聚类算法、基于密度的方法、基于网格的方法和基于模型的聚类方法等五大类。

1.4.3 地理数据相似关联

地理数据相似性包括地理自相似、地理实体相似和地理环境相似三个基本类型。地理实体相似包括地理空间相似和地理属性相似两类，地理空间相似又可分为几何形态相似和空间关系相似两种。

1. 地理实体相似关联

人类认知、传输、表达和理解地理信息的能力有限。人类在实际观察和认知现实世界时，往往需要描述从微观到宏观各个尺度范畴的地理信息，利用不同粒度的地理实体对现实世界进行抽象和描述。不同的空间尺度具有不同形态的地理实体，不仅可以分解为更小的地理实体，也可以组成更大的地理实体。从微观到宏观的现实世界通常以多个比例尺构建地理对象的信息描述。地图比例尺影响着空间信息表达的内容和相应的分析结果，最终影响人类的认知，不同比例尺的变化不仅引起比例大小的缩放，而且导致空间结构的重组。每种比例尺所表达的地理实体是有限的，需要采用系列比例尺表达地理现象的分级层次结构。不同尺度所表达的地理全息元具有很大的差异：①同一地物不同尺度对地物的抽象和概括的程度不同，表现为不同的几何外形；②同一属性的地物在不同的尺度下出现聚类、合并或消失现象；③同一地物在不同尺度的表达中会表现出不同的属性。

多尺度同名地理实体之间的关联方法可以分为以下三类。

(1) 地理实体的几何匹配。主要是通过比较距离、形状、方向等几何特征指标判定同名实体。几何特征通常是地理实体的本质特征，不论属性信息完整与否，几何匹配都适用且简单易实现，所以几何匹配是地理实体匹配中最常用的方法。

(2) 地理实体的拓扑匹配。主要是根据地理实体之间的拓扑关系进行匹配判定。拓扑关系在整体数据进行一系列的旋转、缩放等变换后，还是客观存在的，这种关系对查询及分析、数据匹配以及数据检测提供了很大的帮助。但是因为拓扑匹配对拓扑关系要求比较严格，而多尺度同名实体拓扑关系差异较大，所以拓扑匹配不适用于多尺度地理实体的匹配，且拓扑匹配一般只应用于地理实体的粗匹配。事实上，拓扑匹配更适用于不同数据来源，相同尺度的实体匹配情况。

(3) 地理实体的属性匹配。在语义信息比较完整的情况下，属性匹配是一种非常准确的匹配方式，但是它对地理数据的要求比较高，一般而言，相同数据来源、不同尺度地理实体往往具有类似的属性字段信息，因此语义匹配可以应用到多尺度同名实体的匹配中。

2. 地理环境相似性关联

依据地理相似性定律，地理环境越相似，地理特征越相近，地理区域体现了区域内部的地理相似性，地理界线反映出区域之间的地理差异性。地理环境相似性关联是以地理环境相似性为中介关联两个不同的地理实体。相似就是客观事物存在的同与变异的辩证统一。在客观事物发展过程中，始终存在着同和变异。

地理特征的定性或定量描述构成地理变量。地理变量按性质分为空间数据和属性数据。空间数据又称几何数据，它构成地理事物的空间形状，确立地理事物空间位置。属性数据又称非几何数据，它们可能是定性的，也可能是定量的。定性数据说明地理事物的性质，如分类、质量、等级；定量数据则说明地理事物的特征，如长度、高度、宽度、温度、流速等。

空间相似性关联有两种途径，一是在相似变换下图形吻合度，二是基于形态参数的聚类分析或相关性。

3. 地理自相似性关联

人们在观察与研究自然界的过程中，认识到自相似性可以存在于物理学、化学、天文学、生物学、材料科学、经济学，以及社会科学等众多科学之中，可以存在于物质系统的多个层次之上，它是物质运动、发展的一种普遍的表现形式，是自然界普遍的规律之一。

自相似性是指某一物体的局部在一定条件下或过程中可能在某一方面如状态、结构、信息、功能、时间、能量等都表现出与整体的相似性，即具有尺度不变性。自相似包含两种，一种是部分和整体的严格相似，如一根树枝的形状就是一棵树的形状，而树枝上的每个分枝，也是同样的形状；一条大河往往会有很多支流汇入，而这些支流又有自己的支流，一条小溪就是一条大河的缩影。另一种是统计上的相似，如结构相似性指标是一种衡量两个地理环境相似程度的指标。

事物具有自相似的层次结构，局部与整体在形态、功能、信息、时间、空间等方面具有统计意义上的相似性，即任意部分经放大后具有与整体相同的统计分布规律。

1.4.4 地理数据统计关联

纷繁复杂的地理现象都有空间位置、空间形态、地理属性及其演变特征，这些特征在进行相关定性或定量描述后，构成了地理变量。地理信息统计方法是指以具有空间分布特点的地理变量为基础，研究自然现象之间的相互依赖关系；研究空间分布数据的结构性和随机性、空间相关性和依赖性、空间格局与变异。

1. 地理数据相关分析

相关分析(correlation analysis)，主要是研究现象之间是否存在某种依存关系，是研究随机变量之间的相关关系的一种统计方法。相关关系是一种非确定性关系，研究两个变量间线性关系的程度，用相关系数 r 描述。相关分析与回归分析在实际应用中有密切关系。在回归分析中，所关心的是一个随机变量 Y 对另一个(或一组)随机变量 X 的依赖关系的函数形式。

一般利用协方差关联系数来计算每个维度两两之间的关联度。协方差是指如果两个变量的变化趋势一致，也就是说如果其中一个大于自身的期望值时，另外一个也大于自身的期望值，那么两个变量之间的协方差就是正值；如果两个变量的变化趋势相反，即其中一个变量大于自身的期望值时，另外一个却小于自身的期望值，那么两个变量之间的协方差就是负值。

相关系数是反映变量之间相关关系密切程度的统计指标。相关系数也可以看成协方差：一种剔除了两个变量量纲影响、标准化后的特殊协方差，它消除了两个变量变化幅度的影响，而只是单纯地反映两个变量每单位变化时的相似程度。

2. 地理数据自相关分析

空间自相关统计量是用于度量地理数据(geographic data)的一个基本性质，即某位置上的数据与其他位置上的数据间的相互依赖程度。通常把这种依赖叫作空间依赖。

空间自相关分析的目的是确定某一变量是否在空间上相关，其相关程度如何。空间自相关系数常用来定量地描述事物在空间上的依赖关系。具体地说，空间自相关系数是用来度量物理或生态学变量在空间上的分布特征及其对领域的影响程度。如果某一变量的值随着测定距离的缩小而变得更相似，这一变量呈空间正相关；若所测值随距离的缩小而更为不同，则称为空间负相关；若所测值不表现出任何空间依赖关系，那么，这一变量表现出空间不相关性或空间随机性。

1.4.5 地理数据时空关联

时空序列关联包含了时间和空间两个方面的因素。这里的时间指的是前后的序列，空间也指在空间上的目标以及目标的移动和变化的空间信息。时间是三维空间之外的一个维度。人类作为三维物体可以理解四维时空但无法认识以及存在于四维空间，因为人类属于第三个空间维度的生物。维度是事物"有联系"的抽象概念的数量，有联系的抽象概念指由两个抽象概念联系而成的抽象概念，如面积。所以四维就是由四个有联系的抽象概念组成的，第四个抽象概念是时间，第四联系值为速度。现今科学理论一般是基于现象总结规律，时空序列关联是研究时空序列的地理数据对象的时空关联关系，包括地理数据对象的空间关系，以及地理数据对象随时间变化的规律，进而挖掘出随着时空变化或在同一时空里地理数据对象之间的内在联系，从而预测地理现象的演变规律。

1. 地理现象时空变化指标

时空变化指标强调地理事物随时间变化的特征。地理现象时空变化反映地球表面各种物质类型的分布状况和演变过程。

1) 地理现象波谱变化

依据遥感图像记录的辐射特征，可以计算和反演地表覆盖，气象变化、地形变化、植被指数变化、地表温度变化和地表湿度(水分)变化。

2) 地理现象形态变化

依据不同时相遥感图像上各地表覆盖类型的空间分布特点，计算空间形态指标，分析地表覆盖的形态变化。如地表覆盖空间结构的时空变化变量可以分为：格局与强度(破碎度、活动强度、扰动)、类型与占比(覆盖率、占比、密度)、过程与演化(增长率、扩张率、转入率和动态度)。

3) 社会经济普查统计

人类活动的规律及对地表覆盖变化的影响可通过普查统计获取。人口、环境、资源一体化问题是人类社会与自然环境共同发展的产物，为实现这些方面的和谐统一发展，世界各国均需要综合考虑人口与资源问题。

2. 地理现象统计相关分析

随着空间数据获取能力的提高，积累了海量的、长时间序列的空间数据，为时空统计相关分析奠定了基础。

3. 地理现象时空演变规律

在时空变化指标关联分析的基础上，构建时空变化归因模型，进而集成多类时空变化指标，对时空演变进行分析、归纳、概括，描述时空演变的时间、空间、因果、地域分异等规律，反映不同地理要素间演变的必然联系与趋势。

1.4.6 地理信息因果关联

如果两个事件中，前一个事件是后一个事件的原因，后一个事件是前一个事件的结果，则两个事件之间存在因果关系；如果一个事件变化后，另一个事件也随之发生变化，但二者不属于原因和结果的关系，则称它们之间存在相关关系。原因和结果是揭示客观世界中普遍联系着的事物具有先后相继、彼此制约的一对范畴。解释一般意义原因在先，结果在后(简称先因后果)是因果联系的特点之一，但原因和结果必须同时具有必然联系，即二者的关系属于引起和被引起的关系。

1. 地理因果关系

地理因果关系其实就是地理事物之间的引起与被引起的关系，这种关系是内在的，必然的，有一定的规律性。而各种地理因果关系又相互联系、相互制约、相互渗透，从而形成了地理环境的整体性。对于地理因果关系的界定有如下几种主要观点。

(1) 地理成因观点。地理成因是反映地理事物的因果联系，揭示地理特征和地理规律形成原因的地理基础理论知识，在地理知识体系中占有极重要的地位。地理成因探究方法主要有由因导果法和由果究因法。探究思路主要有发散式思维和收敛式思维。

(2) 地理要素联系观点。任何地理现象、地理特征和地理规律的出现都有其某种原因存在，或者说都有其某种因果联系存在。地理环境各要素之间是相互制约，牵一发而动全身的，一个区域的变化会影响到其他区域。

(3) 地理过程机理观点。地理过程是指地理事物和现象发生、发展、演变的过程，强调地理事物和现象的时间变化特征，分为自然地理过程和人文地理过程。地理过程机理有两种解释：一是地理诸要素在一定环境下相互联系、相互作用的运行规则和原理；二是指事物变化的理由和道理。从机理的概念分析，机理包括形成要素和形成要素之间的关系两个方面。地理过程机理主要阐述的是地理事物，包括地理过程、地理规律、地理分布、地理特征的形成机理。

2. 地理因果关系特点

(1) 因果关系的客观性。因果关系作为客观现象之间引起与被引起的关系，是客观存在的，并不以人们的主观为转移。地理因果关系复杂多样，但某一种地理现象的产生总是由另一种地理现象引起的，相同质与量的因会产生相同的果，当原因的质与量发生改变时，由其引起的结果必然也发生变化。

(2) 因果关系的特定性。事物是普遍联系的，为了了解单个现象，我们必须把它们从普遍的联系中抽出来，孤立地考察它们，一个为原因，另一个为结果。有些地理现象是由一个单一的原因引起的，如日食和月食。

(3) 因果关系的时间序列性。原因是发生在先的地理事物，结果是发生在后的地理事物，二者的时间顺序不能颠倒，在时间上具有前后相继性。在研究地理因果关系时，我们总是在先行的地理事物中去寻找原因，在后来的地理事物中去寻找结果。

(4) 因果关系的传递性。在地理因果关系中，原因和结果可以分为直接的和间接的。例如，因为水平气压梯度力而形成了风，那么，水平气压梯度力就是形成风的直接原因，风就是水平气压梯度力的直接结果。进一步往前追溯，由于黄赤交角和地球公转，导致太阳直射点的南北移动，从而使太阳辐射在地表的分布不均匀，产生气温差，进而产生气压差，于是就产生了水平气压梯度力，最终形成了风。

传递性产生了地理因果链，沿着因果链的结果，可以追溯到中间原因和终极原因(根本原因)；沿着因果链的原因，可以探寻到中间结果和终极结果。

地球公转和自转，导致太阳直射点的南北移动、太阳辐射在地表的不均匀分布、气温差、气压差可以说是中间原因，也可以说是中间结果，黄赤交角和地球的公转是终极原因(根本原因)，风就是终极结果。

(5) 因果关系的复杂性。客观事物之间联系的多样性决定了因果联系复杂性。地理因果关系是错综复杂的，根据逻辑学因果关系的一般规律及其特点，可以把地理因果关系分为七类：一因一果、一因多果、多因一果、多因多果、因果链、同因异果和同果异因等。

3. 因果关联模型

因果关联模型主要用于研究不同变量之间的相关关系，用一个或多个自变量的变化来描述因变量的变化。

在大数据时代，根据地理数据推断因果作用和寻找因果关系对地理研究变得越来越重要。因果联系是事物的普遍联系之一，是自然的法则和规律，也是最根本，最基础的理论。

因果关系就是"因 x 的变化导致了 y 的变化"。因果关系必须符合三个条件：①x 和 y 有相关关系(关联性)；②x 的变化在时间上先于 y 的变化（时序性）；③x、y 之间的关系不是由其他因素形成的(因变性)。时序性、关联性和因变性三个基本条件是寻找因果关系的理论基础。

关联就是通常所说的"相关性"。当自变量引起因变量的变化时，两个变量之间有一种恒定的联系，也就是说，自变量方面的每一个变化都会引起因变量相应的、可以预见的变化。

模型是指对于某个实际问题或客观事物、规律进行抽象后的一种形式化表达方式。

模型结构是指为解决某种问题而创建的模型自身各种要素之间的相互关联和相互作用的方式，包括构成要素的数量比例、排列次序、结合方式和因发展而引起的变化。按模型结构，因果关联模型分为基本因果模型、并串因果模型、网络因果模型、结构因果模型等类型。

基本因果模型是表示单个系统或群体内因果关系的数学模型。X 和 Y 的基本因果关系表达形式为：

直接原因：$Y=f(x)$ 或 $Y=f(x,z,\cdots)$，记为 $X{\rightarrow}Y$ 或 $X{\rightarrow}Y{\leftarrow}Z$；

间接原因：$Y=f(g(x))$，$Z=g(x)$，记为 $X{\rightarrow}Z{\rightarrow}Y$。

并串因果模型包括"串联现象"和"并联现象"，是相关现象的两类基本关系。

因导致果，果又作为因而导致了下一个果，…这样循环往复，连成了一个长长的链条，就是因果链。多因一果或一因多果或多因多果，称为复合链。原因引起的结果反过来引起原因的变化，称为反馈链。

网络因果模型是因果关系和图论结合，利用图结构表示地理变量之间的因果关系。网络是由若干节点和连接这些节点的链路构成，表示诸多对象及其相互联系。网络因果模型包括有向和无向两种网络因果模型。

结构因果模型是描述系统因果机制的概念模型，表示单个系统或群体内因果关系的数学模型。它有助于从统计数据中推断因果关系。

1.5　地理信息关联研究

基于地理现象的分布特征以及具体应用，地理信息的关联研究主要分为基于空间特征的多维关联、基于相似特征的多尺度关联、基于时间特征的时序关联和基于语义特征的语义关联四类。前两类主要是基于空间特征，从不同角度对数据进行关联性分析；时间特征是从时间的角度对地理信息进行分析，从而实现基于时间序列的分析和预测；语义特征则是从地理实体的语义描述出发，建立地理信息的模型，从与 GIS 不同的角度描述地理现象的分布和发生发展过程。

1.5.1　基于空间特征的多维关联

地理实体的空间特征主要包括几何形态和空间关系特征。几何形态描述地理实体的结构和形状，对于发现并关联目标数据、解决地理数据异构有重要意义。基于各种空间关系在多源地理数据间建立空间关联以获得更为详细和全面的检索是当前地理信息领域的研究热点。

吴烨等通过分析多源地理实体的空间关系、属性关系及语义关系，构建了一种集语义、空间、视觉等多维关联的多源地理空间数据关联模型(multi-source geospatial data correlation model，MSGCM)，实现了空间信息的一体化查询和分析，有效地提升了多源地理数据关联检索的全面性和有效性，但该模型的不足之处在于没有充分考虑用户的偏好，其智能性有待于进一步提升。韩邦生通过提取多源海量遥感影像的文本信息、影像内容信息和空间位置信息，并计算各自的关联度，构建关联图模型，同时基于关联库提出了融合影像多特征信息的检索机制，提高了检索结果的丰富度和有效性。姜伟从海量数据的检索出发，研究了广义空间数据的组织管理方法，分别提出了基于文本和基于 GeoSOT 空间编码的空间数据关联模型，其中，基于空间编码建立的关联关系能更好地表达和判断空间实体间的空间关系。姜伟在构建关联的基础上提出了两种广义空间数据的关联检索方法，有效地实现了海量广义数据的高主题相关度的检索。国外相关学者以提高多源数据的检索效率为目的进行了一系列数据关联研究，当前主要的方法包括 SimRANK 方法、语义模型 M-LSA、聚类模型 Link-Clus、融合模型 CRF 等。但这些方法大多只关注空间数据某一维度的信息，普遍缺乏对地理数据各维度特征的全面利用。

1.5.2　基于相似特征的多尺度关联

多尺度是空间数据的重要特征，不同尺度上的地理实体具有对应的约束体系，适应于不同的模型。人们在管理空间数据时，由于获取手段、数据库不同等原因产生了尺度割裂，从而出现了跨尺度空间数据的一致性描述和动态查询问题。实现多源数据的匹配、构建不同尺度实体之间的关联是提高多源数据检索效率的关键。

陈俊杰利用同名实体匹配的方法实现了不同尺度下的地理对象间层次连通关系的提取。蓝秋萍从几何形态、时空关系和语义内容等方面对不同尺度下的同名地理实体进行了匹配研究，提出基于 Hausdorff 距离的线目标匹配方法和基于综合考虑的多尺度面目标匹配方法。栾学晨提出了一种基于模式识别的多尺度道路网整体匹配方法。姚驰和诸云强等从空间相似性原理出发，探索了基于几何形态特征的多尺度地理实体的关联方法。张婷和江浩等基于 Douglas-Peucker 算法，研究了多尺度下折线目标几何形态相似性的度量方法。王超超等从地图信息论出发，综合点群目标的各个信息的相似度，给出了多尺度地理空间点群目标相似度的计算公式。张桥平等研究了面状地理实体的几何描述方法及其特征变化和多尺度下的面实体匹配方法。赵彬彬从地理空间数据现势性出发，研究了多尺度面目标的匹配方法，用于地图数据的变化探测。凌翠明等从基础空间数据的更新出发，提出空间实体之间的几何关联算法，并开发了交互式地图关联软件 ConMap，提高了地图关联的智能性。

由于尺度代表了人类认识世界的概括程度，不同尺度数据在地图综合和数据采样时具有一定的不确定性，目前的研究多是基于地物在多尺度数据中某一方面的特征进行的，完全通过固定的规律实现多尺度数据关联和检索面临许多困难。

1.5.3 基于时间特征的时序关联

地理空间数据可看作是某种瞬间的断片，不同时段的瞬间断片的联结，构成了对地理现象的动态认识。通过在时间维度上对这些强时序地理信息进行组织和规律的提取，可以提高对关联信息的发现能力，从而更加有效、准确地实现智能化管理。目前，人们运用各种测量手段和工具采集的地理空间数据仅是地理现象变化瞬间的快照记录，传统地理信息系统也仅能对单一版本的地理空间数据进行采集、处理、存储、分析与显示，难以对时间序列的海量地理空间数据进行挖掘和地理知识发现，因此海量数据的时序关联是地理信息科学研究亟待解决的问题之一。

俞松和姚春雨等研究了多时态数据的动态关联，分析不同时态下地理实体的各种特征，对空间位置、形态特征和属性等要素进行多时态数据变化监测和动态关联，并将其应用于动态数据库的建设。沙宗尧提出了时空关联规则挖掘方法，并将其用于监测土地覆盖类型的变化。Abraham 等提出利用时空泛化、时空聚类、时空元规则和关联规则来描述地理实体的时序变化。夏英等提出了时空关联规则挖掘算法：Spatio-Temporal Apriori 算法，并将其应用于智能交通领域。李光强等利用时空关系谓词建立事件与影响域中目标之间的时空关系。陈新保等研究了多源关联模式的时空数据挖掘，构建了包含时态关系、方向关系、距离关系和拓扑关系的空间关联模式。

目前，在地理信息更新过程中，大多研究强调地理信息的现时性，而忽略了历史地理信息的有效保存，这阻碍了对地理信息变化规律的分析和变化反演的实现。因此，有必要进行历史数据与现势数据空间实体之间的关联。

1.5.4 基于语义特征的语义关联

地理空间数据语义异构是实现数据关联、精确发现的主要瓶颈。语义关联特征通过语义本体上的关联网络，挖掘地理实体间存在的潜在关系来实现。目前，基于语义特征的关联研究分为三个方向：基于关键字匹配、基于 RDF 地理语义数据和基于本体概念领域。目前大多基于关键字匹配的检索技术都借助目录、索引和关键词匹配等方式实现，忽略了数据本身丰富的语义特征，无法有效地解决由语义异构带来的数据检索问题。基于 RDF 的地理语义数据采用资源描述框架(resource description framework，RDF)的三元组(主语、谓语、宾语)描述数据并构建关联模型，利用 SPARQL 语言(simple protocol and RDF query language)进行查询，从而可更高效地获取海量数据中的有用信息。可用本体概念来描述数据的语义信息、领域概念和相互关系，使多源异构数据之间的隐性知识显性化，使不同数据集之间的各种联系能够为应用系统所识别，实现领域知识的重用，因此基于本体概念领域的研究成为目前解决数据语义异构的重点。郭黎研究了基于水系本体的地理空间数据语义集成方法，很好地解决了多源数据间的语义异构的问题。赵红伟等利用 RDF 构建了以元数据为节点、元数据之间的语义关系为边、语义相关度为权重的关联网络，并将其应用于空间数据语义关联查询、语义关系度量排序和语义推荐等。虞为等建立参照本体来描述空间对象间的语义关系，提高了地理空间语义网上异构数据查询的智能度。宁小敏提出了语义关联数据模型，该模型可充分挖掘海量数据中丰富的语义关联，并可利用知识评价方法进行查询结果的排序。

　　数据关联技术能够将信息中隐含的语义信息明确地描述出来，并在此基础上进行有效的语义推理，使得这些关联信息能够快速地全面检索和定位，从而极大地提高了网络服务的智能性和准确性。但现有的语义关联研究大多还停留在模型的构建方法上，较为智能完整的关联网络原型系统较少。此外，如何提高基于海量地理空间语义数据检索机制的效率也是亟待解决的问题。

第 2 章　地理信息表达

人们在长期认识自然和改造自然的实践活动中建构了地理知识体系。为了传播和交流知识，人们用语言和文字表述地理现象，描述和解释地理事物的特征，用地图描述自然现象和人文社会发生和演变的空间位置、形状、大小范围及其分布特征等方面的地理信息。随着计算机技术和信息科学的引入，为了使计算机能够识别、存储和处理地理实体，人们不得不将连续的地理现象(如气候、地形起伏)和空间不连续分布的物体(如河流、道路)离散化、数字化，通常用矢量方式表达不连续分布的地理物体，用栅格方式表达连续分布的地理现象。人们用数据表达地理信息时，往往先用地图思维将地理现象抽象和概括为地图，然后再进行数字化转变，成为地理空间数据。

2.1　地理信息表达内容

地理知识是人对自然世界、人类社会以及思维方式与运动规律的认识与掌握，是人脑通过思维重新组合、系统化的信息集合。为了便于知识的传播和理解，系统化的知识分解描述为知识点及其关联关系。

地理信息是地理知识表达传播的内容，它强调对于地理知识的规范化及其结构化的描述形式，因此，知识是具有一定形式的结构化信息。地理数据是地理信息的数字化载体，只有建立在某种数据模型基础上的地理数据集，才能够表达地理信息和地理知识，才具有地理分析的意义。

地理信息是对地理实体特征的描述，地理实体特征一般分为四类：①空间特征，描述地理实体空间位置、空间分布及空间相对位置关系；②属性特征，描述地理实体的物理属性和地理意义；③关系特征，描述地理实体之间所有的地理关系，包括空间、分类、隶属等基本关系的描述，也包括对由基本地理关系所构成的复杂地理关系的描述；④动态特征，描述地理实体的动态变化特征。地理信息对这些特征的描述，是以一定信息结构为基础的。

因为对地理信息的描述是以数据为基础的，所以，关于数据本身的一些描述信息，如关于数据质量、获取期、获取的机构等，它们也间接地描述了地理实体，因此也成为地理信息的组成之一。这一类信息在 GIS 领域一般称为元数据信息。

2.1.1　地理信息表达结构

地理知识点起始于一般的基础的地理概念，即地理概念中的地理术语、地理名词、地理名称等基本单元。

1. 地理概念

地理概念是认识各种地理事物的基础、区分不同地理事物的依据，也是进行地理思维的"细胞"。

地理概念是反映地理事物本质属性和特征的概括性知识，是地理基础知识的重要组成部分。任何一个地理概念，都有它的内涵和外延。地理概念的分类方式按照不同的要求会有不同。一般地理概念按其内涵性质可分为具体和抽象地理概念。地理概念是对地理感性材料进行分析比较和抽象概括，然后用定义的形式表达出来。此外，在逻辑上减少概念的内涵，扩大其外延，也是一种概括。

地理概念的理解是地理认知的中心环节，它是地理事物、现象或地理演变过程的本质属性，是对地理实体特征类的抽象和概念化。概念化指某一概念系统所蕴含的语义结构，可以理解或表达为一组概念(如实体、属性、过程)及其定义和相互关系。概念化研究是理论研究的基础。如果不能确定地理研究对象究竟是什么，很难展开理论上的演绎。概念化要求准确，所以概念中的限定词通常是把握概念的关键。但从表达这一层面来说，所下的定义永远是准确相对的；从反映概念的某一事物的现象和特征来说，通常又不能涵盖概念的全部。

2. 地理特征

地理特征是某地理物象异于其他地理物象的特点，描述地理物象外表或形式上独特的象征或标志。地理特征分为两大类：自然地理特征和社会地理特征。自然地理特征包括位置、气候、地形、水文、土壤、植被等；人文地理特征包括人口、民族、宗教、工业、农业、分布、成因、重要城市、港口、交通等。

1) 地理结构特征

地理结构是组成地理系统的各个事物在数量上的比例、空间中的格局以及时间上的联系方式，表示地理系统内部各事物间的关系。通常反映在以下几个主要方面：①物质的组成，各组成成分的分配状况，各组成单位的概率变动特征，各组成要素的联系程度与联系方式。②能量的组成，包括能量的类型、表现方式、传输方式、组成情形等。③空间的表现，地理事物的层次、等级和联系，地理实体的分布，地理现象的空间格局与联系方式等。④过程的表现，包括地理流的方向，地理过程的联系方式，过程速率的非均匀组合等。

2) 地理空间特征

空间特征指该空间区别于其他空间特别显著的象征或标志，是区域空间内部各地理要素相互联系、相互作用在特定时间内的综合反映。空间特征包括位置、形态、分布、组成、层次、排列、格局、联系以及空间制约关系等内容。

(1) 地理位置描述。由于地球是一个赤道略宽、两极略扁的不规则梨形球体，故其表面是一个不可展平的曲面。为确定地球上任何一点的位置，首先将地球抽象成一个规则的逼近原始自然地球表面的椭球体，称为参考椭球体，然后在参考椭球体上定义一系列的经线和纬线，构成经纬网，从而达到通过经纬度来描述地表点位的目的，用地面点到基准面的距离来确定地面点的高低，称为高程。

地球坐标系有两种几何表达方式：地球直角坐标系和地球大地坐标系。

地球大地坐标系的定义是：地球椭球的中心与地球质心重合，椭球的短轴与地球自转轴重合。空间点位置在该坐标系中表述为(L, B, H)，地理坐标 L，B，H 表示为经度、纬度、高程。三维地理坐标系的度量单位是度和米，因为度和米不是统一的度量单位，不可用其直接量测地理实体的长度、面积和体积。

地球直角坐标系的定义是：原点 O 与地球质心重合，Z 轴指向地球北极，X 轴指向地球赤道面与格林尼治子午圈的交点，Y 轴在赤道平面里与 XOZ 构成右手坐标系。

为了便于量测空间中任意一点的位置、角度和距离，在局部区域内把椭球面近似为一个平面，引进欧几里得空间(Euclidean space，简称欧氏空间)。在空间任意选定一点 O，过点 O 作三条互相垂直的数轴 O_x，O_y，O_z，它们都以 O 为原点且具有相同的长度单位。这三条轴分

别称作 x 轴(横轴)，y 轴(纵轴)，z 轴(竖轴)，统称为坐标轴。它们的正方向符合右手规则，称为空间直角坐标系 O-xyz。定点 O 称为该坐标系的原点。空间直角坐标系里坐标轴的度量单位可以统一，故可以进行地理实体的长度、面的和体积的量测。

在欧氏空间中零维是一个无限小的点，没有长度；一维是一条无限长的线，只有长度；二维是一个平面，是由长度和宽度(或部分曲线)组成的面积；三维是二维加上高度组成的体积；四维分为时间上和空间上的四维，人们说的四维通常是指关于物体在时间线上的转移。四维准确来说有两种：①四维时空，是指三维空间加一维时间。②四维空间，是指四个维度的空间。四维运动产生了五维空间。

三维地理坐标系和空间直角坐标系之间存在映射关系。地图投影是利用一定数学法则把地球表面在三维地理坐标系的经纬度和高程转换到空间直角坐标系的理论和方法。

(2) 地理分布描述。各种地理现象的分布都有自己固有的空间分布特征。空间分布参数包括：①分布密度，表示单位分布区域中空间对象的数量；②分布中心，可以表示出分布总体特征；③分布离散度，表示面域上离散点的散布程度。依据空间分布参数可以判定地理实体在地理区域是否为连续的地理现象(如气候、地形起伏)或不连续空间分布的(如河流、道路)两种基本形态。

地理区域是实实在在的物质内容，而且有明确的边界，包括自然、人文、经济区域。依据地域差异理论，地球不同空间的自然、经济、人文、社会等诸方面存在不同。所以，同一个地理区域有不同的地理现象，同一种地理现象也有不同的表面特征。同一地点在不同的地理现象特征下可能属于多个地理区域，例如，上海市，从所属地形区来看属于长江中下游平原，从季风区与非季风区的划分角度来看属于季风区。

全域连续分布指在整个地理区域内，地理现象的特征空间分布没有隔断、连续布满三维空间。也就是说，在全域二维平面上任何位置，对应一个地理现象的特征值。代表性的全域连续分布地理现象有地表气温、地面高程等。在实际应用中，人们不可能对地表每一个地理现象进行实地测量，往往采集一定密度的离散点，用空间插值的方法将离散点的测量数据转换为连续的数据曲面，以便与其他空间现象的分布模式进行比较，包括空间内插和外推两种算法。空间内插算法：通过已知点的数据推求同一区域未知点的数据；空间外推算法：通过已知区域的数据，推求其他区域的数据。

离散分布是指在地理区域内，地理实体相对独立且存在间隔分布现象。离散地理现象可分为点状、线状、面状和体状分布。描述点状事物分布特征主要从分布地区或方位、分布形态、是否均匀、分布密度等方面描述。线状地理事物空间分布特点描述位置(极值、特殊值出现地区)、形态(平直弯曲、特殊形状、走向、延伸方向)、局部分布(分段描述其走向和延伸方向)、数量(递变、范围、疏密、幅度)等，用曲率表示线状实体的弯曲程度。面状地理事物主要描述位置、形状、面积大小、延伸方向等。

(3) 地理空间联系。一般而言，地理空间指地球表面各种地理现象、事物、过程等发生、存在、变化的空域性质。空域性质往往通过填充在空间内的地理要素之间的联系得以体现，表示地理系统内部各事物间的关系。

地理事物的空间分布关系。空间分布是指地理事物随地区的分布。空间关系是指地理空间实体之间相互作用的关系，包含拓扑、顺序、度量等关系。拓扑描述实体间的相邻、连通、包含和相交等关系；顺序描述前后、上下、左右和东、南、西、北等方位关系；度量用于描述空间实体之间的距离远近等关系。

地理事物的空间结构关系。空间结构反映其排列组合所表现的系统特征。它是对地理空间要素的排列、布局、演变，各种关系加以融合的综合，是空间地理事物中点、线、面共同作用后，发生关联所表现出的有序的稳定体系。空间结构分析从以下几个步骤着手。首先，找出空间内具有规律性或突出特征的地理要素作为参照物，并准确分析该要素的分布、排列特征；其次，以该地理要素之间的分布、排列框架为基准，分析其他地理事物与该框架之间的关系，通常分析四个方面，即位置、层次、镶嵌和距离关系；再次，将分析的结果加以综合，总结空间内地理事物的结构特征；最后，分析该空间结构与外界影响因素之间的关系，并用动态的眼光分析地理事物空间结构的演变。

地理事物的人地关系。人地关系是人文系统与自然环境系统动态关系的简称。人类和自然环境在人文生态系统中是相互依存、相互制约的两大要素。自然环境为人类提供生存条件，人类活动反过来影响自然，甚至局部改造自然。从三个维度来总结人地关系，即地对人的影响、人对地的影响和人与地相协调。

地对人的影响。一般情况下，自然环境特征或地理事物的形状、大小、方位、距离等属性对人类活动起制约作用，不起决定作用。但在一些个别的具体情况下，由于某种地理事物特征或地理事物的分布、结构等，导致自然环境成为人类活动的决定条件。

人对地的影响。人类在长期的生产斗争和科学实验中，不断地认识自然、利用自然、改造自然，让自然为人类谋利益。人类活动是人类为了生存发展和提升生活水平，不断进行的一系列不同规模，不同类型的活动，包括农、林、渔、牧、矿、工、商、交通、观光和各种工程建设等。随着人口的恶性膨胀，经济的超限发展，人类赖以生存的环境被破坏且越来越严重，并且直接或间接引起灾害的发生。

人与地相协调。人类可以利用、改造自然，但是必须遵循自然规律。随着科学技术的进步，人类改造和认识自然环境的能力逐渐增强，使得自然环境对人类的直接影响减弱，间接影响增强。科学技术的进步与人类社会的不断发展使得人地关系呈现不断演进的趋势。人地关系不可能完全平衡，它只是一种理想状态，人类在打破平衡中不断创造平衡，使人地关系协调发展。

3. 地理规律

规律是指事物之间内在的本质联系。地理规律是反映地理事象空间状态和格局，以及地理事象发展过程本质联系和必然趋势的知识。地理规律知识在理解地理事象的本质联系和时空变化趋势，以及剖析地理事象成因与过程方面起到重要的作用。地理规律具有一般法则的特点。地理规律来源：一种是从大量的已有知识归纳出新的地理判断；另一种是从已有的知识演绎推理出新的地理判断。常见的地理规律如下。

1) 地理事物分布规律

地理事物分布规律指反映地理事象与空间位置之间必然联系的地理分布规律，也称空间地理规律。地理事物分布规律可分为：自然地理事物和现象的分布规律，如地形分布规律、气温分布规律、降水分布规律、土壤分布规律、植被分布规律等。人文地理事物和现象的分布规律，如农业生产分布规律、工业生产分布规律、铁路分布规律、人口分布规律、城市分布规律等。

2) 地理事物演变规律

地理事物演变规律指反映地理事象运动和发展变化必然趋势的规律，是关于地理事物或现象在时空上的发展变化规律。主要包括：①节律性地理演变规律，如地球运动引起的时间演变、昼夜更替,以及植被随季节而变化等。②循环性地理演变规律,即构成地理环境各种物质的循环运动规律,如大气环流运动规律、洋流运动规律、水的循环运动规律等。③过程性地理演变规律,即地理环境各种地理事物发展变化过程,如湖泊演化过程、地形轮回过程、岩石风化过程、流水侵蚀过程等。

3) 地理事物联系规律

地理环境要素不是孤立存在的,而是彼此相互联系、相互制约并相互作用的,构成一个有机的整体。自然地理事物和现象的形成是各种因素共同作用的结果,这是自然地理环境整体性的体现。整体性是指组成地理环境的各要素之间存在不可分割的内在联系,如果其中一个要素发生变化,会影响整个地理环境的变化。如外营力对岩石的风化作用、交通对工业的影响等。地理事物联系规律分为空间联系规律、时间联系规律和时空联系规律三个部分。

4. 地理成因

地理成因是反映地理事物和现象(地理事象)的因果关系,揭示地理景观、特征、规律形成原因的知识。地理事物的形成是各种地理因素相互作用、相互影响的结果。

1) 地理成因知识的分类

地理成因按因果特征可分为一因一果、一因多果、多因一果、多因多果四类(表 2.1.1)。按学科属性可分为自然地理成因、人文地理成因和区域地理成因。

表 2.1.1 地理成因按因果特征的分类

分类	因果特征	知识描述	知识举例	成因分析
一因一果	唯一成因唯一结果	判断…原因	判断形成风的直接原因	"果":形成风;"因":水平气压梯度力
一因多果	某一成因引起多种结果;同一成因在不同条件下引起多种结果	说出…的意义	分析地球自转的地理意义	因:自转;果:昼夜交替,地方时,沿地表水平运动的物体方向发生偏转等
多因一果	多个成因共同引起某一结果,没有其中一个成因就没有这种结果	描述(简述)…特征的成因	分析我国陕北城市分布的特征,并分析原因	因:即特征,沿河而建呈带状;果:降水较少,河流沿岸地势平坦,河流提供水源
多因多果	原因和结果都不是单一的,而是复合的	评价…的优势和不足;分析…的影响	分析太阳活动对地球的影响	因:太阳风;果:形成严重辐射。因:耀斑爆发;果:导致无线电信号中断。因:太阳活动;果:磁针失灵、极光现象、气候变化和地震等

2) 地理成因的知识结构

构建相对完整的成因影响因素知识结构(图 2.1.1),从繁杂的影响因素中找到相应的部分。但是因素有主要与次要之分,既不能不分主次,又不能失之偏颇、随意选取某几种影响因素,造成成因的牵强附会和不全面。应当尽可能地对诸多因素进行权衡和取舍,找到主要因素。

(1) 自然地理成因。自然地理事象的形成受地球内力作用和自然外力作用,不以人的意志为转移。自然地理成因的影响因素与结果之间往往呈因果关系,从因到果有清晰的逻辑思路和递进的逻辑关系,结果具有确定性,分析的起点因素之间(若有多因素影响的话)、结果之间基本不交叉影响。依据关键词,结合影响因素知识结构,抽取符合该主题的相关影响因素,据影响因素查找相关材料,根据材料分析出有意义的地理信息和特征,最后根据特征分析推理出影响结果。

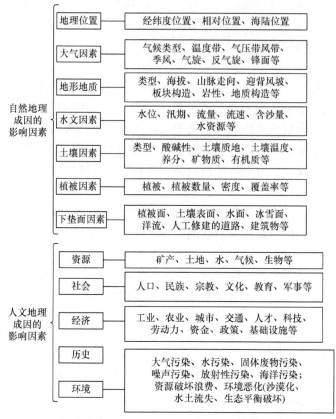

图 2.1.1　地理成因影响因素的知识结构

(2) 人文地理成因。人文地理事象及其区位形成和发展变化的内在原因建立在人类需求及人类活动不断干预的基础上。一些人文地理现象产生的原因除了纵深的因素外，还可能要阐明这一人文地理现象及其存在区位与周围其他地理现象及其区位的关系，体现空间的关联性和地理环境的整体性，因而人文地理成因的分析呈非线性，具有复杂性。对于同一地理事象及其区位的形成，不同的学者从不同角度可分析出不同的原因。不同历史时期的政治、经济、社会、资源、环境、政策因素都不一样，人的需求也不一样，因而不同时期人类的选择和活动的结果也不一样，同一因素在不同历史阶段对人文地理事象的区位及空间结构的作用也不一样。

(3) 区域地理成因。区域地理是将一个地区作为单元，研究该地区自然环境结构形成的规律及人类生产发展的条件和特点，是自然地理特征和人文地理特征在该区域上的综合反映。区域地理成因宜运用区域综合分析法，从自然地理特征和人文地理特征的形成原因等方面进行区域分析。区域地理分析也有其独特之处，那就是各区域具有独特性、案例性、综合性、问题性等特点，故而在区域地理成因分析中，应当注重区域间的比较，这样可以更好地了解和掌握事物的共同属性和个别特征，这是区域地理分析应当具备的最核心的思维。具体来说，①对于不同区域的相同事物和现象，要寻找内在的差异并比较分析原因。②对于不同区域的相似事物，要找出异同点并比较分析成因。③对于不同区域的不同事物，还应尽可能地找出其内在联系并比较分析成因。

2.1.2　地理信息表达层次

地理信息表达是在对地理知识演绎和归纳基础之上，形成的反映地理系统本质的形式化的地理信息的组织和表达模式。地理信息表达可分为地理环境、地理现象和地理实体三个层次的描述。

1. 地理环境

地理环境是指一定社会所处的地理位置以及与此相联系的各种自然条件的总和，包括气候、土壤、河流、湖泊、山脉、矿藏及动植物资源等。

1) 地理环境构成

根据受人类社会影响程度的差别，自然环境又可分为天然环境和人为环境。

天然环境(原生自然环境)指只受到人类间接或轻微影响的，原有自然面貌未发生明显变化的地方，如极地、高山、大荒漠、大沼泽、热带雨林、某些自然保护区以及人类活动较少的海域等。

人为环境(次生自然环境)指受到人类直接影响和长期作用而使自然面貌发生重大变化的地方，如农业、工矿、城镇等利用地。放牧的草场和采育的林地，虽然它们仍能保留草原和森林的外貌，但其原有的条件和状态已发生了较大的变化，属于人为环境。

经济环境是在自然环境的基础上由人类社会形成的一种地理环境，主要指自然条件和自然资源经人类开发利用后形成的地域生产综合体的经济结构，包括工业、农业、交通和城乡居民点等各种生产力实体的地域配置条件和结构状态。

社会文化环境是指包括人口、社会、国家、民族、语言、文化和民俗等方面的地域分布特征和组织结构关系，而且涉及社会各种人群对周围事物的心理感应和相应的社会行为。社会文化环境是人类社会本身所形成的一种地理环境。

上述三种环境在地域上和结构上是互相重叠、互相联系的，从而构成统一的整体地理环境。

2) 地理环境特征

地理环境是由地球表层各种有机物、无机物和能量构成，具有本身结构特征并受自然规律支配和控制的环境系统。地理环境具有整体性、区域性和变动性三个最基本的特征。

整体性指环境的各个组成部分和要素之间构成了一个有机的整体，地理环境的整体性并不等于均一性。整个地球的地理环境由无数个小的地理环境组成，这样就出现了地理环境的多样性，即差异性。出现差异性的原因是地理环境的各组成要素在时空分布上的不均一性，并由于组成要素的不均一而使其相互作用所形成的整体在空间分布上也发生有规律的分异。地域分异是指地球表层地理环境各组成成分(要素)或自然综合体沿地理坐标方向或者其他一定方向，分异成相互有一定差别的不同等级单元的现象。

区域性。在各个不同层次或不同空间的地域，其结构方式、组成、能量物质流动规模和途径、稳定程度等都具有相对的特殊性，从而显示出区域的特征。为了掌握自然条件的分布规律，分析地域间的一致性和差异性，通常需要根据地域分异规律对自然区域进行划分，把具有显著变化的界线确定出来，从而将地域划分为内部自然条件相似性最大、差异性最小，而与外部相似性最小、差异性最大的区域，并按区域等级的从属关系，得出一定的区划等级系统，这项工作称为自然区划。简单地说，自然区划是根据地理环境或其中某一成分的相似性和差异性，将地域划分为若干区域单位，并探讨和研究其特征及发生、发展、分布的规律，以便合理地开发利用自然资源，进行生产布局和采取适当的措施改造自然。例如，我国可划分为三个大自然区：东部季风森林区、西北干旱荒漠草原区和青藏高寒草甸草原区。

变动性是指在自然和人类社会行为的共同作用下，环境的内部结构和外在状态始终处于不断变化的过程中。

2. 地理现象

地理物象是指地理环境以及事物通过知觉、认知过程反映在人们头脑中的形象(映象)。它是知觉判断、地理优选以及决策行为形成的基础。地理物象是人们对周围的地理环境通过直接或间接观察、体验和了解而得到的具体形象，是通过稳定性思维而形成的。地理物象的定义是行为地理学中的核心概念之一。地理物象往往是决定某一环境下社会群体行为决策的最本质原因。

地理事物指地球上的一切自然物体和人造物体(如陆地、海洋、山川、河湖、公路、铁路、机场、寺庙等)。地理现象是指地理事物在发生、发展和变化中的外部形式和表面特征。地球表面上的任何现象都可称为地理现象。地理现象包括自然的现象(如地震、火山、海啸、板块的运动等)和人为的现象(如聚落、城市、历史文化的变迁、农业活动、工业活动、商业以及宗教活动等)。

3. 地理实体

在客观世界中存在许多复杂的地物、现象和事件。它们可能是有形的，如山脉、水系河道、水利设施、土木建筑、港口海岸、道路网、城市分布、资源分布等；也可能是无形的，如气压分布、流域污染程度、环境变迁等。

概念世界里描述现实世界最小(再也不能划分)的地理现象称为地理实体(geographic entity)。地理空间实体是对地球表面上一定时间内分布的复杂地物、现象和事件的空间位置以及它们相互的空间关系进行抽象简化表达的结果，是地球上的一种真实现象，是指在现实世界中再也不能划分为同类现象的现象。

地理实体通常分为点状、线状、面状和体状实体，复杂的地理实体由这些类型的实体构成。地理实体是具有相同类别，具有共同特征和关系的一组现象。一种地理现象可以是一个真实的、客观存在的，如建筑物、河流等；也可能是一种分类结果，如林地、园地等；还可能是一种对某种现象的度量结果，如高温区、高雨区等。

1) 地理实体维数和延展度

地理实体的维数随应用环境而定，取决于分析空间的维数。在应用环境可变的情况下，分析空间可能是二维的，也可能是三维的，也可能是从三维空间向四维的时空间扩展。

空间物体的延展度反映了地理实体的空间延展特性。在二维分析空间中，我们区分点、线、面这三类地理实体，在三维分析空间中，则区分点、线、面、曲面(体)这四类地理实体，相应地我们将点、线、面、曲面(体)的延展度分别记为 0，1，2，3。一般地说，地理实体显然可看作是分析空间的点集，可以用 R_2(或 R_3)的点集描述，但在地理实体的数值表示中，这种描述实施起来相当困难，如维数为 2，延展度为 2 的地理实体是一个平面域，我们无法用 R_2 中的一个子集给予确定的描述，而代之以一个多边形即闭合曲线来表示，而同样维数但延展度为 1 的地理实体用曲线表示(闭合或不闭合)。

地理实体的维数和延展度构成了对地理实体的几何特征的概括与描述，是对地理实体以数值表示的坐标串的补充，可以用来进行空间的分析运算、语法以及数据正确性的检验。如延展度为 2 的地理实体的坐标串，其首末点必须闭合，三维物体的坐标必须是三元组。

2) 地理实体的变量和属性

以地理实体为定义域，随地理实体的延展而变化的地理现象(变量)为空间变量，相反，不随地理实体的延展而变化的地理现象是地理实体的属性。空间变量如河流的深度、水流的速度、水面宽度、土壤类型等；地理实体属性如河流的名称、长度、区域的面积、城市人口等。空间变量是对作为其定义域的地理实体的局部描述，而地理实体的属性则是对其全局的描述。

地理实体的属性即描述的内容，通常需要从以下方面对地理实体进行属性描述：①位置。通常用坐标的形式表示地理实体的空间位置。位置是地理实体最基本的属性。②类别。指明该地理实体类型；不同类别的地理实体具有不同的属性。③编码。用于区别不同地理实体的标识码。编码通常包括分类码和识别码。分类码标识地理实体所属的类别，识别码对每个地理实体进行标识，是唯一的，用于区别不同地理实体。④行为。指明该地理实体具有哪些行为和功能。⑤属性。指明该地理实体所对应的非空间信息，如道路的宽度、路面质量、车流量、交通规则、时间等。⑥说明。用于说明实体数据的来源、质量等相关信息。⑦关系。与其他地理实体的关系信息。

地理实体(包括定义其上的空间变量和地理实体属性)的全体构成了现实的地理空间，但在空间分析中，我们只是对其部分内容进行分析。地理实体是空间变量的定义域，如地形，一般来说可以认为是定义于分析区域(多边形)上的二维空间变量，同时地形也可以认为是一种三维空间物体，一个三维空间变量。

一个空间变量定义于一个地理实体上，我们完全可以根据变量的变化情况将实体进行分解。分解的原则是在每一部分，变量是不变的实体或者可看作不变的，这时地理实体就被分解成了若干空间变量，而空间变量则转化成为地理实体的属性。地理实体的分解、变量与属性的转化，是空间分析的内容之一。

3) 地理实体之间关系

现实生活中的实体大多数都不是孤立存在的。国道可能和省道相接，河流可能穿过城市，学校可能和工厂为邻。地理实体之间关系包括由地理实体的几何特性(如地理实体的地理位置与形状)引起的空间关系，如距离、方位、邻近、包含、连通性、相似性等；由空间对象的几何和非几何属性共同引起的空间关系，如空间分布现象中的统计相关、空间自相关、空间相互作用、空间依赖等。

空间关系指事物的形状、位置等方面的关系，包括事物的相对位置、物体的几何形状以及其间的联系等内容。空间关系是普遍存在的，是自然界重要特征之一。地理实体空间关系描述为拓扑、方向和度量关系三种基本类型。拓扑关系描述地理实体之间的相邻、关联和包含等空间关系。方向关系又称为方位关系、延伸关系，定义了地理实体对象之间的方位。度量关系主要是指空间对象之间的距离关系，可以用欧几里得距离、曼哈顿距离和时间距离等来描述。

4) 地理实体的时空变化

空间是物质运动的场所，运动是物质的本质属性。时间是人类为了描述运动和变化的快慢引入的量，时间属于人意识范畴的概念，与物质和空间无关。时间不属于物质，也不属于空间。但人类的知识是客观和主观的统一，人类描述客观世界变化离不开时间。

属性是对象的性质与对象之间关系的统称。由于事物属性的相同或相异，客观世界中形成了许多不同的事物类。具有相同属性的事物就形成一类，具有不同属性的事物就分别形成不同的类。

时间、空间和属性是地理实体各自独立又相互联系的三个绝对概念，是反映地理实体的状态和演变过程的重要组成部分。客观世界每时每刻都在发生变化。空间、时间和属性变化已经成为客观世界中不可分割的一部分，空间、时间和属性的依存关系确立了事物的演化秩序。

那么什么是变化？如果地理实体对象 O 有且仅有一个属性 P，在不同的时间 t 和 t'，对象 O 在 t 具有属性 P，在 t' 不具有属性 P，则认为对象 O 发生了变化。时空变化是对一个或者多个地理实体状态的改变。本书将时空变化分为两大类，即影响单个实体的时空变化和影响多个实体的时空变化。变化发生前后的实体集可包括 $n(n>0)$ 个实体，因此，可按变化前后实体个数来划分：

(1) 变化前的实体集中实体个数为 0，变化后的实体集中实体个数为 1；

(2) 变化前的实体集中实体个数为 1，变化后的实体集中实体个数为 0；

(3) 变化前的实体集中实体个数为 1，变化后的实体集中实体个数为 1；

(4) 变化前的实体集中实体个数为 1，变化后的实体集中实体个数为 $n(n>1)$；

(5) 变化前的实体集中实体个数为 $n(n>1)$，变化后的实体集中实体个数为 1；

(6) 变化前的实体集中实体个数为 $n(n>1)$，变化后的实体集中实体个数为 $m(m>1)$。

前三类可看作影响单个地理实体的变化，后三类可看作影响多个地理实体的变化。其中第 6 种变化可以利用前 5 种变化组合表达实现。因此，本书只考虑前 5 种情况。其中影响单个地理实体的时空变化基本类型如图 2.1.2 所示。图 2.1.2 中叶子节点是时空变化的基本类型，包括出现、消失、突变、属性项减少、属性项增加、属性值减少、属性值增加、属性值改变、变形、扩张、收缩、延长和缩短 13 种。

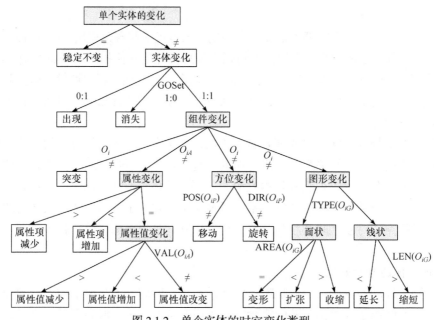

图 2.1.2　单个实体的时空变化类型

2.2　地理信息表达方法

人们用简洁的文字、语音、图形、图像和数据或其他形式描述地理概念、地理事物的特征、分布与变化信息。

2.2.1　文本表达

文本是语言的载体之一，是指书面语言的表现形式。一个文本可以是一个句子、一个段落或者一个篇章。文本表达的文献主要种类有：百科全书、手册、词典、指南、专著、论文、教材和考察研究报告等。

1. 地理信息文本特点

地理文本语言通过对地理环境、现象、过程、事件等对象从空间、形态、空间关系、属性、时序等特征的角度进行语义层次上的抽象，统一描述地球表层的空间位置、形态、空间关系、地理语义和时空属性，建立客观地理世界中的各种地理概念模型，实现不同地理特征的地理对象或现象的表达。

地理知识涉及面广，位于社会科学和自然科学的交叉位置上，又与各个学科有着十分密切的联系。因此，地理文本语言具有抽象性、系统性、严密性、确切性和层次性等基本特征，既有理科逻辑性强、严谨、理性思维的特点，又不失文科的感性，丰富的想象力。

2. 文本表示方法

文本表示是指将文字表示成计算机能够运算和处理的数字或向量的方法。为了判断一个句子在文本中出现的概率，常用概率统计解决文本语言上下文相关的特性。

1) 词的向量化表示

词的向量化有词向量模型和词袋表示模型两种。

(1) 词向量模型。计算机是不能理解人所说的语言的，为了文本可以计算和比较，我们采用将词汇映射为一个向量的方法。例如，我们已经得到了"足球"这个单词的向量为 w，则在计算机中见到向量 w 就知道其所代表的单词是"足球"。根据文本分词结果，建立一个词典，每个词用一个向量表示，这样就可以将文本向量化了。词向量是一种更为有效的表征方式，其实就是用一个一定维度的向量表示词典的词。从概念上讲，它涉及从每个单词一维的空间到具有更低维度的连续向量空间的数学嵌入。

在这种方式里，每一个词被表示成一个实数向量，其长度为字典大小，一个维度对应一个字典里的每一个词，除了这个词对应维度上的值是 1，其余元素都是 0。One-Hot 编码又称一位有效编码，其方法是使用 N 位状态寄存器来对 N 个状态进行编码，每个状态都有独立的寄存器位，并且在任意时候，其中只有一位有效。

词向量模型的基本原理是词的上下文的分布可以揭示这个词的语义。词向量模型的核心就是对上下文的关系进行建模。Word2vec 是一群用来产生词向量的相关模型。Word2vec 模型可用来映射每个词到一个向量和表示词与词之间的关系。

(2) 词袋表示模型。词袋模型（bag of words model）是在自然语言处理和信息检索下被简化的表达模型。该模型忽略掉文本的语法和语序等要素，将其仅仅看作是若干个词汇的集合，文档中每个单词的出现都是独立的。

2) 统计语言模型

语言建模方法经历了从基于规则的方法到基于统计方法的转变。从基于统计的建模方法得到的语言模型称为统计语言模型。统计语言模型可以对一段文本的概率进行估计，用形式化讲，统计语言模型的作用是为一个长度为 m 的字符串确定一个概率分布 $P(w_1,w_2,\cdots,w_m)$，表示其存在的可能性，其中 w_1 到 w_m 依次表示这段文本中的各个词。一般在实际求解过程中，通常采用下式计算其概率值：

$$P(w_1,w_2,\cdots,w_m)=P(w_1)P(w_2|w_1)P(w_3|w_1,w_2)\cdots P(w_i|w_1,w_2,\cdots,w_{i-1})\cdots P(w_m|w_1,w_2,\cdots,w_{m-1})$$

在实践中，如果文本的长度较长，上式右部 $P(w_i|w_1,w_2,\cdots,w_{i-1})$ 的估算会非常困难。为此，提出了一个简化模型：n 元模型。在 n 元模型中估算条件概率时，距离大于等于 n 的上文词会被忽略，也就是对上述条件概率作了以下近似：

$$P(w_i|w_1,w_2,\cdots,w_{i-1}) \approx P(w_i|w_{i-(n-1)},\cdots,w_{i-1})$$

当 $n=1$ 时称为一元模型，公式右部会退化成 $P(w_i)$，此时，整个句子的概率为：$P(w_1,w_2,\cdots,w_m)=P(w_1)P(w_2)\cdots P(w_m)$。从式中可以知道，一元语言模型中，文本的概率为其中各词概率的乘积。也就是说，模型假设了各个词之间都是相互独立的，文本中的词序信息完全丢失。因此，该模型虽然估算方便，但性能有限。

当 $n=2$ 时称为二元模型，使用 $P(w_i|w_{i-1})$ 作为近似。常见的还有三元模型，使用 $P(w_i|w_{i-1},w_{i-2})$ 作为近似。这些方法均可以保留一定的词序信息。

在 n 元模型中，传统的方法是采用频率计数的比例来估算 n 元条件概率：

$$P(w_i|w_1,w_2,\cdots,w_{i-1})=\frac{\text{count}(w_{i-(n-1)},\cdots,w_{i-1},w_i)}{\text{count}(w_{i-(n-1)},\cdots,w_{i-1})}$$

其中，$\text{count}(w_{i-(n-1)},\cdots,w_{i-1},w_i)$ 表示文本序列 $w_{i-(n-1)},\cdots,w_{i-1}$ 在语料中出现的次数。

为了更好地保留词序信息，构建更有效的语言模型，我们希望在 n 元模型中选用更大的 n。但是，当 n 较大时，长度为 n 的序列出现的次数就会非常少，在估计 n 元条件概率时，就会遇到数据稀疏问题，导致估算结果不准确。因此，一般在百万词级别的语料中，三元模型是比较常用的选择，同时也需要配合相应的平滑算法，进一步降低数据稀疏带来的影响。

2.2.2　地图表达

地图在抽象概括表达过程中基于对象和场两种观点描述现实世界，即基于对象描述地理实体的离散分布和基于场描述地理实体的连续分布。

1. 地理要素

地理要素是地图的地理内容，包括表示地球表面自然形态所包含的要素，如地貌、水系、植被和土壤等自然地理要素与人类在生产活动中改造自然界所形成的要素，如居民地、道路网、通信设备、工农业设施、经济文化和行政标志等社会经济要素。

1) 地理要素分类

地理要素是存在于地球表面的各种自然和社会经济现象，以及它们的分布、联系和时间变化等，是地图的主体内容。地理要素根据其性质，可以分为自然地理要素和社会经济要素两大类。

(1) 自然地理要素。自然地理要素是指涵盖制图区域的地理景观和自然条件，如地质、地貌、水文等。自然地理要素相对稳定，变化较小，它的种类和数量的多少及优劣，是衡量该区域开发前景的一个重要因素。

(2) 社会经济要素。社会经济要素(或称人文地理要素)是指由人类活动所形成的经济、文化，以及与之相关的各种社会现象，如居民地、交通网、行政境界线、人口等。社会经济要素的状况深刻地反映了该区域的发展水平和社会文明程度。

2) 地理要素特征

从地理要素的定义上不难发现，空间位置、属性、空间关系和时间特征是地理要素的四个基本特征。

(1) 空间特征。地理要素总存在于地球表面的某个位置，并具有一定的空间形态、几何分布以及彼此之间的相互空间关系，这些特征称为地理要素的空间位置特征。空间位置特征有时也称为地理要素的几何图形特征，包括地理要素的位置、形状、大小和空间分布状况等。通常把地球表面抽象成一定的坐标系，地理要素的空间位置即是其位于坐标系中的位置。点状实体是指只有特定的位置，没有长度的实体。线状实体是指有长度没有宽度，或者宽度可以被忽略的实体；长度为从起点到终点的总长；线状实体有方向，如水流的方向等。地理现象呈现局域成片分布，有分布范围。面状实体既有长度，又有宽度。分布范围可分为精确范围与概略范围，前者有明确的界线，后者没有明确的界线。面状实体面积表示面状实体所占有的范围的大小；周长表示面状实体所占有区域的周长；是否独立或相邻表示独立存在，还是与其他面状实体相邻；岛或洞表示面状实体中是否有岛或洞；重叠表示面状实体之间是否有重叠。体状实体是用于描述三维空间中的现象与物体，具有长度、宽度及高度等属性，通常有如下空间特征：体积、岛或洞、表面积。体状分布要素是 2.5 维或 3 维的，2.5 维表达连续现象的分布趋势面，真正的 3 维现象在每一个空间点 (x, y, z) 上都有独立的属性值。

(2) 属性特征。描述地理要素本身性质、非空间、专题内容的资料和记录数据称为地理要素的属性特征。每个地理要素都具有自身的属性特征。属性特征主要记录地理要素的数量、质量、名称、类型、特性、等级等。地理要素的属性通常分为定性属性和定量属性两种。定性属性包括名称、类型、特性等；定量属性包括数量、等级等。

(3) 关系特征。各种地理要素之间在地球表面存在各种关系，而不是孤立存在的，这种特征称为地理要素的空间关系特征。地理要素的空间关系主要包括拓扑关系、顺序关系和度量关系等。

(4) 时间特征。地理要素存在于地球表面有一定的时间效应，即地理要素在地理空间上的空间位置、属性和相互关系与时间密切相关，这种特征称为地理要素的时间特征。地理要素的空间位置和属性可能随时间的变化而同时变化，如道路网的修改扩建、土地利用的变化。地理要素的空间位置和属性也可能随着时间的变化而单独变化，如建筑物的空间位置不变而用途发生变化、学校进行整体搬迁而属性没有变化。

3) 地理要素内容

地理要素反映地面上自然和社会经济现象的地理位置、分布特点及相互联系，是地形图的主体内容。

(1) 图的注记和颜色。地形图上的文字、数字统称为注记，它将地理要素中的名称、数量、意义等表示出来。地形图注记分为名称注记(如河流、山脉、道路及村庄等)、数字注记(如楼的层数、河深、高程等)和说明注记(如路面材料、树种、井泉性质等)。另外，为了使地形图上显示的地形醒目易读，一般地物符号和注记用黑色，地貌用棕色，水系用蓝色，植被用绿色。

(2) 地物要素。地形图上的居民地、工矿企业建筑物、公共设施、独立地物、道路及其附属设施、管线和垣栅、水系及其附属设施等均属于地物要素。地物要素在地形图上用《地形图图式》规定的符号描绘。

从地形图上可看出居民地的分布情况及房屋的外围轮廓和建筑的结构特征,可了解建筑物和公共设施的位置、形状和性质特征,判别道路的类别(如铁路、公路等)、等级及其分布状况,了解管线、垣栅的分布及走向,区分河流、湖泊等水系了解行政界限及土质、植被等的分布情况。

(3) 地貌要素。地貌要素是地形图最重要的地理要素之一,在地形图上主要用等高线表示。等高线能精确地表示地面的高程和坡度,正确地反映山顶、山脊、山谷、鞍部等地貌形态,清晰地显示区域地貌的类型、山脉的走向,而且又能表示不同地区地貌的切割程度以及地貌结构线、特征点的位置和名称注记。我国的陆地地貌可分为平原、丘陵、山地、高原和盆地五种类型。

2. 地图表达特征

地图是地理信息的载体,地理实体通过地图表达的目的是进行地理信息传播。在传播过程中必须考虑人的生理特征:一是信息传播要经过人的视觉感知;二是人类认识的有限性所引起地图表达的尺度和选择效应。地图表达是对地理实体和现象的定性或定量描述。地理现象在二维平面地图上表达需要解决:①地理现象的多维性与可视化感知能力的矛盾(降维);②地理现象的整体性与表达能力有限性的矛盾(分类选择);③地理现象的无限性与感知能力有限性的矛盾(尺度选择);④地理现象的变化持续性与感知能力有限性的矛盾(快照)等问题。

1) 地图降维表示

地图无法真实地表达三维地理空间。地球表面物体在地理空间场中的维度延伸、形态决定了空间物体具有方向、距离、层次和地理位置等。三维地物映射到平面,只能将地理物体抽象为点状、线状和面状几何形态。基于地图思维的地理信息图形表达是四维时空域的地理信息映射二维平面的过程,它具有严格的数学基础、符号系统和文字注记,并能依据地图概括原则,运用符号系统和最佳感受效果表达人类对地理环境的认知。

2) 地图内容抽象与概括

人类对地理现象的认知能力是有限的,人们不可能完全、详细地观察地理世界的所有细节,只有经过合理尺度抽象的地理信息才更具利用价值。尺度的选择是人们在确定表达目的、观测技术水平、模型分析能力等约束条件下,不得已而为之的。在测绘学、地图制图学和地理学中通常把尺度表述为比例尺。地学领域对比例尺提出了两种本质的含义:抽象(和细节)的程度和距离的比率,并认为前者表示地球表面按照比例缩小影响对空间关系的理解力,后者影响到数据的质量和表达。尺度依赖性引发地理实体表达的多态性。不同的比例尺,地理实体有不同的空间形态、不同的属性特征和逻辑关系等。

地图是人类对地理世界抽象和概括表达的结晶。概括是对地理物体的简化和综合以及对物体的取舍。地图概括性主要表现为:①空间概括性是根据空间数据比例尺或图像分辨率对地图内容按照一定的规律和法则,通过删除、夸大、合并、分割和位移等综合手法实现对图形的简化,用以反映地理空间对象的基本特征和典型特点及其内在联系的过程;②时间概括性包括统计的周期和时间间隔的大小;③质量概括性是通过扩大数量指标的间隔(或减少分类分级)和减少地理对象中的质量差异来体现的;④数量概括性包括计量单位、分级情况和使用量等信息。

3) 地图内容选择表达

对于同一客观世界,不同社会部门和学科领域的研究人员在所关心的问题和研究对象等方面存在差异，从而产生不同的环境映象。地理信息的获取、处理和存储是以应用为主导的，根据不同专业的需求，着重突出并尽可能完善、详尽地表示自然和社会经济现象中的某一种或几种要素，集中表现某种主题内容。

4) 地图比例尺选择

人们认知世界、研究地理环境时，往往从不同空间尺度(比例尺)上对地理现象进行观察、抽象、概括、描述、分析和表达，传递不同尺度的地理信息，这就需要多种比例尺地图的支撑。尺度变化不仅引起地理实体的大小变化，通过不同比例尺之间的制图综合，还会引起地理实体的形态变化和空间位置关系(制图综合中位移)的变化。在不同尺度背景下，地图要素往往表现出不同的空间形态、结构和细节。

5) 地图版本时态表达

地球上自然和人文现象随时间发展变化。地图只能表达地理现象某一时刻的状态，地理现象变化信息需要通过不同地图版本来反映，时间因素是评价地图质量的重要因素。

3. 地图表达方式

在地图上，地理要素有基于对象模型和基于场模型两种表达模式。

1) 基于对象模型的地理要素表达

基于对象观点，采用面向实体的构模方法，将地理现象抽象为点、线、面、体的基本单元，每个基本单元表示为一个实体对象，实体对象指自然界现象和社会经济事件中不能再被分割的单元。对象之间具有明确的边界，每个对象可用唯一的几何位置形态和一系列的属性表示。几何位置形态在地理空间中可以用经纬度或坐标来表达。属性则表示对象的质量和数量特征，说明其是什么，如对象的类别、等级、名称和数量等。

(1) 地理要素的几何表示。地理信息在图形上表示为一组地图元素。位置信息通过点、线和面来表示。①点状要素：一个点状要素由单一位置表示，规定这样一个地理实体，其整个界线或形状很小以至不能表现为线状和面状要素。通常用一个特征符号或标识号来描绘一个点位。②线状要素：地理实体和现象太窄而不能显示为一个面，或者可能是一个没有宽度的要素。通常用一段长度的某种线型表示地理实体。③面状要素：一个面状要素是一个封闭的图形，其界线包围一个同类型区域，如州、县和水体。

(2) 地理要素的属性表示。地图用符号和标记表示属性信息。下面列举一些地图表示描述性信息的常用方法：①道路采用不同线宽、颜色和标识号进行描述，用以表示不同类型的道路。②河流和湖泊绘成蓝色。③机场以专门的符号表示。④山峰标注高程。⑤市区图标出街道名字。

(3) 地理实体的关系表示。地图要素之间的空间关系以图形表示在地图上，依靠读者去解释它们。例如，观察地图可以确定一个城市的邻近湖泊，确定沿某条道路两个城市间的相对距离及两者间的最短路径。等高线组可以确定地形的高程起伏等情况。地理实体的空间关系并不明显地表示在地图上，但是，读者可由地图来派生或解释出这些空间关系。

2) 基于场模型的地理要素表达

基于场的观点，地理现象借助物理学中场的概念进行表示，场表示一类具有共同属性值的地理实体或者地理目标的集合。根据应用的不同，场可以表现为二维或三维，如果包含时间即为四维空间。基于场模型的地理现象，任意给定的空间位置都对应一个唯一的属性值。根据这种属性分布的表示方法，场模型可分为图斑模型、等值线模型和选样模型。

(1) 图斑模型。图斑模型将一个地理空间划分成一些简单的连通域，每个区域用一个简单的数学函数表示一种主要属性的变化。根据表示地理现象的不同，可以对应不同类型的属性函数。比较简单的情况是每个区域中的属性函数值保持一个常数。图斑模型常常被用于描述土壤类型、土地利用现状、植被以及生物的空间分布。除了单一属性值，还有多属性值的情况。

(2) 等值线模型。等值线模型经常被视为由一系列等值线组成，一条等值线就是地面上所有具有相同属性值的点的有序集合。用一组等值线将地理空间划分成一些区域，每个区域中属性值的变化是相邻的两条等值线的连续插值。等值线模型常用来表示等高线、等温线、等压线、地下水文线等。

(3) 选样模型。选样模型是以有限的抽样数据表达地球表面无限的连续现象，地理现象在地理空间上任何一点的属性值是通过有限个点的属性值插值计算的。按采样点分为无规律的离散点(如地形图上的高程点)、等值线(如地形图上的等高线)和规则格网点等。

3) 三维地理实体的表达

地图上地理实体的三维描述是将地球表面起伏不平的地形以抽象图形和视觉感知再现的图像形式表示在平面图(地形图)上，如写景(描景)法、晕滃法、晕渲法、等高线法、分层设色法等。

(1) 地形的写景表达。在古代，人们用写意的山脉图画表示山势。直到 18 世纪前，用透视或写景法以尖锥形(三角形)或笔架形符号表示山势和山地所在的位置。虽然图画可以把人们看到的和接触到的各种地形景观生动地描绘出来，但这些信息仅能粗略地展示地形起伏的形态特征和地物的色彩特性，精确的定量描述能力非常有限。

(2) 地形的图形表达。地形的图形表达主要是指用线画或符号来表达，如晕滃法和等高线法等。晕滃图在早期西方地图中很常用。早在 1749 年，晕滃法由帕克用在《东肯特地区自然地理图》中显示河谷地区的地表形态；德国人莱曼于 1799 年正式提出了具有统一标准的科学地貌晕滃法。晕滃法的表达方式是坡度线。线段的长度表示坡线长度，线段的方向表示坡线方向，线段粗细表示坡度陡缓：线段越粗，坡度越陡。坡度低平的地方颜色明亮，而坡度陡峭的地方颜色阴暗，并建立一定的立体感。

等高线被认为是地图史上的一项重大发明。1791 年，杜朋特里尔最早用等高线显示了法国的地形。等高线将地形表面相同高度(或相同深度)的各点连线，按一定比例缩小投影在平面上，呈现为平滑曲线。地形等高线的高度以海平面的平均高度为基准，并以严密的大地测量和地形测量为基础绘制而成，能把高低起伏的地形表示在地图上。可量测性使得等高线表达在过去、现在及将来都很重要。

(3) 地形的图像表达。广义上，图像是所有具有视觉效果的画面，如晕渲图和景深图。早在 1716 年，德国人高曼首先采用晕渲法。晕渲法是应用光照原理，以色调的明暗、冷暖对比来表现地形的方法，又称阴影法。基本原理是阳面亮、阴面暗。它最大的特点是立体感强，在方法上有一定的艺术性。晕渲通常以毛笔及美术喷笔为工具，用水墨绘制，也可用水彩(或水粉)绘制成彩色晕渲。晕渲法对各种地貌进行立体造型，能得到地形立体显示的直观效果，便于计算机实现且具有良好的真实感，成为当今应用较多的一种地形表示法。

深度图(景深图)是指包含从视点到场景中对象表面距离的图像。深度图用亮度成比例地显示从摄像机(或焦平面)到物体的距离，越近的物体颜色越深。根据这种原理，假设视点无限高，用不同的灰度值来表达不同的高程的影像也是一种深度图。用颜色来表示高低，叫作分层设色法。

与各种线划图形相比，影像无疑具有自己独特的优点，如细节丰富、成像快速、直观逼真等，因此摄影术一出现就被广泛用于记录这个绚丽多彩的世界。从 1849 年开始，出现了利用地面摄影相片进行地形图的编绘，航空摄影由于周期短、覆盖面广、现势性强而被广泛采用。但仅仅利用单张相片，虽然可以得到粗略的地面起伏信息，但是难以得到高精度的地面点信息。

(4) 图形与图像结合表达。根据对各种地形表达效果的分析，发现晕渲法自身存在严重的不足，而同时代的晕滃法和等高线法与晕渲法相比，却具有众多的优点。因此，地形图形表达方式主要是等高线法、分层设色法和晕渲法。在实际应用时，可根据不同用途、不同目的选择不同的方法；或者结合使用，如等高线加分层设色、等高线加晕渲、分层设色加晕渲等。有些特殊地形及地形目标还须用符号法加以补充，如等高线加分层设色、等高线加晕渲地形、具有晕渲效果的明暗等高线等。

(5) 地形的模型表达。模型(model)是指用来表现事物的一个对象或概念，是按比例缩小并转变到我们能够理解的形式的事物本体。建立模型有许多特定的目的，如定量分析、可靠预测和精准控制等。在这种情况下，模型只需要具备足够重要的细节以满足需要即可。同时，模型也可以被用来表现系统或现象的最初状态，或者用来表现某些假定或预测的情形等。实物模型通常是一个模拟的模型，如用橡胶、塑料或泥土制成的地形模型等。摄影测量中广泛使用的基于光学或机械投影原理的三维立体模型，以及全息影像都属于实物模型。

2.2.3　遥感表达

遥感(remote sensing)是通过对电磁波敏感的仪器(遥感器)，在远离目标和非接触目标物体的条件下，探测目标地物对电磁波的辐射、反射特性，获取其反射、辐射或散射的电磁波信息(如电场、磁场、电磁波、地震波等信息)，并进行提取、判定、加工处理、分析与应用的一门科学和技术。

1. 技术原理

振动的传播称为波，电磁振动的传播是电磁波。

太阳作为电磁辐射源，它所发出的光也是一种电磁波。太阳光从宇宙空间到达地球表面必须穿过地球的大气层。太阳光在穿过大气层时，受到大气层吸收和散射的影响，会使太阳光的能量发生衰减。大气层对太阳光的吸收和散射的影响随太阳光的波长而变化。地面上的物体会对由太阳光所构成的电磁波产生反射和吸收。因为每一种物体的物理和化学特性以及入射光的波长不同，所以它们对入射光的反射率也不同。各种物体对入射光反射的规律称为物体的反射光谱，通过对反射光谱的测定可得知物体的某些特性。

2. 遥感分类

按照不同的分类方法，遥感有不同的分类体系，常见的有如下几种。

1) 根据遥感平台分类

地面遥感：传感器设置在地面平台上，如车载、船载、手提、固定或活动高架平台等。

航空遥感：传感器设置于航空器上，主要有飞机、气球等。

航天遥感：传感器设置于环地球的航天器上，如人造地球卫星、航天飞机、空间站、火箭等。

航宇遥感：传感器设置于星际飞船上，主要用于对地月系统外目标的探测。

2) 根据传感器的探测波段分类

紫外遥感：传感器探测波段为 0.05～0.38μm。

可见光遥感：传感器探测波段为 0.38～0.76μm，如摄影机、扫描仪、摄像仪等。

红外遥感：传感器探测波段为 0.76～1000μm，如摄影机、扫描仪等。

微波遥感：传感器探测波段为 1mm～10m，如扫描仪、微波辐射计、雷达、高度计等。

常见的多波段遥感是指探测波段在可见光波段和红外波段范围内，再分成若干窄波段同步探测，并同时得到目标物不同波段的多幅图像。目前使用的多光谱遥感传感器有多光谱摄影机、多光谱扫描仪和反束光导管摄像仪等。

3) 根据工作方式分类

主动式遥感：由探测器主动发射一定的电磁波能量并接收目标的后向散射信号。

被动式遥感：传感器不向目标发射电磁波，仅被动接收目标物自身发射和对自然辐射源反射的能量。

4) 根据遥感资料的获取方式分类

成像遥感：将探测到的目标电磁辐射转换成可以显示为图像的遥感资料，如航空像片、卫星影像等。

非成像遥感：将所接收的目标电磁辐射数据输出或记录在磁带上而不产生图像。

5) 根据波段宽度及波谱的连续性分类

高光谱遥感：利用很多狭窄的电磁波波段(波段宽度通常小于 10nm)产生的光谱连续的图像数据。目前的成像高光谱仪波段宽度都在 9～10nm，如 AIS 高光谱传感器有 128 个波段，波段宽度 9.6nm；AVIRIS 高光谱传感器有 224 个波段，波段宽度 10nm。

常规遥感：又称宽波段遥感，波段宽度一般大于 100nm，且波段在波谱上不连续。从大的研究领域可分为外层空间遥感、大气层遥感、陆地遥感、海洋遥感等。

6) 根据遥感的应用领域分类

从具体应用领域可分为资源遥感、环境遥感、农业遥感、林业遥感、渔业遥感、地质遥感、气象遥感、水文遥感、城市遥感、工程遥感、灾害遥感及军事遥感等。

3. 遥感系统

遥感是一门对地观测的综合性技术，它的实现既需要一整套的技术装备，又需要多种学科的参与和配合，因此实施遥感是一项复杂的系统工程。根据遥感的定义，遥感系统主要由以下四大部分组成。

1) 信息源

信息源是遥感需要对其进行探测的目标物。任何目标物都具有反射、吸收、透射及辐射电磁波的特性，当目标物与电磁波发生相互作用时会形成目标物的电磁波特性，这为遥感探测提供了获取信息的依据。

2) 信息获取

信息获取是指运用遥感技术装备，接收、记录目标物电磁波特性的探测过程。信息获取所采用的遥感技术装备主要包括遥感平台和传感器。其中遥感平台是用来搭载传感器的运载工具，常用的有气球、飞机和人造卫星等；传感器是用来探测目标物电磁波特性的仪器设备，常用的有照相机、扫描仪和成像雷达等。

3) 信息处理

信息处理是指运用光学仪器和计算机设备对所获取的遥感信息进行校正、分析和解译的技术过程。信息处理的作用是通过对遥感信息的校正、分析和解译，掌握或清除遥感原始信息的误差，梳理、归纳被探测目标物的影像特征，然后依据特征从遥感信息中识别并提取所需的有用信息。

4) 信息应用

信息应用是指专业人员按不同的目的将遥感信息应用于各业务领域的使用过程。信息应用的基本方法是将遥感信息作为地理信息系统的数据源，供人们对其进行查询、统计和分析利用。遥感的应用领域十分广泛，最主要的应用有：军事、地质矿产勘探、自然资源调查、地图测绘、环境监测以及城市建设和管理等。

4. 技术特点

遥感作为一门对地观测的综合性科学，它的出现和发展是人们认识和探索自然界的客观需要，具有其他技术手段无法比拟的特点。

1) 数据获取能力强

遥感探测能在较短时间内，从空中乃至宇宙空间对大范围地区进行对地观测，并从中获取有价值的遥感数据。这些数据拓展了人们的视觉空间，例如，一张陆地卫星图像，其覆盖面积可达 3 万多平方千米。这种展示宏观景象的图像，对地球资源和环境分析极为重要。在地球上有很多地方，自然条件极为恶劣，人类难以到达，如沙漠、沼泽、高山峻岭等，采用不受地面条件限制的遥感技术，特别是航天遥感可方便及时地获取各种宝贵资料。

2) 获取信息的手段多

根据不同任务，遥感技术可选用不同的波段和遥感仪器来获取信息，如可采用可见光探测物体，也可采用紫外线、红外线和微波探测物体。利用不同波段对物体的穿透性不同，还可获取地物内部信息，如地面深层、水的下层、冰层下的水体，沙漠下面的地物特性等。这些数据综合地展现了地球上许多自然与人文现象，宏观地反映了地球上各种事物的形态与分布，真实地体现了地质、地貌、土壤、植被、水文、人工构筑物等地物的特征，全面揭示了地理事物之间的关联性，并且这些数据在时间上具有相同的现势性。

3) 获取信息的周期性

由于卫星围绕地球运转，遥感探测能周期性、重复地对同一地区进行对地观测，这有助于人们通过所获取的遥感数据，发现并动态地跟踪地球上许多事物的变化。尤其是在监测天气状况、自然灾害、环境污染甚至军事目标等方面，遥感的运用显得格外重要，这是人工实地测量和航空摄影测量无法比拟的。例如，陆地卫星 4 和 5，每 16 天可覆盖地球一遍，NOAA 气象卫星每天能收到两次图像，Meteosat 每 30min 获得同一地区的图像。

4) 多尺度信息的感知

遥感影像具有多空间分辨率、光谱分辨率、时间分辨率和辐射分辨率特征。

空间分辨率是指图像中可辨认的临界物体空间几何长度的最小极限，即对细微结构的分辨率。空间分辨率是评价传感器性能和遥感信息的重要指标之一，也是识别地物形状大小的重要依据。根据不同的应用领域，可以选择不同的卫星平台和传感器，获取不同分辨率的遥感图像，如卫星影像的地面分辨率由 1km、100m、30m、10m、5m、2m、1m，甚至 0.6m 逐步提高，以满足不同应用场景下的需求。

多光谱分辨率遥感，是利用具有两个以上波谱通道的传感器对地物进行同步成像，将物体反射辐射的电磁波信息分成若干波谱段进行接收和记录。人们采用光谱分辨率来描述遥感数据的光谱精细度特性。光谱分辨率体现的是地物波谱的细节信息，可用于影像地物的分类识别。

辐射分辨率是指传感器区分地物辐射能量细微变化的能力，即传感器的灵敏度。传感器的辐射分辨率越高，其对地物反射或发射辐射能量的微小变化的探测能力越强，能分辨目标反射或辐射的电磁辐射强度的最小变化量越大。在遥感图像上表现为每一像元的辐射量化级，如可见、近红外波段用噪声等效反射率表示，热红外波段用噪声等效温差、最小可探测温差和最小可分辨温差表示。

遥感探测器按一定的时间周期重复采集数据，这种重复周期，又称回归周期。它是由飞行器的轨道高度、轨道倾角、运行周期、轨道间隔、偏移系数等参数决定。这种重复观测的最小时间间隔称为时间分辨率。

5. 图像处理

遥感图像(remote sensing image，RSI)是指记录各种地物电磁波大小的胶片或照片。遥感图像具有宏观、客观、综合、实时、动态、快速等特点，是遥感信息客观真实的技术保障，是遥感技术的重要组成部分和必要技术手段。遥感图像处理贯穿遥感技术应用研究工作的全过程。遥感影像处理的内容主要有以下几点。

(1) 图像校正：即校正在成像、记录、传输或回放过程中引入的数据错误、噪声与畸变，包括辐射校正、几何校正等。

(2) 影像增强：通过增加图像中某些特征在外观上的反差来提高图像的目视解译性能。应用对比度变换、空间滤波、彩色变换、图像运算和多光谱变换等处理手段，突出数据的某些特征，提高影像的目视质量，如彩色增强、反差增强、边缘增强、密度分割、比值运算、去模糊等。

(3) 遥感图像镶嵌：将两幅或多幅数字图像(可能是在不同的摄影条件下获取的)拼接在一起，构成一幅更大范围的遥感图像。

(4) 遥感图像融合：将多源遥感数据在统一的地理坐标系中采用一定算法生成一组新的信息或合成图像的过程。遥感图像融合将多种遥感平台、多时相遥感数据之间以及遥感数据与非遥感数据之间的信息进行组合匹配、信息补充，融合后的数据更有利于综合分析。

(5) 信息提取：从经过增强处理的影像中提取有用的遥感信息，包括采用各种统计分析、集群分析、频谱分析等自动识别与分类。通常利用专用数字图像处理系统来实现，且依据不同目的采用不同的算法和技术。

(6) 数据压缩：改进传输、存储和处理数据效率。

2.2.4　矢量表达

为了使计算机能够识别、存储和处理地理实体，人们不得不将以连续方式存在于地理空间的空间物体离散化。空间物体离散化的基本任务是将以图形模拟的空间物体表示成计算机能够接收的数字形式。

1. 地理实体数据抽象

地理现象以连续的方式存在于地理空间，为了让计算机以数字方式对其进行描述，必须将其离散化，受地图思维的影响，用离散数据描述连续的地理客观世界有两种模型：一是表达场分布的连续地理现象；二是表达离散的地理对象。基于场的模型在计算机中常用栅格数据结构表示；基于对象的模型在计算机中常用矢量数据结构表示。

2. 地理实体矢量表示

基于对象的地理实体矢量数据表示将现象看作原形实体的集合，强调了离散现象的存在，且组成地理实体。在二维模型中，原型实体是点、线和面，而在三维模型中，原型也包括表面和体。

1) 地理实体的几何表示

利用笛卡儿坐标系，地物的位置可以用 X，Y 坐标表示在地图上。为了使空间信息能够用计算机表示，必须把连续的空间物体离散成数字信号，用离散的数据表示地图要素及其相互联系。

(1) 点。单个位置或现象的地理特征表示为点特征。点由坐标对 (x, y) 来定义，记作 $P\{x, y\}$，没有长度和面积。没有线状要素相联结的点称为孤立点；有一条线状要素相联结的点称为悬挂点；有两条或两条以上的线状要素相联结的点称为结点。

(2) 链(弧段、边)。线状物体的几何特征用直线段来逼近。链是以结点为起止点，中间点为线状地物的特征点。链的起点、有限个特征点和终点构成一串坐标对的有序集合，有序集合中坐标对之间用直线段连接，近似地逼近一条线状地物及其形状。链可以看作点的集合，记为 $L\{x, y\}_n$，n 表示点的个数。特殊情况下，线状地物用以 $L\{x, y\}_n$ 作为已知点所建立的函数来逼近。链可以是道路、河流、各种边界线等线状要素。

(3) 面。一个面状要素是一个封闭的图形，其界线包围一个同类型区域。因此，面状物体界线的几何特征用直线段来逼近，即用首尾连接的闭合链来表示，记作 $F\{L\}$。面状地理要素以单个封闭的 $F\{L\}$ 作为实体。由面边界的 x，y 坐标对集合及说明信息组成，是最简单的一种多边形矢量编码。

面结构最大的优点是保留了地理要素的完整性，数据结构简单，便于软件系统设计和实现。这种方法的缺点是：①多边形之间的公共边界被数字化和存储两次，不仅产生冗余和碎屑多边形，而且造成共享公共链的几何位置不一致；②每个多边形自成体系，缺少邻域信息，难以进行邻域处理，如消除某两个多边形之间的共同边界，无法管理共享公共链的面状要素之间的空间关系；③岛只作为单个的图形建造，没有与外包多边形联系；④不易检查拓扑错误。这种方法可用于简单的粗精度制图系统中。为了克服上述缺点，按照拓扑学的原理，人们提出了多边形的结构。

(4) 多边形。由一组或多组链首尾连接而成。多边形这一术语即来源于此，意思是具有多条边的图形，记作 $P\{L\}_n$，n 表示链个数。它可以是简单的单连通域，也可以是由若干个简单多边形嵌套的复杂多边形，如地图的行政区域、植被覆盖区、土地类型等面状要素。多边形数据是描述地理信息的最重要的一类数据。在区域实体中，具有名称属性和分类属性的多用多边形表示，如行政区、土地类型、植被分布等；具有标量属性的有时也用等值线描述(如地形、降水量等)。

多边形结构采用树状索引以减少数据冗余并间接增加了邻域信息，方法是对所有边界点进行数字化，将坐标对以顺序方式存储，由点索引与边界线号相联系，以线索引与各多边形相联系，形成树状索引结构。树状索引编码消除了相邻多边形边界的数据冗余和不一致的问题，在简化过于复杂的边界线或合并相邻多边形时可不必改造索引表。邻域信息和岛状信息可以通过对多边形文件的线索引处理得到，但是比较烦琐。

多边形矢量编码不但要表示位置和属性，更为重要的是要表达区域的拓扑性质，如形状、邻域和层次等，以便使这些基本的空间单元作为专题图资料进行显示和操作。因为要表达的信息十分丰富，基于多边形的运算多而复杂，所以多边形矢量编码比点和线实体的矢量编码要复杂得多，也更为重要。

多边形矢量编码除有存储效率的要求外，一般还要求所表示的各多边形有各自独立的形状，可以计算各自的周长和面积等几何指标；各多边形拓扑关系的记录方式要一致，以便进行空间分析；要明确表示区域的层次，如岛-湖-岛的关系等。

2) 地理实体的属性描述

地理实体的属性描述是对地理要素进行定义，表明其是什么，实质是对地理信息进行分类分级的数据表示。与地图特性有关的描述性属性，在计算机中的存储方式与坐标的存储方式相似，都是以一组数字或字符的形式存储的。例如，表示道路的一组线的属性包括：道路类型，1 表示高速公路，2 表示主要公路，3 表示次要公路，4 表示街区道路；路面材料，混凝土、柏油、石；路面宽度，12 米；行车道数，4 道；道路名称，中原路。

每个地理实体对应一个坐标对序列和一组属性值。为了使坐标和属性建立关系，坐标记录块和属性记录共享一个公共信息——用户识别号。该识别号将属性与几何特征联系起来。

这一组数字或字符称为编码，地理信息的编码过程，是将信息转换成数据的过程，前提是要首先对表示的信息进行分类分级。

(1) 信息分类分级。信息分类是将具有某种共同属性或特征的信息归并在一起，和不具有上述共性的信息区分开来的过程。分类是人类思维固有的，是人们在日常生活中用以认识、区分和判断事物的一种逻辑方法。

信息分类必须遵循的基本原则：①科学性。既要选择事物或概念(分类对象)最稳定的属性或特征作为分类的基础和依据，同时尽量避免重复分类。②系统性。将选择的事物或概念的属性或特征按一定排列加以系统化，并形成一个合理的科学分类体系。低一级的必须能归并和综合到高一级的系统体系中去。③可扩延性。通常要设置收容类目，以便保证在增加新的事物或概念时，不至于打乱已建立的分类系统。④兼容性。与有关分类分级标准协调一致，已有统一标准的应遵循。⑤综合实用性。既要考虑反映信息的完整、详尽，又要顾及信息获取的方式途径，以及信息处理的能力。

信息分级是指在同一类信息中对数据的再划分。从统计学角度看，分级是简化统计数据的一种综合方法。分级数越多，对数据的综合程度就越小。信息分级主要应解决如何确定分级数和分级界线。分级一般应根据用途和数据本身特点而定，没有严格的标准，例如，空间数据的分级既要考虑比例尺、用途，还要考虑尽量反映数据的客观分布规律。分级界线的确定，随着计算机技术的普及，出现了许多数学方法和分级数学模型，人们用各种统计学方法寻求数据分布的自然裂点作为分级界限。无论采用何种方法，都应满足确定分级界限的基本原则，即任何一个等级内部都必须有数据，任何一个数据都必须属于相应的等级。此外，在分级数一定的条件下，应使各级内部差异尽可能小，保持数据的分布特征，同时，尽可能使分级界线变化有规则。

(2) 信息的编码。编码，是确定信息代码的方法和过程，实际工作中，有时也视编码为代码。代码是一个或一组有序的，易于计算机或人识别和处理的符号，简称码。

编码必须遵循的基本原则：①唯一性。一个代码只唯一表示一个分类对象。②合理性。代码结构要与分类体系相适应。③可扩充性。必须留有足够的备用代码，以适应扩充的需要。④简单性。结构应尽量简单，长度应尽量短，以减少计算机存储空间和录入差错率，提高处理效率。⑤适用性。代码应尽可能反映对象的特点，以助记忆，便于填写。⑥规范性。一个信息分类编码标准中，代码的结构、类型以及编写格式必须统一。

(3) 代码的功能。代码的基本功能：①鉴别。代码代表分类对象的名称，是鉴别分类对象的唯一标识。②分类。当按分类对象的属性分类，并分别赋予不同的类别代码时，代码又可以作为区分分类对象类别的标识。③排序。当按分类对象产生的时间，所占的空间或其他方面的顺序关系分类，并分别赋予不同的代码时，代码又可以作为区别分类对象排序的标识。

代码的类型指代码符号的表示形式，一般有数字型、字母型、数字和字母混合型三类：①数字型代码是用一个或若干个阿拉伯数字表示分类对象的代码。特点是结构简单，使用方便，排序容易，但对于分类对象特征描述不直观。②字母型代码是用一个或多个字母表示对象的代码，其特点是比用同样位数的数字型代码容量大，便于识别信息，便于记忆。③数字、字母混合型代码是由上述两种代码或数字、字母、专用符号组成的代码，其特点兼有数字型、字母型代码的优点，结构严密，直观性好，但组成形式较复杂。

(4) 常用编码方法。对空间信息的编码也常采用字符或数字代码。通常，编码视用途决定其规模，例如，以制图为目的的地图数据，可以采用简单编码方案；而空间数据库要用于信息查询，应尽量详细地表示信息，编码比较复杂。一种简单的编码方案采用三级、六位整数代码描述地图要素。

第一级表示地图要素类别。可以按相应地图图式，将地图要素分成水系、居民地、交通网、境界、地貌、植被和其他要素七类，分别用六位编码的前两位依次由 01～07 定义。这保留了传统的地图符号分类结构，便于用户检索、查询地图信息。

第二级表示要素几何类型，便于计算机进行处理。将每类要素按点、线、面划分，分别用六位编码的中间两位数，划分为三个区间表示。其中 00～39 作为点符的区间，40～69 作为线符区间，70～99 用来定义面符。划分区间是避免分类层次较多时，造成编码位数较长。

第三级区分一种要素的某些质量特征，这些质量特征多用于不同符号表示。如道路的等级：是普通道路还是简易公路；干出滩的质地：是沙滩还是珊瑚滩；沙地的形态：平沙地还是多垄沙地等。

这种编码方案对地图要素符号具有定义的唯一性，并且简单、合理，可以扩充，不足之处是不便于记忆，且与图式符号编码不一一对应。这会影响检索速度，在该编码方案中，未包括地理名称注记，是因为地名有其相对独立性、特殊性，宜单独建立地名库。

因第一级只分了七类，实际该编码方案只用五位整数即可表示。

3) 地理实体关系的表示

空间关系研究的是通过一定的数据结构或一种运算规则描述与表达具有一定位置、属性和形态的地理实体之间的相互关系。当我们用数字形式描述地图信息，并使系统具有特殊的空间查询、空间分析等功能时，必须把空间关系映射成适合计算机处理的数据结构，借助拓扑数据结构来表示地图要素间的关联、邻接、重叠(包含)等关系。关联指不同拓扑元素之间的关系；邻接指借助于不同类型的元素描述的相同拓扑元素之间的关系；包含指面与其他元素之间的关系；几何关系指拓扑元素之间的距离关系；层次关系指相同拓扑元素之间的等级关系。

按照拓扑学原理，人们提出了拓扑关系(topological relationship)。在拓扑结构中，多边形(面)的边界被分割成一系列的线(弧、链、边)和点(结点)等拓扑要素，点、线、面之间的拓扑关系在属性表中被定义，多边形边界不重复。具体表示拓扑元素之间的各种基本拓扑关系则构成了对实体拓扑数据结构的表达。在基于矢量的数据结构中，地理实体之间的拓扑关系是许多年来人们研究的重点。虽然还没有完全统一的拓扑数据结构，但通过建立边与结点的关系以及面与边的关系，面包含岛的关系，隐含或显式地表示几何目标的拓扑结构已有了近似一致的方法。

几何数据的离散存储使整体的线和面目标离散成了弧段，破坏了要素本身的整体性。创建要素，就是把离散后的数据再集合成要素，恢复要素的整体性，建立要素拓扑，找出要素间的关系。

现实世界许多地理事物和现象可以构成网络，如铁路、公路、通信线路、管线、自然界中的物质流、能量流和信息流等，都可以表示为相应的点之间的连线，由此构成现实世界中多种多样的地理网络。按照基于对象的观点，网络是由点对象和线对象之间的拓扑空间关系所构成的。

网络模型从图论发展而来。在网络模型中，空间要素被抽象为链、结点等对象，同时还要关注其间的连通关系。这种模型适合用于对相互连接的线状现象进行建模，如交通线路、电力网线等。网络模型可以形式化定义为

$$网络图=(结点，\{结点间的关系，即链\})$$

由于网络图的复杂性，它不易在空间数据库中表达，一般是在进行网络分析时基于对象模型数据(矢量数据)进行重构。

基于网络描述的交通地理信息主要表示道路和道路交叉口的关系。上述模型难以表达交通控制中的转弯限制，扩展为

$$R_w = (N, R, L_R)$$

$$R = \langle x, y \rangle | x, \quad y \in N, \quad 且 L(x, y)$$

$$L_R = \langle m, n \rangle | m, \quad n \in N, \quad 且 L(m, n), \quad 且 m 与 n 存在公共结点$$

式中，R_w 代表道路网络；N 代表结点集；R 代表道路集合，其元素是有序对 (x, y)，谓词 $L(x, y)$ 表示由结点 x 到结点 y 存在一条有向通路；L_R 代表转弯限制的集合，其元素是有序对 (m, n)，谓词 $L(m, n)$ 表示从道路 m 到道路 n 存在转弯限制。

4) 地理实体数据矢量分类

地理实体的矢量数据表达有两个不同侧面：一是基于图形可视化的地图数据。地图数据是一种通过图形和样式表示地理实体特征的数据类型，其中图形是指地理实体的几何信息，样式与地图符号相关。二是基于空间分析的地理数据，这种数据主要通过属性数据描述地理实体的定性、数量、质量、时间特征和地理实体的空间关系(拓扑关系)。

(1) 地图数据。早期的计算机制图(地图制图自动化)只是把计算机作为工具来完成地图制图的任务。近年来，计算机辅助制图利用软件系统解决了地图投影变换、比例尺缩放和地图地理要素的选取与概括，实现了地图编辑的自动化。地图数据是某一特定比例尺的地图经数字化产生的。地图数据主要来源于普通地图，早期地图数字化的主要驱动力是地图制图。地理物体表示的详细程度，不可避免地受到地图综合的影响。经过了人为制图综合，地理物体的几何精度(形状)和质量特征已经不是现实世界的真实反映，只是现实世界的近似表达。为了满足地图应用的需要，对不同比例尺地图建立不同地理数据库，如 1：5 万数据库、1：25 万数据库和 1：100 万数据库等。

地图数据主要为地图生产服务，强调数据的可视化特征，主要采用图形表现属性的方式。地图上地理物体的数量和质量特征用大量的辅助符号表示，包括线型、粗细、颜色、纹理、文

字注记、大小等数十种。地图数据是以相应的图式、规范为标准的,依然保留地图的各项特征。数据中不表示各种地理现象之间的空间位置关系,如道路两旁的植被或农田、与之相邻的居民地等,各种地理现象之间关系是通过读图者的形象思维从地图上获取的。地理物体如道路、居民地和河流在空间关系上是相互联系的有机整体,但在地图数据表示中是相互孤立的。因此,地图数据不强调实体的关系表示。

(2) 地理数据。随着信息科学技术的发展和地图数据应用的深入,地图数据应用已不再局限于地图生产,它与其他专题地理信息结合产生各种地理数据,包括资源、环境、经济和社会等领域一切带有地理坐标的数据,用于研究解决各种地理问题,由此产生了反映自然和社会现象的分布、组合、联系及其时空发展和变化的地理数据。地理数据利用计算机科学、真实地描述、表达和模拟现实世界中地理实体或现象、相互关系以及分布特征。

地理数据是一类具有多维特征,即时间维、空间维以及众多属性维的数据。其空间维决定了空间数据具有方向、距离、层次和地理位置等空间属性;其属性维则表示空间数据所代表的空间对象的客观存在的性质和属性特征;其时间维则描绘了空间对象随着时间的迁移而发生的行为和状态的变化。

属性数据指表达地理实体质量和数量特征的数据,主要用于描述或修饰自然资源要素属性,包括定性、定量和文本数据。定性数据用来描述自然资源要素的分类、归属等,一般都用拟定的特征码表示,如土地资源分类码、权属代码。定量数据说明自然资源要素的性质、特征或强度等,如耕地面积、产草量、蓄积、河流的宽度、长度等。文本数据进一步描述自然资源要素特征、性质、依据等,主要包括各种文件、法律法规条例、证明文件等。一般通过调查、收集和整理资料等方式获取属性数据。属性数据是自然资源评价分析的基础数据。

拓扑关系反映了地理实体之间的逻辑关系,可以确定一种地理实体相对于另一种地理实体的空间位置关系,它不需要坐标、距离信息,不受比例尺限制,也不随投影关系变化。空间拓扑关系描述的是基本的空间目标点、线、面之间的邻接、关联和包含关系。这种拓扑关系难以直接描述空间上相邻但并不相连的离散地物之间的空间关系。

地理世界时序数据表达。时间问题是人类认知领域的一个最基本、最重要的问题,也是一个永恒的主题。地理数据描述了地理区域的一个"快照",由于没有对时态数据作专门的处理,因而是静态的,只能反映对象的当前状态,无法反映对象的历史状态,更无法预测未来发展趋势。而客观事物的存在都与时间紧密相连,因此,在地理数据中增加对时间维的表达,是时空地理研究的一个独特优势。时空数据是指具有时间元素,并随时间变化而变化的空间数据,是描述地球环境中地物要素信息的一种表达方式。狭义上讲,时空数据是该地物对象变化历程的集合。

(3) 地理与地图数据差异。地图数据和地理数据都是带有地理坐标的数据,是地理空间信息两种不同的表示方法。地图数据强调数据可视化,采用图形表现属性的方式,忽略了实体的空间关系,而地理信息数据主要通过属性数据描述地理实体的数量和质量特征。与其他数据相比,地理空间数据具有特殊的数学基础、非结构化数据结构和动态变化的时间特征。

3. 地理实体栅格表示

场模型在计算机中常用栅格数据结构表示。栅格数据结构把地理空间划分成均匀的网格。因为场值在空间上是自相关的(它们是连续的),所以每个栅格的值一般采用位于这个格子内所有场点的平均值表示。这样,就可以利用代表值的矩阵来表示场函数。基于场的地理实体栅格表示主要包括：栅格坐标系的确定、栅格单元的尺寸(分辨率)、栅格代码(属性值)的确定、栅格数据的编码和栅格数据的操作方法五个方面。

1) 地理实体的栅格表达

基于栅格的空间模型把空间看作像元(pixel)的划分，每个像元都与分类或者标识所包含的现象的一个记录有关。像元与栅格两者都是图像处理的内容，其中单个的图像可以通过扫描每个栅格产生。

(1) 像元。用栅格格式描述的地理信息通常用点表示为一个像元，线表示为在一定方向上连接成串的相邻像元集合，面表示为聚集在一起的相邻像元集合。地图的点状要素的几何位置可以用其定位点所在的单一像素坐标表示。线状要素可借助于其中心轴线上的像素来表示，这种中心轴线恰为一个像素组，即恰有一条途径可以从轴线上的一个像素到达相邻的另一个像素。表示像素相邻的方法有两种，即"4 向邻域"和"8 向邻域"，因而由一像素到另一像素的途径可以不同，因此对于同一线状要素，其中心线在栅格数据中，可得出不同的中心轴线。面状要素可借助于其所覆盖的像素的集合来表示。如图 2.2.1 所示。

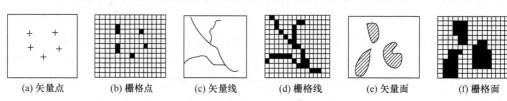

| (a) 矢量点 | (b) 栅格点 | (c) 矢量线 | (d) 栅格线 | (e) 矢量面 | (f) 栅格面 |

图 2.2.1 点、线和面的矢量和栅格表达

点：由一个单元网格表示，其数值与近邻网格值有明显差异。

线段：由一串有序的相互连接的单元网格表示，其上数值近似相等，且与邻域网格值差异较大。

区域：由聚集在一起的、相互连接的单元网格组成。区域内部的网格值相同或差异较小，而与邻域网格值差异较大。

(2) 栅格数据结构表示。栅格数据是基于连续铺盖空间的离散化，即用二维铺盖或划分覆盖整个连续空间，地理表面被分割为相互邻接、规则排列的结构体，如正方形方块、矩形方块、等边三角形、其他正多边形等。在边数从 3 到 N 的规则铺盖(regular tessellations)中，方形、三角形和六角形是空间数据处理中最常用的。

在栅格数据中，常规为正方形网格(regular square grids)。把像元换成网格，则像元值对应地物或空间现象的属性信息。如果给定参照原点及 X、Y 轴的方向以及网格的生成规则，则可以方便地使网格位置与平面坐标对应起来，即每个网格都具有明确的平面坐标，可以用行列式方式直接表示各个网格属性值。

在栅格数据中，每个栅格只能赋予唯一的值，若某一栅格有多个不同的属性，则分别存储于不同层，分为不同的文件存储。在文件中每个代码本身明确地代表实体的属性或属性的编码。

(3) 栅格坐标系确定。正方形网格数据结构实际是像元阵列，根据每个像元行列数可计算像元的坐标位置。栅格结构是按一定规则排列的，所表示的实体位置很容易隐含在数据结构中，且行列坐标可以很容易地转换为其他坐标系下的坐标(图 2.2.2)。

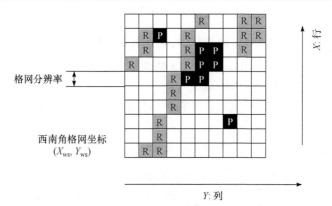

图 2.2.2　栅格数据坐标系

区域地理要素常用栅格编码描述，原点 (X_{ws}, Y_{ws}) 的选择常具有局部性质，但为了便于区域的拼接，栅格系统的起始坐标应与国家基本比例尺地形图公里网的交点一致，并分别采用公里网的横纵坐标轴作为栅格系统的坐标轴。

表示具有空间分布特征的地理要素，不论采用什么编码系统，什么数据结构(矢量、栅格)，都应在统一的坐标系下，而坐标系的确定实质是坐标系原点和坐标轴的确定。

为了处理空间数据，栅格模型的一个重要特征是每个栅格中的像元位置被预先确定，很容易进行叠置运算以比较不同图层中所存储像素的纹理特征。因为像元位置是预先确定的，且是相同的，所以在一个具体应用的不同图层中，每个属性可以从逻辑或者算法上与其他图层中像元的属性相结合，产生一个新的属性值。不同于基于图层的矢量模型，栅格模型图层中的面单元彼此是独立的，必须作进一步几何匹配处理，保证图层的对应像元重叠，才能进行像元属性的直接比较处理。

(4) 像元代码的确定。由于像元具有固定的尺寸和位置，确定一个像元的范围需要知道像元的左上角坐标以及右下角坐标。当依据一定的要求给定单位网格坐标后，而网格中有多种地物类型(或说属性)时，栅格像元代码的确定原则是尽量保持地表的真实性，保证最大的信息容量。所以栅格趋向于表现在一个栅格块中的自然及人工现象。

像元代码确定方法：①中心点法。取中心点所在的属性值，即用处于栅格中心处的地物类型(属性或量值或属性记录指针)或现象特征作为该栅格单元的代码，主要用于具有连续分布特征的地理要素，如降水分布、人口密度等。②面积占优法。取面积最大的属性值，以占矩形面积最大的地物或现象特性的重要性决定栅格单元的代码，此法常见于分类较细，地物类别斑块较小的情况。③长度占优法。取长度最大的属性值，当覆盖的栅格过中心位置时，横线占据该格中的大部分长度的属性值定为该栅格单元的代码。④重要性法。取最重要的属性值，根据栅格内不同地物的重要性，选取最重要的地物类型作为相应的栅格单元代码。此法常见于具有特殊意义而面积较小且不在栅格中心的地理要素。尤其是点、线状地理要素，如城镇、交通枢纽、交通线、河流水系等。

以上 4 点正确使用，则能较好地保持地表的真实性，尽可能地保持原图或原始数据的精度问题。当然，缩小单个栅格单元面积，使每个栅格单元代表更为精细的地面矩形单元，减少混合单元、混合类型与混合面积，可大大提高量算精度，保持真实形态及更细小的地物类型。

2) 栅格数据编码方法

自 1948 年 Oliver 提出 PCM 编码理论开始,栅格数据编码方法迄今已有上百种,如 Huffman 码、Fano 码、Shannon 码、行程(游程)编码、Freeman 码、B 码等。常用栅格数据编码方法有直接栅格编码、压缩编码和四叉树编码。

(1) 直接栅格编码。直接栅格编码就是将栅格数据看作一个数据矩阵,逐行(或逐列)逐个记录代码,可以每行都从左到右逐个像元记录,也可以奇数行从左到右而偶数行从右向左记录,为了特定目的还可采用其他特殊的顺序(图 2.2.3)。

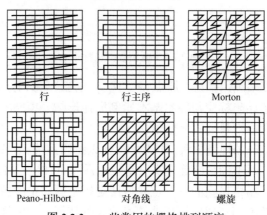

行　　　　　　　行主序　　　　　　Morton

Peano-Hilbort　　　　对角线　　　　　螺旋

图 2.2.3　一些常用的栅格排列顺序

(2) 压缩编码方法。栅格数据压缩编码是指在满足一定数据质量的前提下,用尽可能少的数据量表示原栅格信息,主要目的是消除数据冗余,用不相关的数据来表示栅格图像。目前有一系列栅格数据压缩编码方法,如链码、游程长度编码、块状编码(块码)和四叉树编码等。其类型又有信息无损编码和信息有损编码之分。信息无损编码是指编码过程中没有任何信息损失,通过解码操作可以完全恢复原来的信息;信息有损编码是指为了提高编码效率,最大限度地压缩数据,在压缩过程中损失一部分相对不太重要的信息,解码时这部分信息难以恢复。在 GIS 中多采用信息无损编码,而对原始遥感影像进行压缩编码时,有时也采取有损压缩编码方法。

链码(chain codes)又称 Freeman 编码或边界编码,主要记录线状或面状地物的边界。它把线状或面状地物的边界表示为:由某一起始点开始并按某些基本方向确定的单位矢量链。前两个数字表示起点的行列号,从第三个数字开始的每个数字表示单位矢量的方向,见图 2.2.4。

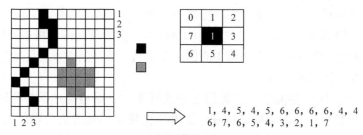

1, 4, 5, 4, 5, 6, 6, 6, 6, 4, 4
6, 7, 6, 5, 4, 3, 2, 1, 7

图 2.2.4　栅格数据链码编码方法

优点:很强的数据压缩能力,并具有一定的运算功能,如面积、周长等的计算,类似于矢量数据结构，适合存储图形数据。缺点：叠置运算，如组合、相交等很难实施，对局部的改动涉及整体结构，而且相邻区域的边界重复存储。

游程长度编码(run-length codes)是栅格数据压缩的重要编码方法，游程指连续的，具有相等属性值(灰度级)网格的数量。游程编码的基本思想是合并具有相同属性值的邻接网格，记录网格属性值的同时记录等值相邻网格的重复个数。其方法有两种方案：一种编码方案是只在各行(或列)数据的代码发生变化时依次记录该代码以及相同代码重复的个数，从而实现数据的压缩。另一种编码方案是逐个记录各行(或列)代码发生变化的位置和相应代码。对于一个栅格图形，常常有行(列)方向上相邻的若干栅格单元具有相同的属性代码，因而可采取某种方法压缩重复的内容。

若顾及邻域单元格网，把栅格数据整体当成一行(或列)向量，将这一行向量映射成各个属性值与相应游程的二元组序列(属性值，游程)，并将映射结果加以记录，得到与此栅格数据的游程编码。图 2.2.5 表示二值图像的游程编码。

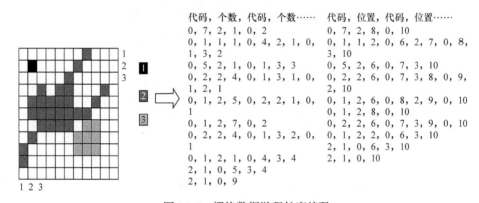

图 2.2.5　栅格数据游程长度编码

游程编码压缩数据量的程度主要取决于栅格数据的性质。属性的变化越少，行程越长，压缩比例越大，即压缩比的大小与图的复杂程度成反比。对图像而言，若图像灰度级层次少，相等灰度级的连续像元数多(如洪水图、广大的水域等)，则图像数据的压缩效果明显。故这种方法特别适用于二值图像的编码处理。

游程编码压缩效率高(保证原始信息不丢失)，易于检索、叠加、合并操作。缺点是只顾及单行单列，没有考虑周围其他方向的代码值是否相同，压缩受到一定限制。

游程编码针对所有网格处理，是一种信息熵保持编码方法。通过解码，可以完全恢复原始栅格模式。实际应用中，除着重考虑数据的压缩效果外，还应顾及实际可行性及方便性，常需要与其他编码方法结合使用。

块状编码(块码)是游程长度编码扩展到二维的情况，采用方形区域作为记录单元，每个记录单元包括相邻的若干栅格，数据结构由初始位置(行、列号)和半径，再加上记录单位的代码组成。

块码具有可变的分辨率，即当代码变化小时图块大，在区域图斑内部分辨率低；反之，分辨率高以小块记录区域边界地段，以此达到压缩的目的。因此块码与游程长度编码相似，随着图形复杂程度的提高而效率降低，就是说图斑越大，压缩比越高；图斑越碎，压缩比越低。块码在合并、插入、检查延伸性、计算面积等操作时有明显的优越性。然而在某些操作时，则必须把游程长度编码和块码解码，转换为基本栅格结构进行。

(3) 四叉树编码。四叉树又称四元树或四分树，是最有效的栅格数据压缩编码方法之一，绝大部分图形操作和运算都可以直接在四叉树结构上实现，因此四叉树编码既压缩了数据量，又可大大提高图形操作的效率。四叉树将整个图像区逐步分解为一系列单一类型区域的方形区域，最小的方形区域为一个栅格像元，分割的原则是将图像区域划分为四个大小相同的象限，而每个象限又可根据一定规则判断是否继续等分为次一层的四个象限。其终止依据是不管是哪一层上的象限，只要划分到仅代表一种地物或符合既定要求的少数几种地物时，就不再继续划分，否则一直划分到单个栅格像元为止。四叉树通过树状结构记录这种划分，并通过这种四叉树状结构实现查询、修改、量算等操作。图 2.2.6(b)为图 2.2.6(a)图形的四叉树分解，各子象限尺度大小不完全一样，但都是同代码栅格单元，其四叉树如图 2.2.6(c)所示。

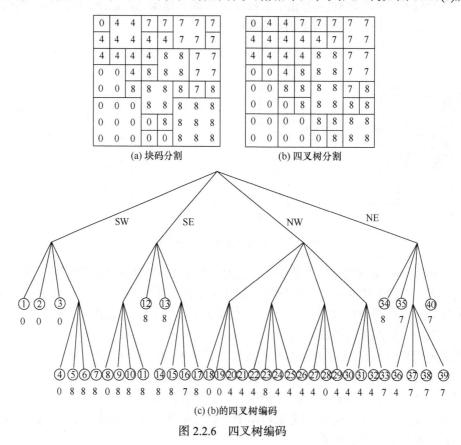

图 2.2.6　四叉树编码

4. 地理实体三维描述

现实世界上所遇到的现象和问题从本质上说是三维连续分布的。关于地质、地球物理、气象、水文、采矿、地下水、灾害、污染等方面的自然现象是三维的，当这些领域的科学家试图以二维系统来描述它们时，就不能够精确地反映、分析或显示有关信息。地理三维实体可分为地形与地物。

1) 地形三维数字表达

数字地形模拟是针对地形表面的一种数字化建模过程，这种建模的结果通常就是一个数字高程模型(digital elevation model，DEM)。DEM 是用规则的小面块集合来逼近不规则分布的地形曲面。DEM 数据结构主要有四种不同的形式：离散点、不规则三角网(triangulated irregular network，TIN)结构、断面线和格网结构(grid)。

(1) 离散点。数字高程模型是将连续地球表面形态离散成在某一个区域 D 上的，以 X_i、Y_i、Z_i 三维坐标形式存储的高程点 $Z_i((X_i,Y_i) \in D)$ 的集合。其中 $(X_i,Y_i) \in D$ 是平面坐标，Z_i 是 (X_i,Y_i) 对应的高程。离散点数字高程模型往往是通过测量直接获取地球表面原始的或没有被整理过的数据，采样点往往是非规则离散分布的地形特征点。特征点之间相互独立，彼此没有任何联系。因此，(X_i,Y_i) 坐标值往往存储绝对坐标，是数字高程模型中最简单的数据组织形式。地球表面上任意一点 (X_i,Y_i) 的高程 Z 是通过其周围点的高程进行插值计算求得的。在这种情况下，离散点在计算机中常存储为浮点格式。

(2) 不规则三角网。对于非规则离散分布的特征点数据，可以建立各种非规则的采样，如三角网、四边形网或其他多边形网，其中最简单的是三角网。最常用的表面构模技术是基于实际采样点构造 TIN。TIN 是按一定的规则(如 Delaunay 规则)将离散点连接成覆盖整个区域且互不重叠、结构最佳的三角形，实际上是建立离散点之间的空间关系。TIN 方法将无重复点的散乱数据点集按某种规则进行三角剖分，使这些散乱点形成连续但不重叠的不规则三角面片网，并以此来描述三维物体的表面。数字高程由连续的三角面组成，三角面的形状和大小取决于不规则分布测点的密度和位置，能够避免地形平坦时的数据冗余，又能按地形特征点表示数字高程特征。TIN 常用来拟合连续分布现象的覆盖表面。

(3) 断面线。断面线采样是对地球表面进行断面扫描，断面间通常按等距离方式采样，断面线上按不等距离方式或等时间方式记录断面线上点的坐标。断面线数字高程模型往往是利用解析测图仪、附有自动记录装置的立体测图仪和激光测距仪等航测仪器或从地形图上所获取的地球表面的原始数据建立。

断面线数字高程模型的基本信息应包括 DEM 起始点(一般为左下角)坐标 X_0、Y_0，断面线 DEM 在 X 方向或 Y 方向的断面间隔 D_x 或 D_y，以及断面线上记录的坐标个数 N_x 或 N_y，断面线上记录的坐标串 Z_1、X_1、Z_2、X_2、$\cdots$、ZN_x、XN_x 或 Z_1、Y_1、Z_2、Y_2、$\cdots$、ZN_y、YN_y 等。断面线在 X 方向的平面坐标 Y_i 为

$$Y_i = Y_0 + i \cdot D_y \quad (i = 0,1,\cdots,N_y - 1)$$

在 Y 方向的平面坐标 X_i 为

$$X_i = X_0 + i \cdot D_y \quad (i = 0,1,\cdots,N_x - 1)$$

(4) 规则网格。规则格网模型与断面线模型的不同之处在于断面线模型在 X 和在 Y 方向上按等距离方式记录断面上点的坐标，规则格网模型是利用一系列在 X、Y 方向上都是等间隔排列的地形点的高程 Z 表示地形，形成一个矩阵格网 DEM。矩阵格网 DEM 可以由直接获取的原始数据派生，也可以由其他数字高程模型数据产生。其任意一点 P_{ij} 的平面坐标可根据该点在 DEM 中的行列号 i、j 及存放在该 DEM 文件头部的基本信息推算出来。这些基本信息应包括 DEM 起始点(一般为左下角)坐标 X_0、Y_0，DEM 格网在 X 与 Y 方向的间隔 D_x、D_y 及 DEM 的行列数 N_x、N_y 等。点 P_{ij} 的平面坐标 (X_i,Y_i) 为

$$Y_i = Y_0 + i \cdot D_y \quad (i = 0,1,\cdots,N_y - 1)$$

$$X_j = X_0 + j \cdot D_x \quad (j = 0,1,\cdots,N_x -1)$$

一个格网数据一般包括三个逻辑部分：①元数据，描述 DEM 一般特征的数据，如名称、边界、测量单位、投影参数等；②数据头，定义 DEM 起点坐标、坐标类型、格网间隔、行列数据等；③数据体，沿行列分布的高程数据阵列。

格网数据结构为典型的栅格数据结构，非常适于直接采用栅格矩阵进行存储，采用栅格矩阵不仅结构简单，占用存储空间少，而且还可以借助于其他简单的栅格数据处理方法进行进一步的数据压缩处理。常用栅格编码方法包括：行程编码、四叉树方法和霍夫曼编码法。

2) 地物三维数字表达

地物三维模型是地表景观的三维表达，是地物几何、纹理和属性信息的综合集成。地物实体几何模型根据建筑物的位置、顶面(或底面)形状以及高度信息构建。地物实体几何信息主要来源于大比例尺地形图、建筑物楼层(楼高)数据、航空摄影(包括倾斜摄影)、激光雷达在空中和地面扫描获取地物实体的点云数据。纹理数据的获取有虚拟纹理和实景拍摄两种方法。三维实体模型在计算机内部存储的信息不是简单的边线或顶点的信息，而是比较完整地记录了生成物体的各个方面的信息。地物三维数字表达与二维一样可分为面向对象和面向场两种方式。

(1) 面向对象三维模型表示。若不区分准三维和真三维，则可以将现有面向对象空间构模方法归纳为基于面模型(facial model)、基于体模型(volume model)和基于混合模型(mixed model)三大类构模体系。

边界表示法。边界表示法用实体的表面来表示实体的形状,它的基本元素是面 P、边 e、顶点 y (图 2.2.7)。

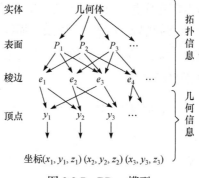

图 2.2.7 BRep 模型

BRep 中必须表达的信息分为两类：一类是几何信息。描述形体的大小、位置、形状等基本信息，如顶点坐标、边和面的数学表达式等。另一类是拓扑信息。拓扑信息形成物体边界表示的骨架，形体的几何信息犹如附着在骨架上的"肌肉"。在 BRep 中，拓扑信息是指用来说明体、面、边及顶点之间连接关系的这一类信息，如面与哪些面相邻、面由哪些边组成等。描述形体拓扑信息的根本目的是便于直接对构成形体的各面、边及顶点的参数和属性进行存取和查询，便于实现以面、边、点为基础的各种几何运算和操作。

构造实体几何模型(construction solid geometry，CSG)是以简单几何体素构造复杂实体的造型方法，也称几何体素构造法。CSG 的基本思想是：一个复杂物体可以由比较简单的一些形体(体素)，经过布尔运算后得到。它是以集合论为基础的。在构造实体几何中，建模人员可以使用逻辑运算符将不同物体组合成复杂的曲面或者物体。通常 CSG 表示的都是看起来非常复杂的模型或者曲面，但是它们通常都是由非常简单的物体组合形成的。

CSG 中物体形状的定义以集合论为基础，先定义集合本身，其次是集合之间的运算。最简单的实体表示称为体元，通常是形状简单的物体，如立方体、圆柱体、棱柱、棱锥、球体、圆锥等。根据每个软件包的不同体元也有所不同，在一些软件包中可以使用弯曲的物体进行 CSG 处理，在另外一些软件包中则不支持这些功能。构造物体就是将体元根据集合论的布尔逻辑组合在一起，这些运算包括并集、交集以及补集。

基于混合模型。CSG 与 BRep 的混合表示法建立在边界表示法与构造实体几何法的基础之上，在同一系统中，将两者结合起来共同表示实体。混合表示法以 CSG 法为系统外部模型，以 BRep 法为内部模型。CSG 法适于做用户接口，方便用户输入数据，定义体素及确定集合运算类型，而在计算机内部转化为 BRep 的数据模型，以便存储物体更详细的信息。

混合模式由两种不同的数据结构组成，以便互相补充或应用于不同的目的，即在原来 CSG 树的结点上再扩充一级边界表示法数据结构，以便达到实现快速图形显示的目的。因此，混合模式可理解为是在 CSG 系统基础上的一种逻辑扩展，起主导作用的是 CSG 结构，结合 BRep 的优点可以完整地表达物体的几何、拓扑信息，便于构造产品模型，使造型技术大大前进。

用 CSG 作为高层次抽象的数据模型，用 BRep 作为低层次的具体表示形式，CSG 树的叶子结点除了存放传统的体素的参数定义，还存放该体素的 BRep 表示。CSG 树的中间结点表示它的各子树的运算结果。用这样的混合模型对用户来说十分直观明了，可以直接支持基于特征的参数化造型功能，而对于形体加工，分析所需的边界、交线、表面不仅可显式表示，且能够由低层的 BRep 直接提供。

(2) 基于场的地物三维模型表示。四面体格网(tetrahedral network，TEN)是将目标空间用紧密排列但不重叠的不规则四面体形成的格网来表示，四面体的集合(又称为四面体格网)就是对原三维物体的逼近。其实质是二维 TIN 结构在三维空间上的扩展。在概念上首先将二维 Voronoi 格网扩展到三维，形成三维 Voronoi 多面体，然后将 TIN 结构扩展到三维形成四面体格网，用四面体格网表示三维空间物体，如图 2.2.8 所示。

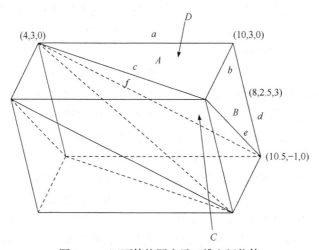

图 2.2.8　四面体格网表示三维空间物体

地理数据的类型并不总是由边界表示的，因为数据值可能与一个属性相关，而该属性随着位置的变化而变化。体元模型适合表示这类数据。体元模型就是将空间形体划分成若干个大小相等的立方体，用这些立方体表示三维形体。该模型能很好地表现渐进的、特殊的位置变化，并产生这种变化的剖面图。

基于场表示的模型通过体信息来描述对象的内部，而不是通过表面信息来描述。运用这样的表示，对象的体信息能够被表示、分析和观察。基于场表示的模型用体元信息代替表面信息来描述对象的内部，是基于三维空间的体元分割和真三维的实体表达，侧重于三维空间实体的边界与内部的整体表示，如地层、矿体、水体、建筑物等，体元的属性可以独立描述和存储，因而可以进行三维空间的操作和分析。体元模型可以按体元的面数分为四面体、六面体、棱柱体和多面体共四种类型，也可以根据体元的规整性分为规则体元和非规则体元两个大类。实际应用中，规则体元通常用于水体、污染和磁场等面向场物质的连续空间问题构模，而非规则体元均是具有采样约束的、基于地质地层界面和地质构造的面向实体的三维模型。这类数据模型包括三维栅格结构、八叉树、结构实体几何法和不规则四面体结构。

5. 地理空间数据特性

地理空间数据代表了现实世界地理实体或现象某一时刻在信息世界的静态映射，是地理空间抽象的数字描述和连续现象的离散表达，也是描述地球表面一定范围(地理圈、地理空间)内地理事物(地理实体)的位置、形态、数量、质量、分布特征、相互关系和变化规律的近似模型。地理空间数据作为数据的一类，除具有数据的一般特性如具有空间性、时序性、尺度多态性、不确定性等基本特征外，还具有概括性、多态性、抽样性、选择性、时空性等特点。这些特点是地理空间数据与其他数据的区别之处。

1) 概括性

地理空间认知与概括是地理信息传输过程中两个不同层次的信息处理子过程。地理空间认知偏重心理感知和分析，认知者既感知图上明显的信息也挖掘潜在的信息，不仅仅是探测、识别或区分信息，更要主动地解译信息，形成对客观世界的整体认识。从地图学者在编制地图时的地理认知，到用图者在读图时的地理认知，这整个过程反映了人对地理客体的认识具有由浅入深的特点。因为从原始制图资料到地图再到新地图的地理信息传输过程，是人们对地理事物的认知深度螺旋式上升的过程。制图概括则在地理认知的基础上对上述信息进行抽象和概括，形成对应于特定的制图目的，适合于在一定比例尺下显示的地理要素的分类、分级和空间图形格局。因此，地理认知是制图概括的主客观依据，而制图概括则是在认知过程中对地理客体的科学抽象和概括。

地理空间数据只有恰当地表达地理对象，才具有最优化的可读性，而按应用要求进行表达，就必然要使用概括手段。概括是空间数据处理的一种手段，是对地理物体的化简和综合以及对物体的取舍。空间物体的概括性区别于前面所述的数据的详细性。空间数据的空间详细性反映人为规定的系统的数据分辨力，也是可描述最细微差异的程度以及最细小物体的大小。详细性的对偶是概括性。地理物体的概括性指对物体形态的化简综合以及对物体的取舍。在地理空间数据中，由于主题不同，我们可能舍去较为次要的地物，尽管这些地物用空间详细性来衡量是应该描述和记录的，或者我们对一些地物的形态在抽样的基础上进行进一步化简，这种化简并不是因为比例尺的限制使然，而是地理数据应用环境和任务的要求。

(1) 空间概括性：根据地理空间数据比例尺或图像分辨率对数据内容按照一定的规律和法则，通过删除、夸大、合并、分割和位移等综合手法实现对图形的化简，用以反映地理空间对象的基本特征和典型特点及其内在联系过程。

(2) 时间概括性：统计的周期、时间间隔的大小。

(3) 质量概括性：是以扩大数量指标的间隔(或减少分类分级)和减少地理对象中的质量差异来体现的。根据地理空间数据表达主题的选择性，在分类指标体系中简略表示或直接舍去与表达主题无关的地物。

(4) 数量概括性：指计量的单位、分级的情况、使用的量。

2) 多态性

地理空间数据的多态性具有两层含义，一是同样地物在不同尺度下表示的形态差异，二是不同地物占据同样的空间位置。

(1) 不同尺度下表示的形态差异。尺度是许多学科常用的一个概念。在地理学中尺度是观测或研究对象的物体或过程的空间分辨率和时间单位，通常空间尺度以比例尺，时间尺度以地图出版时间来表达。在特定空间尺度(比例尺)下，地理空间表示的内容取决于：①地理空间数据的用途，决定地理空间数据所应表示和着重表示哪些方面的内容；②地理空间数据比例尺，主要决定地理空间数据内容表示的详细程度；③地理空间数据的区域地理特点，即应显示本地区地理景观的特点。在这三种因素的影响下，以科学抽象的形式，通过选取和概括的手段，从大量地理对象中选出较大的或较重要的，而舍去次要的或非本质的地物和现象；去掉轮廓形状的碎部而代之以总的形体特征；缩减分类分级数量，减少物体间的差别。就形态而言，同一个地理对象在不同比例尺下表示成不同的形态，例如，河流在现实世界中是具有一定宽度的条带状的面地物，但在大比例尺地理空间数据中，可能表示为双线河流，在小比例尺地理空间数据中，可能表示为单线河流。同理，城市在大比例尺地理空间数据中可以认为它是面状地物，但在比例尺较小的地理空间数据中，城市是作为点状地物处理的。此类例子不胜枚举。

(2) 相同的空间位置有不同的属性。地理空间数据表示地球表面的地理环境中各种自然现象和人文现象，有时社会经济人文与自然环境在空间位置上是重叠的。①自然现象边界重合，如水域边界和植被边界重合，土壤边界与植被边界重合等。②人文现象边界重合，如道路与区域境界重合，居民地边界与道路重合。③人文与自然现象边界重合，如长江是水系要素，但同时在不同的地段上，长江又与省界、县界相重叠。地理空间数据表示多态现象给地理空间数据获取或管理带来困难，特别是面向对象的矢量数据表示，重叠部分往往需要两次获取操作。我们从空间数据抽样性得知，两次获取的结果经常是不相同的，这就造成了数据的不一致性。同时，数据存储时，往往重复存储，会造成数据维护上的困难。

3) 抽样性

空间物体以连续的模拟方式存在于地理空间，为了能以数字的方式对其进行描述，必须将其离散化，即以有限的抽样数据表述无限的连续物体。

(1) 矢量地理空间数据的抽样性。矢量地理空间数据将地理现象作为实体对象的集合，用构成现实世界空间对象的边界来表达地理实体，其边界可以划分为点、线、面三种类型，空间位置用采样点的地理空间坐标表达，地理实体的集合属性如线的长度、区域间的距离等均通过点的空间坐标计算。空间对象的边界形态是以直代曲表示，即连续的曲线用直线线段逼近。人们在数字化时，抽样选择曲线的特征点，用特征点连线逼近原始连续的曲线。空间物体的抽样不是对空间物体的随机选取，而是对物体形态特征点的有目的的选取，其抽样方法根据物体形态特征的不同而不同，其抽样的基本准则是能够力求准确地描述物体的全局和局部的形态特征。所以说，地理空间数据是地理空间物体的近似表达。同一物体曲线、即使同一个人，用同样方法和同一设备，每次操作的结果也绝不相同。矢量地理空间数据表达地理现象的实体不是唯一的。

(2) 数字高程模型的抽样性。地球表面高低起伏，呈一个连续变化的曲面。用数字高程模型描述地球表面形态，一般用等高线、离散点、规则格网和不规则三角网等方法表示。不管采用哪种方法，都是对地球表面的抽样，是对地球表面的近似描述。数字高程模型对地球表面表示的精度取决于抽样的密度，密度越高，逼近度越高。对于规则格网数字高程模型而言，分辨率是刻画地形精确程度的一个重要指标，同时也是决定其使用范围的一个主要的影响因素。分辨率是指规则格网数字高程模型最小的单元格长度。因为规则格网数字高程模型是离散的数据，所以 (X, Y) 坐标其实都是一个一个的小方格，每个小方格上标识出其高程。这个小方格的长度就是规则格网数字高程模型的分辨率。长度数值越小，分辨率就越高，刻画的地形程度就越精确，同时数据量也呈几何级数增长。所以规则格网数字高程模型的制作和选取的时候要根据需要，在精确度和数据量之间作平衡选择。

(3) 遥感图像数据的抽样性。遥感探测所获取的数据在时间上具有相同的现势性。遥感图像像素大小(图像空间分辨率)从 1km、500m、250m、80m、30m、20m、10m、5m 发展到 1m，军事侦察卫星传感器可达到 15cm 或者更高。同数字高程模型一样，不同时空尺度的遥感数据也是对地球表面自然现象的抽样。正是由于遥感图像的这种抽样性，同一地区两次(相同传感器、相同的轨道高度和摄影位置)获取的遥感图像不可能相同。

4) 选择性

选择性，数据只能从某一个(些)侧面或角度描述地理事物的属性特征，而事物的属性特征有多个方面。获取地理信息的目的是某种需要，任何没有行业需要的信息，毫无价值可言，因此，地理空间数据的获取、处理和存储是以应用为主导的。选择性不仅指从这些侧面进行内容的取舍，同时还存在描述方式的选择，如是用文字和数字描述事物还是用图像来描述事物。

地理空间数据的选择性，又称专题性，是根据不同专业的需求，着重突出且尽可能完善、详尽地表示自然和社会经济现象中的某一种或几种要素，集中表现某种主题内容。

(1) 按内容性质分类。按内容性质分类可分为自然要素、社会经济要素和其他专题要素。

自然要素：反映区域中的自然要素的空间分布规律及其相互关系。主要包括地质、地貌、水文、气候、植被、土壤、动物、综合自然地理(景观)、天体等。

社会经济(人文)要素：反映区域中的社会、经济等人文要素的地理分布、区域特征和相互关系。主要包括人口、城镇、行政区划、交通、工业、农业、经济等。

其他专题要素：不宜直接划归自然或社会经济，而用于专门用途的专题要素。主要包括航海、规划、工程设计、军事、环境、教学、旅游等。

(2) 按内容结构形式分类。可以分为：分布、区划、类型、趋势、统计。①分布反映地理对象空间分布特征，如人口、城市、动物、植被、土壤等分布。②区划反映地理对象区域结构规律，如农业、经济、气候、自然、土壤等区划。③类型反映地理对象类型结构特征，如地貌、土壤、地质、土地利用等类型。④趋势反映地理对象动态规律和发展变化趋势，如人口发展、人口迁移、气候变化等趋势。⑤统计反映不同统计区地理对象的数量、质量特征、内部组成及其发展变化。

5) 时空性

地球上地理自然和人文现象是随时间发展变化的。地理现象的动态变化特征，即时序特征，可以按照时间尺度将地理现象划分为超短期(如台风、地震)、短期(如江河洪水、秋季低温)、中期(如土地利用、作物估产)、长期(如城市化、水土流失)、超长期(如地壳变动、气候变化)等。传统的地图只是表示某个时间的静态信息，从地图母体脱胎出来的地理空间数据也是某个时间地理形象的静态描述。随着科技的进步，对地学的研究，逐步要求地理空间数据能够表达地理现象，常以时间尺度划分成不同时间段信息。这要求在及时采集和更新地理信息时，要记录时间信息。地学研究根据多时相区域性得到的数据和信息来寻找时间分布规律，进而对未来作出预测和预报。时序变化分析是指同一地理区域，同一要素在不同时间的比较分析。通过时序比较分析，可以了解某一地理现象的发生、发展过程，推断相关要素的变化，预测其发展趋势。应用时序变化分析，既可分析缓慢变化的地理现象，如湖岸、海岸的变迁；也可分析快速变化的地理现象，如天气状况的快速变化；还可分析瞬间偶然变化的地理现象，如洪水、地震、火灾等的成灾面积、灾害程度等。遥感技术的发展为获取不同时相、不同波段的影像数据提供了可能。通过不同时序的遥感图像分析，可以获得各种现象的动态信息，从而监测其发生、发展过程，为预测预报奠定基础。

第 3 章　地理语义关联

语义就是语言所蕴含的含义。地理语义是指利用地理语言描述现实世界中地理现象的概念、空间位置、形态、相互关系、数量和质量特征等含义,包含地理名词解释、分类体系和原理等知识。地理数据是地理信息(地理知识)的载体。地理语义关联就是通过地理空间数据的属性及时态特征建立地理空间数据之间的联系。

3.1　地理语义概论

人类在认知世界、探究客观世界规律的过程中,都需要使用语言记录各种客观存在的实体对象,构建各种概念和逻辑体系,对所观察到的现象、过程和所提炼的规律加以描述。在科学技术领域,任何一门学科都形成了自身特有的描述方法与体系,即学科的语言体系。地理语言是专业化的语言,常用地理文本、图表、地图、遥感图像和地理数据等信息载体,描述地理概念、现象和事物的本质特征、分布和发展变化,同时,通过运用地理知识、原理与规律,以及科学、正确的逻辑推理,表达解决地理问题的方法、论证、过程和结果。

3.1.1　地理文本语义

1. 语言

语言是人类区别其他动物的本质特性。在所有生物中,只有人类具有语言能力。人类的多种智能都与语言有着密切的关系。自然语言是在人的听觉感知基础上发展起来的,语言符号的形式是声音。基于听觉的自然语言在空间上是线性的、一维的,被表示成一串文字符号或一串声音流。句子是语言运用的基本单位,它由词、词组(短语)构成,能表达一个完整的意思。文字是语言的视觉形式,文字符号是语言的显像符号。

地理学起源于人类对地理空间的探索与认知,在该过程中,人类需要一种能够交流和传递地理知识的规则,促成了地理学语言的产生。人们对地球表面上一定时间内分布的复杂地物、现象和事件的空间位置以及它们相互的空间关系进行抽象简化表达的结果,称为地理要素或地理空间实体。地理信息是由一系列地理实体及其相关的自然特征、复杂的内部关系和人文特征构成的。地理学语言是人类理解、研究、表达和传播地理信息的重要工具,地理语义用于表达地理信息的文字、声音、地图、图像、图表和地理数据等语言所蕴含的地理意义。

2. 语义

1) 语义定义

语言所蕴含的意义就是语义(semantic)。简单地说,语言是社会约定俗成的音义结合的符号系统,符号是语言的载体。符号本身没有任何意义,只有被赋予含义的符号才能被使用,这时候语言就转化为信息。语义具有领域性特征,不属于任何领域的语义是不存在的。

语义是对数据符号的解释,而语法则是对于这些符号之间的组织规则和结构关系的定义。对于信息集成领域来说,数据往往是通过模式(对于模式不存在或者隐含的非结构化和半结构化数据,往往需要在集成前定义出它们的模式)来组织的,数据的访问也是通过作用于模式来获得的，这时语义就是指模式元素(如类、属性、约束等)的含义，而语法则是模式元素的结构。

　　信息概念具有很强的主观特征，因此目前还没有一个统一和明确的解释。我们可以将信息简单地定义为被赋予了含义的数据，如果该含义(语义)能够被计算机理解(指能够通过形式化系统解释、推理并判断)，那么该信息就是能被计算机处理的信息。

　　2) 语义关系

　　语义关系指语言单位之间在意义上的关系，主要表现为纵向上的聚合关系和横向上的组合关系，以及逻辑关系。

　　纵聚合关系是指可以在同一句子的相同位置出现的一组词汇或短语之间的关系。根据语言单位之间在意义上的对比而确立的可替代的垂直关系，包括同义、反义、类义、异义等关系。

　　横组合关系是指同时出现在相同句子或文本中的词与词之间的关系，往往构成线性序列。语言单位在语言体系中和语言交流中相互搭配构成的关系，包括施受、领属、限定、并列、支配、判断、说明补充等关系。

　　语义的纵聚合关系和横组合关系都是建立在逻辑关系的基础上。语义的逻辑关系还有预设、蕴涵等。

　　纵聚合关系与横组合关系都属于文本中词汇或短语之间的关系，无论是可相互替换的纵聚合还是具有共现关系的横组合，都可以归类为词汇之间的语义关系。所以把语义关系分为概念语义、词汇语义和文本语义三类关系。

　　语义关系在如何从语言学、心理学、计算机学方面展现知识起着重要作用，许多知识表达系统都是从实体和关系的基本区别开始的。信息组织对信息、知识的分类整理以概念为节点、语义关系为关联，形成了客观知识体系。信息工作者通过揭示和挖掘信息的内容、形式特征，再加上逻辑推理，获取概念之间的语义关系，进而从横向和纵向拓展知识结构，为知识组织、信息检索、查询扩展、文本挖掘、自然语言处理等打下基础。语义关系是依据语义信息而建立的关系，揭示、描述信息之间的内在联系，是客观知识体系框架的重要构成因素。

3. 概念语义关系

　　关于知识的概念目前没有明确的定义，一般来说，知识是人类在实践中认识客观世界(包括人类自身)的成果，包括事实、信息的描述或在教育和实践中获得的技能。知识为人类提供了一种能够理解的模式，用来判断事物到底表示什么或者事情将会如何发展。从知识的陈述特性上看，知识即指用来描述信息的概念、概念之间的关系，以及概念在陈述具体事实时所必须遵守的条件。从这一点看，信息的语义以及信息语义之间的关联关系的描述本身就是一种知识的表达，因此在许多研究中，往往将语义的描述等同于知识的描述。

　　概念是对一类事物本质特征的反映，是较为复杂的陈述性知识。概念是人类在认识过程中，从感性认识上升到理性认识，把所感知的事物的共同本质特点抽象出来，加以概括。它是自我认知意识的一种表达，能够形成概念式思维惯性。心理学上认为，概念是思维活动的结果和产物，是人脑对客观事物本质的反映，是在头脑里所形成的，反映对象的本质属性的思维形式。

　　概念具有两个基本特征，即概念的内涵和外延。概念的内涵是指概念的含义，指事物的本质属性，即该概念所反映的事物对象所特有的属性。概念的外延是指概念所反映的事物对象的范围，指概念所适用的所有事物的集合，即具有概念所反映的属性的事物或对象。例如，森林包括防护林、用材林、经济林、薪炭林、特殊用途林，这是从外延角度说明森林的概念。

概念无法自行定义，只有在与其他概念的关系中才能被定义。

概念的内涵和外延具有反比关系，即一个概念的内涵越多，外延就越小；反之亦然。

地理概念是对地理事物本质属性的认识，是对各种地理事物本质属性的抽象概括；是反映地理本性思维形式，反复实践认识地理事物的共同本质特点，经抽象概括，从感性认识上升到理性认识；是反映地理事物本质属性和特征的概括性知识，是地理基础知识的重要组成部分。地理概念是地理语义基础，因此也是研究地理语义结构的基础。

任何一个地理概念都有内涵和外延。地理概念的内涵是指地理概念所反映的地理事物的本质属性和内在联系的总和。地理概念的外延是地理概念所反映的全部客观事物，即地理概念的范围，一般是用分类方法加以研究。总的说来，明确地理概念的内涵是给概念下定义，明确地理概念的外延是给概念分类。

地理概念的分类方式根据不同的要求会有不同。一般地理概念按其内涵性质可分为具体和抽象地理概念。前者如湖泊、火山、港口等，与地理表象直接联系；后者如气候、大气环流、人口自然增长率等，是将物体或事件加以归类的规则，由于无法直接观察，这类概念必须通过定义的方式来揭示其本质特征。

地理概念是空间信息的意义基础，因此也是研究地理信息语义结构的基础。地理语言的语义单位均会涉及一个或多个地理概念，若没有地理概念，也就没有地理语义单位。

众所周知，概念和关系构成我们思想和知识的基础。从逻辑学来看，概念与概念之间的关系主要有下面几种：①全异关系(所有的a都不是b，并且所有的b都不是a)；②交叉关系(有的a是b，有的a不是b；有的b是a，有的b不是a)；③种属关系(所有a是b，有的b不是a，$a<b$)；④属种关系(所有b是a，有的a不是b，$a>b$)；⑤全同关系(所有a是b，所有b是a，$a=b$)。如图 3.1.1 所示。

图 3.1.1　逻辑概念间的 5 种关系

1) 全同关系

全同关系又称同一关系、重合关系，是相容关系之一，是两个概念的外延全部重合的关系，如北京和中华人民共和国的首都、等边三角形和等角三角形等。具有同一关系的两个概念是在外延上的同一，而不是内涵上的同一。因为同一类对象可以有多种本质属性，所以客观上就形成了同一类对象而内涵不同的概念。了解概念的同一关系，可以使人们从不同方面认识同一类对象的多种本质属性，更确切地表达思想。

2) 交叉关系

交叉关系也称部分重合关系，是相容关系之一，是两个概念外延间有一部分重合的关系。具有这种关系的概念称为交叉概念。例如，学生与运动员这两个概念间的关系。学生中有的是运动员，有的不是运动员；而运动员中有的是学生，有的不是学生。

3) 属种关系和种属关系

属种关系和种属关系是上位和下位概念之间的关系。属概念又称上位概念、类概念。反映事物中作为属的那类事物的概念。种概念又称下位概念，与属概念(上位概念)相对，具有从属关系的两个概念中内涵较多的概念。从概念之间的关系而言，如果有这样两个概念，其中一个概念真包含另一个概念，那么前者称属概念，后者称种概念。例如，工人是属概念，纺织工人是种概念。纺织工人的内涵比工人的内涵多了一个纺织的属性，但它的外延则比工人的外延要小，相对来说只是一个种概念。又如，概念文学家真包含概念诗人，文学家是诗人的属概念。

种属关系又称包含于关系、下属关系，是指一个概念的全部外延与另一个概念的部分外延重合的关系。属种关系又称上属关系，是指一个概念的部分外延与另一个概念的全部外延重合的关系。

4) 全异关系

全异关系又称不相容关系，是逻辑学所讲概念间五种关系之一，是指外延没有任何重合的概念之间的关系。全异关系分为三种情况，分别是矛盾关系、对立关系和一般全异关系，其中矛盾关系和对立关系是全异关系的两种特殊情况。

矛盾关系是指在同一属概念下两个外延完全不同并且其外延之和等于其上位属概念之外延的概念间的关系。这就是说，如果具有全异关系的两个概念 a 和 b 同时包含于一个属概念 I 之中，并且 a 与 b 的外延之和等于 I 的外延，那么 a 和 b 就是矛盾关系，如金属与非金属是矛盾关系。

对立关系，又称反对关系，是指在同一属概念下两个外延完全不同并且其外延之和不等于其上位属概念之外延的概念间的关系。这就是说，如果具有全异关系的两个概念 a 和 b 同时包含于一个属概念 I 之中，并且 a 与 b 的外延之和不等于 I 的外延，那么 a 和 b 就是对立关系。如红色与白色、动物与植物，都是对立关系。

一般全异关系特点是外延没有任何重合的两个概念，没有共同的属概念。如桌子和发展中国家、苹果和火车。

概念是语义的基本单元，关系是衔接各种概念和知识的链条，语义关系反映思想的基本属性的逻辑结构。

4. 词汇语义关系

词汇不能独立于其他词汇来定义，词汇的含义包括与其他词汇的相互关系。语言是由独立术语构成的系统，在这个系统中每个术语的价值都完全受同时存在的其他术语的影响，因为语言作为符号，它本身的形式与内容没有必然联系，所以符号的价值只能由彼此间的相互关系决定。词汇是语言系统的单元，关系是标记词汇之间关系的链接。词汇关系描述概念之间的相关性，是构建学科知识结构的基础。词汇关系是两个或两个以上概念或实体之间有意义的关联，最普遍的关系由[概念 1]→[关系]→[概念 2]这种三元一组形式表现。所以，从本质上把握语义关系，分析语义关系的属性，有助于学科在研究概念关系时更好地利用语义关系。

词汇语义关系分为述谓、等级、属性、等同和方式五种关系。

1) 述谓关系

是最多最基础的关系。述谓关系也称为实例关系、实例角色，是句子中主要动词与其他句子成分之间的语义关系。述谓关系通常存在于句子中两个相邻词汇之间，动词支配句子结构的语义角色，而从句、直接宾语、间接宾语、介词短语都是动词的参数。有人强调，实例关系应该依据特定情况进行调整，实例关系是分类和归纳动词与其参数之间语义角色的关键。每个动词的词义都有相应的实例与之相关。动词连接的两个实体在实例关系中都扮演实例的角色，例如，他翻开书，[他]是动作发出者，[书]是动作接受者，二者以动词[翻开]连接，构成[翻开]的实例。

一个基本词汇单位是对另一个基本词汇单位的陈述，最为典型的就是主谓关系和动宾关系，其次是状语和谓词之间的关系，大部分定语和被修饰词之间的关系，都是述谓关系。语法形式则大部分是为了表达这些关系而产生的。从属语跟核心的关系已经上升到了接近语法的层次了。

2) 等级关系

主题词之间的一种语义关系。两个主题词表达的概念，其中一个概念的外延包括了另一个概念的外延；或者其中一个概念概括地表示某一事物，另一概念仅表示该事物的某一部分或某一方面。在信息组织中的等级关系归类为整体部分、上下位、属种和实例关系。

整体部分关系是一个概念与其组成部分之间的关系，通常也称为整部关系和部分关系。如踏板-自行车；钢材-车辆；地区-区域。

上下位关系在主题词表和分类法中经常使用。上下位关系蕴含在概念里，而整体部分关系则存在于概念之间。下位关系的形式是相关类属。

3) 属性关系

属性是对象的性质与对象之间关系的统称。属性关系主要是指名词和形容词之间的关系，即用一个术语来描述另一个术语的性质、特点。例如，[冬天]→[属性]→[冷]。事物的形状、颜色、气味、美丑、善恶、优劣、用途等都是事物的性质；大于、小于、压迫、反抗、朋友、热爱、同盟、矛盾等都是事物的关系。

4) 等同关系

等同关系指两个词汇之间在语义上存在相似、相反或相近的关系，包括同义、反义、近义和等价关系。

同义关系是两个在表达含义上完全相同的词汇之间的关系。绝对的同义非常罕见，如果两个表达式的含义在所有语言环境下都是完全相同的，那它们就是绝对的同义。

反义关系是指语义对立或相反的一组概念之间的关系。当然，构成反义关系的前提是这组词必须是属于同一范畴的词汇。

近义关系是指两个词汇无完全相同的含义但意思相近。

等价关系是指两个语义上相同的概念，此处这种关系用同义代替。信息组织中借用叙词表语义等价关系的定义，专指同一词汇在不同语言中有不同表达，但具有可以替换的关系。

5) 方式关系

方式关系指词位之间因方式的联系而存在的关系，主要是指动词之间或宽或窄的关系。动词间的关系主要是方法的关系。例如，咕哝、嘟囔、嗫嚅、呻吟、咆哮都是说话方式，瞥、盯、瞟、瞅、瞧、瞪、瞄都是看的方式。方式关系涉及几个维度，运动动词在速度维度上不同，如走和跑；冲击动词在力量维度上不同，如打和砍。

5. 文本语义关系

文本(text)与信息(message)的意义大致相同，指的是由一定的符号或符码组成的信息结构体，这种结构体可采用不同的表现形态，如语言、文字、影像等。这里讨论的是从句子级到文献级的较大文本单位之间的语义关系。从逻辑上讲，主句和从句分别表示命题和谓语，推理通过命题和谓语来进行。句子间的语义关系有许多种，包括因果、目的、条件、让步、时间、地点和蕴含。

1) 因果关系

因果关系是两个事件之间的引起与被引起关系，具有时间序列性和复杂性。从时序上讲，因具有优先次序，因果关系通常在以因领域为背景的情况下得到确认。因只有在同时具备必要、充分条件时才会触发结果。因果关系可以存在于词语、句子和文本中。

2) 目的关系

目的关系是指复句中的一个分句表示行为，另一个分句表示这种行为产生的目的的关系。

3) 条件关系

条件关系与因果关系类似，但条件可以细化为必要条件和充分条件，如果事件 A 是事件 B 的充分条件，而非必要条件，意味着 A 发生，B 总是跟着发生，但是当 A 不发生时，B 有时发生，有时不发生。如果事件 A 是事件 B 的必要条件，而非充分条件，意味着当 A 不发生时，B 永远不会发生，但是当 A 发生时，B 有时会发生，有时不发生。

4) 让步关系

让步关系表示两个句子存在转折关系，是一种程度较低的否定。

5) 时间关系

时间关系包括句内时间关系和句间时间关系，其中，句内时间关系包括句内事件-事件的时间关系和句内事件-时间的时间关系。句间时间关系即句间事件-事件的时间关系。

6) 地点关系

地点关系是用表示地点的子句与主句连接的复合句之间的关系。

7) 蕴含关系

蕴含关系是重要的语义关系，也可以理解为暗示，如果句子 A 引起句子 B，那么，如果 A 是真的，B 也是真的。

相邻句子之间往往具有衔接性，较远的句子之间则存在连贯性。衔接强调两个相邻文本单元之间的局部关系，连贯强调相关的句子或更大的文本单元的关系。有人分析了相邻句子之间的衔接性关系，认为衔接也是一种语义关系。

6. 地理语义特征

地理信息具有空间位置、属性、时空变化三个基本特征。地理要素是地理信息表达的地理内容。

1) 空间位置

地理要素是肯定存在于地理空间的某个位置，具有一定的空间形状、分布以及彼此之间的相互空间关系。地理特征不仅是简单的点、线、面的组合，而且是具有一定的地理语义特征的地理实体。因此，对地理实体之间关系的描述，不仅受到物体之间几何关系的影响，也受到地理本体所属的类型和语言环境等非空间属性的影响。在计算机世界里，非空间地理特征主要用地理属性表达。

2) 属性

地理要素的属性通常分为定性属性和定量属性两种。不同类型要素具有不同属性。对不同专业要素，属性可以区分主次，某个属性对一个专业是主要的，对另一个专业可能是次要的，需要视不同情况而定。

3) 时空变化

地理要素存在于地球表面有一定的时间效应，即地理要素在地理空间上的空间位置、属性和相互关系跟时间密切相关，地理要素的空间位置和属性可能随时间的变化而同时变化，如道路网系的修改扩建、土地利用的变化；地理要素的空间位置和属性也可能随着时间的变化而单独变化，如建筑物的空间位置不变而用途发生变化、学校的整体搬迁而属性没有变化。

地理信息作为表达系统的语义，是一个具有内在结构的系统。从表达的层面上，基本语义是有限的，它们与特定的地理概念相联系。但并非所有的地理概念均能使用单一的基本语义表达，许多情况下需要语义的组合，从而形成由低级到高级的层次语义结构。

3.1.2　地图符号语义

自然语言通过声音和文字进行信息的交流和传递，地图则通过图形符号传递地理信息，并且是地理信息传递的主要形式，故历来有"地理学第二语言"之称。制图者将自己对现实地理环境的认知结果通过地图语言即地图符号系统表达为地图，而用图者则必须掌握地图语言，才能完成地图阅读，从而在理解地图信息的基础上获得地理信息。地图语义研究符号与制图对象间的关系和各种地图符号所代表的信息含义。本质上说，地图是用地图要素的相关符号变量内涵准确而生动、真实而科学、具体而抽象地描述与反映地理空间信息在时间、空间上的客观存在及特征。

1. 地图符号

广义的地图符号是表示各种事物现象的线划图形、色彩、数学语言和注记的总和，也称为地图符号系统。狭义的地图符号是指在图上表示制图对象空间分布、数量、质量等特征的标识和信息载体，包括点、线、面、体等符号、色彩图形和注记，通过形状、尺寸、色彩、方向、亮度和密度等基本变量反映事物的数量和质量特性；地图注记是地图语言的重要组成部分，字体、字大(字号)、字色、字隔、字位、字向和字顺等注记属性使注记具有符号性意义。

客观世界的事物错综复杂，人们根据需要对它们进行归纳(分类、分级)和抽象，用比较简单的符号形象地表现它们，不仅解决了描绘真实世界的困难，而且能反映出事物的本质和规律。地图符号属于表象性符号，以视觉形象指代抽象的概念。它们明确直观、形象生动，很容易被人们理解。因此，地图符号的形成实质上是一种科学抽象的过程，是对制图对象的一次综合。地图不是各个孤立符号的简单罗列，而是各种符号按照某种规律组织起来的有机的信息综合体，是一个可以深刻表现客观世界的符号——形象模型。

地图符号是表达空间地理信息所用的极其特殊的语言符号系统，具有严格的数学基础、精确的空间位置和可测量性。也可以认为地图符号是概念符号的集合，因为所有地图符号都可描述空间地理事物和现象某方面的特征。这些特征体现在：①地图符号是几何图形、艺术图形等按照一定的构形规律和心理认知特点组成的有机统一体；②从哲学的角度看，地图符号与自然语言一样，都是由表意符号集组成的语言符号体系；③从符号功能的角度看，地图符号与自然语言一样，都具有读和写的功能，地图符号是地图的语言，而地图又是自然地理世界的语言。因此，地图符号既是制图人员表达世界的基本工具，也是读者感受事物或现象的基本方式。

2. 地图语言

地图与文本的最大差别在于地图是由各种符号、色彩与文字构成的，表示空间信息的一种图形视觉语言。视觉语言是由视觉基本元素和设计原则两部分构成的一套传达意义的规范或符号系统。地图语言主要以符号的方式描述地理世界现状。地图符号实质上以概念模型反映地理空间中的自然和人文社会经济状况。

地图与遥感图像最大的差别在于符号不仅能表示地面上一些大的明显物体，而且还能表示一些较小的独立物体,如独立突出树、井、泉、塔等。这些较小的物体,在卫星像片、遥感图像上根本无法辨认,但在地图上却能清晰地表现出来。符号不仅能表示物体的数量特征,而且还能表示物体的质量特征。如森林符号不仅能反映实地面积大小,而且还能反映森林的树种、树的平均高度与平均粗度;河流符号不仅能反映其水平轮廓、分布特征,而且还能反映河水的深度、水流速度及河底质量;公路符号不仅能反映出等级,而且还能反映质量与宽度等。使用符号不仅能表示有形可见的物体,而且还能表示无形不可见的现象,如磁偏角、河流流速、沼泽地的可通行程度、境界线、行政区划等。尤其重要的是,使用地图符号能显示地图要素的准确位置,为图上量测提供了可能。因此,地图使用符号系统极大地丰富了地图的内容,使地图具有更高的科学性、精确性和艺术性。可以说地图符号是地图的语言,通过它能够认识地图上的全部内容。

地图是地图符号系统的构成、各种表示手段和方法的运用与组合,有一定的语言法则。地图语言是指利用具有几何、状态、过程、时空关系、语义和属性特征的地图符号及地理场景,来表达地理对象和地理现象的空间分布特征和变化过程,并辅助人们完成对地理空间的综合认知的符号系统。

3. 地图语言规则

地图符号的语言实体是指地图符号的物质特性。地图符号的实体往往由多种要素构成。地图符号同其他自然语言一样,都具有最基本的语言功能单位和构词法则。

1) 地图语言的语素

地图语言利用地图专用的符号、载体及文字注记等表达空间事物的分布、组合、数量、质量特征及其基本属性与联系,语素是语言中最基本的单位。通过分析国家地形图图式标准,发现各个符号都由许多共同的几何图形元素组成,主要有直线、折线、多边形、椭圆、圆、矩形、样条曲线、圆弧、圆饼、星形等。这些基本几何图形元素组成了地图语言的语素,例如,在对图形、符号的感受中,研究符号的图形特征上的各种变化,形成视觉变量,运用视觉变量引起的视觉感受变化,形成图形的整体感、数量感、质量感、动态感和立体感的效果,达到更有效地传递地图信息的目的。

2) 地图语言的结构化

对于地图语言而言,结构化现象较常见。很多线状符号都可看作由一个个基本的图案符号沿定位轴线走向循环排列而成(图 3.1.2)。这些基本的图案符号好比地图语言中一些惯用法或是一种固定的结构。这也是一些地图符号软件中设计与图形结构无关的线状符号算法的依据。

3) 地图语言的词语

词是表达语意最基本的单位,是由语素以一定的组合方式构成的。地图语言中,各种地图符号是描述空间信息最基本的语言单位,既有单个语素独立构成的地图符号,也有多个语素通过一定的组合方式复合成的地图符号(图 3.1.3)。符号要有代表性,同时要有联想性,即一定程度的意义自明。地图句法表达了地图信息的各种符号间的相互关系。符号间既要有联系性,又要有差异性。

4) 地图语言的修饰法则

国家地形图图式标准中只规定了最基本的地图符号的形状、尺寸,对于颜色、明暗度等因素则涉及较少。在实际地图应用中,地图符号表现得多姿多彩。这主要是因为通过形状、尺寸、方向、明度、密度、结构、颜色、位置等符号变量的合理运用,可以引发读者不同的视觉、心理感受。地图符号视觉变量的成功运用是对地图语言的合理修饰。

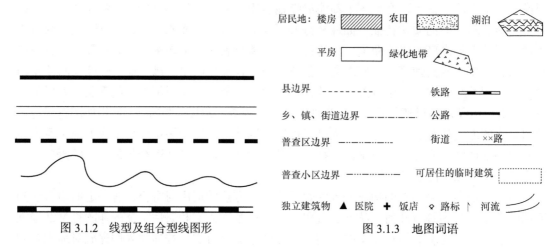

图 3.1.2　线型及组合型线图形　　　　　　　图 3.1.3　地图词语

4. 地图语义模型

地图符号可看作空间地物的概念模型，它所包含的地理语义实际上反映了空间地物的基本属性特征。地图符号是一个受多重因素复合影响的函数。其语义表达则通过对地图语言词语和修饰法则的灵活运用来实现。地图语义计算机自动理解的关键技术是地图符号的模式识别，即如何利用计算机模拟人对地图的阅读和理解，包括研究利用计算机模拟人类视觉系统和模拟人脑对视觉信息的分析判断。

地图模式识别是一种智能技术，主要基于数字栅格地图(digital raster graphic，DRG)自动提取目标的色彩、形状和语义信息，并通过特征信息的处理与分析，完成对不同地图模式的分类决策。因为地图模式识别是一门由多种学科互相渗透而发展起来的综合性技术，所以，其研究内容涉及计算机科学、认知科学、数学、仿生学、生理学、心理学、控制论、信息论等新兴科学领域。它主要研究以下几个方面的内容。

1) 地图模式信息的获取

地图模式是用地图方式再现客观世界的空间模型，经过制图综合，用地图符号将地球表面的事物和现象模拟出来。地图模式信息的获取是进行模式识别的基础。早期数字栅格地图由纸质或胶片地图扫描数字化得到，目前数字栅格地图一般由矢量的数字线划地图直接进行符号化转换得到，在内容、几何精度和色彩上与地图保持一致。

2) 基于色彩的粗分类

数字栅格地图使用了不同颜色代表不同的要素。由于颜色不同，能把地图分解成不同颜色的要素版，如蓝色表示水系、绿色表示植被、棕色表示等高线等，实现地图模式信息的粗分类，从而为进一步识别打下良好的基础。

3) 基于符号的特征提取

任何地图符号都具有图形、尺寸和颜色三个基本因素，三个基本因素的相互配合可达到区分地面上各种物体与现象的目的。所以，研究地图模式的识别，无疑需要先研究地图符号系统，符号的构图规律、符号的类型以及符号的基本特征，建立相应的地图符号库。

地图模式信息的识别，实质上是分类与理解，其中分类又是以特征为基础的。特征指目标的特性，在模式识别中被用来识别目标。所以，特征的选择很重要，它强烈地影响分类器的设计及其性能。假如不同类别特征的差别很大，那就容易设计出具有良好性能的分类器。

对于一个给定的模式识别任务来说，特征提取应该适合特征数量少，并且对某一类别内部正常的情况变化不敏感，而对于类别之间的变化却相当敏感的情况。地图模式信息的特征提取，是建立在对地图图式、符号设计规范等描述的基础上。虽然地图符号具有高度的统一性以及良好的可识别性，但如何从许多特征中找出最有效的特征，如何把高维特征空间压缩到低维特征空间，这仍然是一个困难的问题。因此，研究相应的解决办法，以便有效地设计分类器，已成为地图模式识别一个重要的研究内容。

在不同地图的模式识别中，鉴于不同地图之间有许多共性，而这些共同之处多数都能在图式、规范上统一，即都使用了地图符号系统。因此，没有必要每识别一幅图，都重新进行特征提取，可以把已经做过特征提取的地图符号存储起来，实行共享。换句话说，建立地图符号库，对地图模式识别的实现至关重要。

4) 地图要素的定位与分割

地图模式识别的目标是要完成对地图目标的分类描述，使计算机实现人对地图的阅读能力。在完成基于色彩变化的粗分类和特征提取之后，有地图符号库的支持，就可以对地图模式作进一步的细分类，把各地图要素定义到相应的类别中。这时面临的一个主要问题是地图要素的定位与分割。

解决关于地图要素的定位与分割的方法通常有两种。一种是基于知识的方法，利用被处理对象及文件的结构或格式方面的有关知识，对处理对象及文件的结构或格式进行某些规定和限制，从而固定处理目标。另一种是基于传统的图像处理和识别方法，先按某种方式把图像划分成一些小的区域，然后按某些参数，把邻近的小区域进行合并，并选出候选区域。但这两种方法到现在为止都还不够成熟，这也是许多识别系统误识率偏高的原因之一。

5) 基于深度学习的分类识别

为了使机器能像人一样去分析、理解识别对象，往往需要先进行学习训练，未经学习的机器是无法分类的。学习的方法一般分为有监督学习和无监督学习。有监督学习也称为有老师的学习，即把制图知识表示成机器能接受的形式教给机器，把根据某些特征判定应是什么地图要素的规则赋予机器。无监督学习也称为自学习，是一种机器学习方法，是指机器从大量的数据中找出对人类有用的知识。

对机器的训练学习离不开知识的支持。常用的知识表示方式有框架结构、产生式系统、语义网络、一阶谓词演算等。目前，地图制图领域虽然有极为丰富的理论和成熟的技术方法，但对制图知识的表示方面的研究还不够。因此，研究制图知识的表示问题，把制图知识形式化，并转移给机器，建立相应的知识库，将是地图模式识别的一项重要研究内容。考虑到同一地图要素在不同类别地图中的表现形式不一样，如地形图和专题图的居民地表示、道路的选色等，知识库的构造应便于修改和维护。知识库是衡量高层次识别系统的一个重要标志。

3.1.3　遥感图像语义

在遥感图像上，不同的地物有不同的特征，这些影像特征是判读识别各种地物的依据，称为判读或解译标志。影像的形状是指物体的一般形式或在轮廓上的反映。各种物体都具有一定的形状和特有的辐射特性。同种物体在图像上有相同的灰度特征，这些同灰度的像素在图像上的分布就构成与物体相似的形状。随着图像比例尺的变化，形状的含义也不相同，一般情况下，大比例尺图像上所代表的是物体本身的几何形状，而小比例尺图像上则表示同类物体的分布形状。有些物体的形状非常特殊，其平面图形是该物体的结构、组成和功能的重要标志，有时甚至是关键，所以形状是判读的重要标志。物体在图像上的大小也是判读标志之一。大小的含义随图像比例尺的变化而不同：大比例尺图像上，量测的是单个物体的大小；而小比例尺图像上，只能量测同类物体分布范围的大小。颜色一般针对彩色图像而言，当彩色摄影和假彩色合成技术发展起来之后，颜色的差别可以进一步反映地物间的细小差别，为判读人员提供更多的信息。

1. 遥感图像理解

图像理解（image understanding，IU）就是对图像的语义理解。它是以图像为对象，知识为核心，研究图像中各要素的性质和它们之间的相互关系，并理解图像内容的含义以及解释对应的客观现象的理论、方法和技术。图像语义是研究图像中各种目标的类别和目标间的相互关系，以此得出对图像内容的理解和对场景的描述和解释。图像理解研究内容不仅包括低层的数据处理分析，还包括高层的知识表达推理。其中，目标识别属于数据分析的过程，场景描述和解释则依赖于知识的表达和推理，后者得到的结果又可用来指导前者的分析过程。图像理解操作的对象是从描述中抽象出来的符号，其处理过程和方法与人类的思维推理有许多相似之处。典型的遥感图像理解系统包括三个部分：一是如何统计图像中的空间关系；二是面向目标的知识表达及其分布的解决方法；三是基于知识的图像分割。遥感图像理解系统的基本描述如图 3.1.4 所示。

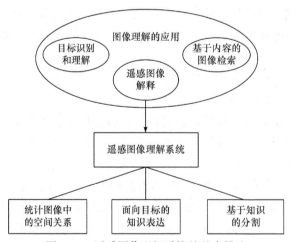

图 3.1.4　遥感图像理解系统的基本描述

2. 遥感图像解释

遥感图像解释可以总结为图像理解系统在复杂自然场景下的自动图像解释(Image Interpretation)。其关键技术包括图像分类与图像分割。

1) 图像分类

图像分类，也称模式分类，以计算机来区分图像中所含的多个目标物为目的，图像中的每一个像元依据不同的统计决策准则被划归为不同的地表覆盖类，并对区分的像元组给出对应其特征的名称，从而达到图像判读的目的。用于图像分类的数学理论目前有 3 个分支：统计图像分类、专家系统分类和模糊分类。统计图像分类是目前图像分类方法中最成熟的方法，有监督分类和非监督分类两种方法。监督分类是先用某些已知类别训练样本让分类识别系统学习，待其掌握了各个类别的特征之后，按照分类的决策规则进行分类的过程。使用的数学方法有多级切割分类法、决策树分类法、最小距离分类法、最大似然分类法。非监督分类是不用训练样本，而是根据图像数据自身的统计特征及点群的分布情况，从纯统计学的角度对图像数据进行统计分类。它与监督分类的区别在于监督分类首先给定类别，而非监督分类由图像数据的统计特征来决定。非监督分类最常用的统计方法是聚类分析，聚类分析是按照像元之间的相似程度来进行分类的一种多元统计分析方法。

2) 图像分割

图像分割是图像理解中的另一个经典问题，其目的是将图像分解得到具有不同性质的一致性区域。因此，分类模型用于图像分割，符合模式识别的一般过程；此时，分类模型的具体形式取决于对何种模式进行学习，比如特征的形式和类别数，图像分割中分类模型训练目标则是得到适合于区分不同图像区域的判定准则。灰度图像的分割方法大体可以分成三种：第一种是基于区域的方法，如区域生长等；第二种是边界方法，通过检测边界得到分割结果；第三种是首先检测边缘像素，再将边缘像素连接起来构成边界形成分割。一般来说，彩色图像分割会将灰度图像分割的方法转换到颜色空间来应用，常用的彩色图像分割方法有直方图阈值法、特征空间聚类、基于区域的方法、边缘检测、模糊方法、神经元网络等。

3. 图像语义描述

图像语义，就是图像内容的含义。图像语义是图像理解中最重要的高层知识。图像语义可以通过语言来表达，包括自然语言和符号语言(数学语言)。但图像语义的表达并不限于自然语言，其外延对应于人类视觉系统对于图像的所有理解方式。

图像语义分析仍然主要通过语言来表达图像语义，特别是使用语言单词(称为"关键词")来表达图像语义。随着计算机视觉、图像理解发展，语义开始出现在图像区域标记中。借助场景中目标之间的语义关系，在目标识别的过程中对场景和目标进行标记，完成整个图像理解的过程。图像理解的直观任务是通过计算机对输入场景图像进行计算、分析和推理，然后输出场景中相应目标和区域的语义化描述，通常也被称为语义标记(semantic labeling)。虽然语义是图像理解中最重要的、最基本的高层知识表达方式，但至今尚未形成一套有效的研究方法和研究思路。如何描述图像数据信息与知识语义信息间的对应关系，则是图像理解中层次间相互衔接的关键所在。

1) 波谱特性

地物光谱特征是指自然界中任何地物都具有其自身的电磁辐射规律，如具有反射、吸收外来的紫外线、可见光、红外线和微波的某些波段的特性，又都具有发射某些红外线、微波的特性；少数地物还具有透射电磁波的特性，这种特性称为地物的光谱特性。当电磁辐射能量入射到地物表面上，将会出现三种过程：一部分入射能量被地物反射；一部分入射能量被地物吸收，成为地物本身内能或部分再发射出来；一部分入射能量被地物透射。

(1) 反射光谱特性。当电磁辐射能到达两种不同介质的分界面时，入射能量的一部分或全部返回原介质的现象，称为反射。反射的特征通过反射率表示，它是波长的函数。不同地物对入射电磁波的反射能力是不一样的，通常采用反射率来表示。反射率不仅是波长的函数，同时也是入射角，物体的电学性质(电导、介电、磁学性质等)以及表面粗糙度、质地等的函数。

(2) 发射光谱特性。任何地物当温度高于绝对温度 0K 时，组成物质的原子、分子等微粒会不停地做热运动，都有向周围空间辐射红外线和微波的能力。通常地物发射电磁辐射的能力以发射率作为衡量标准。地物的发射率以黑体辐射作为基准。发射率根据物质的介电常数、表面的粗糙度、温度、波长、观测方向等条件而变化，值为 0～1。地物发射率的差异也是遥感探测的基础和出发点。地物的发射率随波长变化的规律，称为地物的发射光谱。

(3) 透射光谱特性。当电磁波入射到两种介质的分界面时，部分入射能穿越两介质的分界面的现象，称为透射。透射的能量穿越介质时，往往部分被介质吸收并转换成热能再发射。透射率就是入射光透射过地物的能量与入射总能量的百分比。地物的透射率随着电磁波的波长和地物的性质而不同。一般情况下，绝大多数地物对可见光都没有透射能力，红外线只对具有半导体特征的地物才有一定的透射能力，微波对地物具有明显的透射能力，这种透射能力主要由入射波的波长决定。因此，在遥感技术中，可以根据它们的特性，选择适当的传感器来探测水下、冰下某些地物的信息。自然界中，人们最熟悉的是水体的透射能力，这是因为人们可以直接观察到可见光波段辐射能的透射现象。然而，可见光以外的透射，虽人眼看不见，但却是客观存在的，如植物叶子，对于可见光辐射是不透明的，但它能透射一定量的红外辐射。

2) 形态特征

遥感影像的形态特征有形状、大小、色调、阴影和纹理等。空间统计变化是基于遥感图像上各地表覆盖类型的分布，通过栅格-矢量转换得到矢量数据并进行多边形图斑的类型标记；计算多边形的面积、周长、形状指数，以及最小外接矩形、最小外接圆和最小外接凸包的多项对应特征，如长轴长度、短轴长度、延伸率、紧致度、凸出度、主方向、圆状度、坚固性等统计指标，并比较同类地物各统计指标的变化强度。根据各地表覆盖类型的面积和斑块数目，计算多样性指数、均匀度指数、破碎度指数等，构建同一区域不同时相间的结构变化指数。

3) 遥感图像解译

图像解译(image explanation)，也称判读或判释，是从图像中获取信息的基本过程。遥感图像解译是根据遥感图像的几何特征和物理性质，进行综合分析，从而揭示出物体或现象的质量和数量特征，以及它们之间的相互关系，进而研究其发生发展过程和分布规律的一种技术。如土地利用现状解译，是在影像上先识别土地利用类型，然后在图上测算各类土地面积。

3.1.4　地理数据语义

地理数据是以地球表面空间位置为参照，描述自然、社会和人文景观的数据，直接或间接关联相对于地球的某个地点的数据，是表示地理位置、分布特点的自然现象和社会现象的要素文件，包括自然地理数据和社会经济数据。在直角坐标系中，用一定的测度方式描述地理实体的位置和形状的坐标。地理数据语义包括空间位置语义、实体属性语义以及实体时间语义三个部分。

1. 空间位置语义

空间位置在计算机中通常按矢量数据结构或网格数据结构存储。在矢量数据结构中，点数据可直接用坐标值描述；线数据可用均匀或不均匀间隔的顺序坐标链描述；面状数据(多边形数据)可用边界线来描述。矢量数据的组织形式较为复杂，以弧段为基本逻辑单元，而每一弧段被两个或两个以上相交结点所限制，并为两个相邻多边形属性所描述。

地理矢量数据语义可以简单地看作数据所对应的现实世界中的事物所代表的概念的含

义，以及这些含义之间的关系，是数据在某个领域上的解释和逻辑表示。

1) 用离散的点和骨架线来描述地理现象及特征

点用来描述点状地物的中心点或标志点，如监控点、居民点。线状地物中心骨架线表示河流、道路及行政边界等。面表示一块连续的区域，一般用多边形来描述，如湖泊、林地、居民地等。

2) 用拓扑关系来描述矢量数据之间的关系

几何(定位)数据描述地理实体的几何(定位)特征(地理实体的位置、形状、大小及其分布特征)和实体间的空间关系。拓扑关系数据用来描述地理空间实体的相连、相邻及包含等关系，从而清楚地表达地物的空间结构。

2. 实体属性语义

属性数据描述地理现象的名称、类型、特性、质量、数量、等级及其关系等特征。在矢量数据结构中，用关系表来描述地理实体的属性和时间特征。

(1) 地理类型。地理信息分类是一个凝聚知识、抽象真实世界现象的过程，分类结果是形成一个分类方案，反映真实世界所存在的每种地理信息要素类型的属性特征、关系特征和作用。因此要素的类型、属性、关系和作用是地理信息分类的基本因素，而其中类型是最基础的。

(2) 地名地址。地名作为一种社会基础信息，与经济社会和人民群众日常生活休戚相关，是人们赋予某一特定空间位置上自然或人文地理实体的专有名称，是任何社会组织和个人从事社会交往和活动都离不开的交流工具，是现代社会公共服务事业不可或缺的重要组成部分，是进行社会管理和开展公共服务的重要基础。地址是人或团体居住或所在的地点。通信地址一般由地区名、街道名及门牌号码组成。

(3) 地理质量特征。质量(mass)是物体所具有的一种物理属性，是物质量的度量。地理要素的质量往往用来描述人造地物，如道路、桥梁、河坝等。

(4) 地理数量特征。数量，指事物的多少，是对现实生活中事物量的抽象表达方式。地理学把地理环境中地理要素关于量多少的表达称为地理数量。常规统计分析用于计算在一定地理范围之内，地理要素属性特征的一些典型的统计参数，如求总量、最大值、最小值、平均值、中值、标准差、方差、频率等。例如，统计一条河流的长度、平均深度、流量等。

地理数量方法(quantitative methods in geography)是应用数学方法和计算机技术进行地理学研究的一种方法，又称数量地理学，曾被称为计量地理学。

(5) 地理等级特征。等级理论(doctrine of hierarchy)是脑生理心理学的一个重要原理，强调大脑的生理结构按等级排列，在心理上也相应地表现为不同等级的功能。根据等级理论，复杂系统具有离散型等级层次，据此，对这些系统的研究得以简化。

水系是指流域内具有同一归宿的水体所构成的水网系统。组成水系的水体有河流、湖泊、水库、沼泽等。河流是水系的主体，单一由河流组成的水网系统又称河流水系。河流水系通常具有各种形状，表现出复杂的几何特征。水系的支流以等级划分，一种方法是将流入干流的支流称为一级支流，流入一级支流的支流称为二级支流等。类推三级支流、四级支流等几类。

城市等级通常以城市人口规模来划分，不同国家的城市人口规模的定义和等级划分不完全相同。如我国以城区人口数量将城市划分为超大城市、特大城市、大城市、中等城市、小城市等。

3. 实体时间语义

时间特指地理事件(实体)在现实中发生或存在的时间，时间特征是地理数据的本质特征。通过构建实体时间语义，能够更有效地表达时间关联信息。分析地理数据的时间特征，发现有以下特点：①包括时间点和时间段两类数据；②时间段的跨度很大。根据这些特性，把时间划分为瞬时、短期、中期和长期。时间的另外两个重要的描述是时间轴和时间区间。时间轴用来描述数据发生时间节点，如"2008—2014"，它的时间轴属性是"2011"(取平均)；时间区间用来描述数据持续的时间，如"2008—2014"的时间区间是"6"(相减)。

地理数据中地理实体时间语义反映地理实体的空间变化和属性变化。空间和时间是客观事物存在的形式，两者是紧密联系的。时间和空间统一于运动变化，深刻地反映了地理现象(人文和自然现象)间的相互作用。地理数据的时间性是指地理数据的空间特征和属性特征随着时间变化的动态变化特征，即时序特性。地理数据的时序特性反映了地理数据的动态性，表现出了现象或物体随时间的变化结果，如人口数的逐年变化等。空间特征和属性特征可以同时随时间变化，也可以独立随时间变化，即在不同的时间，空间位置不变，属性类型可能已经发生变化，或者相反。

地理数据是按一定数学法则,遵循一定综合规律而形成的地球表面的真实缩影,它具有时空关系的确定性和客观性。实际操作中，地理数据总是在某一特定时间或时间段内采集得到或计算得到的，地理数据的时间维隐含在地理数据采集时间，表现为地理数据的现势性。考虑到有些地理现象随时间的变化相对较慢，而在许多其他情况下，时间数据往往被忽略。但在研究地理过程时，需要利用多时态数据进行时空分析和动态模拟，常把时间处理成专题属性，或者说，在设计属性时，考虑多个时态的信息，把地理现象的空间变化和属性变化时间数据保存起来，这会大大增加地理信息表示和地理数据处理的难度。从时间尺度上来看，描述地理过程的各种地理数据具有多种时间尺度，如历史年代、天、月、季度、年等。

地理数据分为定性数据(描述语言)和定量数据两种基本类型。定性数据表示地理现象或要素性质上的差异。实体时间语义是表征地理实体运动状态的知识。地理数据语义分析是将地理数据的含义分解成语义特征的过程。地理数据内在语义特征反映地理要素和现象的客观本质，从地理数据中分析出来的客观事物本质语义特征是一种不依赖具体语言环境的语义特征。依据地理矢量空间数据可以分析空间形态语义：大小、长度、曲率、周长、面积、重心等几何参数；进一步分析实体之间的空间关系：距离、方向、邻接、关联、包含和连通关系。依据地理矢量属性数据可以分析实体属性语义：名称、类型、特性、质量、数量、等级等属性参数；进一步分析实体之间的属性关系：整体与部分关系、分类关系、地理编码等。依据地理矢量时间数据可以分析实体时间语义：同一地理实体随着时间而发生空间和属性的变化。

3.2 地理本体语义

本体是描述概念及概念之间关系的概念模型，通过概念之间的关系来描述概念的语义。近十多年来，本体论研究是在计算机科学中作为一种能在语义和知识层次上描述信息系统的概念模型建模工具。本体作为一种能在语义和知识层次上描述信息系统的概念模型，以逻辑概念为基础，构建一个可能世界的本体，尽可能地包含世界的所有事物、它们之间的联系以及相互影响方式。

3.2.1　信息本体表达

信息是事物运动状态和存在方式的表现形式。其内容可概念化、形式可数字化、本质可序位化，可划分为概念、符号、关系三个基本范畴。本体论(ontology)，是探究世界的本原或基质的哲学理论——关于存在的理论。在信息科学领域，本体论被赋予了新的定义，表示在某一定知识领域或实践领域中各个实体及其之间的相互作用的工作模式。或者说，本体是指一种"形式化的，对于共享概念体系的明确而又详细的说明"，是一种特殊类型的术语集，既有结构化的特点，又适合在计算机系统中使用。

1. 信息本体概念化

信息存在于自然界、人类社会，也存在于人的思维领域。从本体论的意义来说，它是事物运动的状态及其变化的方式；从认识论的意义来说，它是认识主体所感受(输入)和表述(输出)的事物运动状态及其变化的方式。事物可以指物体在空间的位移，也可以指一切意义上的变化。本体论思想被应用到信息科学领域时，要把现有的知识、信息与数据采用面向对象的形式还原成一个合理的语义体系，使计算机能够处理，使人们能够共享。

概念化是指通过确定某个现象的相关概念而得到的这个现象的抽象模型，明确是指所用到的概念以及对概念使用的约束都要有明确的定义，形式化是指本体应该是计算机可读的，共享是指本体获取的是共同认可的知识，它不是个人私有的，而是可以被一个群体所接受的。

概念化定义为一个结构(D,R)，其中 D 是领域，R 是 D 领域上关系的集合，R 是普通的数学关系，或者说是外延关系。关系 R 只描述了世界的一个特定状态，而不是全部状态，也就是说这种概念化只适合于表示事物的状态，而不是概念的真正内涵。概念化结构更适合于表示事物的状态，并不是真正意义上的概念化。对于关系 R，我们需要关注的是本身的内涵，而不是它所表现出来的具体的状态。因此，需要一种标准的方法将关系 R 定义为集合上的函数，以表示关系 R 的内在含义。

2. 信息本体建模原语

从本质上说，本体是概念化的形式化、显式规范，概念化是通过识别世界中现象的相关概念而建立的关于现象的抽象模型；显式指概念的类型和应用的约束条件是显式定义的；形式化指机器可以理解、处理；共享指所要表达的概念化是某个领域所固有的，是被广泛接受的。本体的逻辑结构指一个集合 $O < A,B,C,\cdots >$，集合 O 代表的是构成一个完整本体的诸多要素或建模原语的总和，O 中每一元素代表的是本体的构成要素或建模原语。本体建模的核心是明确领域中的概念、概念的属性和约束条件、概念之间的层次关系等。关于本体的逻辑结构的概念，到目前为止还没有统一的定义。不同的学者从不同的实践出发，有很多不同的见解。

1) 本体五元组结构

本体的建模原语可以表示为五元组：$O = \langle C,R,F,A,I \rangle$。五元组结构具体含义如下。

C 代表类(classes)或概念(concepts)。概念的含义很广，从语义上讲它表示的是对象的集合，其定义一般采用框架(frame)结构，包括概念的名称，与其他概念之间的关系的集合，以及用自然语言对概念的描述。描述内容为对象(和类)所可能具有的属性、特征、特性、特点和参数。

R 代表关系(relations)，指类与个体之间的彼此关联所可能具有的方式，表示领域内概念之间的相互作用，形式上定义为 n 维笛卡儿积的子集，$R:C_1 \times C_2 \times \cdots \times C_n$。本体是描述概念及概念之间关系的概念模型，通过概念之间的关系来描述概念的语义，是一种有效表现概念层次结构和语义的模型。

从语义上讲，基本的关系共有四种：①部分、整体关系(part of)；②继承关系(kind of)；③实例、概念关系(instance of)；④属性关系(attribute of)。在实际建模过程中，概念之间的关系可以根据领域的具体情况再增加相应的关系。概念之间的关系如图 3.2.1 所示。

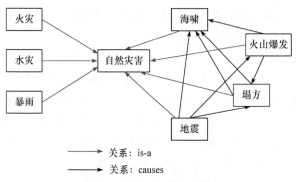

图 3.2.1　概念之间关系描述

F 表示函数(functions)，函数也是一种关系，这种关系比较特殊，它的前 $n-1$ 个元素可以唯一决定第 n 个元素，形式化定义 F 为：$C_1 \times C_2 \times \cdots \times C_{n-1} \rightarrow C_n$。在声明语句当中，可用来代替具体术语的特定关系所构成的复杂结构。

A 表示公理(axioms)，表示永真断言，对概念和关系进行约束。如"概念乙属于概念甲的范围"，这种定义有别于产生式语法和形式逻辑当中所说的公理。在这些学科当中，公理之中仅仅包括那些被断言为先验知识的声明。就这里的用法而言，公理之中还包括依据公理型声明所推导得出的理论。公理是定义在"概念"和"关系"上的限定和规则。

I 表示实例(instances)，代表元素，从语义上讲实例表示的是对象。

本体构成要素，就现有的各种本体而言，无论其在表达上采用的是何种语言，在结构上都具有许多的相似性。如前所述，大多数本体描述的都是个体(实例)、类(概念)、属性以及关系。

2) 本体六元组结构

本体的逻辑结构可采用六元组结构描述：$O = \langle C,\ A^C,\ R,\ A^R,\ H,\ X \rangle$，各元组具体含义如下。

C 表示概念的集合，每一个概念 C_i 表示同一类型的对象。

A^C 表示多个属性集合组成的集合，同一个概念 C_i 可以用同一个属性集中的属性 $A^C(C_i)$ 表示。

R 表示关系的集合，领域中概念之间的相互作用在形式上定义为 n 维笛卡儿积的子集，$R：C_1 \times C_2 \times \cdots \times C_n$，在语义上关系对应于对象元组的集合，其中每一个关系 $R(C_1, C_2)$ 表示概念 C_1、C_2 之间的二元关系，其关系的实例就是概念对象的元组 (C_1, C_2)。

A^R 表示关系属性集的集合，每一个属性集都对应于一个关系。

H 表示概念之间的层次关系，是 $C \times C$ 的一个子集，表示概念之间的父子关系，$H(C_1, C_2)$ 表示 C_1 是 C_2 的子概念。

X 表示公理集，公理表示永真断言，每一个公理都对概念和关系的属性值进行约束，可使用适当的逻辑语言，如用一阶逻辑来表示。

3) 本体七元组结构

不同的应用目的对本体的逻辑结构有不同的理解，从宏观的结构看，我们所定义的只有类、属性和个体，其他的诸如公理约束、属性特征、语义关系等都依附于所定义的类、属性和个体。本体的逻辑结构虽然完全可以用三元组的形式表示，但是这只是对本体构成元素的一个最高层次的概括，在构建本体的过程中不具有太大的现实指导意义。除了类、属性和个体要考虑之外，还要考虑概念之间的语义关系、概念的层次关系、属性的限制以及属性的特征等。本体结构的七元组表示为，$O = \langle C, R, H, P, R^P, C^P, I \rangle$，各元组具体含义如下。

C 表示概念，表示一组共享某些相同属性对象的集合。

R 表示概念之间的语义关系，如概念之间的相交、不相交、等价等关系，这类关系可以理解为概念之间的横向关系。

H 表示概念之间的层次关系，层次关系主要是指父类、子类关系(sub class of)。层次关系也是一种语义关系，这里之所以单独表示是因为层次关系在本体的树状组织结构中具有举足轻重的作用。为了强调层次关系在本体中的重要性，这种关系可以理解为一种纵向关系。

P 表示属性，属性分为对象属性和数据属性，前者表示个体之间的关系，后者表示个体到数值的关系。如多边形的包含(contain)属性、相离(disjoint)属性都是对象属性，而多边形的名称(name)属性则属于数据属性。

R^P 表示对属性的限制，主要是对属性取值的类型、范围以及属性取值最多最少的限制。例如，对于多边形的包含(contain)属性，可以限定其取值类型为一个集合 D <点，线，面>，因为一个多边形实例可以包含点、线、面任何一个或多个对象的实例；对于多边形的名称(name)，是一种数据属性，取值范围是字符串，可以限定字符串的长度不超过 10。

C^P 表示属性的特征，指属性本身具有的特性。例如，多边形的包含(contain)属性具有传递性，假设现有多边形实例 A、B、C，如果 A 包含 B，B 包含 C，那么从空间关系的常识可以判断 A 也包含 C，这就说明包含属性具有传递性；再如，多边形的邻接属性具有对称性，因为如果 A 与 B 是邻接的，那么很显然 B 与 A 也是邻接的。

I 表示类(概念)的实例，如上例中的 A、B、C 都是多边形这个类的实例。

以上介绍了三种比较有代表性的逻辑结构，这三种逻辑结构本身都能够完整地概括本体的组成要素，除了在是否把实例包括在结构之内有本质上区别外(如六元组结构没有包括实例，而七元组结构则包括了实例)，其他区别只不过是形式上的不同，这些不同指根据不同的分类，组合本体的组成要素形成不同的层次集合。但是根据不同的需要可以对某一逻辑结构进行不同程度的细化或者概括。

3. 信息本体建模方法

本体建模是一个复杂的过程，涉及哲学、逻辑学、知识工程等多个学科，目前尚没有被广泛接受的工程化方法。本体的本质是概念模型，表达的是概念及概念之间的关系，本体结构是按层次方式组织的，因此，本体建模的核心是明确研究领域的概念、概念的属性和约束条件以及概念之间的层次关系。

1) 构建原则

1995 年格鲁伯提出了构建本体的五条准则：明确性与客观性、一致性、可扩展性、最小编码差和最小本体约定。明确性和客观性是指本体应该有效地传达所定义的术语内涵；一致性是指一个本体应该是前后一致的，概念定义要一致，所有的公理也应该具有逻辑一致性；可扩展性是指一个本体提供一个共享词汇，人们能够在不改变原有定义的前提下，以这组词汇为基础定义新的术语；最小编码差是指本体与特定的符号编码无关，本体的编码差应该控制在尽可能小的范围内；最小本体约定是指一个本体应该对所模拟的事物产生尽可能少的推断，让共享者自主地根据需要去专门化和实例化这个本体。除了上述的本体设计原则，不同的研究者根据自己的实践，也提出了其他本体设计原则。

2) 构建方法

遵循上述构建原则，现有的建模方法一般是根据本体建模经验总结提出的。具有代表性的建模方法主要包括以下几种。

(1) 顶向下(topDown)方法。首先从最顶层的概念开始，然后逐步进行细化，形成结构良好的分类学层次结构；在定义好数据模式后，再把实体一个个往概念中添加。

(2) 底向上(bottomUp)方法。首先从实体开始，对实体进行归纳组织，形成底层的概念，然后逐步往上抽象，形成上层的概念。

这样，本体就有单一本体、多个本体以及混合本体之分，本体之间存在合并，即由小本体生成大本体，由多个局部本体互相合并，生成一个全局本体。

(3) 间展开(middleOut)方法，即识别每个领域的核心概念，然后将它们专门化、具体化。这种方法倾向于促进专题领域的出现并增强模块性和结构的稳定性。

值得注意的是，各种构建方法都需要明确本体的目的和领域范围，所有的方法都很重视模型评估，只有通过评估才能保证本体的质量。

3.2.2　地理本体表达

地理本体是地理信息领域中共享概念模型明确的、形式化的规范说明，是信息本体在地理信息领域的延伸和应用，具有一般领域本体的基本共性，也有其独特之处。地理本体与一般领域本体的最大不同在于其具有地理空间特征。依据地理对象空间特征，在不同的空间尺度下，人们利用几何概念对地理对象位置形态、过程状态属性、地理实体之间的关系作出抽象表述。地理实体内部或实体与实体之间存在空间关系。空间关系包括地理实体之间的距离(度量)、方位(顺序)和拓扑关系，这给地理本体的构建带来复杂性和难度。

1. 地理本体

地理本体是一个非常复杂而又难以把握的概念。作为一个从哲学引入到信息科学进而引入到地理信息科学中的概念，地理本体涵盖了地理哲学本体、地理信息本体以及地理空间本体三个层面的含义。地理哲学本体突出表现在对地理目标域本身的关注，主要涉及地理概念、类别、关系和地理过程、地理现象的研究，地理时空本体、不确定性本体、尺度本体也是哲学本体的重要体现。地理空间本体是地理本体区别于其他一般信息本体最大的不同之处，因为地理本体不仅具有一般的属性特征，而且具有重要的空间特征。地理空间本体主要表现为与地理信息空间特征相关的本体，具体来说也就是与空间位置、空间形状和大小等几何特征，以及空间关系等相关的本体。

1) 地理本体内涵

基本上是把本体在信息科学中的含义移植到地理信息科学中，关注的是地理本体的属性特征。地理本体语义异质主要表现为三种情况，第一是同义不同名，同一地理实体采用完全不同的命名；第二是同名不同义，同一名称表达完全不同的地理实体；第三是同一地理实体在不同分类体系中处于不同的分类位置。本体通过属性表达语义，本体概念的内涵可由属性集描述，因此，可以通过比较两个概念的属性集衡量不同本体系间的语义关系。即使概念的名称不同，但如果它们有完全相同的属性集，而且每个属性集的值域相同，则可以认定这两个概念是相同的。反之，即使两个地理概念具有相同的名称，但如果它们的属性集不同，那么实质上就是不同的地理概念。所以，可以把地理概念语义相似性计算问题转化为概念的属性集的相似程度，从而得出语义相似值。

地理本体的信息体现是从信息本体的角度来研究地理本体。信息本体的含义体现在通过对共享地理概念明确的形式化定义，应用于地理信息共享与互操作、基于语义的地理信息检索、集成以及地理信息服务等方面。

2) 地理空间本体

地理本体除了表达属性信息之外，还表示极其重要的空间特征。空间特征是指空间地物的位置、形状和大小等几何特征，以及与相邻地物的空间关系。拓扑、几何、位置和方位等空间特征对于地理本体的构建具有重要，甚至决定性影响，是地理本体有别于一般信息本体的本质所在。因此构建地理本体必须考虑其复杂的位置关系、拓扑关系、量度关系以及部分和整体关系，而不像一般本体主要考虑子类、父类这种继承关系。空间关系指地理实体之间存在的与空间特性有关的关系，如度量、方向、顺序、拓扑、相似、相关等关系，是刻画数据组织、查询、分析和推理的基础。

空间关系主要包括拓扑、方位和度量三种基本类型关系。拓扑空间关系指目标关系在旋转、平移与比例变换下的拓扑不变量方位空间关系，以矢量地理空间为基础，在旋转变换下会产生变化；而在平移与比例变换下具有不变性度量空间关系则表达了地理空间属性，在比例变换下会产生变化，而在平移与旋转变换下具有不变性。其中，拓扑关系是最重要的空间关系，但拓扑关系不能完整地表达地理空间的所有实质性关系，必须对拓扑关系进行精化，同时还要考虑空间目标或目标之间的面积、长度等度量空间和方位空间关系。

2. 地理本体建模原语

因为空间特征是地理实体和现象区别于其他事物和现象的本质特征，所以在分析地理本体的逻辑结构时，可以把本体概念之间的空间关系单独组成一个元组加以强调，从而形成一个新的八元组结构：$O = \langle C, R, S^R, P, R^P, C^P, C^H, R^H \rangle$。各元组含义如下。

C 表示概念，表示一组共享某些相同属性的对象的集合。

R 表示概念之间的普通语义关系(不包括空间语义关系)。

S^R 表示概念之间的空间语义关系，包括相交、包含、相离等拓扑关系，东南、西北等方向关系以及度量关系，这里的关系根据不同的模型而定。

P 表示属性，属性分为对象属性和数据属性。

R^P 表示对属性的限制，主要是对属性取值的类型、范围以及属性取值范围的限制。

C^P 表示关系的特征，这里包括 R 和 S^R 关系的特征。如 S^R 中相交是一种对称的关系，包含是一种传递关系等。

C^H、R^H 分别表示概念之间的层次关系和属性之间的层次关系。

3. 地理本体构建内容

依据地理本体建模原语，一个完整的地理本体应由地理概念或类、地理关系、地理公理和地理实例四部分组成，具体内容如下。

1) 地理本体概念

地理概念或类表示地理本体中具有相同属性的地理实体或现象的集合，可以由概念名、内涵、外延、自然语言定义和标识码五个元素进行描述。其中，概念内涵是地理概念所表示的意义和内容，是某个地理概念区别于其他概念的本质特征，可以通过概念的一组性质或属性、特征来表示，如空间属性、时间属性、自然状态、物质组成、覆盖物性质、目的用途属性、行为过程属性等。概念外延是地理概念所表示的所有地理对象集合，往往由地理本体所对应的具体地理数据集中类的实例集合来表示。

2) 地理本体关系

地理关系表示地理领域中不同地理概念之间某种性质的联系。地理概念之间的关系主要包括两类：概念关系和空间关系。其中语义关系表示地理概念在语义层次上的关联关系。这种关系说明见表 3.2.1。其中 A_1 和 A_2 分别为两个不同概念的内涵、B_1 和 B_2 分别为两个不同概念的外延。另外，地理概念间还存在部分和整体这种特殊的语义关系，在这种关系中某个地理概念所表示的对象由多个其他概念所表示的对象组合而成，例如，一条完整的河流是由上游、中游和下游组成的。

表 3.2.1　地理本体语义关系表

内涵 关系 外延	$A_1 = A_2$	$A_2 \subseteq A_1$	$A_2 \cap A_1 \neq 0$	$A_2 \cap A_1 = 0$
$B_1 = B_2$	等价关系	/	/	/
$B_1 \subseteq B_2$	/	父类、子类关系	/	/
$B_1 \cap B_2 \neq 0$,且 $B_1 \not\subset B_2, B_2 \not\subset B_1$	/	/	相交关系	/
$B_1 \cap B_2$	/	/	/	不相交关系

地理关系中除了语义关系外还包括空间关系，它是地理概念之间存在具有空间特性的关系，包括拓扑、度量和方位关系。其中方位关系和度量关系可以是定量的，如"A 离 B 有 100km"，也可以是定性的，如"A 在 B 的附近"。在概念层次和地理常识中，概念之间的空间关系通常是定性的，因此在地理本体建立中定性说明和描述空间关系是很重要的。

3) 地理本体公理

地理本体公理表示地理学领域中公认的地理规律、地学知识以及施加于地理概念及概念之间关系的一些规则或约束条件，以便进行地理推理，并保证地理本体的一致性和完整性。地理公理包括人为定义的规则，如定义这样的规则：如果概念 A 的内涵属性集包含概念 B 的内涵属性集，则概念 A 为概念 B 的子集。除此之外还有地理学知识和规律及地理常识，如"河流与道路不相交"。地理本体中明确说明这些常识性的地理知识，并利用它们进行推理以产生新的信息，如检测到河流与道路相交的信息，则这个信息是错误的。

4) 地理本体实例

地理本体实例是表示地理本体中概念或类的实例，如崇明岛是海岛概念的一个实例，实例对应于本体系统中的具体对象，构成了底层数据库的具体记录。

4. 地理本体构建方法

目前对地理本体的构建还是采用手工的方法，自动生成本体的方法还未能较好地实现。地理本体构建包含三个主要方面：①概念化，客观世界现象的抽象模型，把领域的知识抽象为确定的对象；②明确的定义，对对象的概念及它们之间联系都进行合理的定义；③形式化需对概念及它们之间的关系进行精确的数学描述且要达到计算机可读的水平。在地理本体的建立中，是以地理本体的逻辑结构作为构成，其中关键是要确定领域内的地理概念、概念之间的语义关系，在建立过程中可以借鉴以上两个方法。目前对于本体的建立有多种方法，一般通过形式化概念分析和概念格的理论来组织和构建本体，其建模流程如图 3.2.2 所示。

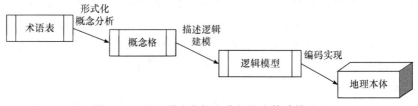

图 3.2.2　基于形式化概念分析的本体建模流程

崔巍提出使用领域专家和数据挖掘相结合的混合方法半自动地构造地理本体。其详细步骤如下。

(1) 领域专家确定本体概念之间的关系，一般选择被广泛接受或较为完善的概念体系或分类标准。

(2) 领域专家确定领域内的基本本体系统。基本本体系统是领域内最基本的概念，是原子本体，可以作为本体概念属性的候选集以供专家定义本体。

(3) 领域专家确定本体概念的属性集。属性集有两个来源，一个是共享属性，通过继承机制从父类概念继承而来；另一个是应用属性，从概念所属的应用场景和领域中归纳而来。

(4) 通过数据挖掘获得属性特征，利用属性相关性分析方法将本体概念的所有候选属性进行排序，专家通过确定阈值的方式从中选择最能描述概念特征的候选集。

(5) 消解和融合，将挖掘结果与自顶向下继承的共享属性进行融合，消除语义冲突，形成本体的属性集合。

3.3　地理语义关联方法

地理语义可以简单地看作是地理数据所对应的现实世界中的地理事物所代表的概念的含义，以及这些含义之间的关系，是地理数据在某个领域上的解释和逻辑表示。地理语义关联就是利用地理数据关联技术挖掘隐藏在地理数据间的地理语义相互关系。地理数据包含了文字、声音、地图、图表、图像、视频和矢量数据等类型，不同的数据类型有不同的关联方法。

3.3.1　地理文本关联

地理文本是最重要的信息载体之一，作为一个具体的文本，不可能孤立存在，总是与其他地理信息具有直接或间接的关联。阅读地理文本是一个以关联为核心，寻求信息、获取知识、解决问题的认知过程。地理文本关联是从大量地理文本中发现地理概念、地理要素、地名和规律等与相应的文本、地图、图像和地理空间数据之间的关联或相关联系。地理文本通常比较短，并且用户大部分的需求是唯一少量的结果，要求精准度非常高。如何做好地图场景下的文本分析,并提升挖掘结果的质量,是充满挑战的。

1. 基于向量空间模型的余弦法度量

1) 向量空间模型定义

向量空间模型(vector space model，VSM)作为目前在信息检索领域比较流行的模型之一，其基本思想是，在自然界中任何事物都可以用一些最基本的元素加以表示，这些最基本的元素作为基础单元，类似于坐标系中的坐标轴，通过这种假设与推理，每一个构成事物的基本元素都对应着 n 维空间中的某个坐标系，则事物可通过各个基本元素表示为坐标系向量的形式。在 VSM 中，文本被拆分为由一个个关键词组成的集合，关键词在文本中权值可以通过TF-IDF(term frequency-inverse document frequency)方法、卡方统计(chi-square statistic，CHI)、互信息(mutual information，MI)和信息熵(information entropy，IE)等方法计算获得，将关键词的权值映射为向量中的各个元素，则文本可以依靠向量的形式加以表示。

基本概念定义如下。

文档(document)：通常是文本中具有一定规模的片段，如句子、句群、段落、段落组直至整篇文本。

项/特征项(term/feature term)：特征项是文本表示中最基本的元素，正是由于特征项之间的不同组合构成了文本，同时，特征项作为基本元素构成了表示文本的向量形式，文本被看作特征项的集合，表示为 document $= D = (t_1, t_2, \cdots, t_n)$ ，其中 t_k 是特征项，$1 \leqslant k \leqslant n$ 。

项的权重(term weight)：$D = (t_1, t_2, \cdots, t_n)$ 表示文档中包含 n 个关键词(特征项)，在文本向量中每一个维度上的特征项 t_k 都依据一定的原则被赋予一个特征项权重 w_k ，表示它们在文档中的重要程度。权重 w_k 可以通过关键词权值计算方法加以计算。可以利用每个关键词以及关键词所对应的权值来填充一个文档向量，如对于文档 D ，可以作如下表示：$D = D(t_1, w_2; t_2, w_2; \cdots, \cdots; t_n, w_n)$ ，简记为 $D = D(w_1, w_2, \cdots, w_n)$ ，其中 w_k 就是特征项 t_k 的权重，$1 \leqslant k \leqslant n$ 。

根据上述给出的基本概念的定义，下面对向量空间模型作如下定义。

给定一个文档 $D = D(t_1, w_2; t_2, w_2; \cdots, \cdots; t_n, w_n)$ ，D 符合以下两条约定：①各个特征项 $t_k(1 \leqslant k \leqslant n)$ 互异(相互之间不重复)；②各个特征项 t_k 之间相互独立(不考虑特征项在文本中出现的顺序特性)。

基于以上两个约定，可以把特征项 $t_1, t_2, \cdots, t_n$ 看作一个 n 维坐标系，坐标系中每一个维度都对应着一个特征项，而权重 $w_1, w_2, \cdots, w_n$ 为对应的在坐标系上的数值，因此，一个文本就表示为 n 维空间中的一个向量。据此称 $D = D(w_1, w_2, \cdots, w_n)$ 为文本 D 的向量表示或向量空间模型，如图 3.3.1 所示。

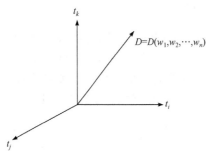

图 3.3.1　文本的向量空间模型表示图

2) 关键词权值计算

文本之间相似度运算的一个重要步骤是关键词权值的确定。筛选出能够表征文本能力的关键词，筛选的标准通过关键词的权值高低加以判断。目前，文本中关键词权值的计算方式主要有以下几种。

基于词频(term frequency，TF)的关键词权值。一般而言，关键词在文本中出现的次数越

多, 表明该关键词在文本中的地位越重要(停用词除外)。通过关键词在文本中出现的次数定义关键词在该文本中的权值:

$$w_{TF} = c_t$$

式中, c_t 为关键词 t 在文本中出现的次数。

　　基于文档频率(document frequency, DF)的关键词权值。将关键词出现的文档频率作为关键词的权值:

$$w_{DF} = d_t$$

式中, d_t 表示关键词 t 在文本集合中出现的文档频率, 即若在文本集合中的某个文档出现, 则 d_t 值自增 1, 否则保持不变。

　　基于 TF-IDF 的关键词权值是目前最流行的一种权值计算方法。它是两个因素的乘积, 分别是词项在该文档中出现的词频(TF), 以及在文档集合中出现该词项的文档数的倒数(IDF)。TF-IDF 关键词算法的目的是寻找那些在文本中出现频率高而在整个文档集合中出现频率低的关键词, 这些关键词对文本的区分能力非常强。采用 TF-IDF 算法计算关键词权值的公式为

$$w_{TF\text{-}IDF} = c_t \bigg/ \sum_{t=1}^{n} c_t \times \log\left(\frac{N}{d_t} + 0.01\right)$$

式中, $c_t \big/ \sum_{t=1}^{n} c_t$ 为关键词的词频信息做归一化操作; $\dfrac{N}{d_t}$ 为关键词的反文档频率, 取对数函数的目的是对数据进行平滑, 0.01 是为了避免指数为 0。

　　基于信息增益(information gain, IG)的关键词权值。信息增益法衡量某个关键词词项的重要程度是依据该关键词能够为文档区分提供多少信息量, 一般通过熵定义信息量的多与少。信息增益的公式为

$$w_{IG} = \left\{ -\sum_{i=1}^{N} P(C_i) \times \log P(C_i) \right\}$$
$$- \left\{ P(t) \times \left[-\sum_{i=1}^{N} P(C_i \mid t) \times \log P(C_i \mid t) \right] + P(t) \times \left[-\sum_{i=1}^{N} P(C_i \mid \overline{t}) \times \log P(C_i \mid \overline{t}) \right] \right\}$$

式中, $P(C_i)$ 表示 C_i 类文档在语料中所占比重(即概率数值); $P(t)$ 表示在整个语料中包含关键词 t 的文档的比重; $P(C_i \mid t)$ 表示既包含关键词 t 又属于类别 C_i 的文档的比重; $P(\overline{t})$ 表示语料中不包含关键词 t 的文档的比重; $P(C_i \mid \overline{t})$ 表示不包含关键词 t 但属于类别 C_i 的文档的比重; N 表示类别数目的总和。从信息增益理论的定义可以看出, 某个关键词的信息增益值实际上反映了该关键词能为整个分类过程提供多少信息量。从理论上说, 信息增益应该是目前非常好的关键词权值计算方法, 然而实际情况却并非如此, 因为在采用信息增益方法时阈值的选取问题, 往往会导致所选择的特征项数目偏小, 从而对最终的分类效果产生影响。

　　3) 文本之间相似度

　　通过向量空间模型, 将文本表示成向量的形式, 则抽象文本之间的相似度运算转换成文本向量之间的运算。任意两个文档 $D_1 = D(w_{11}, w_{12}, \cdots, w_{1n})$ 和 $D_2 = D(w_{21}, w_{22}, \cdots, w_{2n})$ 之间的相关联系数 $\text{sim}(D_1, D_2)$, 指两个文档在表达上的主题相关联度。常用的向量之间的相似度计算方法有以下几种。

(1) 点积法。

$$\mathrm{sim}(D_1, D_2) = D_1 \cdot D_2 = \sum_i w_{1i} \times w_{2i}$$

(2) 余弦法。

$$\mathrm{sim}(D_1, D_2) = \frac{D_1 \cdot D_2}{\| D_1 \| \times \| D_2 \|} = \frac{\sum_i (w_{1i} \times w_{2i})}{\sqrt{\sum_i w_{1i}^2 \times \sum_i w_{2i}^2}}$$

(3) Dice 方法。

$$\mathrm{sim}(D_1, D_2) = \frac{2 \times D_1 \cdot D_2}{\| D_1 \|^2 + \| D_2 \|^2} = \frac{2 \times \sum_i (w_{1i} \times w_{2i})}{\sum_i w_{1i}^2 + \sum_i w_{2i}^2}$$

(4) Jaccard 方法。

$$\mathrm{sim}(D_1, D_2) = \frac{D_1 \cdot D_2}{\| D_1 \|^2 + \| D_2 \|^2 - D_1 \cdot D_2} = \frac{\sum_i (w_{1i} \times w_{2i})}{\sum_i w_{1i}^2 + \sum_i w_{2i}^2 - \sum_i (w_{1i} \times w_{2i})}$$

2. 基于语义词典的语义相似度算法

基于语义词典的语义相似度算法将语义特性融入文本的相似度计算中，针对中英文在表述上的不同点，分别采用不同的语义词典，英文采用 WordNet，中文采用 HowNet。

1) WordNet

WordNet 是一种将英文关键词按照一定方式进行组合构建的语义化词典。英文中各个关键词的词义和汉语类似，每个英文关键词都可能存在多种词义信息，对于不同的词义，可以使用不同的英文关键词加以表述。在 WordNet 语义词典中，计算机、心理学等众多领域的专家学者将具有同类型词义的关键词相互组合构成同义词集(sysnets)，每个同义词集合中各个关键词的词义相似，在某些上下文环境下可以进行互换。针对多个同义词集合，将其按照不同的体系架构方式，相互组合构成同义词网络，同义词网络中各个节点对应着每个同义词集合。

在 WordNet 中，名词、动词、形容词和副词四种词性被相互组织为一个同义词网络，同义词之间通过不同的关系建立体系架构。在 WordNet 中最早建立的体系结构是名词，约占整个 WordNet 关键词总数的 80%，其次是动词。WordNet 中关键词主要有以下几种关系：同义词关系、上下级关系、整体部分关系、动词集合、反义词组和 cross-POS relation。WordNet 中关键词(名词和动词)按照同义、反义等多种关系相互组合。WordNet 中关键词之间的相似度通过匹配两个关键词在 WordNet 架构中的路径距离来实现，具体的计算公式为

$$\mathrm{sim}(S_1, S_2) = \frac{\alpha}{d(S_1, S_2) + \alpha}$$

式中，S_1 和 S_2 分别为 WordNet 中的两个关键词；$d(S_1, S_2)$ 为 WordNet 中 S_1 和 S_2 之间的语义距离；α 为调节参数。

2) HowNet

HowNet(百度知网，简称知网)是一个以汉语和英语的词语所代表的概念为描述对象，以揭示概念与概念之间以及概念所具有的属性之间的关系为基本内容的常识知识库。整个知网

是以义原为基础建立起来的概念性系统。义原是一种最基本的概念，任何复杂的概念都是由基本概念通过某种关系构建而成。

3. 语义法度量文本之间相似度

通过语义词典的方式来比较文本之间的相似度。在文本被划分为单词的基础上，通过语义词典比较单词之间的语义相似度：依次筛选两个文本中最相似的关键词对，完成相似度计算后，删除该关键词对，再从剩下的关键词中继续发现新的最相似关键词对，依此类推，直至文本终结。

假设文本 D_1 表示为

$$D_1 = (w_{11}, w_{12}, \cdots, w_{1n})$$

文本 D_2 表示为

$$D_2 = (w_{21}, w_{22}, \cdots, w_{2n})$$

针对不同的语言类型，采用不同的语义词典。假设文本 D_1 和文本 D_2 都采用中文表达，则采用 HowNet 语义词典，文本 D_1 和文本 D_2 的语义相似度计算公式为

$$\mathrm{sim}(D_1, D_2) = \sum_{i=1}^{n} \max_{j=1,\cdots,n} \mathrm{sim}(w_{1i}, w_{2j})$$

3.3.2　图形图像关联

图形图像关联，也称为图形图像匹配，简称图像匹配(image matching)。它是通过对影像内容、特征、结构、关系、纹理及灰度等的对应关系、相似性和一致性的分析，寻求相似影像目标的方法。即通过一定的匹配算法在两幅或多幅影像之间识别同名点的过程，解决在不同条件下获取的同一景物的图像之间的配准问题。

同一传感器在不同时间，或不同类型传感器在同一时间，或不同类型传感器在不同时间所获取的两幅图像中的同一地面点所对应像素之间的配准，是图像处理的一个重要课题。同一场景在不同条件下投影所得到的二维图像有很大差异，这主要是由如下原因引起的：传感器噪声、成像过程中视角改变引起的图像变化、目标移动和变形、光照或者环境的改变带来的图像变化以及多种传感器的使用等。为解决上述图像畸变带来的匹配困难，人们提出了许多图像处理方法。图像几何变换用来解决两幅图像之间的几何位置差别，包括刚体、仿射、投影、多项式等变换。

图像匹配主要可分为以灰度为基础的匹配和以特征为基础的匹配。

1. 基于灰度匹配的方法

灰度匹配的基本思想：以统计的观点将图像看作二维信号，采用统计相关的方法寻找信号间的相关匹配。通过利用某种相似性度量，如相关函数、协方差函数、差平方和、差绝对值和等测度极值，判定两幅图像的对应关系，利用两个信号的相关函数，评价它们的相似性以确定同名点。

在早期图像匹配算法的研究中，主要是对两幅图像空间域上的灰度值进行相关运算，根据相关系数的峰值，求出匹配位置。其中，常用的方法有：规一化互相关、统计相关、平均绝对差、平均平方差、基于 FFT 频率域的频域相关，包括相位相关和功率谱相关、不变矩。利用灰度信息匹配方法的主要缺陷是计算量太大。因为实际工作中一般有一定的速度要求，所以灰度信息匹配方法很少被使用。现在已经提出了一些相关的快速算法，如幅度排序相关算

法、FFT 相关算法和分层搜索的序列判断算法等。

1) 灰度匹配算法

(1) MAD 算法。平均绝对差(mean absolute differences，MAD)算法的思想简单，具有较高的匹配精度，广泛用于图像匹配。

设 $S(x,y)$ 是大小为 $m \times n$ 的搜索图像，$T(x,y)$ 是 $M \times N$ 的模板图像，分别如图 3.3.2(a)和(b)所示，我们的目的是在(a)中找到与(b)匹配的区域(图中框)。

(a) 搜索图　　　　(b) 模板

图 3.3.2　图像与模板图像

在搜索图 S 中，以 (i,j) 为左上角，取 $M \times N$ 大小的子图，计算其与模板的相似度；遍历整个搜索图，在所有能够取到的子图中，找到与模板图最相似的子图作为最终匹配结果。MAD 算法的相似性测度公式为

$$D(i,j) = \frac{1}{M \times N} \sum_{s=1}^{M} \sum_{t=1}^{N} \left| S(i+s-1, j+t-1) - T(s,t) \right|$$

式中，$1 \leqslant i \leqslant m-M+1; 1 \leqslant j \leqslant n-N+1$。

显然，平均绝对差 $D(i,j)$ 越小，表明越相似，故只需找到最小的 $D(i,j)$ 即可确定能匹配的子图位置。

(2) SAD 算法，即绝对误差和(sum of absolute differences，SAD)算法。实际上，SAD 算法与 MAD 算法的思想几乎完全一致，只是其相似度测量公式有一点改动(计算的是子图与模板图的距离)：

$$D(i,j) = \sum_{s=1}^{M} \sum_{t=1}^{N} \left| S(i+s-1, j+t-1) - T(s,t) \right|$$

(3) SSD 算法。误差平方和(sum of squared differences，SSD)算法，也称为差方和算法。实际上，SSD 算法与 SAD 算法如出一辙，只是其相似度测量公式有一点改动：

$$D(i,j) = \sum_{s=1}^{M} \sum_{t=1}^{N} \left[S(i+s-1, j+t-1) - T(s,t) \right]^2$$

(4) MSD 算法。平均误差平方和(mean square differences，MSD)算法，也称为均方差算法。实际上，MSD 之于 SSD，等同于 MAD 之于 SAD：

$$D(i,j) = \frac{1}{M \times N} \sum_{s=1}^{M} \sum_{t=1}^{N} \left[S(i+s-1, j+t-1) - T(s,t) \right]^2$$

(5) NCC 算法。归一化积相关(normalized cross correlation，NCC)算法，与上面的算法相似，依然是利用子图与模板图的灰度，通过归一化的相关性度量公式来计算二者之间的匹配程度：

$$R(i,j) = \frac{\sum_{s=1}^{M} \sum_{t=1}^{N} \left| S^{i,j}(s,t) - E(S^{i,j}) \right| \cdot \left| T(s,t - E(T)) \right|}{\sqrt{\sum_{s=1}^{M} \sum_{t=1}^{N} \left[S^{i,j}(s,t) - E(S^{i,j}) \right]^2 \cdot \sum_{s=1}^{M} \sum_{t=1}^{N} \left[T(s,t) - E(T) \right]^2}}$$

式中，$E(S^{i,j})$、$E(T)$ 和分别为 (i,j) 处子图、模板的平均灰度值。

(6) SSDA 算法。序贯相似性检测(sequential similiarity detection algorithm，SSDA)算法是对传统模板匹配算法的改进，比 MAD 算法快几十到几百倍。

$S(x,y)$ 是 $m \times n$ 的搜索图，$T(x,y)$ 是 $M \times N$ 的模板图，S_{ij} 是搜索图中的一个子图[左上角起始位置为 (i,j)]。显然，$1 \le i \le m-M-1$；$1 \le j \le n-N-1$。

SSDA 算法描述如下。

定义绝对误差：

$$\varepsilon(i,j,s,t) = \left| S_{i,j}(s,t) - \overline{S_{l,j}} - T(s,t) + \overline{T} \right|$$

其中，带有上划线的分别为子图、模板的均值：

$$\overline{S_{l,j}} = E(S_{i,j}) = \frac{1}{M \times N} \sum_{s=1}^{M} \sum_{t=1}^{N} S_{i,j}(s,t)$$

$$\overline{T} = E(T) = \frac{1}{M \times N} \sum_{s=1}^{M} \sum_{t=1}^{N} T(s,t)$$

实际上，绝对误差就是子图与模板图各自去掉其均值后，对应位置之差的绝对值。

设定阈值 T_h：在模板图中随机选取不重复的像素点，计算与当前子图的绝对误差，将误差累加，当误差累加值超过了 T_h 时，记下累加次数 H，所有子图的累加次数 H 用一个表 $R(i,j)$ 来表示。SSDA 检测定义为

$$R(i,j) = \left\{ H \mid \min_{1 \le H \le M \times N} \left[\sum_{h=1}^{H} \varepsilon(i,j,s,t) \ge T_h \right] \right\}$$

图 3.3.3 给出了 A、B、C 三点的误差累计增长曲线，其中 A、B 两点偏离模板，误差增长快速；C 点增长缓慢，说明很可能是匹配点[图中 T_k 相当于上述的 T_h，即阈值；$I(i,j)$ 相当于上述 $R(i,j)$，即累加次数]。

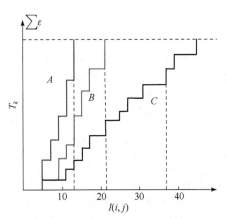

图 3.3.3　SSDA 算法误差累计增长曲线

在计算过程中，随机点的累加误差和超过了阈值(记录累加次数 H)后，则放弃当前子图转而对下一个子图进行计算。遍历完所有子图后，选取最大 R 值所对应的 (i,j) 子图作为匹配图像[若 R 存在多个最大值(一般不存在)，则取累加误差最小的作为匹配图像]。

因为随机点累加值超过阈值 T_h 后便结束当前子图的计算，所以不需要计算子图所有像素，大大提高了算法速度；为进一步提高速度，可以先进行粗配准，即隔行、隔列选取子图，用上

述算法进行粗糙的定位，然后再对定位到的子图，用同样的方法求其 8 个邻域子图的最大 R 值作为最终配准图像。这样可以有效地减少子图个数，减少计算量，提高计算速度。

2) 基于亚像元

灰度匹配的定位精度都是像素级。随着影像匹配应用对精度要求的不断提高，像素级的精度已经不能满足要求了，而亚像元匹配可以突破物理分辨率的限制，提高匹配和定位精度，从而产生了亚像元匹配的算法研究，即在已知待匹配图像信息、粗匹配点坐标、匹配模板信息的情况下，计算图像匹配的亚像元级偏移。亚像元定位一般有四种方法：①基于图像高分辨率重采样的方法；②基于曲面拟合的方法；③微分法；④基于傅里叶分析的相位法等。

3) 图像搜索算法

图像搜索是从一堆图像中找到与待匹配图像相似的图像，就是以图找图。匹配的基本方法是从基准图中提取具有不变特征或明显特征的子区，在所匹配的图中搜索与模板相似的区域。最常用的匹配方法是互相关法，它要求对被搜索图中每个位置都进行相关运算，因此需要的计算量很大。为减少计算量，可以采用序贯检测法、层次搜索法和边缘特征匹配法。

序贯检测法随机地规定一个模板中像素的匹配次序，并对每一配准位置按这一次序计算模板像素与被搜索图像对应像素之间灰度差绝对值的累计值，当此值超过某一阈值时立即中止运算，而转入下一个匹配位置。

层次搜索法把初始图像按空间分辨率 $2k$ 倍逐次降低，形成层次系列图。从分辨率最低的高层 k 开始搜索，找出其中最有希望的位置，然后转到 $k-1$ 层，并仅在该区进行测试。逐层检测直到在初始图像中找出正确的匹配位置为止。

边缘特征匹配法用边缘相关代替全部像素相关，因为它把握住了体现轮廓线这个主要特征，所以既能保证匹配质量，又能压缩计算量。序贯法和边缘特征匹配法也可按层次法进行。

2. 基于特征匹配的方法

1) 基于颜色特征匹配的方法

颜色特征是一种全局特征，描述了图像或图像区域所对应的景物的表面性质。一般颜色特征是基于像素点的特征，此时所有属于图像或图像区域的像素都有各自的贡献。因为颜色对图像或图像区域的方向、大小等变化不敏感，所以颜色特征不能很好地捕捉图像中对象的局部特征。另外，仅使用颜色特征查询时，如果数据库很大，常会将许多不需要的图像也检索出来。颜色直方图是最常用的表达颜色特征的方法，它的优点是不受图像旋转和平移变化的影响，进一步借助归一化还可不受图像尺度变化的影响；缺点是没有表达出颜色空间分布的信息。常用的颜色特征提取与匹配方法有以下几种。

(1) 颜色直方图。颜色直方图是在许多图像检索系统中被广泛采用的颜色特征。颜色直方图的优点在于能简单描述一幅图像中颜色的全局分布，即不同色彩在整幅图像中所占的比例，特别适用于描述难以自动分割的图像和不需要考虑物体空间位置的图像；缺点在于无法描述图像中颜色的局部分布及每种色彩所处的空间位置，即无法描述图像中的某一具体的对象或物体。最常用的颜色空间为 RGB 和 HSV 颜色空间。

颜色直方图特征匹配方法有直方图相交法、距离法、中心距法、参考颜色表法、累加颜色直方图法。

(2) 颜色集。颜色直方图法是一种全局颜色特征提取与匹配的方法，无法区分局部颜色信息。颜色集是对颜色直方图的一种近似。首先将图像从 RGB 颜色空间转化成视觉均衡的颜色空间(如 HSV 空间)，并将颜色空间量化成若干个柄。然后，用色彩自动分割技术将图像分为若干个区域，每个区域用量化颜色空间的某个颜色分量来索引，从而将图像表达为一个二进制的颜色索引集。在图像匹配中，比较不同图像颜色集之间的距离和色彩区域的空间关系。

(3) 颜色矩。这种方法的数学基础在于图像中任何的颜色分布均可以用它的矩来表示。此外，因为颜色分布信息主要集中在低阶矩中，所以仅采用颜色的一阶矩(mean)、二阶矩(variance)和三阶矩(skewness)就足以表达图像的颜色分布。

(4) 颜色聚合向量。其核心思想是将属于直方图每一个柄的像素分成两部分，如果该柄内的某些像素所占据的连续区域的面积大于给定的阈值，则该区域内的像素作为聚合像素，否则作为非聚合像素。

(5) 颜色相关图。颜色相关图(color correlogram)是图像颜色分布的另一种表达方式。这种特征不但刻画了某一种颜色的像素数量占整个图像的比例，还反映了不同颜色对之间的空间相关性。实验表明，颜色相关图比颜色直方图和颜色聚合向量具有更高的检索效率，特别是查询空间关系一致的图像。

2) 基于纹理特征匹配的方法

因为纹理只是一种物体表面的特性，并不能完全反映出物体的本质属性，所以仅利用纹理特征是无法获得高层次图像内容的。与颜色特征不同，纹理特征不是基于像素点的特征，它需要在包含多个像素点的区域中进行统计计算。在模式匹配中，这种区域性的特征具有较大的优越性，不会由于局部的偏差而无法匹配成功。作为一种统计特征，纹理特征常具有旋转不变性，并且对于噪声有较强的抵抗能力。但是，纹理特征也有其缺点，一个很明显的缺点是当图像的分辨率变化的时候，所计算出来的纹理可能有较大偏差。另外，由于有可能受到光照、反射情况的影响，从二维图像中反映出来的纹理不一定是三维物体表面真实的纹理。例如，水中的倒影、光滑的金属面互相反射造成的影响等都会导致纹理的变化。由于这些不是物体本身的特性，因而将纹理信息应用于检索时，这些虚假的纹理有时会对检索造成误导。在检索具有粗细、疏密等方面较大差别的纹理图像时，利用纹理特征是一种有效的方法。但当纹理之间的粗细、疏密等易于分辨的信息之间相差不大的时候，通常的纹理特征很难准确地反映出人的视觉感觉不同的纹理之间的差别。常用的特征提取与匹配方法如下。

(1) 统计方法。统计方法的典型代表是一种被称为灰度共生矩阵的纹理特征分析方法。由于纹理是由灰度分布在空间位置上反复出现而形成的，因而在图像空间中相隔某距离的两像素之间会存在一定的灰度关系，即图像中灰度的空间相关特性。灰度共生矩阵是一种通过研究灰度的空间相关特性来描述纹理的常用方法。灰度共生矩阵有四个关键特征：能量、惯量、熵和相关性。基于影像灰度共生矩阵的纹理特征提取算法分为提取灰度图像、灰度级量化、计算特征值、纹理特征影像的生成四部分。灰度共生矩阵特征提取与匹配主要依赖于能量、惯量、熵和相关性四个参数。

统计方法中的另一种典型方法，是从图像的自相关函数(图像的能量谱函数)提取纹理特征，即通过对图像的能量谱函数的计算，提取纹理的粗细度及方向性等特征参数。

(2) 几何法。几何法是建立在纹理基元(基本的纹理元素)理论基础上的一种纹理特征分析方法。纹理基元理论认为，复杂的纹理可以由若干简单的纹理基元以一定的有规律的形式重复排列构成。在几何法中，比较有影响的算法有两种：Voronio 棋盘格特征法和结构法。

(3) 模型法。模型法以图像的构造模型为基础，采用模型的参数作为纹理特征。典型的方法是随机场模型法，如马尔可夫随机场(Markov random fields, MRF)模型法和吉布斯随机场模型法。

(4) 信号处理法。纹理特征的提取与匹配主要有灰度共生矩阵、Tamura 纹理特征、自回归纹理模型、小波变换等。

3) 基于形状特征匹配的方法

形状也是描述图像内容的一个重要特征。利用形状进行匹配有三个问题值得注意。首先，形状常与目标联系在一起，所以形状特征可以看作比颜色或纹理要高层一些的特征。要获得有关目标的形状参数，常要先对图像进行分割，所以形状特征会受图像分割效果的影响。其次，目标形状的描述是一个非常复杂的问题，事实上，至今还没有找到形状的确切数学定义，使之能与人的感觉相一致。最后，从不同视角获取的图像目标形状可能有很大差别，为准确进行形状匹配，需要解决平移、尺度、旋转变换不变性的问题。形状匹配是在形状描述的基础上，依据一定的判定准则，计算两个形状的相似度或者非相似度。两个形状之间的匹配结果用一个数值表示，这一数值称为形状相似度。通常情况下，形状特征有三类表示方法，轮廓特征、骨架特征和区域特征。图像轮廓特征主要针对物体的外边界；而图像的区域特征则关系到整个形状区域；骨架特征表示目标在图像上的中心像素轮廓。常用的特征提取与匹配方法如下。

(1) 几何参数法。区域特征描述采用几何参数法，如采用有关形状定量测度(如矩、面积、周长等)的形状参数法。利用圆度、偏心率、主轴方向和代数不变矩等几何参数，进行基于形状特征的图像检索。需要说明的是，形状参数的提取，必须以图像处理及图像分割为前提，参数的准确性必然受到分割效果的影响，对分割效果很差的图像，形状参数甚至无法提取。

(2) 边界特征法。该方法通过对边界特征的描述获取图像的形状参数。边界表示关注的是图像中区域的形状特征，常用的方法有链码、边界分段、多边形近似、标记图等。

链码用于表示由顺次连接的、具有指定长度和方向的直线段组成的边界线。典型的表示方法是根据链的斜率不同，有 4 链码或 8 链码。每一段的方向用数字编号方法进行编码。在目标边界上任意选取某个起始点，从该点坐标开始，将水平和垂直方向的坐标分成等间隔的网格，然后对每个网格中的线段用一个接近的方向码表示，最后，按照逆时针(或顺时针)方向沿着边界将这些方向码连接起来，得到链码。

边界分段是将边界分成若干段，分别对每一段进行表示。特点是降低边界复杂程度，简化表示过程，特别适用于边界具有多个凹点的情况。构造包含边界最小凸集的凸包，跟踪区域凸包的边界，记录凸包边界进出区域的转变点，实现对边界的分割。

多边形的边可用线性关系表示。对一条闭合曲线，当多边形的边数等于边界上的点数时，这种近似是准确的，此时，每对相邻点定义多边形的一条边。

标记图是用一维函数表达二维边界的方法，以达到降低表达难度的目的。它可以用多种方法生成。最简单的方法是把从重心到边界的距离作为角度的函数来标记。

(3) 边缘特征。边缘是指其周围像素灰度急剧变化的像素的集合，是图像最基本的特征。边缘存在于目标、背景和区域之间，所以，它是图像分割所依赖的最重要的依据。图像的大部分信息都存在于图像的边缘中，主要表现为图像局部特征的不连续性，即图像中灰度变化比较剧烈的地方。根据灰度变化的剧烈程度，采用某种算法提取图像中对象与背景间的交界线。图像灰度的变化情况可以用图像灰度分布梯度来反映，通常将边缘划分为阶跃状和屋顶状两种类型，阶跃边缘两边的灰度值变化明显，屋顶边缘位于灰度值增加与减少的交界处。那么，对阶跃边缘和屋顶边缘分别求取一阶、二阶导数可以表示边缘点的变化。因此，对于一个阶跃边缘点，其灰度变化曲线的一阶导数在该点达到极大值，二阶导数在该点与零交叉；

对于一个屋顶边缘点，其灰度变化曲线的一阶导数在该点与零交叉；二阶导数在该点达到极大值。我们知道，梯度是有方向的，和边缘的方向垂直。

傅里叶形状描述符(Fourier shape descriptor)的基本思想是用物体边界的傅里叶变换作为形状描述，利用区域边界的封闭性和周期性，将二维问题转化为一维问题。从边界的任一点开始跟踪整个边界，把边界上各点的位置坐标(x, y)看成是一个复数$x + yi$，得到一个复数序列。这个复数序列的离散傅里叶变换就是描述该物体形状的傅里叶描述符。在一般情况下，傅里叶描述符的高频成分反映边界的不规则性，低频成分反映整体形状。对傅里叶描述符作归一化运算，使它同物体所在图像中的位置、大小和方向无关。由边界点导出三种形状表达，分别是曲率函数、质心距离、复坐标函数。

(4) 形状不变矩法。矩特性主要表征图像区域的几何特征，又称几何矩，因为存在旋转、平移、标准等个性的不变特征，所以又称不变矩。变矩能够描述图像的整体性质，从而在边缘提取、图像匹配及目标识别中得到广泛的应用。不变矩的应用过程一般包括：①选择合适的不变矩类型；②选择分类器(如神经网络、最短距离等)；③如果是神经网络分类器，则需要计算学习样例的不变矩去训练神经网络；④计算待识别对象的不变矩，输入神经网络得到待识别对象的类型，或者计算待识别对象不变矩与类别对象不变矩之间的距离，选择最短距离的类别作为待识别对象的类别。

4) 基于骨架特征匹配的方法

图像细化就是把二值化的图像中的区域边缘点去掉，尽可能保持原来区域的形状，经过一层层的剥离，得到区域的单像素宽的骨架。骨架，可以

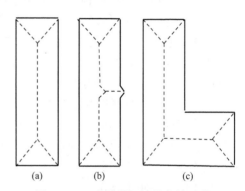

图 3.3.4 3 个简单区域的中轴(虚线)

理解为图像中区域的中轴，如图 3.3.4 所示。骨架化(skeletonization)可以将二值化的平面区域简化成为图的结构形状表示方法，尽可能保持二值图像区域连通性不变。一个区域的骨架可以用中轴转换方法(medial axis transform,MAT)定义。

设区域R的边界为B，对R中的每一点p，找到它在B上最接近的邻点。如果p有多于一个邻点，就认为p属于R的中轴(骨架)。

中轴变换特点：MAT 是一种很直接的细化方法，但需要计算区域内部每一点到其边界点的距离，所以计算量很大。

5) 基于空间特征匹配的方法

空间关系是指图像中分割出来的多个目标之间相互的空间位置或相对方向关系，也可分为连接/邻接关系、交叠/重叠关系和包含/包容关系等。通常空间位置信息可以分为两种：相对空间位置信息和绝对空间位置信息。前一种关系强调目标之间的相对情况，如上下左右等关系，后一种关系强调目标之间的距离大小以及方位。显而易见，由绝对空间位置可推出相对空间位置，但表达相对空间位置信息比较简单。

空间关系特征的使用可加强对图像内容的描述区分能力，但空间关系特征常对图像或目标的旋转、反转、尺度等变化比较敏感。另外，在实际应用中，仅仅利用空间信息是不够的，不能有效、准确地表达场景信息。为了检索，除使用空间关系特征外，还需要使用其他特征来配合。

3. 基于小波变换匹配方法

图像匹配通常采用基于灰度相关的图像匹配算法和基于特征的图像匹配算法。基于灰度相关的图像匹配算法是直接对当前图像数据进行操作；基于特征的图像匹配算法则首先提取目标的特征，然后使用符号运算或者其他方法进行匹配。前者概念清楚、匹配位置准确、易于硬件实现，但是受光照影响大、对光度变化敏感，且计算量大，效率低；后者具有较好的抗几何失真和灰度失真的能力，但是结构复杂，并且在很大程度上依赖于特征提取的质量。如果将小波分析与图像匹配结合起来，利用小波变换的多分辨率分析的特点，在低分辨率下对图像进行整体匹配，然后在高分辨率下对图像进行局部匹配，就会提高图像匹配的精度和运算速度。

1) 小波变换原理

小波(wavelet)是多分辨率理论的分析基础。多分辨率理论与多种分辨率下的信号表示和分析有关，很明显的优势是某种分辨率下无法发现的特性在另一个分辨率下很容易被发现。用多分辨率来解释图像一种有效但概念简单的结构是图像金字塔。另一种与多分辨率分析相关的重要图像技术是子带编码。在子带编码中，一幅图像被分解成一系列限带分量的集合，称为子带，它们可以重组在一起，无失真地重建原始图像。

小波就是小的波形。小是指具有衰减性；波则是指它的波动性。小波变换(wavelet transformation, WT)是一种用于决定卷积的特定窗口函数，提供了将图像分解成不同尺度组成的一种数学框架。与傅里叶变换相比，小波变换是时间(空间)频率的局部化分析，主要特点是通过变换能够充分突出问题某些方面的特征。它通过伸缩、平移运算对信号(函数)逐步进行多尺度细化，最终达到高频处时间细分，低频处频率细分，自动适应时频信号分析的要求，从而可聚焦到信号的任意细节，解决了傅里叶变换的难题。它成为继傅里叶变换以来在科学方法上取得的又一重大突破。

傅里叶变换，表示能将满足一定条件的某个函数表示成三角函数(正弦和/或余弦函数)或者它们的积分的线性组合。傅里叶变换把无限长的三角函数作为基函数：

$$F(\omega) = \mathcal{F}\big[f(t)\big] = \int_{-\infty}^{\infty} f(t)\mathrm{e}^{-iwt}\mathrm{d}t$$

小波做的改变在于将无限长的三角函数基换成了有限长的、会衰减的小波基。

$$\mathrm{WT}(a,\tau) = \frac{1}{\sqrt{a}} \int_{-\infty}^{\infty} f(t)\psi\left(\frac{t-\tau}{a}\right)\mathrm{d}t$$

从公式可以看出，不同于傅里叶变换变量只有频率 ω，小波变换有两个变量：尺度 a (scale)和平移量 τ (translation)。尺度 a 控制小波函数的伸缩，平移量 τ 控制小波函数的平移。尺度对应频率(反比)，平移量 τ 对应时间。

2) 多分辨率分析

小波变换是一种信号的时间尺度(时间/频率)分析方法，具有多分辨率分析的特点，而且在时频两域都具有表征信号局部特征的能力，是一种窗口大小固定不变，但形状、时间窗和频率窗都可以改变的时频局部化分析方法，即在低频部分具有较低的时间分辨率和较高的频率分辨率，在高频部分具有较高的时间分辨率和较低的频率分辨率，很适合分析非平稳的信号和提取信号的局部特征，所以小波变换被誉为分析处理信号的显微镜。在处理分析信号时，小波变换具有对信号的自适应性，是一种优于傅里叶变换和窗口傅里叶变换的信号处理方法。

　　由小波变换原理可知，图像经过小波变换后，被分为低频部分和高频部分，低频部分保持图像的整体特征，高频部分保持图像的细节特征。在每一个层次，图像都被分为四分之一大小，如图 3.3.5 所示。

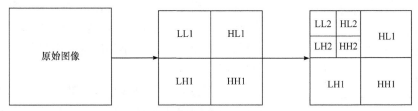

图 3.3.5　图像的小波分解

　　离散小波变换通过一组低通分解滤波器(L)和高通分解滤波器(H)来分解图像。小波变换将原始图像数据按不同频带和分辨率分解成子带图像，每一层子波分解成 4 个子带，即垂直和水平方向低频的子带 LL(低频部分，显示近似子图像)，水平方向低频和垂直方向高频的子带 LH(高频部分，显示垂直高频图像)，垂直方向低频和水平方向高频的子带 HL(高频部分，显示水平高频图像)，垂直和水平方向高频的子带 HH(高频部分，显示相当于 45°斜线方向高频图像)。这 4 个图像的大小是相同的。小波分解对每一层所得到的低频分量 LL 可以继续进行下一个尺度的分解，而且在每一分解尺度上，低频平滑图像集中了原始图像的大部分能量，反映了图像的绝大部分结构信息，所以可以利用不同尺度上的低频图像来进行分层匹配。

　　3) 模板匹配算法

　　为了在图像中检测出已知形状的目标物，使用目标物的形状模板与图像进行匹配，在约定的某种准则下检测出目标物。

　　设原始图像 $f(x,y)$ 的大小为 $M \times N$，模板图 $t(j,k)$ 的大小为 $J \times K$(其中 $J \leqslant M$, $K \leqslant N$)，将模板 t 叠放在搜索图像 f 平移，用平方误差之和来衡量模板与搜索图被覆盖区域之间的差别。平方误差和定义为

$$D(x,y) = \sum_{j=0}^{J-1} \sum_{k=0}^{K-1} [f(x+j,y+k) - t(j,k)]^2$$

由上式展开可得

$$D(x,y) = \sum_{j=0}^{J-1} \sum_{k=0}^{k-1} [f(x+j,y+k)]^2 - 2\sum_{j}^{J-1} \sum_{k}^{k-1} t(j,k) \cdot f(x+j,y+k) + \sum_{j=0}^{j-1} \sum_{k=0}^{K-1} [t(j,k)]^2$$

式中，第一项为源图像中与模板对应区域的能量，与像素位置 (x,y) 有关，随像素 (x,y) 的变化而缓慢变化；中间一项为模板与搜索图被覆盖区域的互相关系数，随像素位置 (x,y) 的变化而变化，当模板 $t(j,k)$ 与搜索图被覆盖区域相匹配时，互相关系数取最大值；最后一项为常数，表示模板的总能量，与图像像素位置 (x,y) 无关。

　　因此，可以用下列归一化后的相关系数作为相似度测量：

$$R(x,y) = \frac{\displaystyle\sum_{j=0}^{J-1} \sum_{k=0}^{K-1} t(j,k) \cdot f(x+j,y+k)}{\sqrt{\displaystyle\sum_{j=0}^{J-1} \sum_{k=0}^{K-1} [f(x+j,y+k)]^2} \sqrt{\displaystyle\sum_{j=0}^{J-1} \sum_{k=0}^{K-1} [t(j,k)]^2}}$$

模板匹配如图 3.3.6 所示，其中假设源图 $f(x,y)$ 和模板图像 $t(j,k)$ 的原点都在左上角。

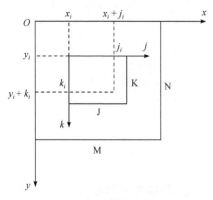

图 3.3.6　模板匹配

对任何一个 $f(x,y)$ 中的 (x,y)，根据上式都可以算得一个 $R(x,y)$。当 x 和 y 变化时，$t(j,k)$ 在源图像区域中移动并得出 $R(x,y)$ 所有值。$R(x,y)$ 的最大值表示源图像与 $t(j,k)$ 匹配的最佳位置，若从该位置开始在源图像中取出与模板大小相同的一个区域，便可得到匹配图像。

4. 尺度不变特征变换匹配算法

传统图像处理中，图像特征匹配有三个基本步骤：特征提取、特征描述和特征匹配。特征提取是从图像中提取出关键点、特征点、角点等。特征描述是用一组数学向量对特征点进行描述，主要保证不同的向量和不同的特征点之间是一种对应的关系，同时相似的关键点之间的差异尽可能小。特征匹配其实是特征向量之间的距离计算，常用的计算方法有欧氏距离、汉明距离、余弦距离等。

尺度不变特征变换(scale invariant feature transform，SIFT)匹配算法是一种电脑视觉的算法，用来侦测与描述影像中的局部特征。局部影像特征的描述与侦测可以帮助辨识物体，基于物体上的一些局部外观的兴趣点，而与影像的大小和旋转无关，对于光线、噪声、微视角改变的容忍度也相当高。SIFT 算法的实质是在不同的尺度空间上查找关键点(特征点)，并计算出关键点的方向。它在空间尺度中寻找极值点，并提取出其位置、尺度、旋转不变量。

1) 尺度空间理论

人类在识别物体时，不管物体或远或近，都能对它进行正确的辨认，这是尺度不变性。尺度空间理论经常与生物视觉关联，有人也称图像局部不变性特征为基于生物视觉的不变性方法。该不变性的视觉解释如下：当我们用眼睛观察物体时，一方面当物体所处背景的光照条件变化时，视网膜感知图像的亮度水平和对比度是不同的，因此要求尺度空间算子对图像的分析不受图像的灰度水平和对比度变化的影响，即满足灰度和对比度不变性。另一方面，相对于某一固定坐标系，当观察者和物体之间的相对位置变化时，视网膜所感知的图像的位置、大小、角度和形状是不同的。图像的尺度不变性的实现，依赖于图像尺度空间理论。

现实世界的物体由不同尺度的结构组成，在人的视觉中，对物体观察的尺度不同，物体呈现的方式也不同。对计算机视觉而言，无法预知某种尺度的物体结构是否有意义，因此有必要将所有尺度的结构表示出来。从测量的角度来说，对物体的测量数据必然是依赖于某个尺度的，但未知场景无法预先获取图像中物体的尺度，则需要考虑图像在多尺度下的表现以获取感兴趣物体描述的最佳尺度。不同尺度下都有同样的关键点，那么在不同尺度的输入图像下就都可以检测出关键点匹配，也就是尺度不变性。需要同时考虑图像在多尺度下的描述，获知感兴趣物体的最佳尺度。

尺度空间(scale space)思想最早是由伊玛于 1962 年提出的，后经威特金和科恩德林克等推广，逐渐得到世界关注，在计算机视觉邻域广泛使用。尺度空间是试图在图像领域中模拟人眼观察物体的概念与方法。图像的尺度空间是指图像的模糊程度，而非图像的大小。近距离和远距离看一个物体，模糊程度是不一样的，从近到远，是图像越来越模糊的过程，也是图像的尺度越来越大的过程。

尺度空间理论的基本思想是在图像信息处理模型中引入一个被视为尺度的参数，通过连续变化尺度参数获得多尺度下的尺度空间表示序列，对这些序列进行尺度空间主轮廓进行提取，并以该主轮廓作为一种特征向量，实现边缘、角点检测和不同分辨率上的特征提取等。图像的尺度空间表征为图像的特征结构集合，并包含一个连续的尺度参量。多尺度表达的优点在于图像的局部特征可以用简单的形式在不同尺度上描述，在所有尺度上有相同的分辨率，具有尺度不变性。不同的尺度下都有同样的关键点，那么在不同尺度下的输入图像就都可以检测出关键点匹配。

2) 尺度空间变换

尺度空间方法将传统的单尺度视觉信息处理技术纳入尺度不断变化的动态分析框架中，在图像信息处理模型中引入一个被视为尺度的参数，通过连续变化的尺度参数获得不同尺度下的视觉处理信息，然后综合这些信息，深入地挖掘图像的本质特征。尺度空间表示是一种基于区域而不是边缘的表达，就是基于尺度的结构特性能以一种简单的方式解析的表达，不同尺度上的特征可以以一种精确的方式联系起来。作为尺度空间理论的一个重要概念，尺度空间核被定义为

$$f_{out} = K \times f_{in}$$

对于所有的信号 f_{in}，若它与变换核 K 卷积后得到的信号 f_{out} 中的极值(一阶微分过零点数)不超过原图像的极值，则称 K 为尺度空间核，所进行的卷积变换称为尺度变换。尺度空间变换本质上是偏微分方程对图像的作用。核函数选择成为尺度空间变换的关键。

3) 高斯核函数

尺度空间变换的目的是保持图像数据的多尺度特征。大量实践和精确的数学形式证明，高斯核是实现尺度变换的唯一变换核。

一个图像的尺度空间 $L(x,y,\sigma)$，定义为一个变化尺度的高斯函数 $G(x,y,\sigma)$ 与原图像 $I(x,y)$ 的卷积。即

$$L(x,y,\sigma) = G(x,y,\sigma)*I(x,y)$$

式中，*表示卷积计算。

$$G(x,y,\sigma) = \frac{1}{2\pi\sigma^2} e^{-\frac{\left(x-\frac{m}{2}\right)^2 + \left(y-\frac{n}{2}\right)^2}{2\sigma^2}}$$

式中，m、n 表示高斯模板的维度；(x,y) 代表图像像素的位置；σ 为尺度空间因子，σ 值越小表示图像被平滑得越少，相应的尺度越小。小尺度对应图像的细节特征，大尺度对应图像的概貌特征。大的 σ 值对应粗糙尺度(低分辨率)，反之，对应精细尺度(高分辨率)。不同 σ 下图像尺度空间效果如图 3.3.7 所示，尺度从左到右，从上到下，依次增大。

为了有效地在尺度空间检测到稳定的关键点,提出了高斯差分尺度空间，然后利用不同尺度的高斯差分核与图像卷积生成 DOG 算子：

$$D(x,y,\sigma) = [G(x,y,k\sigma) - G(x,y,\sigma)]*I(x,y) = L(x,y,k\sigma) - L(x,y,\sigma)$$

金字塔是早期图像多尺度的表示形式。图像金字塔化一般包括两个步骤：一是使用低通滤波器平滑图像；二是对平滑图像进行降采样(通常是水平、竖直方向的 1/2)，从而得到一系列尺寸缩小的图像。金字塔多分辨率表达每层分辨率减少固定比例。金字塔表达没有理论基础，难以分析图像局部特征。尺度空间表达和金字塔多分辨率表达最大的不同是尺度空间表

达由不同高斯核平滑卷积得到。

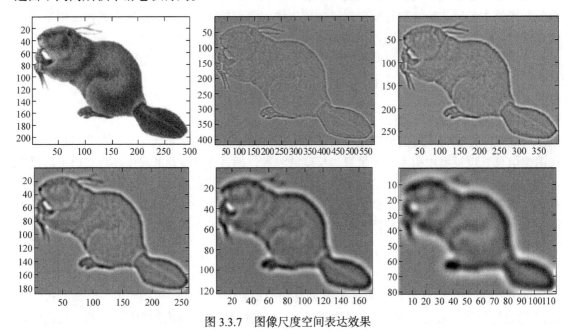

图 3.3.7　图像尺度空间表达效果

4) SIFT 算法思想

成像匹配的核心问题是将同一目标在不同时间、分辨率、光照、位姿情况下所成的像相对应。传统的匹配算法是直接提取角点或边缘，对环境的适应能力较差，急需提出一种鲁棒性强、能够适应不同光照、不同位姿等情况下能够有效识别目标的方法。SIFT 利用特征向量具有平移、缩放、旋转不变性，同时对光照变化、仿射及投影变换的不变性，从多幅图像中提取对尺度缩放、旋转、亮度变化无关的特征向量，通过特征点匹配，将一幅图像映射(变换)为一个局部特征向量集，通过两幅图像特征点(附带上特征向量的关键点)的比较找出相互匹配的若干对特征点，建立景物间的对应关系。SIFT 算法思想如图 3.3.8 所示。

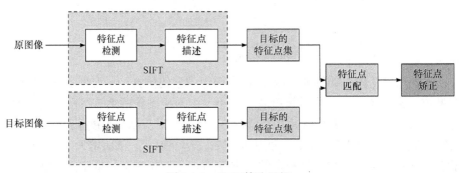

图 3.3.8　SIFT 算法思想

5) SIFT 算法步骤

SIFT 算法实现物体识别主要有三大步骤：①提取关键点；②对关键点附加详细的信息(局部特征)，也就是描述器；③通过两方特征点(附带上特征向量的关键点)的两两比较，找出相互匹配的若干对特征点，建立景物间的对应关系。

(1) 尺度空间的生成。高斯金字塔的构建过程可分为两步：①对图像做高斯平滑；②对图像做降采样。为了让尺度体现其连续性，在简单下采样的基础上加上了高斯滤波。高斯金字塔并不是一个金字塔，而是由很多组(octave)金字塔构成，并且每组金字塔都包含若干层(interval)。一幅图像可以产生几组图像，一组图像包括几层图像。在高斯金字塔中一共生成 O 组 L 层不同尺度的图像，这两个量 (O,L) 合起来构成了高斯金字塔的尺度空间，也就是说以高斯金字塔的组 O 作为二维坐标系的一个坐标，不同层 L 作为另一个坐标，则给定的一组坐标 (O,L) 可以唯一确定高斯金字塔中的一幅图像。尺度空间的形象表述如图 3.3.9 所示。

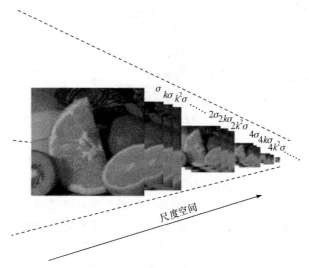

图 3.3.9　尺度空间的形象表述

(2) 差分高斯金字塔。差分高斯(difference of Gaussian，DOG)金字塔是在高斯金字塔的基础上构建起来的，生成高斯金字塔的目的就是构建 DOG 金字塔。

DOG 金字塔的第 1 组第 1 层是由高斯金字塔的第 1 组第 2 层减去第 1 组、第 1 层得到的。以此类推，逐组逐层生成差分图像，所有差分图像构成差分金字塔，概括为 DOG 金字塔的第 o 组、第 l 层图像是由高斯金字塔的第 o 组、第 l+1 层减第 o 组、第 l 层得到的。DOG 金字塔的构建可以用图 3.3.10 描述。

(3) DOG 的局部极值点检测。关键点是在不同尺度空间的图像下检测出的，具有方向信息的局部极值点。为了寻找 DOG 函数的极值点，每一个像素点要和它所有的相邻点比较，看其是否比它的图像域和尺度域的相邻点大或者小。DOG 尺度空间局部极值检测如图 3.3.11 所示。

中间的检测点和它同尺度的 8 个相邻点和上下相邻尺度对应的 9×2 个共 26 个点作比较，以确保在尺度空间和二维图像空间都检测到极值点。

因为 DOG 值对噪声和边缘敏感，所以，在上面 DOG 尺度空间中检测到局部极值点还要经过进一步的检验，才能精确定位特征点。为了提高关键点的稳定性，需要对尺度空间 DOG 函数进行曲线拟合。通过拟和三维二次函数以精确确定关键点的位置和尺度(达到亚像素精度)，同时去除低对比度的关键点和不稳定的边缘响应点。

(4) 关键点描述。通过尺度不变性求极值点，可以使其具有缩放不变的性质，利用关键点邻域像素的梯度方向分布特性，可以为每个关键点指定参数方向，从而使描述子对图像旋转具有不变性。每个关键点有三个信息：位置、所处尺度、方向。在实际计算时，我们在以关键点为中心的邻域窗口内采样，并用直方图统计邻域像素的梯度方向。

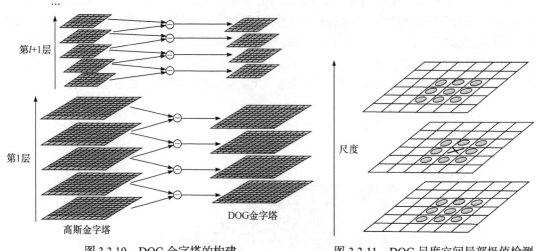

图 3.3.10　DOG 金字塔的构建　　　　　　　图 3.3.11　DOG 尺度空间局部极值检测

(5) 特征点描述子生成。特征点描述的目的是在关键点计算后，用一组向量将这个关键点描述出来，这个描述子不但包括关键点，而且也包括关键点周围对其有贡献的像素点。特征点描述子用来作为目标匹配的依据，也可使关键点具有更多的不变特性。

以关键点为中心取 8×8 的窗口。图 3.3.12 左半部分的中央黑点为当前关键点的位置，每个小格代表关键点邻域所在尺度空间(和关键点是否为一个尺度空间)的一个像素，利用公式求得每个像素 (i, j) 的梯度幅值 $m_{i,j}$ 与梯度方向 $\theta_{i,j}$，箭头方向代表该像素的梯度方向，箭头长度代表梯度模值，然后用高斯窗口对其进行加权运算，每个像素对应一个向量，长度为 $G(\sigma', i, j) * m_{i,j}$，$G(\sigma', i, j)$ 为该像素点的高斯权值，方向为 $\theta_{i,j}$，图中黑色的圈代表高斯加权的范围(越靠近关键点的像素梯度方向，信息贡献越大)。

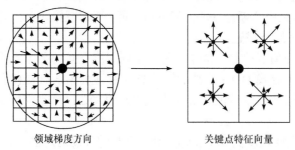

领域梯度方向　　　　　　　　　关键点特征向量

图 3.3.12　由关键点邻域梯度信息生成特征向量

然后在每 4×4 的小块上计算 8 个方向的梯度方向直方图，绘制每个梯度方向的累加值，即可形成一个种子点，如图 3.3.9 右半部分所示。此图中一个关键点由 2×2 共 4 个种子点组成，每个种子点有 8 个方向向量信息。这种邻域方向性信息联合的思想增强了算法抗噪声的能力，同时对含有定位误差的特征匹配也提供了较好的容错性。

实际计算过程中，为了增强匹配的稳健性，对每个关键点使用 4×4，共 16 个种子点来描述，这样一个关键点就可以产生 128 个数据，最终形成 128 维的 SIFT 特征向量。此时 SIFT 特征向量已经去除了尺度变化、旋转等几何变形因素的影响，再继续将特征向量的长度归一化，则可以进一步去除光照变化的影响。

(6) 关键点匹配。两幅图像的 SIFT 特征向量生成后，下一步采用关键点特征向量的欧氏距离作为两幅图像中关键点的相似性判定度量。取图像 1 中的某个关键点，并找出其与图像 2 中欧氏距离最近的前两个关键点，在这两个关键点中，如果最近的距离除以次近的距离小于某个比例阈值，则接受这一对匹配点。

(7) 消除错配点。关键点匹配并不能标志算法的结束，因为在匹配的过程中存在大量的错配点。为了排除因为图像遮挡和背景混乱而产生的无匹配关系的关键点，人们选用比较最近邻距离与次近邻距离的方法，当距离比率小于某个阈值时认为是正确匹配。因为对于错误匹配，由于特征空间的高维性，相似的距离可能有大量其他的错误匹配。

3.3.3　地理数据属性关联

地理数据以矢量和栅格两种模式表达地理实体的数量、质量、分布特征、联系和规律。矢量模式是指在直角坐标中，用 x、y 坐标表示地图图形或地理实体的位置和形状。地理矢量数据包括空间位置、属性特征以及时态特征三个部分。地理属性数据说明地理事物的性质、特征及其关系的语义信息，主要用于描述地理实体、要素、现象、事件、过程的有关属性特征，是与地理实体相联系的地理变量或意义。属性数据分定性和定量两种。前者包括名称、类型、特性等，如土地利用现状、岩石类型、行政区划、某些土壤性状等；后者包括质量、数量和等级，如面积、长度、土地等级等。属性是对象的性质与对象间关系的统称。地理属性数据关联是基于属性关系建立地理实体之间的联系。

1. 基于地理属性项的关联

客观事物有多种属性，这些属性间往往有一定的关联。客观事物的信息内容主要体现为对象属性特征及属性间的相互关系。地理属性一般包括地理实体分类编码、地名地址、类型、性质、质量、等级、数量等特征。数据种类包括文本(字符)、数字、数值(整数、长整型、浮点数和定点数)、日期和时间等。这些属性可以进行综合运用，以获取范围更小的关联结果。地理属性项表达地理实体有如下几种关系：①同一关系，又称全同关系、重合关系，是相容关系之一，是两个概念的外延全部重合的关系。如同一个地名、同一个区划、同一条道路、同一个山体等。②分类关系，也称属种关系、包含关系，是物种和所属的关系，是一个概念的外延包含并大于另一个概念外延范围，也可以认为是大类和小类的关系。其逆向关系是包含于关系。在类比推理应试中，要注意先后顺序的区别。分类应按合理的顺序排列，形成系统的、有机的整体。分类是人们认识事物最自然的方法之一，一般按照种类、等级或性质分别归类。地理信息种类繁多、内容丰富，涉及诸多领域。通过分类的方法可以将事物进行结构化，将繁杂的问题条理化。分层是分类的一种，是一种标准的分类方法。层次结构是复杂系统最合理的或最优的组织方式，只不过分类时，类别之间是没有关联关系的，而分层时，层与层之间有关联关系。分层既反映相互间的区别，又反映彼此间的联系。这种联系指群体中不同类的对象之间的结构关系，大多是二元的(即只存在于两个类之间)。分层关系描述具有共同属性的不同概念之间的上下位关系，反映事物的具体与抽象的概念，表达了概念(类)之间的继承关系，如常流河是河流的派生类。③并列关系是指两个属性项概念间的同义、近义、同类关系。通常情况下我们把同义、近义、同类、同一等关系都归为并列关系，是在同一个所属下是两个同级的种。并列关系可分为同级并列和非同级并列。同级并列的两个词语概念的所属属相同(如瀑布和跌水)，非同级并列的两个词语概念的所属属不同。④属性关系，属性就是对于一个对象的抽象刻画，一个具体事物是有许多的性质与关系，把事物的性质与关系都称为属性。属性关系是指两个属性项具有某些性质或者功能。属性关系又分为必然属性和或然属性，必然属性是指这一类事物均具有的特性，而或然属性是指这一类事物中一部分有而有的不具备的特性。⑤影响关系，也称为因果关系、主题关系(thematic relation)，是一个事物发生导致另一个事物发生的原因和结果之间的关系。地理环境各要素并不是孤立存在和发展的，而是作为整体的一部分发展变化的。例如，陆地表面的森林植被对地理环境的影响是显而易见的，特别是热带雨林具有平衡大气成分的作用，它一旦遭到破坏，将会引起全球气候变化，并导致整个生态环境的失调。相反，植树绿化，可以调节局部小气候，改善水文状况，保持水土，促使生态环境的良性发展。再如，人类大量开采使用煤、石油、天然气等矿物燃料，使地壳中的碳元素减少，导致大气中的二氧化碳等气体增多，大气温室效应加剧，全球气温升高，气候变暖，并引起两极冰雪融化，海平面上升，淹没沿海陆地。

1) 继承关系关联

继承关系又称构件关系、分元关系和分解关系，是一种整体与部分构成关系，以组合和聚合等形式构成，反映事物的个体与集体的概念。可细分为部分-整体关系(如瀑布/河流)、区域-包含关系(如城市/国家)等。

2) 依赖关系关联

依赖关系是一个概念对另外一个概念的依赖，如地下河出入口与地下河之间、水库和坝之间的依赖关系。

2. 基于地理属性相似度关联

两事物相同的属性越多，意味着两事物在总的性质方面越接近。事物本身是由属性标识的，依据属性上的差别可区分事物。在本体结构中，概念的属性是计算语义相似性的重要因素之一。事物之间的相同属性作为相似性的度量指标，主要是根据地理实体的属性表附加信息进行匹配，以语义相似度进行衡量。若两个地理实体表达的是同一地物，那么它们的某项属性语义信息在短时间内有较高的相似性甚至是完全相同的。

设有地理实体 $GeoE_1$ 和 $GeoE_2$，它们的地理属性相似性表示为

$$sim(GeoE_1, GeoE_2)_{Att} = \frac{Count\{att(GeoE_1) \bigcap att(GeoE_2)\}}{Count\{att(GeoE_1) \bigcup att(GeoE_2)\}}$$

式中，$sim(GeoE_1, GeoE_2)_{Att}$ 为地理实体 $GeoE_1$ 和 $GeoE_2$ 的属性相似度；$att()$ 为实体属性的集合；$Count()$ 为统计出的属性个数。当所计算的地理实体的某种相应的性质不存在时，$GeoE_1$ 和 $GeoE_2$ 在该性质上的相似度就失去了意义，此时不用表示 $GeoE_1$ 和 $GeoE_2$ 在该性质上的相似度。

3. 基于地名/地址关联

1) 地名地址概述

地名地址由行政区划、地名和地址三部分组成。

(1) 行政区划。行政区划，是行政区域划分的简称。我国现行行政区域划分如下：一级省级行政区，包括省、自治区、直辖市、特别行政区；二级地级行政区，包括地级市、地区、自治州、盟；三级县级行政区，包括市辖区、县级市、县、自治县、旗、自治旗、特区、林区；四级乡级行政区，包括街道、镇、乡、民族乡、苏木、民族苏木、县辖区。

行政区划代码，也称行政代码，它是国家行政机关的识别符号，一般执行两项国家标准：

《中华人民共和国行政区划代码》(GB/T2260—2007)和《县级以下行政区划代码编制规则》
(GB/T10114—2003)。

(2) 地名。地名是社会的产物，它的命名、更名、发展、演变始终受着社会各方面的制约。
它的命名常反映当地当时的某些自然或人文地理特征。地名是根据国家有关法规经标准化处
理，并由有关政府机构按法定的程序和权限批准予以公布使用的，是人们从事社会交往和经
济活动广泛使用的媒介。

地名类别代码采用数字型代码，分为 4 段，用 10 位阿拉伯数字表示。第一段 4 位数字表
示地名所指代地理实体的空间位置，第二段 4 位数字表示地名所指代的地理实体的地理属性，
第三段 1 位数字表示地名的使用时间，第四段 1 位数字表示地名的表示方式。空间位置类别
代码分为 2 层，第一层用 1 位阿拉伯数字表示大洲、跨大洲或国际公有领域，第二层用 3 位
阿拉伯数字表示国家(地区)。地理属性类别代码分为门类、大类、中类、小类 4 层，分别用 1
位阿拉伯数字表示。门类按照地名所指代地理实体的基本属性分为自然地理实体和人文地理
实体两类。大类根据门类的科学构成和实际管理的需要来划分。中类根据大类的科学构成要
素和相互间的内在联系以及实际应用的需要来划分。小类原则上隶属于中类，为构成中类的
基本类别。对于不可细分或者个体数量较少的中类不设小类。

(3) 地址。地址与地名不同，地址是人与团体居住或所在的地点。一般情况下，地址主要
包含国家、省份、城市或乡村、街道、门牌号码(或道路编号)、大厦等建筑物名称，或者再添
加楼层编号、房间编号等。地址由行政区划+地名(街道)+门牌号码+建筑物编号+单元+楼层数
目+房间编号共同组成。有效的地址具有唯一标识的作用。

地址是最常使用的空间地理信息，具有信息量大、类型结构复杂、空间性强、动态变化大
等特点，既具有相对稳定性，又具有相当的变动性。

2) 地名地址关联

地址匹配最基础的是确定合理有效的匹配算法和标准地名地址数据库的建设。在地址定
位过程中，根据用户给定的待匹配的字符串的统计发现，采用正向最大匹配算法对给定的非
标准的地址进行地址匹配，同时，依据基于特征词的中文分词系统的辅助，依次匹配出字符
串中的各级地址要素，与标准地址库进行比较，能够更好地实现模糊匹配。地址匹配的过程
即分词词典中索引表查询各类地址要素的过程，能够增加匹配的成功率，相应的查询与匹配
次数也能减少。

基于文本信息的地址解析方法目前大致分为三种：基于词典的解析分词方法、基于理解
的解析分词方法和基于统计的解析分词方法。

基于词典的解析分词方法又被称为基于规则的分词算法(基于字符串的分类方法)。其基本
分词规则是依据事先建立的庞大的标准地名地址库，将待匹配的地址字符串与标准地址库中
存储的标准名称按事先设计的匹配规则进行逐一地查找、对比、参照，如果一样则进行切分
提取，否则证明匹配不成功，返回匹配结果。根据不同的字符串处理方式，又可以划分为不
同的分词匹配算法，如按扫描方向的不同可分为正向、逆向及双向三种匹配算法，按匹配分
词过程中的长度优先级则可分为最长，最短、逐词等匹配算法，其他类型的分词算法还有分
词与标注一体化算法、标注性字符串算法等。由于中文具有特殊性、复杂性等构词原理特点，
实际运用中常常将最大正向匹配算法作为中文分词过程中的主要依据。

基于词典的分词方法简单、错误率较低，在实际分词过程中最常使用。在分词处理之前，
利用特征词库将地址字符串进行切分，如经济类中的公司、企业、集团，行政机构类中的部、

厅、局，街道名称中的路、街、胡同等，提高了分词的准确性。中文地址解析标注以采集的标准地名地址词典作为分词词典，词典中词条类型为地址成分类型，拆分时使用中文分词方法对中文地址进行分词，同时根据词条类型确定地址成分类型。

基于自然语言理解的中文地址匹配算法，是结合自然语言处理的基本原理，利用汉语的语法知识和语义等，实现的中文地址精确匹配。其基本思想是在分词的同时进行句法、语义分析，利用句法信息和语义信息来处理歧义现象。通常包括三个部分：分词子系统、句法语义子系统、总控部分。在总控部分的协调下，分词子系统可以利用有关词、句子等的句法和语义信息来对分词歧义进行判断，即它模拟了人对句子的理解过程。这种分词方法需要使用大量的语言知识和信息，因此目前基于理解的分词系统还处在试验阶段。

基于统计的地址解析方法又称无词典分词算法，其基本的匹配原理是词是字的固定组合，在日常表达中往往具有不变的结合关系。同样地，相邻的字在全文中经常出现，说明这些经常出现的字越能构成固定结合的词。当训练样本足够大时，其组成词的概率就会越高。该方法认为正确分词构成的句子概率最大，因此能部分解决机械分词中的歧义问题。在实际应用中，对待匹配字符串进行全切分词，然后利用词频统计信息和概率方法识别歧义，最终完成分词操作，返回匹配结果。这种分词方法虽然方法简单，但是在解决歧义词的问题上还需要进一步完善与改进。

3) 地理编码应用

在社会信息化过程中，大量的人文信息，如人口、医疗、教育、企业单位和社会统计等，没有定位信息，只有文本地址信息。为了与自然信息进行关联，必须将这些人文信息空间化。人文信息与自然信息关联的唯一媒介是地址。

地理编码服务包括正向和反向地理编码服务，其中正向地理编码提供三种服务引擎，分别是地址定位引擎、行政区划引擎、街道引擎；反向地理编码提供坐标引擎。

正向地理编码服务实现了将地址或地名描述转换为地球表面上相应位置的功能。正向地理编码提供的专业和多样化的引擎以及丰富的数据库数据，使得地理信息服务应用非常广泛，在资产管理、规划分析、供应物流管理和移动端输入等方面为用户创造了无限的商业价值。

反向地理编码服务实现了将地球表面的地址坐标转换为标准地址的目标，反向地理编码提供了坐标定位引擎，帮助用户通过地面某个地物的坐标值来反向查询得到该地物所在的行政区划、所处街道，以及最匹配的标准地址信息。通过丰富的标准地址库中的数据，可帮助用户在移动端查询、商业分析、规划分析等领域创造无限价值。

矢量地理(vector geocoding)编码指使用坐标参考系统去定义点、线、面特征的位置；栅格地理(raster geocoding)编码指使用建立于矩阵或方格的坐标系统来标定位置，这样的位置称为像元(pixel)。

第4章 地理空间关联

邻近性原则是人们认知的一个重要原则，也是人们认知的基本出发点。邻近关系是空间领域、空间对象间一种位置关系。空间关系描述了地理空间中两个地物的邻近状态，表示地物之间的邻近、邻接、连通、包含和重合等关系，涉及地物的形状、大小、远近和方位等，可归纳为距离(度量)、方向(顺序)和拓扑三类关系。空间关系模型能够反映人类认知、地理现象的尺度、层次、不确定以及随时间变化等特性对空间关系的影响。地理空间关联是空间关系建模的基础，它在地理数据查询、检索、数据挖掘、空间关系推理、空间场景相似性评价以及图像理解等应用领域得到了广泛应用。

4.1 地理空间关系描述

地理空间关系是由地理物体的几何特性(位置、形状)所引起的关系，常用来定量地描述事物在空间上的依赖关系。空间关系分为：①表示空间顺序的方向关系，如东、西、南、北等；②表示邻近和关联的拓扑关系，如空间实体间的相离、相交等关系；③表示包含或优先的比较或顺序关系，如在内，在外等；④距离关系，用度量空间中的某种度量表示目标间的关系，如目标间的远近或亲疏程度等；⑤模糊关系，如贴近、接近等。

4.1.1 空间形式化表达模型

人们对空间关系的研究主要包括拓扑、方向和距离三大类，这三类空间关系又分别称为拓扑、顺序和度量关系。在空间关系的形式化表达模型的研究中，由于度量关系的特殊性，目前研究者们关注更多的是拓扑关系和方向关系，研究成果较多的也是拓扑关系模型和方向关系模型。

1. 空间形式化描述公理

是对一般本体使用建模原语表达的语义关系。但是，对于地理本体来说，除了表示地理概念的属性特征外，更为重要的是要表示地理概念的空间特征，尤其是空间关系。地理本体空间特征的形式化表达机制主要研究地理本体中拓扑关系的表达机制，同时要兼顾部分整体、位置等关系。空间关系描述的基本任务是以数学和逻辑的方法区分不同的空间关系，并给出形式化的描述。人们利用部分整体学、位置论和拓扑学对地理本体概念的空间关系、位置和边界进行形式化地表达，并建立一套公理体系。

1) 部分整体理论

用来描述部分与整体之间的关系，其核心关系表示为 Part-of(A,B)，表示的含义为 A 是 B 的一部分。人们对空间的认知以及空间的推理在很大程度上依赖于部分整体关系，部分整体关系在地理空间表达中具有特殊重要的意义。与此关系有关的两个地理目标的重叠(overlap)关系定义以及五个公理可以用一阶谓词的形式，表示如下。

定义 DP1： $O(x,y) := O(x,y) := \exists z(\text{part-of}(z,x) \wedge \text{part-of}(z,y))$ ；

公理 AP1： $\text{part-of}(x,x)$ ；

公理 AP2： $\text{part-of}(x,y) \wedge \text{part-of}(y,x) \rightarrow x=y$ ；

公理 AP3： $\text{part-of}(x,y) \wedge \text{part-of}(y,z) \rightarrow \text{part-of}(x,z)$ ；

公理 AP4： $\exists z(\text{part-of}(z,x) \rightarrow O(z,y)) \rightarrow \text{part-of}(x,z)$ ；

公理 AP5： $\exists x(\phi x) \rightarrow \exists y \forall z(O(y,z) \leftrightarrow \exists x(\phi x \wedge O(x,z)))$ 。

公理 AP1 和公理 AP2 表明部分-整体关系具有自反性和反对称性；公理 AP3 表明该关系具有传递性；公理 AP4 说明了该关系的扩展性；公理 AP5 保证了每一个满足性质 ϕ 的对象，它们的和恰好构成了满足性质中所有对象的集合。

2) 位置理论

用来研究地理目标与地理目标所占据的空间位置之间的关系，建立在部分学基础上。地理目标与其所占据的空间位置之间的关系是相当复杂的，也是地理本体表达的一个重点。位置理论的基本关系是恰好位于(exact location)，用 L 来表示，$L(x,y)$ 意为对象 x 恰好位于区域 y。位置理论的基本定义和公理如下。

定义 DL1(完全位于)： $\text{FL}(x,y) := \exists z(\text{part-of}(z,y) \wedge L(x,z))$

定义 DL2(部分位于)： $\text{PL}(x,y) := \exists z(\text{part-of}(z,x) \wedge L(z,y))$

定义 DL3(相合)： $x \approx y := \exists z(L(x,z) \wedge L(y,z))$

公理 AL1： $L(x,y) \wedge L(x,z) \rightarrow y=z$

公理 AL2： $L(x,y) \wedge \text{part-of}(z,x) \rightarrow \text{FL}(z,y)$

公理 AL3： $L(x,y) \wedge \text{part-of}(z,x) \rightarrow \text{PL}(x,z)$

公理 AL4： $L(x,y) \rightarrow L(y,y)$

公理 AL5： $y \approx z \wedge \text{part-of}(x,y) \rightarrow \exists \omega(\text{part-of}(\omega,y) \wedge x \approx \omega)$

公理 AL6： $\exists y(\phi y) \wedge \forall y L(\phi y(x \approx y) \rightarrow x \approx \sigma y(\phi y)$

定义 DL1 是 L 的扩展，$\text{FL}(x,y)$ 解释为 x 完全位于 y；DL2 为 L 的弱化，$\text{PL}(x,y)$ 意为 x 部分位于 y；DL3 定义两个地理对象之间的相合(coincidence)，即占据相同的空间位置；公理 AL1～AL4 是位置理论的最小公理集合；公理 AL5 说明如果两个地理对象相合，则它们存在相合的部分；公理 AL6 表明，如果 y 具有性质 ϕ，并且 y 具有性质 ϕ 蕴含 x 与 y 相合，那么 x 与具有性质 ϕ 的 y 相合。

3) 拓扑理论

一般用来描述地理目标之间的相对位置关系。地理目标之间的相对位置关系可以用连通关系来描述，而连通关系可以用边界来定义。边界问题在地理本体当中是一个非常复杂的问题，可以分为真实边界和人为边界。这里仅给出以真实边界为基础的拓扑学定义和公理，真实边界关系可以用 B 来表示，$B(x,y)$ 的含义为 x 是 y 的真实边界。

定义 DB1(真实闭包)： $c(x) := x + \sigma z(B(z,x))$

公理 AB1： $\text{part-of}(x,c(x))$

公理 AB2： $\text{part-of}(c(c(x)),c(x))$

公理 AB3： $c(x+y) = c(x) + c(y)$

定义 DB2(真实连接)： $C(x,y) := O(c(x),y) \vee O(c(y),x)$

定义 DB1 表示以真实边界为边界的封闭区域，为区域 x 和 x 真实边界的和；公理 AB1～AB2 从公理 AP1 派生；公理 AB3 是封闭区域的和操作；定义 DB2 表示真实边界连通。也可以根据人为边界给出相应的定义和公理。

由真实边界和覆盖的定义，可以给出当实体的边界为真实边界情况下内部部分关系的定义，用 IP 表示如下。

定义 DB3：$\text{IP}(x, y) := \text{part-of}(x, y) \wedge \forall z (B(z, y) \rightarrow \neg O(x, z))$

将这三个理论结合起来，可以在地理本体中对空间拓扑关系、空间位置、地理目标的边界以及部分-整体关系等进行形式化描述，还可以根据这些形式化的公理来实现空间推理操作。

2. 空间关系推理公理

基于上述三个理论的相关定义和公理，可以在地理本体中表达其空间特征。地理本体中空间拓扑关系的形式化描述和表达，如图 4.1.1 所示。

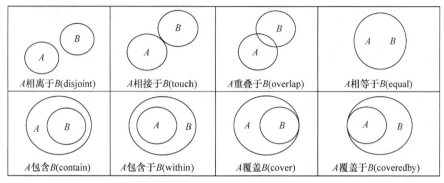

图 4.1.1　常见八种空间关系定义新的公理

相离关系(disjoint)的定义与 DP1 的定义刚好相反，如果不存在 z，使得 part-of(z, x) 和 part-of(z, y) 都成立，那么，x 就和 y 相离，亦即 disjoint(x, y)。

$$\text{disjoint}(x, y) := \neg \exists z (\text{part-of}(z, x) \wedge \text{part-of}(z, y))$$

相接(touch)的定义则复杂一些，要借助于重叠的定义和内部部分定义 DB3。touch(x, y) 表示 x，y 仅在边界部分重合，而内部不重合，所以，如果 x，y 存在重叠关系，并且不存在 z，使得 z 既在 x 的内部，又在 y 的内部，那么，x，y 就是相接关系。

$$\text{touch}(x, y) := O(x, y) \wedge \neg \exists z (\text{IP}(z, x) \wedge \text{IP}(z, y))$$

重叠关系(overlap)，可运用定义 DP1 进行定义，但 DP1 是不严格的重叠关系。为了定义一个严格的重叠关系，必须在定义的基础上加上如下限制：x 不是 y 的一部分，y 也不是 x 的一部分，并且存在 z，使得 z 既在 x 的内部，也在 y 的内部。

$$\text{overlap}(x, y) := O(x, y) \wedge \neg \text{part-of}(x, y) \wedge \neg \text{part-of}(y, x) \wedge \exists z (\text{IP}(z, x) \wedge \text{IP}(z, y))$$

如果 x 是 y 的一部分，并且 y 也是 x 的一部分，亦即 part-of(x, y) 和 part-of(y, x) 都成立，那么 x 和 y 就是相等关系(equal)。

$$\text{equal}(x, y) := \text{part-of}(x, y) \wedge \text{part-of}(y, x)$$

被包含(within)和包含(contain)定义主要借助于内部部分关系定义 DB3，within(x, y) 意为 x 在 y 的内部，所以用内部部分关系定义 IP(x, y) 即可表示，而 contain(x, y) 则与 within(x, y) 相反，意为 x 包含 y，也就是 y 在 x 的内部，用 IP(x, y) 即可定义。

$$\text{contain}(x, y) := \text{IP}(y, x)$$
$$\text{within}(x, y) := \text{IP}(x, y)$$

覆盖关系(cover)实际上是一种被内切的关系。这里的覆盖与我们常规理解的覆盖大不一样。cover(x, y)意为x覆盖y，也就是x被y内切，所以y必须在x的内部，并且y的边界和x有重叠。

$$\text{cover}(x, y) := \text{part-of}(y, x) \land \forall z(B(z, x) \to O(y, z))$$

被覆盖关系(coveredby)实际上是一种内切于的关系，coveredby(x, y)意为y覆盖x，也就是x内切于y，所以x必须在y的内部，并且x的边界和y有重叠。其定义刚好和cover(x, y)相反。

$$\text{coveredby}(x, y) := \text{part-of}(x, y) \land \forall z(B(z, y) \to O(x, z))$$

4.1.2　空间距离关系

距离关系是空间对象间的一种重要关系，一种说法是相邻的事物相似，远离的事物相异；另一种说法是空间造成隔离，隔离促成个性的形成和发展，由此繁衍出自然和人文景观的多样性和区域差异。前一种观点强调的是地理同一性，后一种观点强调的是地理差异性。然而两种观点都把这对矛盾统一体的本源归结为空间距离。地理空间中的距离所描述的对象一定位于地理空间中，具有空间概念，是基于地理位置的，反映了空间物体间的几何接近程度。在地理空间中，不仅要计算点状物体间的距离，还要计算非点状物体间的距离。距离也可以用定性的概念来表达，如近、中、远等。

4.1.3　空间方位关系

空间关系是指地理实体之间存在的，具有空间特性的关系。空间对象的方向关系是指空间中一个对象(目标对象)相对于另一个对象(参考对象)的位置，反映空间对象之间的顺序关系。描述方向关系时，至少需要三个元素：参考对象、目标对象和它们所处的参考框架。其中指向出发的目标称为参考目标，被指向的目标称为源目标(目的目标)。从空间方向关系的定义可以看出，空间方向关系具有不可逆性，一般有Dir$(A, B) \neq$ Dir(B, A)。

空间方向关系的表达方式有定性和定量描述两种。定性描述是用有序尺度数据粗略描述方向关系的形式，常用4主方向(如东、西、南、北)、8主方向等自然语言来表达。定量描述是用方位角、象限角等来表达方向关系值的。其中方位角是在笛卡儿坐标中，以正北方向为零度，顺时针旋转得到的一个角度，取值为$(0°, 360°)$。通常，定性与定量描述可以互相转化。例如，在4主方向表达中，将平面按等间隔($360°/4 = 90°$)划分，于是可以得到$(45°, 0°] \bigcup [315°, 360°)$为北方向。依此类推，可以规定8主方向和16主方向的定量表达区间。定性与定量描述的区别在于定性描述(自然语言表示)较定量描述(数值表示)粗糙，特别是自然语言的表示具有一定的模糊性。方向关系模型包括方向关系的表示和推理。方向关系的表示主要分为以点为基元和以区域为基元的模型。顺序方向空间关系描述空间物体对象间的某种排序关系，如东、南、西、北、前、后、左、右等。

4.1.4　空间拓扑关系

空间拓扑关系描述基本的地理空间要素之间的邻接、关联和包含关系，用于描述地理实体之间的连通性、邻接性和区域性。确定拓扑关系是所有地理学空间问题的基本任务。根据拓扑关系，不需要利用坐标或距离，可以确定一种空间实体相对于另一种空间实体的位置关系。拓扑关系是明确定义空间关系的一种数学方法。几何拓扑学是19世纪形成的一门数学分支，它属于几何学的范畴，但是这种几何学又和通常的平面几何、立体几何不同。通常的平面几何或立体几何研究的对象是点、线、面之间的位置关系以及度量性质。拓扑学不对研究对象的长短、大小、面积、体积等度量性质和数量关系进行研究，它的中心任务是研究拓扑性质中的不变性。

空间拓扑关系是地理信息科学借鉴拓扑学的概念，描述地理对象的空间目标点、线、面之间的邻接、关联和包含关系。基于矢量数据结构的结点-弧段-多边形，用于描述地理实体之间的连通性、邻接性和区域性。空间拓扑关系对空间分析具有重要的意义，因为：①根据拓扑关系，不需要利用坐标或距离，可以确定一种空间实体相对于另一种空间实体的位置关系。拓扑关系能清楚地反映实体之间的逻辑结构关系，比集合数据具有更大的稳定性，不随地图投影而变化。②利用拓扑关系有利于空间要素的查询，例如，某条铁路通过哪些地区，某县与哪些县邻接。又如，分析河流能为哪些地区的居民提供水源等。③可以根据拓扑关系重建地理实体。例如，根据弧段构建多边形，实现道路的选取，进行最佳路径的选择等。

空间关系是阐述空间实体对象间的一种约束机制，其中空间距离关系对空间物体对象间的约束最强，方向关系次之，拓扑关系最弱。各种空间关系并不是相互独立的，例如，基本的距离关系和方向关系是建立在相邻的拓扑关系基础之上的。

4.1.5　空间相似关系

空间相似是物理现象(过程)相似的基础。物理现象(过程)的相似是空间相似概念的扩展。与空间距离、方向、拓扑关系相比，空间相似关系被研究的很少，主要原因是空间相似关系的可计算性差，需要复杂的计算过程。空间相似又分为空间互相似和空间自相似。

1. 空间互相似关系

一个地理空间内的地理要素与其周围地理要素有相似性，空间单元之间具有连通性。

1) 基于形态相似关系

基于形态相似关联分为两个阶段：第 1 阶段是建立形状的特征描述符；第 2 阶段是基于所建立的特征描述符对形状进行相似性判定、分类和检索。因此，所建立的形状特征描述符的完整性和可区分性，以及对所建立的特征描述符的相似性度量方法的优劣将直接决定形状的相似性判定、分类和检索的效果。

在形状的空间域，为了建立形状的特征描述符，有两种主要的方法：基于形状边界点特征建立形状的特征描述符和基于形状区域像素点特征建立形状的特征描述符。在基于形状边界点特征建立形状的特征描述符的方法中，由于形状的边界点决定了图形的形状，通过边界点的特征和边界点链码对形状的边界进行编码并建立形状的特征描述符是一种直观和直接的方法，但是这种基于边界点的特征和边界点链码的方法不能处理形状的旋转、缩放等几何变换。为了解决形状的几何变换的不变性问题，更为一般的方法是基于形状边界点的特征不变量来建立形状的特征描述符，通过边界点特征不变量，如 shape context，以及对面积、弧长及边界点到中心点的距离等特征进行归一化处理后的特征值，并通过多尺度计算来寻求特征的完整性和可区分性。采用边界点的特征不变量所建立的形状特征描述符可以较好地适应形状的几何变换，但是，建立形状特征描述符的时间复杂度非常高。在基于形状像素点特征建立形状的特征描述符的方法中，积分不变量和矩是建立形状特征描述符的一种常用方法，在这种方法中，针对形状中的每个像素点，使用核函数建立每个像素点的局部特征，并通过特征筛选构建形状的特征描述符。与基于形状边界点的特征建立形状的特征描述符的方法类似，这类方法在建立形状的特征描述符时的时间复杂度也非常高。

2) 基于结构相似关系

结构相似是智能化空间查询的一个重要研究内容。在地学研究中，我们经常研究地理现象的空间分布和布局，以及地理实体的内部结构，例如，河网水系常被分类为树状结构、扇状结构、网状结构等。空间特征主要包括描述空间实体的几何特征，如位置、维数、大小、形状等，以及描述空间实体之间空间关系的几何关系。拓扑关系不考虑度量和方向的空间物体之间的结构关系。

2. 空间自相似关系

人们在观察与研究自然界的过程中，认识到客观世界存在自相似性现象，它是物质运动、发展的一种普遍的表现形式，是自然界普遍的规律之一。地理空间的自相似性是指某种地理结构或过程的特征，从不同的空间尺度或时间尺度来看是相似的，或者局域与整体类似。一般情况下地理空间的自相似性有比较复杂的表现形式，而不是局域放大倍数以后简单地和整体完全重合。地理研究对象普遍存在的变量间的关系中，确定性的是函数关系，非确定性的是相关关系。地理空间自相关是指时空序列数值间的相关关系。

1) 地理空间实体自相似关系

地理要素间的相互作用和联系是整体性的根本所在。在地理环境这个系统中，各组成要素由于一种非线性的相互作用而联系起来，我们不可能把任何一个地理要素在不对地理环境整体造成影响的情况下从整体中剥离出来。所以说，要深刻理解整体性思想的内涵，关键在于把握地理环境各要素之间的联系。因此，理解空间自相似关系有利于从整体上、内在联系上认识地理事物和现象的本质。地理全息研究方法，就是通过部分揭示整体性质、由有限认识无限的方法。人类经常运用这种方法的前提就是部分、有限包含着整体、无限的信息，否则这种认识就绝对不可能。人类的所有地理认识，永远只是对地球某些有限局域的认识，如果我们能够将这有限局域的信息全部揭示出来，那么我们也就认识了地球。地理空间自相似性除了空间上的(整体与局部)，还有一种是时间上的，即历史的重复。

2) 多尺度表达中空间自相似关系

人类对地理现象的认知能力是有限的，地理信息载体表达地理信息的能力是有限的，计算机设备储存和运算能力也是有限的，而地球表层的地物和现象是复杂无限的。尺度的选择是研究人员在现实确定的研究目标、观测技术水平、模型分析能力等约束条件下，不得已而为之的选择。实际上，人类信息获取过程是以一种有序的方式对思维对象进行各种层次的抽象，以便使自己既看清了细节，又不被枝节问题扰乱了主干。由此，人们表达信息内容时，往往经过采样、选取、概括等过程，按不同的层次表达和表现客观事物的内容，根据主题的需要对材料进行取舍，做到主次分明、重点突出。本质上，尺度只是人类主观建立的，用于观察、测量、分析、模拟和调控各种自然过程的空间或时间单位。

地理学研究涉及多种尺度。凡是与地球参考位置有关的物体都具有空间尺度，尺度是地理学的重要特征。地理信息尺度规定了地理区域与之相适应的地理信息的详尽程度。由于地理信息的尺度依赖，地理要素的几何形状、空间关系、属性也是尺度依赖的，即同一地理实体在不同比例尺下表现为不同的地理要素形态，称为地理实体表达的多态性。同一地理实体群在不同比例尺下表现为空间相似性，如图 4.1.2 和图 4.1.3 所示，多态性和空间相似性与比例尺密切相关，两者具有某种函数依赖关系，一般比例尺跨度变化越大，相似度越低。相似度可以定量计算。

图 4.1.2　同一实体在不同比例尺表达的多态性

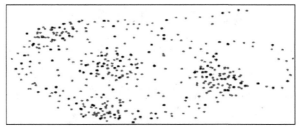

(a) 比例尺为 1∶1 万

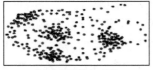

(b) 比例尺为 1∶2 万　　　　　(c) 比例尺为 1∶5 万

图 4.1.3　点群在多尺度下的空间相似关系变化

3) 空间自相似关系定义与性质

从集合学的角度给出空间相似关系的定义如下。

定义 1　设有地理空间两个目标 A_1、A_2，其特征集合分别为 C_1、C_2，且 C_1、C_2 均非空。若 $C_1 \bigcap C_2 = C_n \neq \varnothing$，称相似特征集 C_n 为目标 A_1、A_2 的空间相似关系。

定义 2　两个空间目标之间的空间相似关系强弱可用相似度衡量，其值域为 $[0,1]$。相似度的大小具有模糊性，难以精确计算。从两个目标的空间相似关系定义可得出如下推论：①C_n 越大，两目标的相似度越大；②C_n 为 $\varnothing$ 时，两目标没有相似特征，其相似度为 0；③$C_1 = C_2 = C_n$，两目标的特征完全相同，其相似度为 1。

由定义 1 可以进一步推广，得到多个目标的空间相似关系。

定义 3　设有地理空间 k 个目标 A_1、A_2、…、A_k，其特征集合分别为 C_1、C_2、…、C_k，且 C_1、C_2、…、C_k 均非空。若 $C_1 \bigcap C_2 \bigcap \cdots \bigcap C_k = C_n$，称相似特征集 C_n 为目标 A_1、A_2、…、A_k 的空间相似关系。

上述定义 1、定义 3 都是针对同一尺度空间的不同目标而言，下面将其推广到同一地图目标在不同尺度空间的相似关系。

定义 4　设有目标 A，在比例尺为 S_1、S_2、…、S_k 的地图上分别表达为目标 A_1、A_2、…、A_k，其相应特征集为 C_1、C_2、…、C_k，且 C_1、C_2、…、C_k 均非空。若 $C_1 \bigcap C_2 \bigcap \cdots \bigcap C_k = C_n$，称相似特征集 C_n 为目标 A 在不同比例尺表达下的空间相似关系。

空间相似关系具有如下性质。

(1) 反身性，即一个空间目标一定与自身相似。

(2) 对称性，即 A 目标与 B 目标的相似特征也是 B 目标与 A 目标的相似特征。

(3) 非传递性，即由 A 目标与 B 目标特征相似且 B 目标与 C 目标特征相似不能推出 A 目标与 C 目标特征相似。

(4) 多尺度自相似性，即同一目标在不同比例尺的地图上表达为不同形式，其间具有相似性。

(5) 自相似的尺度依赖性，同一目标在不同比例尺的地图上，相似度大小与地图比例尺变化具有函数依赖关系，且比例尺变化越大，目标之间的相似度越小。

4.2　地理空间邻近关联

邻近是指附近，位置上接近。相邻关系是指两个或两个以上相互毗邻的地理事物空间的连续性。通俗地来说，空间邻近很多时候就等于距离邻近，如在生活中，我们对两个物体的空间邻近关系进行定义，更多的是对这两个物体之间的距离进行描述。

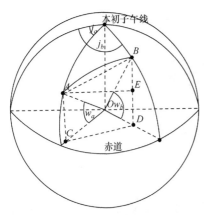

图 4.2.1　经纬度距离计算示意图

4.2.1　地球表面距离

地球表面距离计算方法有两种：一是椭球模型，这种模型将地球看成一个标准椭球体，椭球面上两点之间的最短距离即椭球弧长，是一个曲线。该模型最贴近真实地球，精度也最高，但计算较为复杂。二是球面模型，我们实际应用中对精度要求不高时，把地球看成一个标准球体，如图 4.2.1 所示，球面上两点之间的最短距离即大圆弧长，这种方法使用较广。该模型将地球看成圆球，假设地球上有 $A(j_a, w_a)$，$B(j_b, w_b)$ 两点(注：j_a 和 j_b 分别是 A 和 B 的经度，w_a 和 w_b 分别是 A 和 B 的纬度)，A 和 B 两点的球面距离是 AB 的弧长，AB 弧长 $= R \times \angle AOB$ (注：$\angle AOB$ 是 OA 和 OB 的夹角，O 是地球的球心，R 是地球半径，约为 6367000m)。如何求出 $\angle AOB$ 呢？可以先求出 $\triangle AOB$ 的最大边 AB 的长度，再根据余弦定律可以求夹角。

$$\alpha = \arccos[\cos w_a \cos w_b \cos(j_a - j_b) + \sin w_a \sin w_b]$$

式中，α 为 A、B 两点所成的球心角。地球表面距离 $\overset{\frown}{AB} = R\alpha$。

4.2.2　地球平面距离

用一定数学法则把地球表面的经、纬线转换到平面上(地图投影)，在平面上以这两点为端点的线段的长度就是这两点间的距离。两点间距离公式常用于函数图形内求两点之间距离、点的坐标的基本公式，是距离公式之一。两点间距离公式阐述了点和点之间距离的关系。

1. 距离公理

设 X 是非空集合，对于 X 中任意的两个元素 x 与 y，按某一法则都对应唯一的实数 $d(x,y)$，而且满足下述三条公理：

(1) 非负性，$d(x,y) \geqslant 0 [d(x,y) = 0$，当且仅当 $x = y]$。

(2) 对称性，$d(x,y) = d(y,x)$。

(3) 三角不等式，对于任意的 x，y，$z \in X$，恒有 $d(x,y) \leqslant d(x,z) + d(z,y)$。

$d(x,y)$ 为 x 与 y 的距离，并称 X 是以 d 为距离的距离空间，记作 (X,d)。通常，在距离已被定义的情况下，(X,d) 可以简单地将 X 中的元素称为 X 中的点。

2. 距离度量

常见的距离计算方法有以下几种。

1) 欧氏距离

欧氏距离是最易于理解的一种距离计算方法，源自欧氏空间中两点间的距离公式。

(1) 二维平面上两点 $a(x_i, y_i)$ 与 $b(x_j, y_j)$ 间的欧氏距离：

$$d_{ij} = \sqrt{(x_i - x_j)^2 + (y_i - y_j)^2}$$

(2) 三维空间两点 $a(x_i, y_i, z_i)$ 与 $b(x_j, y_j, z_j)$ 间的欧氏距离：

$$d_{ij} = \sqrt{(x_i - x_j)^2 + (y_i - y_j)^2 + (z_i - z_j)^2}$$

(3) 两个 n 维向量 $a(x_{i1}, x_{i2}, \cdots, x_{in})$ 与 $b(x_{j1}, x_{j2}, \cdots, x_{jn})$ 间的欧氏距离：

$$d_{ij} = \sqrt{\sum_{k=1}^{n} (x_{ik} - x_{jk})^2}$$

2) 曼哈顿距离

曼哈顿距离(manhattan distance)定义为驾驶距离，驾驶距离不是两点间的直线距离，而是城市街区距离(cityblock distance)。如果欧氏距离看作多维空间对象点与点的直线距离，那么曼哈顿距离就是计算从一个对象到另一个对象所经过的折线距离，有时也可以进一步描述为多维空间中对象在各维的平均差，取平均差之后的计算公式：

(1) 二维平面两点 $a(x_i, y_i)$ 与 $b(x_j, y_j)$ 间的曼哈顿距离：

$$d_{ij} = |x_i - x_j| + |y_i - y_j|$$

(2) 两个 n 维向量 $a(x_{i1}, x_{i2}, \cdots, x_{in})$ 与 $b(x_{j1}, x_{j2}, \cdots, x_{jn})$ 间的曼哈顿距离：

$$d_{ij} = \sum_{k=1}^{n} |x_{ik} - x_{jk}|$$

需要注意的是，曼哈顿距离取消了欧氏距离的平方，因此使离群点的影响减弱。

3) 切比雪夫距离

在数学中，切比雪夫距离定义为两个向量在任意坐标维度上的最大差值。

(1) 二维平面两点 $a(x_1, y_1)$ 与 $b(x_2, y_2)$ 间的切比雪夫距离计算公式为

$$d_{ij} = \max\left(|x_i - x_j|, |y_i - y_j|\right)$$

(2) 两个 n 维向量 $a(x_{i1}, x_{i2}, \cdots, x_{in})$ 与 $b(x_{j1}, x_{j2}, \cdots, x_{jn})$ 之间的切比雪夫距离计算公式为

$$d_{ij} = \max_k\left(|x_{ik} - x_{jk}|\right)$$

这个公式的另一种等价形式是

$$d_{ij} = \lim_{m \to \infty} \left(\sum_{k=1}^{n} |x_{ik} - x_{jk}|^m \right)^{1/m}$$

4) 明可夫斯基距离

明氏距离不是一种距离,而是一组距离的定义。两个 n 维变量 $a(x_{i1}, x_{i2}, \cdots, x_{in})$ 与 $b(x_{j1}, x_{j2}, \cdots, x_{jn})$ 之间的明可夫斯基距离定义为

$$d_{ij} = \sqrt[p]{\sum_{k=1}^{n} |x_{ik} - x_{jk}|^p}$$

式中,p 为一个变参数。当 $p=1$ 时,是曼哈顿距离;当 $p=2$ 时,是欧氏距离;当 $p \to \infty$ 时,是切比雪夫距离。根据变参数的不同,明氏距离可以表示一类距离。

明氏距离,包含曼哈顿距离、欧氏距离和切比雪夫距离都存在明显的缺点。举个例子,二维样本(身高,体重),其中身高范围是 150~190cm,体重范围是 50~60kg,有三个样本:$a(180,50)$,$b(190,50)$,$c(180,60)$。那么 a 与 b 之间的明氏距离(无论是曼哈顿距离、欧氏距离或切比雪夫距离)等于 a 与 c 之间的明氏距离,但是身高的 10cm 真的等价于体重的 10kg 吗?因此用明氏距离来衡量这些样本间的相似度很有问题。

简单来说,明氏距离的缺点主要有两个:①将各个分量的量纲(scale),也就是单位当作相同的看待了。②没有考虑各个分量的分布(期望、方差等)可能是不同的。

5) 标准化欧氏距离

标准化欧氏距离(standardized Euclidean distance)是针对简单欧氏距离的缺点而做的一种改进方案。标准化欧氏距离的思路:既然数据各维分量的分布不一样,那先将各个分量都标准化到均值、方差相等。均值和方差标准化到多少呢?根据统计学知识,假设样本集 X 的均值(mean)为 m,标准差(standard deviation)为 s,那么 X 的标准化变量表示为:X^*,而且标准化变量的数学期望为 0,方差为 1。因此样本集的标准化过程(standardization)可用公式描述为

$$X^* = \frac{X - m}{S}$$

标准化后的值=(标准化前的值 − 分量的均值)/分量的标准差。

经过简单的推导就可以得到两个 n 维向量 $a(x_{i1}, x_{i2}, \cdots, x_{in})$ 与 $b(x_{j1}, x_{j2}, \cdots, x_{jn})$ 之间的标准化欧氏距离公式:

$$d_{ij} = \sqrt{\sum_{k=1}^{n} \left(\frac{x_{ik} - x_{jk}}{s_k} \right)^2}$$

如果将方差的倒数看成是一个权重,那么这个公式可以看成是一种加权欧氏距离(weighted Euclidean distance)。

6) 豪斯多夫距离

给定欧氏空间中的两个真子集,豪斯多夫距离用来衡量这两个点集间的距离。换句话说,它是从一个集合中的一个点到另一个集合中最近的点的所有距离中最大的一个。

设 X 和 Y 是度量空间 M 的两个真子集,那么豪斯多夫距离 $d_H(X,Y)$ 是最小的数 r,使得 X

的闭 r-邻域包含 Y，Y 的闭 r-邻域也包含 X。

$$d_{\mathrm{H}}(X,Y) = \max\left[\sup_{x\in X}\inf_{y\in Y}d(x,y), \quad \sup_{y\in Y}\inf_{x\in X}d(x,y)\right]$$

式中，sup(supremum) 和 inf(infimum) 分别为上确界和下确界，如图 4.2.2 所示。

　　假设有两组集合 $T=\{t_1,\cdots,t_p\}$，$B=\{b_1,\cdots,b_q\}$，则这两个点集合之间的豪斯多夫距离定义为 $H(T,E) = \max[h(T,E)$，$h(E,T)]$。$h(T,E)$ 表示了模板边缘点与最近图像边缘点之间的最大距离；$h(E,T)$ 的定义与 $h(T,E)$ 互为对称，表示图像边缘点与最近模板边缘点之间的最大距离，如图 4.2.3 所示。

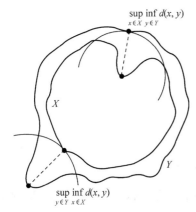
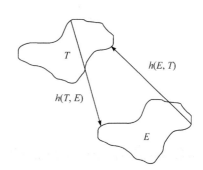

图 4.2.2　豪斯多夫距离上确界和下确界　　　　　图 4.2.3　豪斯多夫距离边缘点

　　图中 $h(E,T)$ 和 $h(T,E)$ 分别为从 E 集合到 T 集合和从 T 集合到 E 集合的单向豪斯多夫距离，即 $h(E,T)$ 实际上首先对点集 E 中的每个点到距离此点最近的 T 集合中点之间的距离 $\|t_i-e_j\|$ 进行排序，然后取该距离中的最大值作为 $h(E,T)$ 的值。$h(T,E)$ 同理。双向豪斯多夫距离 $H(T,E)$ 是单向距离 $h(T,E)$ 和 $h(E,T)$ 两者中的较大者，豪斯多夫距离由这两个距离的最大值决定。

7）马氏距离

　　有 M 个样本向量 $X_1\sim X_m$，协方差矩阵记为 S，均值记为向量 u，则样本向量 X 到 u 的马氏距离表示为

$$D(X) = \sqrt{(X-u)^{\mathrm{T}}S^{-1}(X-u)}$$

而其中向量 X_i 与 X_j 之间的马氏距离定义为

$$D(X_i,X_j) = \sqrt{(X_i-X_j)^{\mathrm{T}}S^{-1}(X_i-X_j)}$$

若协方差矩阵是单位矩阵(各个样本向量之间独立同分布)，则公式为

$$D(X_i,X_j) = \sqrt{(X_i-X_j)^{\mathrm{T}}(X_i-X_j)}$$

也就是欧氏距离。

　　当协方差矩阵是对角矩阵时，马氏距离变成了标准化欧氏距离。马氏距离的优点是与量纲无关，排除变量之间相关性的干扰。

8) 夹角余弦

几何中夹角余弦(cosine)可用来衡量两个向量的方向差异，机器学习中借用这一概念来衡量样本向量之间的差异。

(1) 在二维空间中向量 $a(x_i, y_i)$ 与向量 $b(x_j, y_j)$ 的夹角余弦公式为

$$\cos\theta = \frac{x_i x_j + y_i y_j}{\sqrt{x_i^2 + y_i^2}\sqrt{x_j^2 + y_j^2}}$$

(2) 对于两个 n 维样本点 $a(x_{i1}, x_{i2}, \cdots, x_{in})$ 与 $b(x_{j1}, x_{j2}, \cdots, x_{jn})$，可以使用类似于夹角余弦的概念来衡量它们间的相似程度。

$$\cos(\theta) = \frac{a \cdot b}{|a\,\|\,b|}$$

即

$$\cos(\theta) = \frac{\sum\limits_{k=1}^{n} x_{ik} x_{jk}}{\sqrt{\sum\limits_{k=1}^{n} x_{ik}^2}\sqrt{\sum\limits_{k=1}^{n} x_{jk}^2}}$$

夹角余弦取值为 $[-1,1]$。夹角余弦越大表示两个向量的夹角越小，夹角余弦越小表示两个向量的夹角越大。当两个向量的方向重合时，夹角余弦取最大值 1，当两个向量的方向完全相反，夹角余弦取最小值 -1。

9) 汉明距离

汉明距离(Hamming distance)主要是为了解决在通信中数据传输时改变的二进制位数，也称为信号距离。两个等长字符串 s_1 与 s_2 之间的汉明距离定义为将其中一个变为另外一个所需要做的最小替换次数，如将 a (11100)变换为 b (00010)，则其距离为 4。

汉明距离主要应用于信息编码中，为了增强容错性，应使得编码间的最小汉明距离尽可能大。

4.2.3 地理空间邻近

空间邻近关系是模式识别、空间推理等与空间相关领域经常使用的一个概念，既隶属于拓扑关系，又可看作是定性的度量关系，在地理信息科学领域有十分重要的作用。根据空间目标之间是否具有公共部分，可将空间邻近关系分为两类：一类是空间相连目标之间的邻近关系，称为拓扑邻近或相邻[$(A\,|\,B \Leftrightarrow A\bigcap B = \partial A \bigcap \partial B \neq \varnothing)$，$\partial A$ 和 ∂B 分别表示实体 A 和 B 的边界]；另一类是空间不相连目标之间的邻近关系，其存在于相离目标之间，称为几何邻近或相离 $(A\,|\,B \Leftrightarrow A\bigcap B = \partial A \bigcap \partial B = \varnothing)$。拓扑邻近可以通过空间目标之间的公共部分进行定义与区分，较为固定与明确；几何邻近的定义与区分依赖于具体的应用环境，尤其在空间目标不规则分布的情况下，通常有一定的模糊性。

1. Voronoi 距离

Voronoi 图，又称为泰森多边形或 Dirichlet 图，是一组由连接两邻点线段的垂直平分线组成的连续多边形。N 个在平面上有区别的点，按照最邻近原则划分平面，每个点与它的最近

邻区域相关联。Delaunay 三角形是由与相邻 Voronoi 多边形共享一条边的相关点连接而成的三角形。Delaunay 三角形的外接圆圆心是与三角形相关的 Voronoi 多边形的一个顶点。如图 4.2.4 所示，其中(a)是平面上的点集，(b)是由该点集产生的 Voronoi 图。

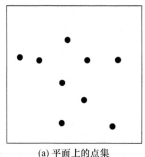 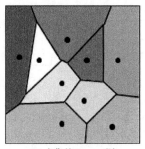

(a) 平面上的点集　　(b) 点集的Voronoi图

图 4.2.4　Voronoi 图

对于给定的初始点集 P，有多种三角网剖分方式，其中 Delaunay 三角网具有以下特征：

(1) Delaunay 三角网通常是唯一的(不唯一的情况如 P 只包含四个点，且四点共圆)。

(2) 三角网的外边界构成了点集 P 的凸多边形外壳。

(3) 没有任何点在三角形的外接圆内部，反之，如果一个三角网满足此条件，那么它是 Delaunay 三角网。

(4) 如果将三角网中的每个三角形的最小角进行升序排列，则 Delaunay 三角网的排列得到的数值最大。从这个意义上讲，Delaunay 三角网是最接近于规则化的三角网。

2. k 阶邻近

设 P 是二维欧氏空间(IR^2)有限凸域上空间目标 $P_1,P_2,\cdots,P_n$ 的集合，$P_i,P_j\in P(i\neq j,i,j=1,2,\cdots,n)$。$V(P)$ 为 P 剖分后形成的 Voronoi 图，空间目标 P_i 和 P_j 的 Voronoi 区域分别记为 $V(P_i)$ 和 $V(P_j)$，$V(P_i)$ 和 $V(P_j)$ 之间 Voronoi 多边形的最少个数称为 P_i 与 P_j 之间的 Voronoi 距离，也称 P_i 与 P_j 之间存在 k 阶邻近关系，记为 $VD(P_i,P_j)=k$，且 $VD(P_i,P_j)\geqslant 0$；当 $P_i=P_j$ 时，$VD(P_i,P_j)=0$。

Voronoi 距离不是纯度量意义上的距离，含有拓扑信息，值只取决于 Voronoi 多边形的个数，而与空间尺度无关。Voronoi 距离不仅反映空间目标之间的邻近程度，而且用于更加细致地区分相离目标(包括非相离目标)之间的不同邻近情形。当 k 值为 0 时，说明空间目标之间存在较为规则的分布；k 值为 2 时，说明两个空间目标被其他空间目标隔开。因此 k 阶邻近是对几何邻近关系的总概括，可以用 k 阶邻近细致地区分相离目标之间的不同几何邻近情形。如图 4.2.5 所示，$VD(G,G)=0$，$VD(G,D)=1$，$VD(G,C)=2$，$VD(A,G)=3$。

k 阶 Voronoi 邻近具有如下性质：

1) 有序性与度量性

给定空间目标，共享 Voronoi 边界的空间目标是其 1 阶邻近目标，而该空间目标的所有 1 阶邻近目标的

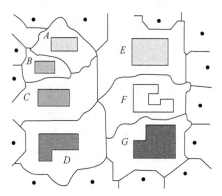

图 4.2.5　面目标间的 k 阶邻近

Voronoi 多边形恰好将空间目标完全围绕。因此，如果以该给定空间目标为中心，则可知其与 1 阶邻近目标之间不存在其他任何目标。如图 4.2.6(a)所示，给定一个空间目标 P，其 1 阶邻近目标所组成的 Voronoi 多边形刚好将空间目标 P 包围。

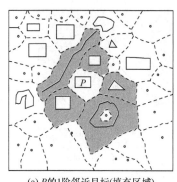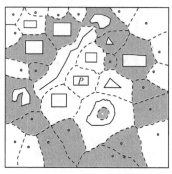

(a) P的1阶邻近目标(填充区域)　　　　　　　(b) P的2阶邻近目标(填充区域)

图 4.2.6　空间目标 P 的 k 阶邻近目标(虚线为 Voronoi 边界，实线为目标边界)

2 阶邻近目标不与给定目标的 Voronoi 多边形相接，而与给定目标的 1 阶邻近目标的 Voronoi 多边形相接。2 阶邻近目标必定全部位于 1 阶邻近目标之后，即 1 阶邻近目标位于 2 阶邻近目标之前。依此类推，3 阶邻近目标位于 2 阶邻近目标之后。如图 4.2.6(b)所示，空间目标 P 的所有 2 阶邻近目标均在 1 阶邻近目标之后，且位于 3 阶邻近目标之前，其所有的邻近目标按照阶数组成了一个层次图。推而广之，$k+1$ 阶目标必定直接位于 k 阶目标之后。因此，k 阶邻近目标满足有序性的性质，反映了以给定目标为中心视点的一种空间序列关系，以及度量空间目标之间的远近程度。

2) 局部拓扑性

由于 k 阶邻近以拓扑相接为基础，而拓扑相接显然是一种定性信息。当空间目标在一定范围内发生变化时，k 阶邻近的关系将保持不变，即具有局部拓扑特性。但当空间目标的位置变化超出一定范围时，k 阶邻近关系将会发生变化。例如，1 阶邻近目标与 2 阶邻近目标发生变换的条件是，2 阶邻近目标之间的距离减小到小于相关的 1 阶邻近目标的距离。事实上，1 阶邻近与 2 阶邻近之间的变换是最基本的变化，能直接导致更高阶的邻近关系的变化。局部拓扑性表明，k 阶邻近能用于捕捉空间目标之间的动态变换信息。

Voronoi 图是计算几何中重要的几何结构之一，主要用于解决与距离相关的问题，如最短路径、最近点、求 n 个点的凸包、最小树、最大空圆等。Voronoi 图是依据最邻近原则，将空间中的每一点分配给距其最近的空间目标后所形成的一种空间剖分面片图。空间目标的 Voronoi 多边形是互不重叠的，空间目标之间 Voronoi 多边形的个数反映它们之间的邻近程度。随着 k 阶 Voronoi 图的广泛应用，产生了多种 k 阶 Voronoi 图的生成算法。平面 n 个点集合的 k 阶 Voronoi 图的生成算法是利用 $k-1$ 阶 Voronoi 图构造 k 阶 Voronoi 图，该算法可以得到更好的效果。Voronoi 距离用空间目标之间最少的 Voronoi 多边形个数来度量，该距离可推算出空间目标 A 相对于空间目标 B 的远近级别，用来表示空间目标之间的邻近度，称为 k 阶邻近关系。

4.2.4　地理要素距离度量

任意两个要素之间的距离按两者间最短间距计算，即两个要素彼此最接近的距离。地理要素包括不同形状类型(点、多点、线或面)的一个或多个要素类。地理要素间距离可分为点/点、点/线、点/面、线/线、线/面、面/面 6 类，此外还可包含点群、线群、面群间的距离度量。

在矢量距离计算中，点/点之间的距离计算比较简单，常采用欧氏距离度量表达，而其他5 类距离的计算则相对复杂，并且在不同的应用中对距离的定义和理解也不同。为此，各种扩展的空间距离被相继提出，如最近距离、最远距离、质心距离、豪斯多夫距离、边界豪斯多夫距离、对偶豪斯多夫距离、广义豪斯多夫距离等。

1. 点到多边形(轮廓)距离

计算点与点的相互距离较简单，点和线的距离应该是两者之间的最近距离。点到面距离是指空间内一点到面轮廓上一点的最小长度。点到线和面的距离归结为点到多边形(轮廓)的距离，如图 4.2.7 所示。

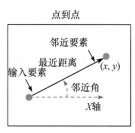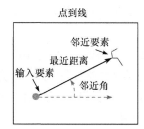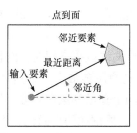

图 4.2.7　点到点、线、面距离

点到多边形(轮廓)距离定义为空间内一点到多边形(轮廓)上一点的最小长度。无非有两种关系：点与多边形(轮廓)上特征点最近；点与多边形(轮廓)的特征点连线最近。点到多边形(轮廓)距离转化为点到线段的最短距离，点到线段最短距离的运算与点到直线的最短距离的运算二者之间存在一定的差别，即求点到线段最短距离时需要考虑参考点在沿线段方向的投影点是否在线段上，若在线段上才可采用点到直线距离公式，用解析几何知识对点到线段的距离进行求解。其基本思想是先判断点在线段端点、点在线上等特殊情况，逐步地由特殊到一般，当忽略点在线段上的特殊情况时，判断点到线段方向的垂线是否落在线段上的方法是通过比较横纵坐标的方式来判断，最后把不同的判断情况用不同的几何方式来进行处理计算得出结果。图 4.2.8(a)最短距离为点 P 与其在线段 AB 上投影 C 之间的线段 PC，图 4.2.8(b)最短距离为点 P 与端点 B(或 A)所构成的线段 PB(或 PA)。

面积算法主要是先判断投影点是否在线段上，投影点在线段延长线上时，最短距离长度为点到端点的线段长度；当投影点在线段上时，先使用海伦公式计算三角形面积，再计算出三角形的高，即为最短距离。

运用面积算法求解点到线段最短距离思路很清晰，也很容易理解。但从效率方面考虑，需要多次计算平方、开方，这对于大量数据进行运算的负担很重。

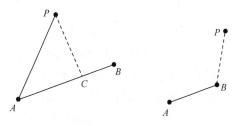

图 4.2.8　点到直线距离

2. 多边形(轮廓)间的距离

线/线、线/面、面/面等要素距离度量归结为多边形(轮廓)间的距离度量。多边形(轮廓)由线段构成，最终转化为两条线段之间的最短距离，如图 4.2.9 所示。

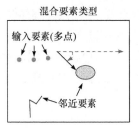
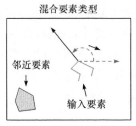
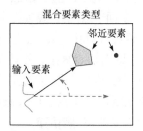

图 4.2.9　点、线和多边形间的距离

设两线段 l_1 与 l_2，其中 l_1 的两个端点为 p_{1a} 和 p_{1b}，l_2 的两个端点为 p_{2a} 和 p_{2b}，$d(l_1, l_2)$ 表示 l_1 与 l_2 最近距离，计算两条线段 l_1 与 l_2 之间的最短距离分为三种情况。

(1) 若两线段有交点，线和线有相互交叉，线和面、面和面有交叉等关系，最近距离一般按零处理。

(2) 计算两线段端点到对方线段所在直线 l_1，l_2 的距离。在 $d(p_{1a}, l_2)$，$d(p_{1b}, l_2)$，$d(p_{2a}, l_1)$，$d(p_{2b}, l_1)$ 中选择距离最小，且垂足落在对方线段内的，作为 $d(s_1, s_2)$。

(3) 若四个垂足都落在对方线段外，计算四个端点两两匹配的距离作为 $d(l_1, l_2)$。

3. 点群、线群和面群间的距离度量

地理空间中地理要素呈点群、线群和面群分布。例如，一个道路网由多条道路组成；一个群岛，有可能不是完整的连接在一起，而是由多个岛组成。地理要素群之间距离定义为群的质心距离或群的分布范围(轮廓)距离。这样点群、线群和面群间的距离度量转化为点到点、点到多边形和多边形到多边形的距离度量。核心问题是如何计算点群、线群和面群的质心和分布范围(轮廓)。

1) 地理要素群的质心

质心是指地理要素群分布的平均位置。质心是指横坐标、纵坐标分别为 N 个点的横、纵坐标平均值的点。即假定 N 个点的坐标分别为 (x_1, y_1)，(x_2, y_2)，…，(x_n, y_n)，则质心的坐标为 $[(x_1 + x_2 + \cdots + x_n)/N，(y_1 + y_2 + \ldots + y_n)/N]$。

2) 地理要素群的轮廓

点群、线群和面群目标外轮廓的提取，是对点、线和面群原始数据的特征点建立 Delaunay 三角网，依据三角网的规则和性质，提取三角网外部轮廓。

4.2.5　地理要素邻近关联

邻近度是描述地理空间中两个地物距离相近的程度。例如，交通沿线或河流沿线的地物有其独特的重要性，公共设施的服务半径，大型水库建设引起的搬迁，铁路、公路以及航运河道对其所穿过区域经济的发展的重要性等，都是邻近度问题。空间邻近度关联包括领域、地统计、缓冲区和空间自相关等分析，都涉及空间关系的判断。缓冲区分析是用来确定不同地理要素的空间邻近性和接近程度的一种分析方法。

1. 缓冲区定义

缓冲区是指对空间对象的一种影响范围或服务范围。从数学的角度看，缓冲区分析的基本思想是：给定一个空间对象或对象集合，确定它们的邻域，而邻域的大小由邻域半径 R 决定。因此，对象 O_i 的缓冲区定义为

$$B_i = \{x : d(x, O_i) \leqslant R\}$$

公式定义了对象 O_i 的缓冲区：距 O_i 的距离 d 小于 R 的全部点的集合。d 在一般情况下取欧氏距离，但也可取其他类型的距离。对于对象集合 $O = \{O_i : i = 1, 2, \cdots, n\}$，其半径为 R 的缓冲区是各个对象缓冲区的并集，即

$$B = \bigcup_{i=1}^{n} B_i$$

缓冲区是根据分析对象的面、线、点实体，自动建立它们周围一定距离的带状区，用以识别这些实体或主体对邻近对象的辐射范围或影响度。

地理要素邻近关联的实质是对一组或一类对象按某一缓冲距离(缓冲半径或缓冲宽度)建立缓冲区。

2. 缓冲区分类

空间目标主要是点、线、面目标以及由点、线、面目标组成的复杂目标(图 4.2.10)。因此，空间目标的缓冲区分析包括点、线、面和复杂目标缓冲区。从缓冲区的定义可见，点目标的缓冲区是围绕该目标的半径为缓冲距的圆周所包围的区域；线目标的缓冲区是围绕该目标的两侧距离不超过缓冲距的点组成的带状区域；面目标的缓冲区是沿该目标边界线内侧或外侧，距离不超过缓冲距的点组成的面状区域；复杂目标的缓冲区是由组成复杂目标的单个目标的缓冲区的并组成的区域。

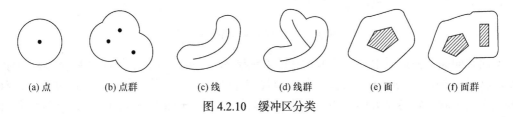

(a) 点　　(b) 点群　　(c) 线　　(d) 线群　　(e) 面　　(f) 面群

图 4.2.10　缓冲区分类

3. 缓冲区分析计算

进行空间缓冲区分析时，通常将研究的问题抽象为以下三类因素进行分析。

1) 主体

表示分析的主要目标，一般分为点、线、面、点群、线群和面群六种类型。

2) 邻近对象

表示受主体影响的客体，例如，在城市规划的实践中，如需要了解道路或轨道交通周边的建筑物情况或居民总数，可首先对道路或地铁轨道实施缓冲区分析，再统计缓冲区内的建筑物或居民总数。

3) 作用条件

表示主体对邻近对象施加作用的影响条件或强度。缓冲区计算方法分为矢量和栅格两种方法。

4.3　地理空间顺序关联

空间顺序按实物的空间位置或构成部分来说明，即按事物空间结构的顺序来说明，从外到内、从上到下、从整体到局部来加以介绍，这种说明顺序有利于全面说明事物各方面的特征。顺序空间关系(order spatial relationship)是描述对象在空间中的某种排序关系，如按上下左右、前后内外、东西南北等次序。在 GIS 中应用最为广泛的是按事物的方位为序说明事物。

4.3.1　方向关系参考框架

方位关系描述边界并不相互接触的两个物体，通常采用以一个物体为中心，描述另一个物体位于它的哪个方向上，距离它有多远，在一定的方向参考系统下从一个空间目标到另一个空间目标的指向，通常用角度(定量)或东、南、西、北(定性)等术语表示。如图 4.3.1 所示，方位是指两个物体 A、B 之间在空间分布上的相对位置关系，用 BRA 表示，R 表示物体对象 A 和物体对象 B 之间的一种有序二元关系，A 是参照源物体，B 是目标物体。

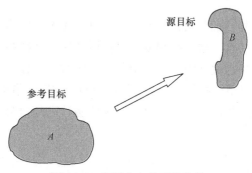

图 4.3.1　空间方向关系的定义

空间方向关系描述通常包括三要素：参考对象(reference object)、目标对象(primary object)和参考框架(reference frame)。目标对象是指要描述的对象；参考对象是一个参考基准，根据它的大小和形状确定各个方向的空间范围以及目标对象对于参考对象的方向；参考框架决定了如何确定方向名称，这主要跟人们的使用习惯有关。当使用不同的方向关系参考框架划分空间时，会得到不同的空间方向关系表示模型。

空间方向关系主要有三种类型的参考框架，图 4.3.2 展示了不同参考框架下形成的不同方向关系。

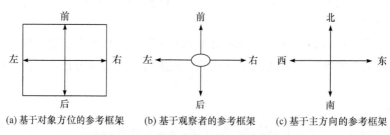

(a) 基于对象方位的参考框架　　(b) 基于观察者的参考框架　　(c) 基于主方向的参考框架

图 4.3.2　空间方向关系的 3 种参考框架

(1) 基于对象方位的参考框架(object-orientation-based reference frame)也称内在参考框架(intrinsic reference frame)。它主要根据参考对象内部划分确定方向关系。基于对象方位的参考框架是指一个目标物体对象在自身内部建立的方向关系参考。一般用前、后、左、右等术语描述。例如，一个居民小区正门入口为前，广场为后，住宅楼房为左右，由此居民小区内的任何物体都可由此确定。

(2) 基于观察者的参考框架(observer-based reference frame)也称为直接参考框架(deictic reference frame)。它根据观察者的位置确定方向。该框架依据观察者的观点而建立，一个观察者以自己的前、后、左、右等对空间进行划分，建立空间方向的判别标准。

(3) 基于主方向参考框架(cardinal-direction-based-reference frame)也称外在参考框架(extrinsic reference frame)。在地球表面上，选择不同的北方向(磁北，真北、坐标北等)建立的参考框架，是独立于目标对象的定向和观察者建立的，是以地球的极轴位置定义的，如东、南、西、北。

在不同参考框架模型下，人们对方向的划分有不同的认识，不同的人有不同的解释，这种不同的理解是由人们的习惯、文化、思维等差异所导致的。因此，对参考框架的研究也成为方向关系的重要部分。

4.3.2　空间方向关系模型

空间关系描述模型反映地理目标空间结构和布局方向特征，是人类空间认知习惯在空间数据中的反映及描述。方向关系描述模型实现了方向关系约束的定量描述，是提取方向关系语义特征的关键。空间方向的判断求解并不像看上去那么简单，而是一个复杂的空间思维和运算过程，与目标的位置、形状、大小、距离、拓扑等有关。人们对空间方向的判断是多因素合力作用的结果。方向关系描述模型包括定量和定性描述两大类。定量方向模型中，两个点之间定量的方向关系使用方位角的角度来测量。但是，人们使用习惯常是定性的方向而不是定量的方向。这主要是因为定性的空间信息已经能够满足人们信息交流的需要，而定量的信息反而不容易理解。定性模型包括锥形法、投影法、基于 Voronoi 的方向组模型、统计模型等。

1. 锥形法

在 1976 年，哈尔最早提出了锥形模型(cone model)。其主要思想是将空间目标及其周围的区域分成有方向性的几个区域，通过各目标本身及方向区域之间的交的结果来描述空间方向关系，具有代表性的是四方向、八方向和三角化模型。锥形模型的优点是原理简单，易于编程实现。缺点在于对空间目标间距离和自身形状的特定组合会给出不准确的描述。

1) 四方向

四方向锥形模型是以参考对象的质心为原点，用两条相互垂直的直线将二维空间划分为 4 个无限的锥形空间区域，每一个锥形角平分线分别为东(E)、南(S)、西(W)、北(N)4 个主方向。目标物体对象落在锥形区域的主方向即是目标物体对象与参考物体对象的空间方向关系，以上叙述的锥形模型称为四方位锥形模型。如图 4.3.3 所示，以参考点 O 为中心，将空间区域分为 E、S、W、N 四个方向区域，用其他空间目标与这些方向区域间的位置关系来描述空间目标间的方向关系。

如图 4.3.3 所示，四方向锥形模型的局限性在于对于狭长的面状物体 A，以其质心为参考点 O，源目标 B 相对于参考目标 A 的方向关系为：$\text{Dir}(A,B) = \text{N}$，而这与现实中人的认知是不相符的，人们一般会认为 B 在 A 的东方。

2) 八方向

八方向锥形模型是以某一空间目标为参考目标，以东西南北方向线以及四方向锥形模型边界线为轴将空间目标及周围的区域分成八个方向区域定义方向关系，如图 4.3.4 所示。

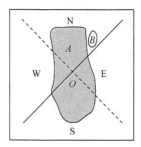

图 4.3.3　四方向锥形模型

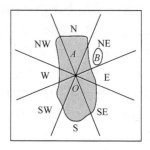

图 4.3.4　八方向锥形模型

以参考点 O 为中心，将空间区域分为 E、SE、S、SW、W、NW、N、NE 八个方向区域。与四方向锥形模型相比，八方向锥形模型能更精确地描述空间目标间的方向关系，但八方向锥形模型有与四方向锥形模型相同的局限性。

如果目标物体对象和参考物体对象重合，它们之间的方向关系为同一。包括同一方向关系，四方位锥形模型可识别出五种方向，八方位锥形模型能够识别出九种方向。因此，目标物体对象相对于参考物体对象的方向是由目标物体所在的方向分区决定的。

锥形模型的优点是能便利地调整主方向数目，各主方向间的夹角为 $360/(|D|-1)$，其中 $|D|$ 表示 D 中元素的数目，对点物体对象之间的空间方向关系表示有一定的优越性。从而，锥形模型的缺点也应运而生，对考虑边界复杂目标方向关系时比较模糊，并且难以支持线段之间和区域之间的空间方向关系。

锥形模型把空间物体对象抽象为一个点，忽略了空间物体对象的大小和形状对方向关系的影响。当空间目标物体对象之间的距离相对于自身大小的比例失调时，就会出现错误的方向描述。相对于四方位锥形模型，八方位锥形模型把空间平面划分得更精细，能更精确地描述方向关系。四方位锥形模型和八方位锥形模型的划分思想是一致的。因此，当空间物体对象之间的距离相对于自身的大小相差太大时，同样会出现四方位锥形模型同样的错误。因此，四方位和八方位锥形模型比较适合描述点物体对象之间的空间方向关系，以及空间物体对象之间的距离远大于参考物体对象自身大小的空间方向关系，但相对于距离较小的情况易出现错误的判断和描述。

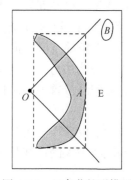

图 4.3.5　三角化锥形模型

3) 三角化

三角化模型是四方向和八方向锥形模型的扩展。其基本思想是从空间目标的某点出发，沿所需要的方向做两条射线形成一个三角形方向区域，描述与计算目标间的方向关系。

三角化锥形模型一定程度上顾及了空间目标的形状和大小对空间方向关系的影响，克服了四方向和八方向锥形模型的不足，提高了空间目标距离较近的情况下对空间方向关系的区分能力。如图 4.3.5 所示，对于某些特定形状的面状物体 A，根据人的认知原理，源目标 B 处于参考目标 A 的东北方，这是三角化模型不能识别出来的。

2. 投影法

基于投影的模型与锥形模型最大的不同之处在于对区域的划分，锥形模型选择参考点来划分区域，而投影模型是将空间物体对象投影到坐标轴上并由投影坐标值的大小来确定对象间的方向关系。选择不同的投影坐标轴将得到不同的投影模型。投影模型主要分为三种：水平投影模型、垂直投影模型和垂直-水平投影模型。其中 O 为参考物体对象的投影位置。当目标物体对象的投影位置也是 O 时，两个对象间的空间方向关系称为同位，如图 4.3.6 所示。

图 4.3.6　基于投影的点物体的方向模型

投影模型将二维空间方向关系分解为一维关系，简化了问题的复杂性。通过空间目标在水平轴和垂直轴上的投影，可以将空间分为 E 、S 、W 、N 、O 、NE 、SE 、SW 、NW 9 个方向区域。现在运用范围比较广且具有代表性的是最小边界矩形(minimun enclosing rectangle，MBR)模型和方向关系矩阵模型。基于投影的模型较好地顾及了参考目标的形状和大小对方向关系的影响，在一定程度上克服了锥形模型的缺陷，但对空间目标的空间方向关系的推断仍然受目标间距离的影响。

1) MBR 模型

MBR 模型由 Papadias 等提出，主要思想是通过空间目标最小外接矩形之间的方向关系判定空间目标间的方向关系。当参考对象不是点物体对象时，以参考物体对象的 MBR 来近似地描述并作水平-垂直投影，得到井字投影模型(井字空间模型或井字空间)。图 4.3.7 为同位方向关系。因此，把水平-垂直投影模型认为是参考物体对象为点物体对象的井字空间模型。

最小外接矩形模型以最小外接封闭矩形来代替空间目标，最小约束矩阵模型将空间对象分别投影到 X 、Y 坐标轴上获取 X 、Y 的最大最小值，进而获取空间对象的 MBR，通过比较目标对象和参考对象的 MBR 来获取空间对象之间的方向关系。

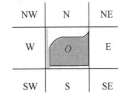

图 4.3.7　基于投影的 MBR 方向模型

这种模型简单灵活，但是对于一些复杂问题的处理，仍然存在一些问题。MBR 模型在一定程度上减小了空间目标的形状和大小对判断方向关系的影响，因为该模型中参考对象和目标对象均用 MBR 近似表示，所以对目标对象和参考对象的形状不是很敏感。MBR 模型描述的方向关系有时候与实际情况不一致，特别是对于凹形的目标对象和参考对象的方向关系。当空间目标的最小外接矩形有重叠部分时，MBR 模型不再适用。如图 4.3.8 所示，参考目标 A 和源目标 B 的最小外接矩形部分重叠，难以判断 A 和 B 的方向关系。

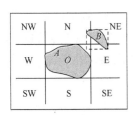

图 4.3.8　MBR 模型

投影模型的优点是：精确表述点物体对象之间的方向关系；容易实现点对象空间关系推理。当参考物体是点物体或者区域物体，而目标物体是点物体时，投影模型对空间方向关系的表示和推理有一定的理论和实践价值。投影模型的缺点是在目标物体是区域时，强方向关系的表示存在多样性，并且运算是传统的基于查表的搜索运算，运算效率低，同时在一致性校验方面有很大的缺陷。

　　2) 方向关系矩阵模型

　　由于基于投影、锥形和 MBR 模型均利用空间对象的近似描述来描述空间关系，例如，锥形模型在描述线、面对象的关系时以质心间的关系代替其本身的方向关系，而 MBR 模型以对象的最小外接矩形间的方向关系代替其本身的方向关系，其结果可能跟对象间的真实方向关系不相符。

　　方向关系矩阵模型可以判断具有重叠最小外接矩形区域的目标之间的空间方向关系。该模型由戈亚尔等提出，主要思想是以空间目标最小外接矩形为参考方向，将空间划分为 9 个方向区域，以源目标与各方向区域的交叠情况为元素构成一个方向关系矩阵来描述与定义空间目标间的方向关系。在方向关系矩阵模型中，只建立参考目标的最小外接矩形，而源目标还是实际形状。方向关系矩阵模型描述空间对象间的方向关系，方向关系矩阵模型对空间的划分和 MBR 方向关系模型一致，但是在计算时以目标对象自身进行计算。因此可以认为方向关系矩阵模型是基于投影的模型和 MBR 模型的拓展。

　　方向关系矩阵可以分为两种。

　　(1) 粗略的方向关系矩阵，仅记录源目标与参考目标的各方向区域是否相交，如图 4.3.9 所示。

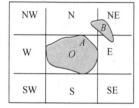

图 4.3.9　方向关系矩阵模型

　　方向关系矩阵模型包括粗略方向关系矩阵模型和详细方向关系矩阵模型。粗略方向关系矩阵模型通过判断目标对象与参考对象的各方向片是否相交来确定方向关系：

$$\text{Dir}_2(A,B) = \begin{bmatrix} \text{NW}_A \cap B & \text{N}_A \cap B & \text{NE}_A \cap B \\ \text{W}_A \cap B & O_A \cap B & \text{E}_A \cap B \\ \text{SW}_A \cap B & \text{S}_A \cap B & \text{SE}_A \cap B \end{bmatrix}$$

源目标 B 相对于参考目标 A 的方向关系为：$\text{Dir}(A,B) = \{\text{N,NE,E}\}$。

　　(2) 详细的方向关系矩阵，记录源目标落在每个方向区域的面积比率。详细方向模型在计算时以目标对象和参考对象各方向片相交的长度(面积)比确定方向关系：

$$\text{Dir}_3(A,B) = \begin{bmatrix} \dfrac{\text{Area}(\text{NW}_A \cap B)}{\text{Area}(B)} & \dfrac{\text{Area}(\text{N}_A \cap B)}{\text{Area}(B)} & \dfrac{\text{Area}(\text{NE}_A \cap B)}{\text{Area}(B)} \\ \dfrac{\text{Area}(\text{W}_A \cap B)}{\text{Area}(B)} & \dfrac{\text{Area}(O_A \cap B)}{\text{Area}(B)} & \dfrac{\text{Area}(\text{E}_A \cap B)}{\text{Area}(B)} \\ \dfrac{\text{Area}(\text{SW}_A \cap B)}{\text{Area}(B)} & \dfrac{\text{Area}(\text{S}_A \cap B)}{\text{Area}(B)} & \dfrac{\text{Area}(\text{SE}_A \cap B)}{\text{Area}(B)} \end{bmatrix}$$

　　在该矩阵中每个元素是值域为 $[0,1]$ 的实数，当目标对象为面对象时 Area 表示计算面积，为线对象时表示计算长度。源目标 B 相对于参考目标 A 的方向关系为：B 的 25% 在 A 的北方 (N)，50% 在 A 的东北方 (NE)，25% 在 A 的东方 (E)。方向关系矩阵的局限性在于描述空间目标的空间方向关系的模糊性过大，且计算较复杂。

　　3) 基于矩阵的 MBR 方向关系模型

　　在方向关系矩阵模型与 MBR 模型、区间代数和矩形代数模型相结合的基础上，构建基于矩阵的 MBR 方向关系模型。

(1) 时间区间逻辑模型。依据区间代数理论，詹姆斯·艾伦于 1983 年定义了时间区间的 13 种基本关系，并给出了这 13 种原子区间关系的基本运算法则。

任意两个有限区间之间，存在 x before y、x after y、x meets y、x met-by y、x overlaps y、x overlaps-by y、x finishes y、x finished-by y、x during y、x includes y、x starts y、x started-by y、x equals y 13 种关系，称为区间代数的原子关系。其含义如图 4.3.10 所示，其中 x、y 表示连续的时态区间，x，$y \in [0, T]$，T 表示足够大的时间值。这 13 种关系中，有 6 对关系互逆，另外一个 equals 关系和它自身互逆。

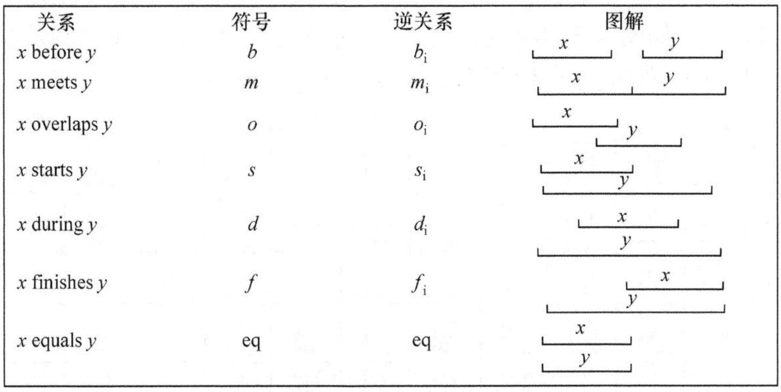

关系	符号	逆关系	图解
x before y	b	b_i	
x meets y	m	m_i	
x overlaps y	o	o_i	
x starts y	s	s_i	
x during y	d	d_i	
x finishes y	f	f_i	
x equals y	eq	eq	

图 4.3.10　时间区间逻辑模型

如果原子关系的集合用 A_{int} 来表示，那么

$$A_{int} = \{b, m, o, s, d, f, b_i, m_i, o_i, s_i, d_i, f_i, eq\}$$

区间的基本关系是区间原子关系的三种基本运算，即取反(–1)、求交(∩)和合成(°)运算。

(2) 一维线段区间逻辑模型。把时间区间映射到一维空间中，空间目标表现为点和线段。对于一维空间目标的拓扑关系，我们完全可以用时间区间逻辑来表达。

设有两个线段 X 和 Y，它们的始点分别为 X_s 和 Y_s，终点分别为 X_e 和 Y_e。X 和 Y 的关系有 13 种。如表 4.3.1 所示。其中白色的矩形表示 X，灰色的矩形表示 Y。

表 4.3.1　两个线段之间的关系

名称	关系	逆关系	图解	端点的顺序
相等	$X = Y$	$Y = X$		$X_s = Y_s < X_e = Y_e$
前面	$X < Y$	$Y > X$		$X_s < X_e < Y_s < Y_e$
相接	$X \, m \, Y$	$Y \, mi \, X$		$X_s < X_e = Y_s < Y_e$
相交	$X \, o \, Y$	$Y \, oi \, X$		$X_s < Y_s < X_e < Y_e$
开始	$X \, s \, Y$	$Y \, si \, X$		$X_s = Y_s < X_e < Y_e$
结束	$X \, f \, Y$	$Y \, fi \, X$		$X_s < Y_s < X_e = Y_e$
其间	$X \, d \, Y$	$Y \, di \, X$		$Y_s < X_s < X_e < Y_e$

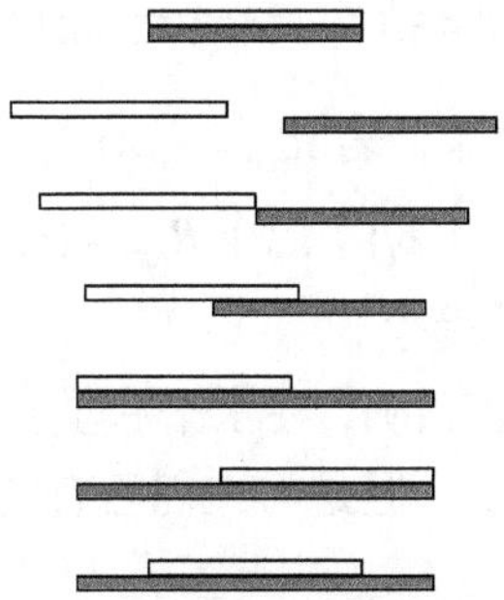

注：= 表示相等(equal)，< 和 > 分别表示前面(before)和后面(after)，m 表示相接(meet)，o 表示相交(overlap)，d 表示在其间(during)，s 表示开始(start)，f 表示结束(finish)，i 表示有关关系的逆变化。

（3）二维矩形区间逻辑模型。矩形代数理论是将区间代数的一维关系扩展到二维空间而形成的。矩形代数中矩形框的四边平行于空间中的 x 轴和 y 轴。每一个矩形框向坐标轴的投影都是一个有限区间，因此矩形代数关系可以分别向两个坐标轴投影，将矩形关系分解为坐标轴上的区间代数关系。两个矩形物体的原子关系集合用 A_{rec} 表示，分解到两个坐标轴上的区间关系有 13 种，矩形代数的原子关系集合中的关系数量就有 13×13 种，即 169 种。矩形代数的基本关系就是矩形代数原子关系的合取，那么矩形代数基本关系就有 2169 种。若 A 和 B 分别表示矩形代数关系在 x 轴和 y 轴上映射的区间原子关系，那么这个矩形代数关系就可以表示为 A 和 B 的笛卡儿积，即 $A \times B$。

基于投影的模型，MBR 模型将空间对象投影到水平和垂直方向上，通过各对象投影间的关系来描述方向关系。如图 4.3.11 所示，设阴影对象为参照对象，图上侧及左侧的字母为艾伦的时态关系模型中 13 种方向关系的简写 $\{b, m, o, f_i, d_i, s, e, s_i, d, f, o_i, m_i, b_i\}$。

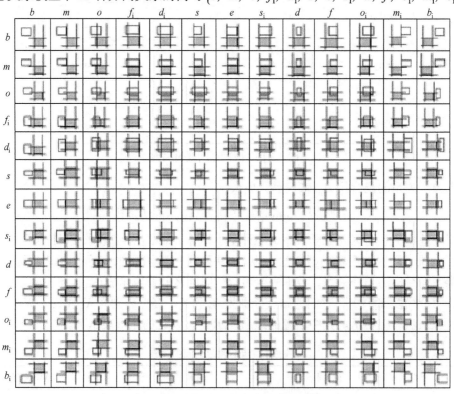

图 4.3.11　两对象之间的方向关系矩阵

关系 R 称作是矩形代数关系，若 $R_{rec} = r_x \times r_y$，其中 r_x，r_y 是基本区间关系，即 r_x, $r_y \in R_{int} = \{b, m, o, f_i, d_i, s, e, s_i, d, f, o_i, m_i, b_i\}$，记作 $R_{rec} = (r_x, r_y)$。R_{rec} 构成一个完备互斥的关系集合，包含了矩形间所有可能的基本关系。

该模型所示的方向关系比较精确，在水平和垂直方向上各能表达 13 种空间方向关系，因此能够区分 169 种空间方向关系。但是与人们已有的方向关系认知却有较大的差异。

3. 基于 Voronoi 图的模型

基于 Voronoi 图的模型的基本思想是通过空间目标的 Voronoi 图与空间目标的关系描述和定义空间目标间的方向关系。与锥形模型、基于投影的模型和 MBR 模型相比，基于 Voronoi

图的模型在方向关系描述准确性方面占有优势，适合于对各种情况下空间目标间方向关系的精确描述。但基于 Voronoi 图的模型受可视域限制，对遮挡部分的图形变化不敏感，角度不能随可视域外部分的图形变化而变化，且基于 Voronoi 图的模型的计算相对复杂。

1) 基于 MBR 的 Voronoi 图模型

在空间目标 MBR 的基础上建立 Voronoi 区域，通过空间目标 MBR 与 Voronoi 区域边界线之间的关系描述空间目标之间的方向关系。

如图 4.3.12 所示，一个空间实体 A 的最小矩形有 4 条边，分别表示为 d_e=eastedge(A)、d_w=westedge(A)、d_n=northedge(A) 和 d_s=southedge(A)。若将 4 条边看作 4 个线(line)生成元，生成的 4 个 Voronoi 区分别为 voronoi(d_e)、voronoi(d_w)、voronoi(d_n) 和 voronoi(d_s)。NE、NW、SW 和 SE 分别为边 d_e、d_n、d_w 和 d_s 的 Voronoi 多边形的边界，空间实体 A 的东部 E(A)定义为 d_e、SE 和 NE 围成的区域，空间实体 A 西部 W(A)定义为 d_w、SW、NW 围成的区域，空间实体 A 的北部 N(A)定义为 d_n、NE、NW 围成的区域，空间实体 A 的南部 S(A)定义为 d_s、SE、SW 围成的区域。

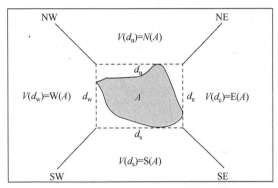

图 4.3.12　基于 MBR 沃罗努瓦图模型

空间实体 A 和 B 之间的方向关系可以利用空间实体的最小矩形边和 Voronoi 多边形的边界线构成的 5×5 矩阵形式化描述表达，矩形的形式如下：

$$
\begin{array}{ccccc}
NE_A \cap NE_B & NE_A \cap NW_B & NE_A \cap SE_B & NE_A \cap SW_B & NE_A \cap B_B \\
NW_A \cap NE_B & NW_A \cap NW_B & NW_A \cap SE_B & NW_A \cap SW_B & NW_A \cap B_B \\
SE_A \cap NE_B & SE_A \cap NW_B & SE_A \cap SE_B & SE_A \cap SW_B & SE_A \cap B_B \\
SW_A \cap NE_B & SW_A \cap NW_B & SW_A \cap SE_B & SW_A \cap SW_B & SW_A \cap B_B \\
B_A \cap NE_B & B_A \cap NW_B & B_A \cap SE_B & B_A \cap SW_B & B_A \cap B_B
\end{array}
$$

式中，NE_A 为空间实体 A 的北-东线；NE_B 为空间实体 B 的北-东线，B_A 为空间实体 A 的最小矩形的边，其余类似。基于此，基于 MBR 的 Voronoi 图模型可以表达目标间的八种主要方向：E、S、W、N、NE、SE、SW、NW。

2) 方向 Voronoi 图模型

方向 Voronoi 图模型通过计算表示目标间指向线法线的 Voronoi 图得到目标间精确的方向关系。该模型考虑了两目标之间方向关系的各个侧面，用多个方向的集合(多条指向线)来描述目标间的方向关系。该模型的构建包括以下四个步骤：①目标图形的综合；②可视区域的确定；③空间方向的定量计算；④定性描述结论的确定。

如图 4.3.13(a)所示，粗实线 L_1L_2 是参考目标 A 与源目标 B 之间的方向 Voronoi 图，所描述的空间方向关系是：B 的 78%位于 A 的北面，22％位于 A 的东北面，或者描述为 B 位于 A 的北面。

与其他模型相比，该模型最大的优势在于受两目标的大小和距离等的影响很小，在绝大多数情况下能得到精确的计算结果。该模型的局限性在于当不可视部分变化时，难以准确地描述空间方向关系的变化。如图 4.3.13 所示，源目标 B 对参考目标 A 的不可视部分发生变化，但根据该模型，B 相对于 A 的方向关系不变。

4. 统计模型

统计模型是一种基于分解与组合的思想来分析空间目标间的方向关系的模型。首先，将空间目标分解成更细小的基本单元，如果忽略这些细小单元的大小，那么在计算方向时可视为点来处理。然后，计算这些细小单元之间的方向，得到两个目标的所有基本单元间的方向，即一组方向，或者视为一个分布。最后，对这组方向进行统计描述。具体实现是根据一定的内插方法对源目标进行内插，产生多个内插点，连接参考点和内插点，形成多条方向线，再选择中值方向作为方向关系的分布中心趋势。

如图 4.3.14 所示，将源面状目标 B 进行栅格化，栅格中心作为内插点，连接参考目标 A 的质心与多个内插点形成多条方向线，最终选择中值方向度量 B 相对于 A 的空间方向，如图 4.3.14 中带箭头的实线所示。

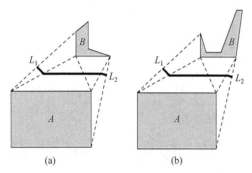
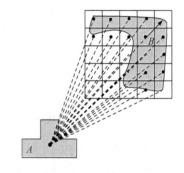

图 4.3.13　方向 Voronoi 图　　　　　　　　图 4.3.14　统计模型

与锥形模型相比，统计模型的优点是采用了中值方向作为空间方向，中值方向能较好地从整体上度量空间目标方向关系分布的中心趋势，并且与人的认知是一致的；与基于投影的模型相比，统计模型是基于空间目标本身建立的，而不是空间目标的 MBR，减少了因对空间目标近似处理引起的不精确性；与基于 Voronoi 图的模型相比，统计模型对整个源目标进行内插，源目标发生变化，其内插点和中值方向也会发生变化，故统计模型能解决基于 Voronoi 图的模型具有的源目标不可视部分变化而方向不变的问题。

该模型的局限性在于：①难以保证内插的精度。将面状目标栅格化时，不同的栅格大小产生不一样的结果，栅格越小，精度越高。②计算过于复杂。插值计算的基本复杂度 $T(n) = O(n_2)$，当目标图形较复杂时，插值的计算量太大。

5. 基于点群分割的模型

该模型的基本原理是把空间目标看作由点组成的点群，在目标之间建立方向关系参考线，并使参考线左右两侧的点数相等，然后利用参考线计算空间目标间的方向角度。具体实现如图 4.3.15 所示。

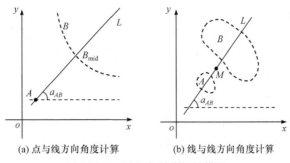

(a) 点与线方向角度计算　　　　　(b) 线与线方向角度计算

图 4.3.15　基于点群分割的模型

图 4.3.15(a)为点与线方向角度计算，参考目标为点 A，源目标为线 B，把线目标 B 离散成点群，方向参考线 L 与源目标点群交于 B_{mid}，把 B 分为两个子点群，两个子点群中的点数应当相等。参考线 L 的方向角度即为 B 相对于 A 的方向。

图 4.3.15(b)为线与线方向角度计算，参考目标为线 A，源目标为线 B，首先将 A 和 B 离散成点群，计算 A 和 B 对应全部离散点的重心 M，从通过 M 的直线中寻找能平分 A 与 B 对应全部离散点的直线作为备选参考线，如果备选直线多于一条，则从中选择将 A 对应离散点分割最为平均的一条作为最终参考线。当参考目标或者源目标为面时，可以把它的边界看作封闭的线进行点群离散，后续的计算方法则与线计算方法相同。

基于点群分割的模型与统计模型有相似的思想，都是将目标分解，形成离散的小目标。基于点群分割的模型的优点与统计模型的优点相似，受目标之间的距离及自身形状影响小；且当计算目标在可视域外部分发生改变时，模型能够对此改变作出反应，输出更加合理的角度结果，表现出良好的适应性。且相比于统计模型，基于点群分割的模型对面状目标的离散化更合理，计算更简单。

基于点群分割的模型的局限性与统计模型相似，将目标离散成点群时难以保证精度。一个目标的点群中的点之间的间隔越小，点群中的点的数目越多，其计算结果越精确，但这也意味着计算量越大。为了在结果精确度和计算量之间找到权衡之处，不得不对目标的离散化处理给予更多的考虑。

6. 双十字模型

双十字模型又称 Freksa-Zimmermann 模型，在该模型中除了参考对象、目标对象外还引入了视点对象。视点对象和参考对象的直线将平面分为 3 个部分，过视点对象和参考对象分别做垂直于该直线的垂线，因此这三条直线将平面分成 15 个部分，对应于 15 个方向关系，其中包括 2 个点、7 条线和 6 个区域，如图 4.3.16(a)所示。图 4.3.16(b)是 15 种方向关系的图形表示。

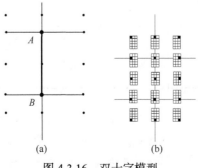

(a)　　　　　　　　(b)

图 4.3.16　双十字模型

7. 四半无限区域模型

四半无限区域(four semi-infinite area，FSIA)模型以过 MBR 顶点的 4 条方向线(NE 、NW 、SE 、SW)及其交点的连线 L 将平面分为 4 个半无限区域，如图 4.3.17 所示。FSIA 通过 5 条特征线构造方向关系矩阵：

$$\mathrm{Dir_1}(A,B)=\begin{bmatrix} \mathrm{NE}_A \cap \mathrm{NE}_B & \mathrm{NE}_A \cap \mathrm{NW}_B & \mathrm{NE}_A \cap \mathrm{SE}_B & \mathrm{NE}_A \cap \mathrm{SW}_B & \mathrm{NE}_A \cap L_B \\ \mathrm{NW}_A \cap \mathrm{NE}_B & \mathrm{NW}_A \cap \mathrm{NW}_B & \mathrm{NW}_A \cap \mathrm{SE}_B & \mathrm{NW}_A \cap \mathrm{SW}_B & \mathrm{NW}_A \cap L_B \\ \mathrm{SE}_A \cap \mathrm{NE}_B & \mathrm{SE}_A \cap \mathrm{NW}_B & \mathrm{SE}_A \cap \mathrm{SE}_B & \mathrm{SE}_A \cap \mathrm{SW}_B & \mathrm{SE}_A \cap L_B \\ \mathrm{SW}_A \cap \mathrm{NE}_B & \mathrm{SW}_A \cap \mathrm{NW}_B & \mathrm{SW}_A \cap \mathrm{SE}_B & \mathrm{SW}_A \cap \mathrm{SW}_B & \mathrm{SW}_A \cap L_B \\ L_A \cap \mathrm{NE}_B & L_A \cap \mathrm{NW}_B & L_A \cap \mathrm{SE}_B & L_A \cap \mathrm{SW}_B & L_A \cap L_B \end{bmatrix}$$

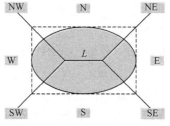

图 4.3.17　FSIA 方向关系模型

基于以上对各个空间方向关系模型的形式化描述、优点和缺点的详细介绍，本书总结了各个空间方向关系模型受空间目标之间的距离及自身形状的影响度、对目标间空间方向关系描述的准确性和模型的计算复杂性，并对各个模型的适用性进行分析，如表 4.3.2 所示。

表 4.3.2　主要空间方向关系模型的适用性

模型		受影响程度	描述准确性	计算复杂性	适用性(空间目标间的方向关系)
锥形模型	四方向	大	差	简单	距离远、点对象间
	八方向	较大	较差	简单	距离远、点对象间
	三角化	小	较好	较简单	适用于一般情况下的定性描述
基于投影的模型	MBR 模型	较大	较好	较简单	适用于 MBR 不相交情况下的定性描述
	方向关系矩阵模型	小	好	较复杂	适用于一般情况下的精确描述
基于 Voronoi 图的模型	基于 MBR 的 Voronoi 图模型	较小	较好	较简单	适用于 MBR 不相交情况下的定性描述
	方向 Voronoi 图模型	较小	好	较复杂	适用于一般情况下的精确描述
统计模型		很小	很好	较复杂	适用于各种情况下的精确描述
基于点群分割的模型		很小	很好	较复杂	适用于各种情况下的精确描述

空间方向关系形式化描述模型中，锥形模型比较简单，适合表达空间点对象间的方向关系，在表达二维空间对象间的方向关系时，受空间目标形状和大小的影响，有时会出现错误或难以描述，故适合空间目标形状和大小距离较远的空间目标间方向关系的判定。其中，三

角化模型引入了空间目标的 MBR，一定程度上顾及了空间目标的形状和大小对空间方向关系的影响，提高了空间目标距离较近的情况下对空间方向关系的区分能力。

基于投影的模型是以目标的 MBR 代替目标进行空间方向关系的判断。当源目标和参考目标的 MBR 有重叠区域时，MBR 模型不能对空间方向关系作出准确判断，所以只适用于 MBR 不相交情况下，对空间方向关系的定性描述。而方向关系矩阵模型是判断参考目标的 MBR 和源目标的空间方向关系，大大减少了重叠 MBR 对目标之间的空间方向关系判断的影响，故适用于一般情况下对空间目标的空间方向关系的精确描述。

基于 MBR 的 Voronoi 图的模型与 MBR 模型有相似的局限性，难以描述两目标缠绕交叠等复杂情况，故适用于 MBR 不相交情况下对空间方向关系的定性描述，与 MBR 模型相比，受空间目标之间的距离及自身形状的影响更小，对空间方向关系的描述更合理。方向 Voronoi 图模型对目标进行了综合处理，只考虑可视部分的空间方向关系，忽略不可视部分，未考虑空间目标的整体形状和大小，故描述空间目标的方向关系时受目标自身形状影响。总的来说方向 Voronoi 图模型适用于一般情况下对空间目标的空间方向关系的精确描述。

统计模型和基于点群分割的模型都基于分解目标的思想，用内插或者离散化的方法将大目标分解为小目标，把线、面目标分解为点目标。统计模型和基于点群分割的模型对空间方向关系的描述几乎不受空间目标之间的距离、自身的形状和大小的影响，且描述的准确性非常高，故适合各种情况下对空间目标的空间方向关系的精确描述。这两种模型的局限性在于计算较复杂，会限制模型的推广和应用。

锥形模型比较简单，但对方向关系区分较弱；基于投影的模型和基于 Voronoi 图的模型相比锥形模型有较大的改进，但仍存在对复杂图形之间的空间方向关系描述不准确等问题；统计模型和基于点群分割的模型对空间方向关系的描述几乎不受空间目标间的距离、自身的形状和大小的影响，且描述的准确性非常高，但计算的复杂度也很高。

目前，空间方向关系形式化描述方法存在的主要问题是：①存在模型描述错误或者无法描述的情形。②存在计算复杂等应用困难的情形。未来空间方向关系模型的研究主要集中在以下两个方向：①结合人类的空间认知理论研究。传统的形式化描述对复杂图形之间的空间方向关系的描述与人类的认知往往不一样，这要求用人类的空间认知理论来解决这样的问题，如基于 Voronoi 图的模型是一个很好的尝试。②模型算法的优化。对计算复杂度较高的模型进行优化处理，或者因不同应用领域对空间方向关系描述的精确度要求不同，而对空间方向关系模型进行改进，使之能应用于特定的领域。

4.3.3　实体群方位关系

实体群是多个单实体由于较高的空间相似性而组成的一个视觉整体，是距离相近、形状相似、语义相近，由于较高的局部关联度而构成的集合。在地理空间中，很多事物都是以群组的形式存在，按照构成实体群的单实体的属性，实体群可以分为点群、线群、面群和混合群。点群主要有高程点群、控制点群及小比例尺地图上的居民地群等；线群有河系、道路网等；面群有湖泊群、居民地群等；混合群有村庄、街区等。在空间认知中，人们通常需要判断实体群的空间方位关系。

1. 实体群方位关系定性描述模型

基本思想是：首先建立参考目标群的方向关系矩阵，然后利用带约束的 Delaunay 三角剖分及动态阈值剥皮法构建源目标群的边界多边形，最后利用方向关系矩阵模型实现其定性描述。

2. 建立参考实体群的方向关系矩阵模型

参照单实体空间方向关系矩阵模型，构建参考实体群的空间方向关系矩阵，基本步骤为：①求出所有构成参考实体群的单实体特征点横坐标的最小值 X_{min} 与最大值 X_{max}，纵坐标的最小值 Y_{min} 与最大值 Y_{max}，以 (X_{max}, Y_{min}) 为右下角顶点，(X_{min}, Y_{max}) 为左上角顶点，建立参考实体群的最小外接矩形；②将空间划分为以 MBR 为中心的 9 个方向区域：N、S、W、E、NE、SE、SW、NW、Same，从而建立图 4.3.18 中的参考实体群 A 的 MBR 及其 9 个方向区域。其中，图 4.3.18 中的 B 代表源实体群。

3. 计算源实体群的分布边界多边形

群组实体分布边界是指能准确表达实体群空间形态和分布范围的多边形。具体步骤为：①提取实体群特征点集；②构建 Delaunay 三角网；③构建外围边界多边形。

4. 构建方向关系矩阵模型

分别求参考实体群各方向区域与源实体群 B 的分布边界多边形的交集，得到其方向关系矩阵，如图 4.3.19 所示。

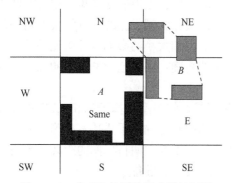

图 4.3.18　参考实体群的最小外接矩形

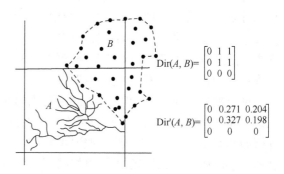

图 4.3.19　线群与点群之间的空间方向关系

4.3.4　不确定性方位关系

现实世界中空间关系复杂性的具体且基本表现之一为不确定性，不确定性基本可以分为随机性和模糊性两类。随机性所描述事件的本质含义是清晰明了的，可确切知道该事件的发生情况；而模糊性所描述事件的本质含义并非清晰明了，某对象对于某模糊概念的隶属情况是无法确定的。

空间关系的不确定性主要由以下四个因素引起：人类认知的不确定性、空间对象固有的不确定性、空间数据的不确定性以及空间关系处理与应用中产生的不确定性。

人类认知的不确定性主要是由人们的认知和自然语言中的不确定性导致的，如东南等方向关系，我们很难给出这些方向的精确范围；空间对象固有的不确定性主要指模糊性，如我们很难明确定义城乡接合区域的范围；空间数据的不确定性由空间数据表达空间关系导致；空间关系处理与应用中产生的不确定性是指数据的获取、生产、分析等过程导致关系的不确定性，如图像分辨率不足等。

位置不确定性、模糊对象、宽边界区域等都会对方向关系带来影响。

1) 边界不确定性对方向关系的影响

许多空间对象隐含边界不确定性，如山地和平原、城市和乡村、大海和大洋等。在很多情况下，尽管不能确定区域的确切边界，人们还是可以理解其含义并进行推理。例如，人们都知道珠江位于长江的南面，尽管二者都没有明确的边界。由此看来，区域的不确定边界不必然影响其间的方向关系。由于空间区域的边界具有不确定性，必须利用带有不确定性的模型来描述空间实体及其方向关系。

2) 位置不确定性对方向关系的影响

空间数据都是不确定的，具有一定的位置误差，即位置不确定性，由此得到的方向关系也具有不确定性，位置不确定性使计算得到的方向关系与实际情况不一致。

3) 模糊对象对方向关系的影响

模糊对象对方向关系的影响在于模糊对象内的各个元素具有不同的隶属度，不能采取与精确对象一样的方法定义参照对象方向区域的划分函数 P 及目标对象与参照对象的隶属函数 F。同样地，方向关系的描述应该考虑模糊对象中每个元素隶属度的影响，而不能把它简单地当作一个整体看待，这一点也是与精确对象有区别的。传统的方向关系描述方法把对象当作一个整体处理，而不区分单个元素的影响，这一点在处理模糊对象时必须考虑。

4) 宽边界区域对方向关系的影响

在用投影方法描述宽边界区域的方向关系时，对参照对象来说，存在以内部还是以边界的坐标范围来划分方向区域的问题；对目标对象来说，存在以内部还是以边界来判断目标对象与参照对象方向之间的关系的问题。

4.3.5　地理方位关联方法

空间方位关系作为空间关系的一个重要分支，当考察和研究两个及两个以上空间目标时，空间方向关系就会成为必然研究的主要内容。空间场景相似性是空间方位相似性的一方面，可用于图像检索、地图比较、空间认知等领域。定性空间关系在场景描述上能更简洁、更直观地反映场景的本质特征，受到越来越多的关注。2001 年，戈亚尔等基于方向关系矩阵模型，给出了定量方向关系的相似性计算方法。

1. 原子矩阵的概念邻域图与距离图

戈亚尔在提出方向关系矩阵模型时，为便于进行定量方向关系相似性的计算，给出了原子矩阵的定义及其 4-邻居概念邻域图(图 4.3.20)和 4-邻居距离图(图 4.3.21)。

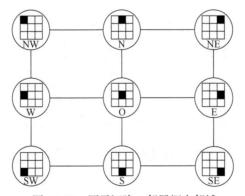

图 4.3.20　原子矩阵 4-邻居概念邻域

邻居	N	NE	E	SE	S	SW	W	NW	O
N	0	1	2	3	2	3	2	1	1
NE	1	0	1	2	3	4	3	2	2
E	2	1	0	1	2	3	2	3	1
SE	3	2	1	0	1	2	3	4	2
S	2	3	2	1	0	1	2	3	1
SW	3	4	3	2	1	0	1	2	2
W	2	3	2	3	2	1	0	1	1
NW	1	2	3	4	3	2	1	0	2
O	1	2	1	2	1	2	1	2	0

图 4.3.21　原子矩阵 4-邻居距离图

设 D_0、D_1 表示两个方向关系矩阵，空间方向相似性计算公式为

$$S(D_0,D_1)=1-\frac{d(D_0,D_1)}{d_{\max}}$$

式中，$d(D_0,D_1)$ 为两个方向关系矩阵间的方向距离；$d_{\max}$ 为最大方向距离 4。空间方向相似性 $S(D_0,D_1)$ 的取值范围为 0～1，越趋于 1 相似性越高；越趋于 0 相似性越低。

2. 均衡运输问题和分配问题

均衡运输问题是线性规划模型的最基本应用，均衡运输问题如图 4.3.22 所示。

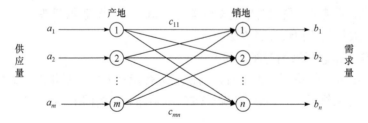

图 4.3.22　均衡运输问题

如图 4.3.23 所示，某物资有 m 个产地 A_i，产量分别是 $a_i(i=1,2,\cdots,m)$；有 n 个销售地 B_j（$j=1,2,\cdots,n$），销量分别是 b_j（$j=1,2,\cdots,n$），且 $\sum_{i=1}^{m}a_i=\sum_{j=1}^{n}b_j$；若从产地 A_i 运到销售地 B_j 的单位运价为 c_{ij}（$i=1,2,\cdots,m$；$j=1,2,\cdots,n$），产地 A_i 到销售地 B_j 的运量为 x_{ij}（$i=1,2,\cdots,m$；$j=1,2,\cdots,n$）。求解如何调运 x_{ij} 使得总运费最低，即求 $Z=\sum_{i=1}^{m}\sum_{j=1}^{n}c_{ij}x_{ij}$ 的极小值，这就是均衡运输问题。

	B_1	B_2	…	B_j	…	B_n	
A_1	$x_{11}c_{11}$	$x_{12}c_{12}$	…	$x_{1j}c_{1j}$		$x_{1n}c_{1n}$	$\sum_{j=1}^{n}x_{1j}=a_1$
A_2	$x_{21}c_{21}$	$x_{22}c_{22}$	…	$x_{2j}c_{2j}$		$x_{2n}c_{2n}$	$\sum_{j=1}^{n}x_{2j}=a_2$
⋮	⋮	⋮		⋮		⋮	⋮
A_i	$x_{i1}c_{i1}$	$x_{i2}c_{i2}$	…	$x_{ij}c_{ij}$		$x_{in}c_{in}$	$\sum_{j=1}^{n}x_{ij}=a_i$
⋮	⋮	⋮		⋮		⋮	⋮
A_m	$x_{m1}c_{m1}$	$x_{m2}c_{m2}$	…	$x_{mj}c_{mj}$	…	$x_{mn}c_{mn}$	$\sum_{j=1}^{n}x_{mj}=a_m$
	$\sum_{i=1}^{m}x_{i1}=b_1$	$\sum_{i=1}^{m}x_{i2}=b_2$	…	$\sum_{i=1}^{m}x_{ij}=b_j$	…	$\sum_{i=1}^{m}x_{in}=b_n$	

图 4.3.23　均衡运输表

3. 最小转化代价求解

先设 D_0 、 D_1 为两个方向关系矩阵， $\Delta D_{01}=D_0-D_1$ 为两个方向关系矩阵差。用产量 $a_1,a_2,\cdots,a_m$ 分别表示矩 ΔD_{01} 中的正值元素(或负值元素)，产地 $A_1,A_2,\cdots,A_m$ 表示正值元素(或负值元素)对应的方向片；销量 $b_1,b_2,\cdots,b_n$ 表示 ΔD_{01} 的负值元素(或正值元素)，销售地 $B_1,B_2,\cdots,B_n$ 表示负值元素(或正值元素)对应的方向片；运费 c_{ij} 表示各个方向片之间的方向距离，取值见图 4.3.23。运量 x_{ij} 为方向片之间转化的距离，也是所求解的值。最后计算所得的 Z 值就是两个方向关系矩阵间的最小转化代价。具体步骤有如下五步。

(1) 计算均衡运输表中每行和每列最小与次小运费之差，分别记为 $\Delta a_1,\Delta a_2,\cdots,\Delta a_m$ ， $\Delta b_1,\Delta b_2,\cdots,\Delta b_n$ 。

(2) 选择这些差值中的最大值 M。若最大值 M 有多个，则选择这些最大值对应行或列中任意最小运费 c_{ij} ，转至第(3)步；若最大值 M 只有一个，则选择其对应行或列中的最小运费 c_{ij} 。

(3) 比较 c_{ij} 对应行 a_i 值和对应列 b_j 值的大小，进行供应关系分配。若 $a_i>b_j$ ，则满足列供应，即 $x_{ij}=b_j$ ，将该列划掉，同时更新行数据 $a_i=a_i-b_j$ ；若 $a_i<b_j$ ，则满足行供应，即 $x_{ij}=a_i$ ，将该行划掉，同时更新列数据 $b_j=b_j—a_i$ ；若 $a_i=b_j$ ，则满足行或列中任意一个供应，即 $x_{ij}=a_i=b_j$ ，将该行和该列划掉，同时更新行和列数据 $b_j=a_i=0$ 。

(4) 重复步骤(1)～(3)，直到所有的供应关系分配完成。

(5) 求解最小转化代价 Z。

最后求解的 Z 值为两个方向关系矩阵之间的方向距离。然后利用式 $S(D_0,D_1)=1-\dfrac{d(D_0,D_1)}{d_{\max}}$ 即可计算两多元素关系矩阵的相似性。

4.4　地理空间拓扑关联

拓扑关系在不同领域有不同的含义。在数学上，是指旋转、平移和尺度缩放变换下保持不变的性质；在地理数据结构中，是指根据拓扑几何原理进行矢量空间数据组织的方式，具体包括点(结点)、线(链、弧段、边)和面(多边形)三种几何要素的组成和连接关系；在空间认知和空间语言领域，主要用有限的定性语言或符号语言表示认知概念，关键是在空间对象的几何形状和语言描述间建立数学模型(拓扑关系模型)，实现从几何结构到关系语言的转换。

4.4.1　拓扑关系概述

1. 拓扑概念

拓扑是研究几何图形或空间在连续改变形状后还能保持不变的一些性质的一个学科，只考虑物体间的位置关系而不考虑形状和大小。

1) 拓扑

设 X 是一个非空集合，X 的幂集的子集(即 X 的某些子集组成的集族)T 称为 X 的一个拓扑。当且仅当：①X 和空集 φ 属于 T；②T 中任意多个成员的并集仍在 T 中；③T 中有限多个成员的交集仍在 T 中时，称集合 X 连同它的拓扑 T 为一个拓扑空间，记作 (X,T)，称 T 中的成员为这个拓扑空间的开集，定义中的三个条件称为拓扑公理。

从定义上看，给出某集合的一个拓扑就是规定它的哪些子集是开集。这些规定不是任意的，必须满足三条拓扑公理。

一般说来，一个集合上可以规定许多不相同的拓扑，因此说到一个拓扑空间时，要同时指明集合及所规定的拓扑。在不引起误解的情况下，也常用集合来代指一个拓扑空间，如拓扑空间 X、拓扑空间 Y 等。

同时，在拓扑范畴中，我们讨论连续映射，定义为 $f:(X,T_1)\rightarrow(Y,T_2)$ (T_1、T_2 是上述定义的拓扑)是连续的，当且仅当开集的原像是开集；两个拓扑空间同胚，当且仅当存在一一对应的互逆的连续映射。同时，映射同伦和空间同伦等价也是很有用的定义。

2) 开集

如果 U 是一个集合，对于 U 的每一个点 $x\in U$，存在 $\varepsilon>0$，使得集合 $A=\left\{y\mid d(x,y)<\varepsilon\right\}$，则称 U 是一个开集。

3) 邻域

如果 U 是一个开集，$x\in U$，则称 U 是 x 的邻域。

4) 内点和集合的内部

对于集合 A 和点 x，如果存在开集 U，使得 $x\in U$，并且 U 是 A 的子集，那么称 x 是集合 A 的内点。A 的所有内点构成的集合，称为 A 的内部。A 的内部是包含在 A 内部的一个最大的开集。

5) 边界点和边界

对于集合 A 和点 x，如果在 x 的任何一个邻域 U 内，既存在属于 A 的点，也存在属于 A 的补集的点，即 $U\bigcap A\neq\varnothing$，$U\bigcap\sim A\neq\varnothing$，则称 x 是 A 的边界点，所有边界点构成的集合称为 A 的边界。

6) 集合的外部

A是拓扑空间X的一个集合，A的内部和A的边界相对于的X的补集称为A的外部。

简单对象的内部、边界和外部形式化定义为：设A为一个简单对象，则集合A的内部是A的最大开集，表示为A°；A的闭包是包含A的所有闭集的交，表示为A^{-}；集合A的边界是A的闭包和A的外部的闭包的交，表示为∂A。面状目标的内部、边界和外部很容易划分，如图 4.4.1 所示。

对于点状目标，可定义其边界为空。对于二维空间中的线状目标，它的边界为线状目标的两个端点，内部为线上除端点外的其他部分，形式化表达为$A^{\circ}=\{x\,|\,x\in A$且$x\notin\partial A\}$。点状目标在空间中被抽象为一个点，也可以视为仅包含一个点的点集。点状目标与其他非点状目标的拓扑空间关系可以直接通过代它的点与其他目标的边界、内部及外部的关系来表示。

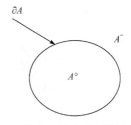

图 4.4.1　集合 A 的内部、边界和外部

2. 拓扑关系

拓扑关系是空间对象间的一种重要空间关系，包括点、线、面等地理要素是否相交、相离、重叠等基本拓扑关系，以及点、线、面等要素的关联、邻接关系等。

几何信息和拓扑关系是地理信息系统中描述地理要素的空间位置和空间关系不可缺少的基本信息。其中几何信息主要涉及几何目标的坐标位置、方向、角度、距离和面积等信息，通常用解析几何的方法来分析。而空间关系信息主要涉及几何关系的相连、相邻、包含等信息，通常用拓扑关系或拓扑结构的方法来分析。拓扑关系是明确定义空间关系的一种数学方法。在地理信息系统中，拓扑关系用来描述并确定空间的点、线、面之间的关系及属性，并可实现相关的查询和检索。从拓扑观点出发，关心的是空间的点、线、面之间的连接关系，而不管实际图形的几何形状。因此，几何形状相差很大的图形，拓扑结构却可能相同。

图 4.4.2(a)和(b)所表示的图，几何形状不同，但结点间拓扑关系是相同的，均可用图 4.4.2(c)所示的结点邻接矩阵表示。图 4.4.2(c)中交点为 1 处表示相应纵横两结点相连。

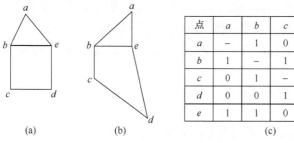

点	a	b	c	d	e
a	–	1	0	0	1
b	1	–	1	0	1
c	0	1	–	1	
d	0	0	1	–	1
e	1	1	0	1	–

(a)　　　　　(b)　　　　　　　　(c)

图 4.4.2　结点之间的拓扑关系

同样地，图 4.4.3(a)和(b)所表示的图，其几何形状完全不同，但各面块之间的拓扑邻接关系完全相同，均可用图 4.4.3(c)所示面的邻接矩阵表示。图 4.4.3(c)中交点为 1 处表示相应的两个面相邻。

通过对大量空间关系进行归纳和分类，得出几种基本的空间关系：相离、相接、相交、重合、包含、覆盖，如图 4.4.4 所示。

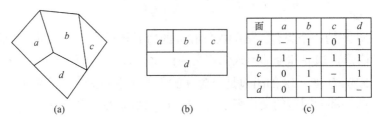

面	a	b	c	d
a	–	1	0	1
b	1	–	1	1
c	0	1	–	1
d	0	1	1	–

(a)   (b)   (c)

图 4.4.3   面块之间拓扑关系

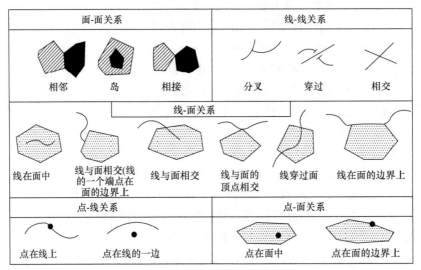

图 4.4.4   拓扑关系(拓扑邻接、拓扑关联、拓扑包含)

邻接(adjacency)关系通常指存在于空间图形的同类元素之间的拓扑关系,通常用邻接矩阵来表示。关联(incidence)关系指存在于空间图形的不同类元素之间的拓扑关系。同样地,关联关系可以用关联矩阵表示。关联性是指对线段连接关系的判别,用在每个结点上汇集的线段的列表来表示。包含关系可以分为 3 种:点在面内,线在面内,面在面内。

拓扑关系中地理要素只有点、线、面 3 种类型,其主要关系有点与点、点与线、点与面、线与线的关系,以及由此派生的线与面、面与面的关系。拓扑关系反映了空间实体之间的逻辑关系,不需要坐标、距离信息,不受比例尺限制,也不随投影关系变化。因此,在地理信息系统中,了解拓扑关系对空间数据的组织、空间数据的分析和处理具有非常重要的意义。

3. 表示方法

拓扑关系的表示方法主要有下述几种。

1) 拓扑关联性

拓扑关联性表示空间图形中不同类型的元素,如结点、弧段及多边形之间的拓扑关系,如图 4.4.5(a)所示,具有多边形和弧段之间的关联性 P_1/a_1,a_5,a_6;P_2/a_2,a_4,a_6 等,如图 4.4.5(b)所示。也有弧段和结点之间的关联性,N_1/a_1,a_3,a_5,N_2/a_1,a_6,a_2 等,即从图形的拓扑关联性出发,图 4.4.5(a)可用如图 4.4.5(b)和(c)所示的关联表表示。

用关联表表示图的优点是每条弧段所包含的坐标数据点只需存储一次,如果不考虑它们之间的关联性而以每个多边形的全部封闭弧段的坐标点来存储数据,不仅数据量大,还无法反映空间关系。

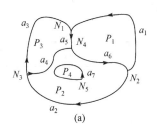

多边形号	弧段数
P_1	a_1 a_5 a_6
P_2	a_2 a_4 a_6
P_3	a_3 a_4 a_5
P_4	a_7

(b)

弧段号	起点	终点	坐标点
a_1	N_2	N_1	
a_2	N_2	N_3	
a_3	N_3	N_1	
a_4	N_3	N_4	
a_5	N_1	N_4	
a_6	N_4	N_2	
a_7	N_5	N_5	

(c)

图 4.4.5 图形的拓扑关联性

2) 拓扑邻接性

拓扑邻接性表示图形中同类元素之间的拓扑关系。如多边形之间、弧段之间以及结点之间的邻接关系(连通性)。因为弧段的走向是有向的,所以,通常用弧段的左右多边形号表示,并求出多边形的邻接性,如图 4.4.5(a)所示,当用弧段走向的左右多边形表示时,得到表 4.4.1(a)。显然,同一弧段的左右多边形必然邻接,从而得到如表 4.4.1(b)所示的多边形邻接矩阵表。表中值为 1 处,所对应多边形相邻接,从表 4.4.1(b)整理得到多边形邻接性表如表 4.4.1(c)所示。

同理,从图 4.4.4(a)可得到如表 4.4.2 所示的弧段和结点之间关系表。因为同一弧段上两个结点必连通,同一结点上的各弧段必相邻,所以分别得到弧段之间和结点之间连通性矩阵,如表 4.4.3(a)和(b)所示。

表 4.4.1 多边形之间邻接性

(a)

弧段号	左多边形	右多边形
a_1	P_1	/
a_2	/	P_2
a_3	/	P_3
a_4	P_3	P_2
a_5	P_1	P_3
a_6	P_1	P_2
a_7	P_4	P_2

(b)

多边形	P_1	P_2	P_3	P_4
P_1	—	1	1	0
P_2	1	—	1	1
P_3	1	1	—	0
P_4	0	1	0	—

(c)

	邻接多边形		
P_1	P_2	P_3	
P_2	P_1	P_3	P_4
P_3	P_1	P_2	
P_4	P_2		

表 4.4.2 弧段和结点之间关系表

(a)

弧段	起点	终点
a_1	N_2	N_1
a_2	N_2	N_3
a_3	N_3	N_1
a_4	N_3	N_4
a_5	N_1	N_4
a_6	N_4	N_2
a_7	N_5	N_5

(b)

结点		弧段	
N_1	a_1	a_3	a_5
N_2	a_1	a_2	a_6
N_3	a_2	a_3	a_4
N_4	a_4	a_5	a_6
N_5	a_7	—	—

表 4.4.3　弧段之间邻接性及结点之间连通性

<table>
<tr><td colspan="8" align="center">(a)</td></tr>
<tr><td>弧段</td><td>a_1</td><td>a_2</td><td>a_3</td><td>a_4</td><td>a_5</td><td>a_6</td><td>a_7</td></tr>
<tr><td>a_1</td><td>—</td><td>1</td><td>1</td><td>0</td><td>1</td><td>1</td><td>0</td></tr>
<tr><td>a_2</td><td>1</td><td>—</td><td>1</td><td>1</td><td>0</td><td>1</td><td>0</td></tr>
<tr><td>a_3</td><td>1</td><td>1</td><td>—</td><td>1</td><td>1</td><td>0</td><td>0</td></tr>
<tr><td>a_4</td><td>0</td><td>1</td><td>1</td><td>—</td><td>1</td><td>1</td><td>0</td></tr>
<tr><td>a_5</td><td>1</td><td>0</td><td>1</td><td>1</td><td>—</td><td>1</td><td>0</td></tr>
<tr><td>a_6</td><td>1</td><td>1</td><td>0</td><td>1</td><td>1</td><td>—</td><td>0</td></tr>
<tr><td>a_7</td><td>0</td><td>0</td><td>0</td><td>0</td><td>0</td><td>0</td><td>—</td></tr>
</table>

<table>
<tr><td colspan="6" align="center">(b)</td></tr>
<tr><td>结点</td><td>N_1</td><td>N_2</td><td>N_3</td><td>N_4</td><td>N_5</td></tr>
<tr><td>N_1</td><td>—</td><td>1</td><td>1</td><td>1</td><td>0</td></tr>
<tr><td>N_2</td><td>1</td><td>—</td><td>1</td><td>1</td><td>0</td></tr>
<tr><td>N_3</td><td>1</td><td>1</td><td>—</td><td>1</td><td>0</td></tr>
<tr><td>N_4</td><td>1</td><td>1</td><td>1</td><td>—</td><td>0</td></tr>
<tr><td>N_5</td><td>0</td><td>0</td><td>0</td><td>0</td><td>—</td></tr>
</table>

3) 拓扑包含性

拓扑包含性是表示空间图形中，面状实体中所包含的其他面状实体或线状、点状实体的关系。面状实体包含面状实体情况分为三种情况，即简单包含、多层包含和等价包含，分别如图 4.4.6(a)、(b)和(c)所示。

(a) 简单包含　　　　(b) 多层包含　　　　(c) 等价包含

图 4.4.6　面状实体之间包含关系

图 4.4.6(a)中多边形 P_1 中包含多边形 P_2，图 4.4.6(b)中多边形 P_3 包含在多边形 P_2 中，而多边形 P_2、P_3 又都包含在多边形 P_1 中。图 4.4.6(c)中多边形 P_2、P_3 都包含在多边形 P_1 中，多边形 P_2、P_3 对 P_1 是等价包含。

4. 关联表达

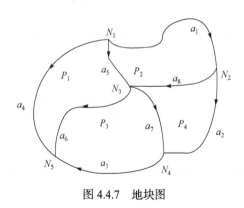

图 4.4.7　地块图

拓扑关系的关联表达是指采用什么样的拓扑关联表来表达空间位置数据之间的关系。在地理信息系统中，空间数据的拓扑关联表达尤为重要，通常可采用全显式表达和半隐式表达方式。

1) 全显式表达

全显式表达不仅明确表示空间数据多边形→弧段→点的拓扑关系，同时还明显表达点→弧段→多边形的关系。

描述图 4.4.7 所示的图及其拓扑关系，可用关联表(表 4.4.4～表 4.4.7)来表示。其中表 4.4.4 和表 4.4.5 自上到下表示基本元素之间关联性；表 4.4.6 和表 4.4.7 自下到上表示基本元素之间关联性。

这些表的集合即为图 4.4.7 的拓扑关联表的全显式表示。

表 4.4.4　多边形与弧段拓扑关系表

多边形	弧段		
P_1	a_4	a_5	a_6
P_2	a_1	a_8	a_5
P_3	a_3	a_6	a_7
P_4	a_2	a_7	a_8

表 4.4.5　弧段与结点拓扑关系表

弧段	结点	
a_1	N_1	N_2
a_2	N_2	N_4
a_3	N_4	N_5
a_4	N_1	N_5
a_5	N_1	N_3
a_6	N_3	N_5
a_7	N_3	N_4
a_8	N_2	N_3

表 4.4.6　结点与弧段拓扑关系表

结点	弧段			
N_1	a_1	a_4	a_5	
N_2	a_1	a_2	a_8	
N_3	a_5	a_6	a_7	a_8
N_4	a_2	a_3	a_7	
N_5	a_3	a_4	a_6	

表 4.4.7　弧段与多边形拓扑关系表

弧段	左多边形	右多边形
a_1	0	P_2
a_2	0	P_4
a_3	0	P_3
a_4	P_1	0
a_5	P_2	P_1
a_6	P_3	P_1
a_7	P_4	P_3
a_8	P_4	P_2

2) 半隐式表示

分析表 4.4.4～表 4.4.7 可知，从表 4.4.5 可以推导出表 4.4.6。同样，从表 4.4.6 可推导出表 4.4.5，而且，这种推导相当简单。同时，从表 4.4.4 和表 4.4.5 也可推导出表 4.4.7，但这种推导关系比较复杂。基于上述原因，为了简化拓扑关联表达，又便于使用，常常选择表 4.4.4、表 4.4.5 和表 4.4.6 中的一个，以及表 4.4.7 来表达矢量数据结构中不同元素之间的拓扑关联性。在此基础上，还可以进一步把表进行合并，形成如表 4.4.8 所示的半隐式表示。

表 4.4.8　地理矢量数据中弧段数据结构

弧段	起结点	终结点	左多边形	右多边形	弧坐标
a_1	N_1	N_2	0	P_2	$(x_{n1},y_{n1})\cdots(x_{n2},y_{n2})$
a_2	N_2	N_4	0	P_4	$(x_{n2},y_{n2})\cdots(x_{n4},y_{n4})$
a_3	N_4	N_5	0	P_3	$(x_{n4},y_{n4})\cdots(x_{n5},y_{n5})$
a_4	N_1	N_5	P_1	0	$(x_{n1},y_{n1})\cdots(x_{n5},y_{n5})$
a_5	N_1	N_3	P_2	P_1	$(x_{n1},y_{n1})\cdots(x_{n3},y_{n3})$
a_6	N_3	N_5	P_3	P_1	$(x_{n3},y_{n3})\cdots(x_{n5},y_{n5})$

续表

弧段	起结点	终结点	左多边形	右多边形	弧坐标
a_7	N_3	N_4	P_4	P_3	$(x_{n3}, y_{n3}) \cdots (x_{n4}, y_{n4})$
a_8	N_2	N_3	P_4	P_2	$(x_{n2}, y_{n2}) \cdots (x_{n3}, y_{n3}, y_{n2})$

5. 拓扑关系的性质

拓扑不变性质是拓扑空间在同胚映射下保持不变的性质。直线上的点和线的结合关系、顺序关系，在拓扑变换下不变，这是拓扑性质。在拓扑学中曲线和曲面的闭合性质也是拓扑性质。

拓扑的中心任务是研究拓扑性质中的不变性。在拓扑学里不讨论两个图形全等的概念，但是讨论拓扑等价的概念。例如，尽管圆和方形、三角形的形状、大小不同，在拓扑变换下，都是等价图形。在一个球面上任选一些点用不相交的线把它们连接起来，这样球面就被这些线分成许多块。在拓扑变换下，点、线、块的数目仍和原来的数目一样，这是拓扑等价。一般地说，对于任意形状的闭曲面，只要不把曲面撕裂或割破，它的变换就是拓扑变换，就存在拓扑等价。应该指出，环面不具有这个性质。设想，把环面切开，它不至于分成许多块，只是变成一个弯曲的圆桶形，对于这种情况，我们就说球面不能拓扑地变成环面。所以球面和环面在拓扑学中是不同的曲面。

6. 拓扑关系的重要性

拓扑所研究的是几何图形的性质，它们在图形被弯曲、拉大、缩小或任意的变形下保持不变，只要在变形过程中不使原来不同的点重合为同一个点，即不产生新点。换句话说，这种变换的条件是：原来图形的点与变换了图形的点之间存在着一一对应的关系，并且邻近的点还是邻近的点。这样的变换称为拓扑变换。拓扑有一个形象的说法——橡皮几何学。如果图形都是用橡皮做成的，就能把许多图形进行拓扑变换。

矢量数据可以是拓扑的，也可以是非拓扑的，这取决于数据中是否建立了拓扑。若数据中建立了拓扑，那么需要在数据中增加相关的文件或空间来存储空间关系(拓扑关系)。人们自然会问，数据集中构建拓扑有什么好处？需要汇总数据库的 GIS 用户也会问是否需要建立拓扑。关于是否需要建立拓扑的决定取决于 GIS 项目，对于某些项目，拓扑并非必要，而对于一些项目而言，拓扑是必需的。例如，GIS 数据生产者发现，在查找错误、确保线的正确会合和多边形的正确闭合方面，使用拓扑是绝对必要的。同样地，GIS 在交通、地下空间和其他网络设施分析过程中，也需要用到拓扑对数据进行分析。

在地理信息科学中，拓扑至少有两个优点：首先，拓扑能确保数据的质量和完整性，这是数据生产者广泛使用拓扑的主要原因。例如，拓扑关系可用于发现未正确接合的线。如果在假定连续的道路上存在一个缝隙，造成路网出现断链，用最短路径分析时会选择迂回路径而避开缝隙。同样，拓扑可以保证共同边界的多边形没有缝隙或重叠。其次，拓扑可强化 GIS 空间分析，如位置服务中，数据库中的地址需要按街道左侧或右侧(道路的上下行)进行关联。

4.4.2　拓扑关系模型

拓扑关系描述了地理实体和地理实体间的联系。拓扑关系模型主要以结点、弧段、三角形和多边形作为描述空间物体的最简化元素，运用数学领域中的组合拓扑学实现对空间简单与复杂物体几何位置和属性信息的完整描述。元素间拓扑关系的描述最基本的拓扑关系包括以下几种。①邻接：借助不同类型拓扑元素描述相同拓扑元素之间的关系，如多边形和多边形的邻接关系。②关联：不同拓扑元素之间的关系，如结点与链、链与多边形等。③包含：面与其他拓扑元素之间的关系，如结点、线、面都位于某一个面内，则称该面包含这些拓扑元素。④连通：拓扑元素之间的通达关系，如点连通度、面连通度的各种性质(如距离等)及相互关系。⑤层次：相同拓扑元素之间的等级关系。空间拓扑关系形式化描述模型是 GIS 空间关系研究的重要内容之一，在 GIS 数据建模、空间查询、空间分析、空间推理等过程中起着重要作用。

1. 4 交模型

1991 年 Egemhofer 基于点集拓扑学提出 4 交(four intersection，4I)模型来描述空间拓扑关系。4 交模型中，通过边界和内部两个点集的交定义了边界与边界，内部和内部，边界和内部，内部和边界 4 种拓扑空间关系：相邻(边界相交，内部不相交)、相离(边界不相交，内部也不相交)、严格包含(边界不相交，但内部相交)和相交(边界相交，内部也相交)，并根据其内容进行关系划分，用两个对象 A、B 的内部($A°$)和边界(∂A)子集是否相交刻画两个对象间的拓扑关系：

$$4I(A,B) = \begin{bmatrix} A°\bigcap B° & A°\bigcap \partial B \\ \partial A \bigcap B° & \partial A \bigcap \partial B \end{bmatrix}$$

矩阵中每个元组有空和非空两种取值，分别表示相离或相交。因此 4 交模型矩阵共有 $2^4=16$ 种可能的取值，包括了所有的拓扑关系，具备了理论上的完备性。排除现实世界中没有物理意义的关系，可以导出 8 种面-面关系、11 种面-线关系、3 种面-点关系、16 种线-线关系、3 种点-线和 2 种点-点关系。

1) 点与点

点与点的拓扑关系比较简单，包括相离和重叠两种，如图 4.4.8 所示。

图 4.4.8 点与点之间的拓扑关系

2) 点与线

点与线的拓扑关系比较简单，包括相离、点在线上、点在线的端点三种，如图 4.4.9 所示。

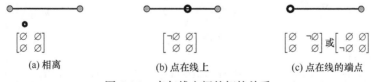

图 4.4.9 点与线之间的拓扑关系

3) 点与面之间的拓扑关系

点与线的拓扑关系比较简单，包括相离、点在面内、点在面的边界上三种，如图 4.4.10 所示。

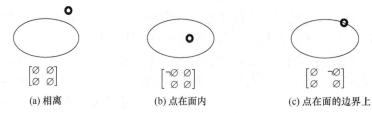

图 4.4.10　点与面之间的拓扑关系

4) 线与线之间的拓扑关系

线与线之间的拓扑关系共 16 种，如图 4.4.11 所示。

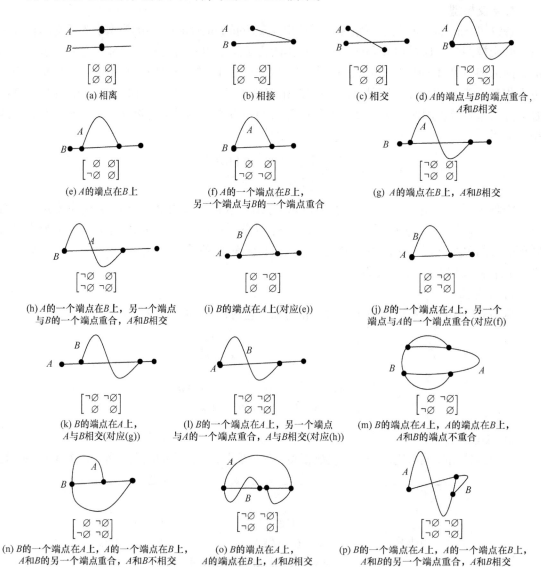

图 4.4.11　线与线之间的拓扑关系

5) 线与面之间的拓扑关系

线与面之间的拓扑关系共 11 种，如图 4.4.12 所示。

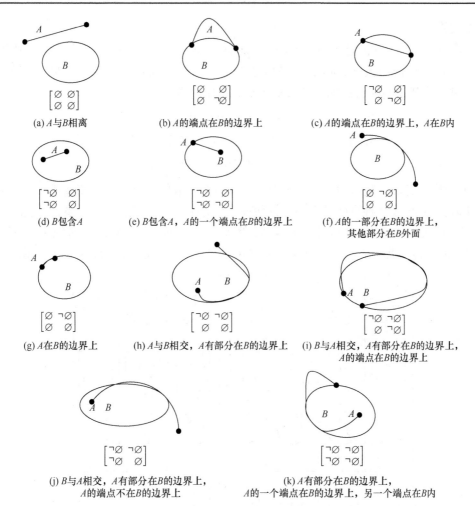

图 4.4.12 线与面之间的拓扑关系

6) 面与面之间的拓扑关系

面与面之间的拓扑关系有 8 种，如图 4.4.13 所示。

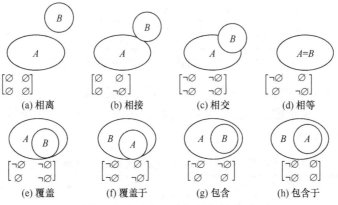

图 4.4.13 面与面之间的拓扑关系

2. 9 交模型

9 交模型是开放空间信息协会(Open Geospatial Consortium，OGC)制定的一套适用于空间查询的模型。9 交(nine intersection，9I)模型是 4 交模型的升级版。9 交模型针对 4 交模型的不足，通过进一步考虑空间目标的外部来描述空间拓扑关系：

$$9I(A,B) = \begin{bmatrix} A^\circ \bigcap B^\circ & A^\circ \bigcap \partial B & A^\circ \bigcap B^- \\ \partial A \bigcap B^\circ & \partial A \bigcap \partial B & \partial A \bigcap B^- \\ A^- \bigcap B^\circ & A^- \bigcap \partial B & A^- \bigcap B^- \end{bmatrix}$$

与 4 交模型类似，矩阵中每个元组有空和非空两种取值，分别表示相离或相交。因此 9 交模型矩阵共有 2^9=512 种可能的取值。排除现实世界中没有物理意义的关系，可能的拓扑关系有 60 余种，包括 8 种面-面关系、19 种面-线关系、3 种面-点关系、33 种线-线关系、3 种点-线关系和 2 种点-点关系，线-面关系如图 4.4.14 所示，线-线关系如图 4.4.15 所示。

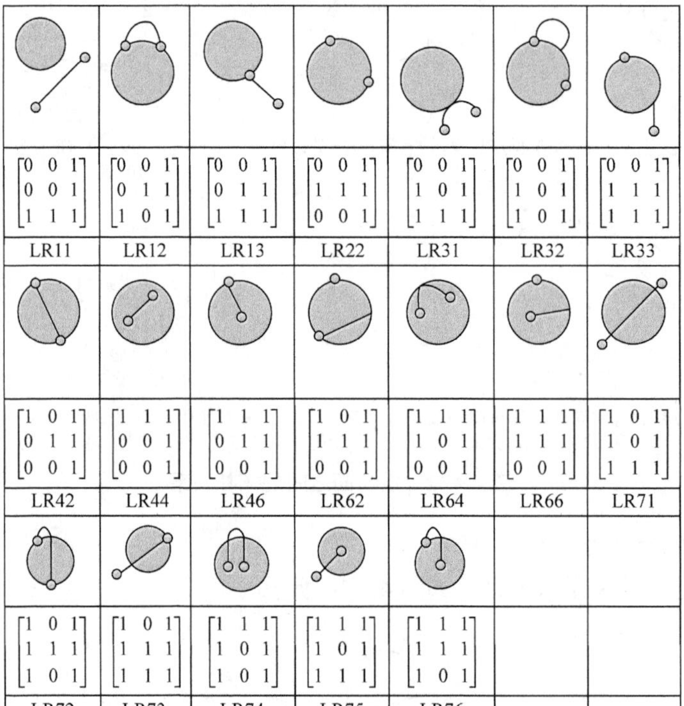

图 4.4.14　9 交模型能够区分的 19 种线-面拓扑关系

9 交模型是从 4 交模型拓展而来的，二者的差异如表 4.4.9 所示。对于点与其他类型的空间目标，9 交模型和 4 交模型的表达效果是一致的。差别出现在二维空间的线与区域、线与线之间的拓扑关系上。

表 4.4.9　基于不同模型的几类空间目标之间的拓扑关系数量

空间维数	两个空间目标类型	基于 4 交模型数量	基于 9 交模型数量
共同维度：0 （一维空间）	区域与区域	8	8
	线与线	8	8
	区域与线	11	19

续表

空间维数	两个空间目标类型	基于 4 交模型数量	基于 9 交模型数量
共同维度：1 (二维空间)	凸区域与直线	10	11
	线与线	16	33
	直线与直线	11	11

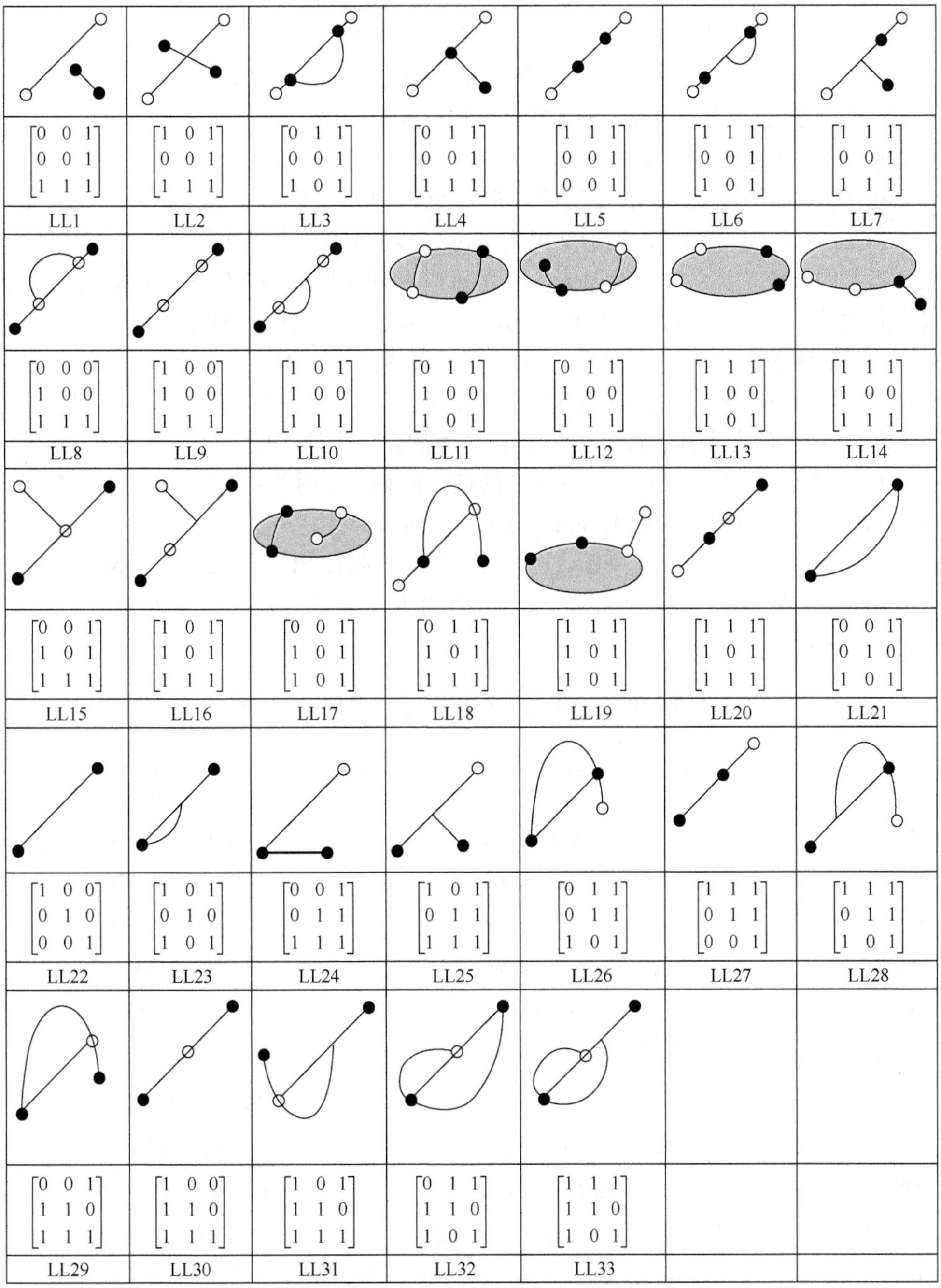

LL1:
$$\begin{bmatrix} 0 & 0 & 1 \\ 0 & 0 & 1 \\ 1 & 1 & 1 \end{bmatrix}$$

LL2:
$$\begin{bmatrix} 1 & 0 & 1 \\ 0 & 0 & 1 \\ 1 & 1 & 1 \end{bmatrix}$$

LL3:
$$\begin{bmatrix} 0 & 1 & 1 \\ 0 & 0 & 1 \\ 1 & 0 & 1 \end{bmatrix}$$

LL4:
$$\begin{bmatrix} 0 & 1 & 1 \\ 0 & 0 & 1 \\ 1 & 1 & 1 \end{bmatrix}$$

LL5:
$$\begin{bmatrix} 1 & 1 & 1 \\ 0 & 0 & 1 \\ 0 & 0 & 1 \end{bmatrix}$$

LL6:
$$\begin{bmatrix} 1 & 1 & 1 \\ 0 & 0 & 1 \\ 1 & 0 & 1 \end{bmatrix}$$

LL7:
$$\begin{bmatrix} 1 & 1 & 1 \\ 0 & 0 & 1 \\ 1 & 1 & 1 \end{bmatrix}$$

LL8:
$$\begin{bmatrix} 0 & 0 & 0 \\ 1 & 0 & 0 \\ 1 & 1 & 1 \end{bmatrix}$$

LL9:
$$\begin{bmatrix} 1 & 0 & 0 \\ 1 & 0 & 0 \\ 1 & 1 & 1 \end{bmatrix}$$

LL10:
$$\begin{bmatrix} 1 & 0 & 1 \\ 1 & 0 & 0 \\ 1 & 1 & 1 \end{bmatrix}$$

LL11:
$$\begin{bmatrix} 0 & 1 & 1 \\ 1 & 0 & 0 \\ 1 & 0 & 1 \end{bmatrix}$$

LL12:
$$\begin{bmatrix} 0 & 1 & 1 \\ 1 & 0 & 0 \\ 1 & 1 & 1 \end{bmatrix}$$

LL13:
$$\begin{bmatrix} 1 & 1 & 1 \\ 1 & 0 & 0 \\ 1 & 0 & 1 \end{bmatrix}$$

LL14:
$$\begin{bmatrix} 1 & 1 & 1 \\ 1 & 0 & 0 \\ 1 & 1 & 1 \end{bmatrix}$$

LL15:
$$\begin{bmatrix} 0 & 0 & 1 \\ 1 & 0 & 1 \\ 1 & 1 & 1 \end{bmatrix}$$

LL16:
$$\begin{bmatrix} 1 & 0 & 1 \\ 1 & 0 & 1 \\ 1 & 1 & 1 \end{bmatrix}$$

LL17:
$$\begin{bmatrix} 0 & 0 & 1 \\ 1 & 0 & 1 \\ 1 & 0 & 1 \end{bmatrix}$$

LL18:
$$\begin{bmatrix} 0 & 1 & 1 \\ 1 & 0 & 1 \\ 1 & 1 & 1 \end{bmatrix}$$

LL19:
$$\begin{bmatrix} 1 & 1 & 1 \\ 1 & 0 & 1 \\ 1 & 0 & 1 \end{bmatrix}$$

LL20:
$$\begin{bmatrix} 1 & 1 & 1 \\ 1 & 0 & 1 \\ 1 & 1 & 1 \end{bmatrix}$$

LL21:
$$\begin{bmatrix} 0 & 0 & 1 \\ 0 & 1 & 0 \\ 1 & 0 & 1 \end{bmatrix}$$

LL22:
$$\begin{bmatrix} 1 & 0 & 0 \\ 0 & 1 & 0 \\ 0 & 0 & 1 \end{bmatrix}$$

LL23:
$$\begin{bmatrix} 1 & 0 & 1 \\ 0 & 1 & 0 \\ 1 & 0 & 1 \end{bmatrix}$$

LL24:
$$\begin{bmatrix} 0 & 0 & 1 \\ 0 & 1 & 1 \\ 1 & 1 & 1 \end{bmatrix}$$

LL25:
$$\begin{bmatrix} 1 & 0 & 1 \\ 0 & 1 & 1 \\ 1 & 1 & 1 \end{bmatrix}$$

LL26:
$$\begin{bmatrix} 0 & 1 & 1 \\ 0 & 1 & 1 \\ 1 & 0 & 1 \end{bmatrix}$$

LL27:
$$\begin{bmatrix} 1 & 1 & 1 \\ 0 & 1 & 1 \\ 0 & 0 & 1 \end{bmatrix}$$

LL28:
$$\begin{bmatrix} 1 & 1 & 1 \\ 0 & 1 & 1 \\ 1 & 0 & 1 \end{bmatrix}$$

LL29:
$$\begin{bmatrix} 0 & 0 & 1 \\ 1 & 1 & 0 \\ 1 & 1 & 1 \end{bmatrix}$$

LL30:
$$\begin{bmatrix} 1 & 0 & 0 \\ 1 & 1 & 0 \\ 1 & 1 & 1 \end{bmatrix}$$

LL31:
$$\begin{bmatrix} 1 & 0 & 1 \\ 1 & 1 & 0 \\ 1 & 1 & 1 \end{bmatrix}$$

LL32:
$$\begin{bmatrix} 0 & 1 & 1 \\ 1 & 1 & 0 \\ 1 & 0 & 1 \end{bmatrix}$$

LL33:
$$\begin{bmatrix} 1 & 1 & 1 \\ 1 & 1 & 0 \\ 1 & 0 & 1 \end{bmatrix}$$

图 4.4.15　9 交模型能够区分的 33 种线-线拓扑关系

3. 基于 Voronoi 图的 9 交模型(V9I)

由于 9 交模型中空间外部(即余)具有无限性，可能会导致一些难以处理的问题，例如，难以直接计算和操作，无法更进一步地区分空间邻近与相邻关系，缺乏可操作的实用工具等。基于 Voronoi 的空间关系 9 元组模型 V9I 模型，采用 Voronoi 区域来替代 9 交模型中空间目标的外部：

$$V9I(A,B) = \begin{bmatrix} A^{\circ} \bigcap B^{\circ} & A^{\circ} \bigcap \partial B & A^{\circ} \bigcap B_V \\ \partial A \bigcap B^{\circ} & \partial A \bigcap \partial B & \partial A \bigcap B_V \\ A_V \bigcap B^{\circ} & A_V \bigcap \partial B & A_V \bigcap B_V \end{bmatrix}$$

式中，A_V、B_V 为 A、B 区域的 Voronoi。其他参数与 9 交模型一致。

4. 基于 RCC 模型的拓扑关系

Randell 等人基于 Clarke 的空间演算逻辑公理提出了区域连接演算(region connection calculus，RCC)理论，此后 RCC 理论又得到了进一步的完善、应用和发展。RCC 模型以区域为基元，而不像传统拓扑中以点为基元。区域可以是任意维，但在特定的形式化模型中，所有区域的维数是相同的，如在考虑二维模型时，区域边界和区域间的交点不被考虑进来。

RCC 理论的基础是"部分"关系。RCC 逻辑包括符号：①常量 U 表示全域；②变量 x，y，…表示空间区域；③二元谓词 $C(x,y)$，表示区域 x 与区域 y 连接；④量词 $\forall$ 和 $\exists$；⑤布尔逻辑连接符，对 RCC 有多种等价描述。RCC 模型假设一个原始的二元关系 $C(x,y)$ 表示区域 x 和 y 的连接，根据点在区域中来给出关系 C 的拓扑解释。使用关系 C 可以定义：$DC(x,y)$(x 与 y 不相连)，$P(x,y)$(x 是 y 的一部分)，$PP(x,y)$(x 是 y 的真部分)，$EQ(x,y)$(x 与 y 相等)，$O(x,y)$(x 与 y 重叠)，$DR(x,y)$(x 与 y 相离)，$PO(x,y)$(x 与 y 部分重叠)，$EC(x,y)$(x 与 y 外部相连)，$TPP(x,y)$(x 是 y 的相切的真部分)，$NTPP(x,y)$(x 是 y 的不相切的真部分)。表 4.4.10 列出了 RCC 理论中的部分关系表示。

表 4.4.10　以 $C(x,y)$ 为基础定义的其他拓扑关系

关系	关系的定义	关系的解释
$DC(x,y)$	$\neg C(x,y)$	x 与 y 是不连接的
$P(x,y)$	$\forall z(C(z,x) \Rightarrow C(z,y))$	x 是 y 的一部分，$x \leqslant y$
$EQ(x,y)$	$\forall x \forall y \forall z(C(z,x) \Leftrightarrow C(z,y))$	x 与 y 相等，$P(x,y) \wedge \neg P(y,x), x = y$
$O(x,y)$	$\exists z(P(z,x) \wedge P(z,y))$	x 与 y 重叠
$PO(x,y)$	$O(x,y) \wedge \neg P(x,y) \wedge \neg P(y,x)$	x 与 y 部分重叠
$DR(x,y)$	$\neg O(x,y)$	x 与 y 是相离的
$EC(x,y)$	$C(x,y) \wedge \neg O(x,y)$	x 与 y 外部连接
$PP(x,y)$	$P(x,y) \wedge \neg P(y,x)$	x 完全是 y 的一部分，$x < y$
$TP(x,y)$	$P(x,y) \wedge \exists z(EC(z,x) \wedge EC(z,y))$	x 是 y 的一部分且相切
$NPP(x,y)$	$P(x,y) \wedge \neg \exists z(EC(z,x) \wedge EC(z,y))$	x 是 y 的一部分但不相切
$TPP(x,y)$	$PP(x,y) \wedge \exists z(EC(z,x) \wedge EC(z,y))$	x 完全 y 的一部分且相切
$NTPP(x,y)$	$PP(x,y) \wedge \neg \exists z(EC(z,x) \wedge EC(z,y))$	x 完全是 y 的一部分但不相切

表 4.4.10 关系的定义中除使用了 $C(x,y)$ 外，还使用了一些过渡性的状态谓词如 $P(x,y)$(表

示部分属于), PP(x, y)(表示严格部分属于), O(x, y) (表示覆盖),定义中的 ¬ 符号表示"非", ∀ 符号表示"任意", ∃ 符号表示"存在", ∧ 表示"合取"可以读作"并且"。

在 RCC 模型中, 定义在区域上的关系通常被分组为关系集合, 集合中的元素互不相交且联合完备(jointly exhaustive and pairwise disjoint, JEPD), 即对于任何两个区域, 有且仅有一个特定的 JEPD 关系被满足, 其中最有代表性的是 RCC-8 和 RCC-5 关系集。

RCC-8 包括相离(DC)、外切(EC)、部分相交(PO)、正切真部分(TPP)、反正切真部分(TPPi)、非正切真部分(NTPP)、反非正切真部分(NTPPi)和相等(EQ), 如图 4.4.16 所示。

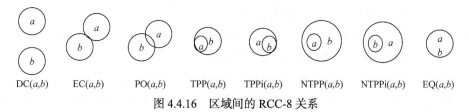

图 4.4.16　区域间的 RCC-8 关系

RCC-5 没有考虑区域的边界, 即将 DC 和 EC 合并为分离(DR), TPP 和 NTPP 合并为真部分(PP), TPPi 和 NTPPi 合并为反真部分(PPi), 如图 4.4.17 所示。

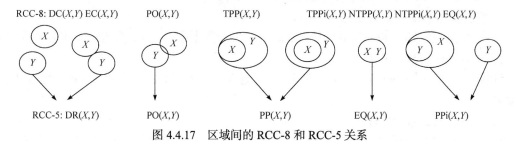

图 4.4.17　区域间的 RCC-8 和 RCC-5 关系

由于空间实体的连接关系不是一成不变的, 在连续变换中可以从一种状态直接变换到另外一种状态。目前表示这种相邻关系的方法是使用概念邻域图(conceptual neighborhood graph, CNG)。CNG 的顶点是基本关系, 每一条边的意义是这条边的两个顶点可以通过空间实体的连续变形从一种关系直接变换到另一种关系。图 4.4.18 是 RCC-8 的概念邻域图。同时, 图 4.4.18 中显示了拓扑关系的演变过程。

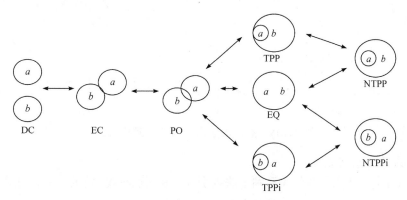

图 4.4.18　RCC-8 的概念邻域图

4.4.3　拓扑关系关联

拓扑关系是指满足拓扑几何学原理的各空间数据间的相互关系，即用结点、弧段和多边形所表示的实体之间的邻接、关联、包含和连通关系。

1. 地理矢量数据的拓扑关系

地理矢量数据中有点、线、面 3 种实体，其主要关系有点与点、点与线、点与面、线与线的关系，以及由此派生的关系：线与面、面与面的关系。点是指具有三维坐标的空间点位；线是带有方向性的线段；面是多边形表示的封闭区。

(1) 点与点的关系有：①重合；②不重合。

(2) 点与线的关系主要有：①点在线上，点在线上又包含有点在线的两个端点之一、点在线中间、点在线的延长线上；②点在线的左(右)侧。

(3) 点与面的关系有：①点在面内；②点在面外；③点在面的边界线上。

(4) 线与线的关系有：①平行，线与线平行包含有：完全重合、部分重合、包含、不重合；②相交，线与线相交包含有：实交、半虚交、完全虚交。

(5) 线与面的关系有：①相交；②相离；③包含。

(6) 面与面的关系有：①相交；②相离；③包含。

2. 拓扑关系判定法则

给定极小的正数 ε，以 ε 作为阈值，判定地理矢量数据中点、线、面地理实体之间的关系。

1) 点与点的关系判定法

计算 A、B 两点的距离 S，①如果 $S < \varepsilon$，则点 A、B 重合；②如果 $S > \varepsilon$，则点 A、B 不重合。

2) 点与线的关系判定法

计算点 P 到线 AB 的距离 S，计算顺时针夹角 $\alpha = \angle PAB$、$\beta = \angle ABP$。① $S > \varepsilon$ 和 $0° < \alpha < 180°$，则点 P 在线 AB 的左侧；② $S > \varepsilon$ 和 $180° < \alpha < 360°$，则点 P 在线 AB 的右侧 [(图 4.4.19a)]；③ $S_1 < \varepsilon$，则点 P 与点 A 重合，$S_2 < \varepsilon$，则点 P 与点 B 重合。

点在线上的判定：需求点 P 到线 AB 的垂足点 P_1，计算点 P 到点 P_1 的距离 S_1，点 P_1 到点 A 的距离 S_2，点 P_1 到点 B 的距离 S_3，点 A 到点 B 的距离 S_4；① $S_1 < \varepsilon$ 和 $|S_2 + S_3 - S_4| \leqslant \varepsilon$，则点 P 在线 AB 的中间[图 4.4.19(b)]；② $S_1 < \varepsilon$ 和 $|S_2 + S_3 - S_4| \geqslant \varepsilon$，则点 P 在线 AB 的延长线上 [图 4.4.19(c)]。

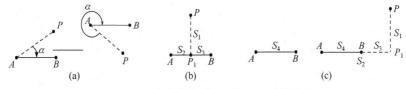

图 4.4.19　点在线左(右)、线上、延长线上

3) 线与线的关系判定法

若 A 与 B 平行，用点与线的关系判定法判别 A、B 两点与线 CD 的关系，如图 4.4.20 所示。

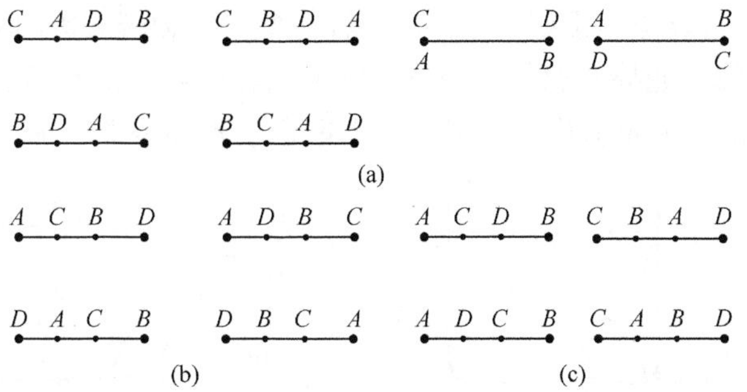

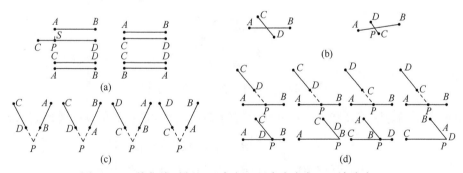

图 4.4.20　线与线重合、部分重合、线包含线

(1) 完全重合：点 A 与点 B 重合且点 C 与点 D 重合，则线 AB 与线 CD 同相完全重合；点 A 与点 D、点 B 与点 C 重合，则线 AB 与线 CD 反相完全重合[图 4.4.20(a)]；

(2) 平行部分重合：点 $A(B)$ 位于线 CD 中间且点 $B(A)$ 位于线 CD 延长线上，则线 AB 与 CD 平行部分重合[图 4.4.20(b)]；

(3) 包含：点 A、B(C、D) 均位于线 CD(AB) 中间，则线 CD(AB) 包含线 AB(CD) [图 4.4.20(c)]；

(4) 平行且不重合：以上三项都不成立时，求取线 AB 与线 CD 的方位角 α_{AB}、α_{CD}，$|\alpha_{AB}-\alpha_{CD}| \leqslant \varepsilon$ 或 $|\alpha_{AB}-\alpha_{CD} \pm 180°| \leqslant \varepsilon$，则线 AB 与线 CD 平行[图 4.4.21(a)]。

判定线 AB 与线 CD 不平行，则相交，求出交点坐标 P，根据点与线的关系判定法，判定点 P 与线 AB 和线 CD 的关系。

(5) 实交：点 P 在线 AB 与线 CD 的中间，不包含点 P 与点 A、B、C、D 任一点重合[图 4.4.21(b)]；

(6) 完全虚交：点 P 同时不在线 AB 和线 CD 上[图 4.4.21(c)]；

(7) 半虚交：点 P 不同时在线 AB 和线 CD 上，即包含线相接[图 4.4.21(d)]。

图 4.4.21　线与线平行(a)、实交(b)、完全虚交(c)、半虚交(d)

4) 点与面的关系判定法

判断点与多边形的关系，是计算几何的经典问题，点与多边形的关系可以分为：点在多边形内(inside)、点在多边形外(outside)以及点在多边形的边上(onside)三种。

(1) 面积法。所有多边形的边和目标点组成的三角形面积的和是否等于总的多边形面积，如果相等，则在内部；反之在外部。

(2) 夹角和法。判断所有多边形的边和目标点的夹角和是否为 360°。计算量比面积法稍微小点，用到的方法主要是点乘和求模计算。

(3) 引射线法。从目标点出发引一条射线，看这条射线和所有边的交点数目。如果有奇数个交点，则说明在内部，如果有偶数个交点，则说明在外部。这是所有方法中计算量最小的方法，在光线追踪算法中大量应用。引射线法不适合于各种特殊情况，如图 4.4.22 所示。

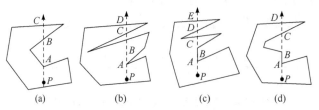

图 4.4.22　引射线法特殊情况

5) 线与面的关系判定法

判别线与面的关系，是判别线与多边形边界所有点线的关系，所以只要利用上面的点线关系判定法进行判别即可判别线与面的：①相交；②相离；③包含。

6) 判别面与面的关系

判别面与面的关系，是判别一个面的多边形边界点线与另一个面上多边形的边界点线的关系：①相交，只要判定一个多边形的线与另一个多边形的线有实交点即可；②相离，只要判定一个多边形的所有点均在另一个多边形之外及另一个多边形的所有点均在这个多边形之外，且这个多边形的所有线段与另一个多边形的所有线没有实交点；③内含，只要判定一个多边形的所有点在另一个多边形内，且两个多边形之间的所有线没有实交点即可。

3. 拓扑关系判定不确定性

由于现实世界中许多空间目标边界不易定义或不确定，从而导致其空间范围隐含着不确定性，通常又称这类目标为模糊目标或不确定区域，在此视为具有宽边界的区域，如图 4.4.23 所示。设 A 为一个宽边界区域，内部表示为 A°，外部表示为 A^-，边界表示为 ΔA。

图 4.4.23　集合 A 的内部、边界和外部

针对两个不确定区域 A 和 B，在 9 交模型的基础上建立的扩展的 9 交模型表示为

$$F9I(A,B)=\begin{bmatrix} A^\circ \cap B^\circ & A^\circ \cap \Delta B & A^\circ \cap B^- \\ \Delta A \cap B^\circ & \Delta A \cap \Delta B & \Delta A \cap B^- \\ A^- \cap B^\circ & A^- \cap \Delta B & A^- \cap B^- \end{bmatrix}$$

第 5 章　地理相似关联

相似是世界万物的本质特征，是客观事物存在的同与变异的辩证统一。相似性是人类感知、判别、分类和推理等认知活动的基础，是客观事物之间存在各种联系的表现，是事物相互联系的中介。相似性原则是揭示自然界、人类社会、思维发展规律的一个基本原理。地理相似性包括地理实体相似和地理环境相似。地理实体相似包括地理实体形态相似和地理实体属性相似。地理环境相似一般指两个区域具有相似的地理特征。地理环境越相似，地理特征越相近。地理环境相似性是自然区划的基础，依据区域相似关系和结构上相联系的性质和特点，确定区域划分的具体指标和标志，划出各区域的界线。

5.1　相似理论概述

世界上一切事物都是普遍联系的，整个世界就是一个普遍联系的有机整体。人工智能深度学习的核心概念是关联，关联可以理解成相关性。关联把两个或两个以上在意义上有密切联系的事物或现象组合在一起。关联分析是发现客观事物或现象中不同现象之间的联系。相似关联对我们想任何问题和做任何事情都是非常重要的。相似性是人感官上对事物内在联系的一致性的认识。相似性思维是人类思维重要的本质之一。相似关联是按照事物之间的相似把事物关联起来。

5.1.1　相似现象

客观世界发展过程中的相似现象(同与变异)经常会反映到人们的大脑中，所以人们总是在自觉或不自觉地按相似的规律不断地去认识和改造世界，探索客体和主体发展过程中这些相似现象之间的内在联系和基本规律。相似是一种认识，同人们的感觉、思维，乃至经验都有直接的关系。

1. 相似现象的普遍性

相似是最普遍的自然现象之一。中国华北、东北的煤炭蕴藏量很大，为什么美国、加拿大、中亚、欧洲等地也有丰富的煤炭呢？因为这些地方曾经有过相似的地理环境。没有地理环境的相似性，就没有地理环境的区域差异；没有地理环境的相似性，就没有人类对自然界认识上的相似性。人类对自然界的相似性认识，正是地理环境的固有特性——相似性在人脑中的客观反映形成的。

地壳运动、海陆分布导致局部地理环境相似变化的结果；东亚季风与北美洲、南美洲、澳大利亚的亚热带季风及沿海地区的海陆风，在本质上是相似的；不同的地区具有不同的资源环境，资源环境只有相似的地区，没有完全相同的地区；太平洋有厄尔尼诺现象，近些年，日本科学家发现印度洋也存在厄尔尼诺现象。所有这些都说明了微观条件越相近，宏观现象就越相似。

相似现象不仅存在于自然的物质世界中，同时也存在于人类社会发展中。经济发展可分为繁荣、衰退、萧条和复苏四个阶段，每个周期反复出现相似特征，深刻地阐释了经济周期现象的本质和运动规律。

人类科技发展史和社会发展史，都要迎接知识经济时代的到来，这反映了自然界的发展、人类思维的发展和社会的发展，都是由低级到高级、由简单到复杂，在相似的同与变异中进行的。在这漫长的历史发展过程中，人类对自然界的开发、利用和改造的规模、范围、深度、广度和速度也日益发展变化，各地区的自然结构、社会经济结构和产业的空间转移也在相似的改变。相似的人类活动会导致相似的生态问题。

2. 认知过程的相似性

相似性是人在感官上对事物内在联系的一致性认识。一切事物都是以相似性为中介而联系的。相似论，既是本体论，又是认识论，更是方法论。

相似思维方法又称相像思维方法，是基于相似原理进行思维的科学方法。客观世界的相似原理和相似规律在人脑中直接和间接地反映，是人们在认识世界和改造世界的过程中进行相似思维的客观基础，也是人们在实践中能够应用相似思维方法的现实根据。根据相似论原理，当客观事物的相似现象或本质特征反映到人脑之后，经过加工处理便会成为经验知识的相似块或相似单元，储存在大脑的记忆库中并逐渐累积起来。相似性思维就是人们有意识或无意识地运用事物之间客观存在的几何相似性、结构相似性、运动相似性和功能相似性导致新的认识的思维活动。一般来说，人积存的相似块越多，信息越新，那么他的阅历和知识自然也就越来越丰富。大脑相似块的积存是一个动态变换的耗散过程，就是说，相似块的增多和保存，依赖于有用信息的相似块源源不断地输入与积累，同时那些过时与无用信息的相似块又不断地输出与淘汰，从而才能使人脑这个知识和信息的开放体系永葆青春与活力。

此外，科学研究中普遍应用的一些方法，如类比、模型、模拟等都是以人们头脑中储存的相似现象与过程为基础的，否则和谁去类比，同谁模拟，以什么为实体来作模拟呢？从这个方面看，相似现象和规律又能提供建立类比、模型、模拟工作中的物理模式。事物进行相似性分类是科学研究的第一步。多数认知科学家都接受这样一种观点，即人脑中已有的知识、经验对当前的认知活动起着决定作用，他们认为认知科学的一项重要内容就是力图通过揭示人们如何获取和利用知识、经验的机制，来探究人类认知活动的规律。但对于已有知识、经验如何作用于当前的认知活动却有不同的见解。

客观世界中的这些相似现象和实质，必然反映到我们的感性认识和理性认知中来。人的思维之所以依照相似性进行活动，直接原因在于人的神经网络中的信息活动，乃是基于以相似性信息(这个信息有外部输入的，也包括大脑中自己产生的)为中介而自我进行的相似激活、相似联系、相似催化、互相调制、互相匹配的原理而工作的。也就是说，思维规律反映对象的真实存在形式，必须要反映客观世界中真实存在的这种相似性，即几何相似、属性相似、运动相似、结构相似、关系相似和功能相似，这样才可能使我们的认知从现象的相似进入到本质的相似，真正而较全面地认识该事物。

张光鉴提出的相似块对于揭示这种关系及探索人们认知活动的规律是一个十分有价值的概念。按照张光鉴的说法，人们在思维过程中，不断输入、储存、输出信息。信息间不断更新、交换，出现了重叠、参差、交融、互渗的局面。而那些相同、相近、相似的信息，往往有机地结合、联系在一起，称为相对集中的信息块(又称信息单元)，犹如信息资料柜一样，将相似信息、资料储存起来，以备检索，这就是相似块。平常被储存在意识仓库中，在思维过程中，若受到外在相似信息的诱发，就会活跃起来，与新的相似的信息靠拢，与之契合，并形成新的相似块。

　　信息相似块必须由两个以上相契合的信息建构，成为独立的单元，独木不成林，一个信息不能构成信息块，也不可能成为相似的，只不过是构成相似块的因素而已。信息相似块的最根本特征在于相似性，即不同事物之间所存在的相像、相近、相契合的现象，也就是异中之同。相似性既存在于客体中，也存在于主体中，由于主、客体的差别、差异，相似块也是千差万别、无限丰富的。

　　人类从外界接收的信息大约 80%来自视觉，现代视觉研究的最新成果表明，视觉中枢只能识别与理解它以前曾经经历过的某一类的相似客体，也就是说，对于这些输入的信息，只有在人的记忆存储中找到与它具有相似的信息块以后，才能够进行匹配与识别，从而使人理解。如果找不到这样的相似的信息组块，那么人就不能够识别和理解。模板匹配理论首先看到了这一点，它认为一个图像传入视觉中枢以后，只有在过去的经验中有这个图形或东西的记忆痕迹，即模板，并且与之相符合的前提下，进而通过选择与匹配的过程，人才能够将它认知和理解。格式塔学派在此基础上又前进了一步，看到了模板的不足，即我们在记忆中存储的并不是无数个不同形状的模板，而是从各类图像中抽象出来的相似原型，因此他们提出了原型匹配学说，即所要识别的图像通过搜索，能够找到一个与它具有相似性的原型，那么这个图像就能被识别和理解了。还有一种理论称为特征分析图像识别理论，认为人的图像识别过程是：先将图像的整体信息通过眼睛的摄像系统，输入视觉的一级映像层，然后映像层向下一级的特征层输出信息。特征层中设置有组成各种图像特征的标志，如数量、垂直线、水平线、斜线、直角、钝角、连续与非连续线等。然后根据这些特征和映像层输入的图像信息进行各自的相似性匹配。特征层进一步扩展到认知层。认知层中储存着各种体验过的已知的事物的信息块，根据特征层输送来的信息，在这里综合地进行更深入的相似匹配，这种相似匹配可以是模板匹配，也可以是原型匹配。这一层又和下一层的决策层紧密结合，再由决策层去选择认知层中相似匹配最完善的图像，最后作出识别和认定。总之，解释识别图像的理论虽然各不相同，但研究的结果却都认识到了图像识别的基本原理是按照相似性来进行的。

3. 哲学中的相似性

　　相似论属于哲学范畴，是客观事物存在的同与变异的辩证统一。在客观事物发展过程中始终存在同与变异。只有同，才能有所继承；只有变异，事物才能往前发展。相似性结构的最本质的特征，是一致与不一致的矛盾的统一。一致是指不同事物之间的相合、相近，也就是相似，是异中有同。不一致是指不同事物之间的差异和矛盾，也就是同中有异。相似就是联系，这一点是有条件的。因为虽然事物之间的联系是普遍的，但是发生具体的联系是需要中介的。差异指的是区别，这一点是无条件的。由于相同与相异只能是同中有异，异中有同，从而决定了相似这一异乎寻常的哲学范畴。

　　相似不等于相同，相似也不等于不同，相似包括同和异。从理论上讲，世界上绝对相同的事物是不存在的，它们之间只能是相似，都可以用相似程度来概括和区分，它们的相似程度视同与变异的比例而定。我们把同看成事物的本质，事物的特性是由其本质决定的，可以继承。而变异代表发展，变异积累到一定数量会引起质的改变，从而形成新事物。在研究事物间的相似性时，必须抓住其本质的相似。

　　相似性的本质是客观世界存在相似，相似性不依赖人们的感性认知而存在。从哲学上来讲，事物之间的相同都是有条件和相对的，而事物之间的差异或相似是无条件和绝对的，即事物间普遍存在不同程度的相似。尽管相似是客观存在的，但客观世界中相似现象必然要反映到我们的感性认知和理性认知中来，因此，相似性与认知科学是有关联的。目前对这种关系有两种观点：①相似性是人类认知的基础，因为相似的事物往往具有类似的属性、行为或功能，这是人类认识事物、对事物进行分类或推理的基础之一；②相似性具有很强的不确定性，即相似性是人的一种主观认知，并不取决于对象的属性，是人们根据自己对世界的认知、所处的环境和判别的目的所作出的一种主观的、整体的判断，换言之，相似性是因时、因地、因人而异的主观认知过程。

在地理环境中，在规定的级别水平上，无限的差异性与相似性组成互为对立的一组事件。相似中孕育着差异，差异中也包含着相似。这就是地理同异互补论(complementation theory of similarity and variability in geograph)。以数量表达而言，假定地理事物完全相似的概念为 1，绝对差异的概念为 0，则在各种地域空间和地理事实的相似性和差异性分析中，其实际概率总是介于 0~1，其中相似性的概率越大，则差异性的概率越小，反之亦然，二者之和恒等于 1。这种互补的、对立的概率特性，构成了一切区域空间地理类型划分的基础，也是地理同异互补论的实质。

4. 相似性性质

相似的概念起源于几何学。例如，两个三角形的对应角相等，则其对应边长度之比值必相等，这两个三角形称为几何相似。若存在两个点的集，其中一个能通过放大缩小、平移或旋转等方式变成另一个，就说它们具有相似性。

在几何相似的系统中，若各对应点或对应部位上，各相应物理量的比值相等，则这些系统为物理相似。物理相似是指组成模型的每个要素必须与原型的对应要素相似，包括几何要素和物理要素，其具体表现为由一系列物理量组成的场对应相似。对于同一个物理过程，若两个物理现象的各个物理量在各对应点上以及各对应瞬间大小成比例，且各矢量的对应方向一致，则称这两个物理现象相似。

相似性具有以下性质：

(1) 普遍性，事物之间普遍存在不同程度的相似。

(2) 反身性，自身与自身的特征相似。

(3) 对称性，若 A 与 B 的特征相似，则 B 与 A 的特征相似。

(4) 模糊性，即 A 与 B 相似度的大小因度量方法的不同而具有不确定性。

(5) 相似性，是事物与事物之间的一种关系，而非事物自身的一种属性。

(6) 层次性，将事物分解成子事物，若事物之间具有相似性，那么子事物之间也具有相似性。

(7) 动态性，一切事物总是随着时间不断运动变化，因此事物间的相似性及相似度会随时间而变化。

(8) 相似性度量具有目的性，根据判断事物相似性的目的不同，而采用不同的相似度量方法。

5.1.2　相似原理

由于许多力学问题很难用数学方法解决，必须通过实验研究。然而直接实验方法有很大的局限性，其实验结果只适用于某些特定条件，并不具有普遍意义，因而即使花费巨大，也难以揭示现象的物理本质，并描述其中各量之间的规律性关系。还有许多现象不宜进行直接试验，例如，飞机太大，不能在风洞中直接研究飞机原型的飞行问题；而昆虫的原型又太小，也不宜在风洞中直接进行吹风实验。况且，直接实验方法往往只能得出个别量之间的规律性关系，难以抓住现象的本质。我们更希望用缩小的飞机模型或放大的昆虫模型进行研究。

1. 相似理论

相似理论，是说明自然界和工程中各相似现象相似原理的学说。在结构模型试验研究中，只有模型和原型保持相似，才能由模型试验结果推算出原型结构的相应结果。

相似理论中的三个定理赖以存在的基础为：①现象相似的定义；②自然界中存在的现象所涉及的各物理量的变化受制于主宰这种现象的各个客观规律，它们不能任意变化；③现象中所涉及的各物理量的大小是客观存在的，与所采用的测量单位无关。

相似理论的基础是量的线性变换(或称相似变换)。两个物理现象相似是指在对应点上对应瞬时所有表征现象的相应物理量都保持各自固定的比例关系(如果是向量还包括方向相同)。相似的正定理指相似的现象，其同名相似准则数值相同，这是相似现象的必要条件。而根据相似的逆定理，两个物理现象相似的充分条件是两个现象的单值条件相似，而且由单值条件组成的同名相似准则的数值相同。单值条件是指把满足同一物理方程的各种现象单一地区分开来所必须具有的基本条件，包括几何、物理、边界和时间条件。相似准则一般可由描述现象特征的各个量之间关系的物理方程或由量纲分析推导出。

相似理论是试验的理论，用以指导试验的根本布局问题，为模拟试验提供指导，尺度的缩小或放大、参数的提高或降低、介质性能的改变等，目的在于以最低的成本和在最短的运转周期内摸清所研究模型的内部规律性。尽管相似理论本身是一个比较严密的数理逻辑体系，但是，一旦进入实际的应用课题，在很多情况下，不可能是很精确的。因为相似理论所处理的问题通常是极其复杂的。

2. 相似描述

我们最关心的问题是从模型的实验结果所描述的物理现象能否真实再现原来的物理现象？如果要使从模型实验中得到的精确的定量数据能够准确代表对应原型的流动现象，就必须在模型和原型之间满足几何、运动和动力的相似性。

1) 几何相似

两个物体(图形)几何相似——指一个物体(图形)通过各向等比例变形可与另一个物体(图形)完全重合。几何相似是指模型与其原型形状相同，但尺寸可以不同，而一切对应的线性尺寸成比例，这里的线性尺寸可以是直径、长度及粗糙度等。如用下标 p 和 m 分别代表原型和模型，则

线性比例常数可表示为

$$C_l = \frac{I_p}{I_m}$$

面积比例常数可表示为

$$C_a = \frac{A_p}{A_m} = C_l^2$$

体积比例常数可表示为

$$C_v = \frac{V_p}{V_m} = C_l^3$$

2) 运动相似

运动相似是指对不同的流动现象，在流场中的所有对应点处对应的速度和加速度的方向一致，且比值相等，也就是说，两个运动相似的流动，其流线和流谱是几何相似的。

速度比例常数可表示为

$$C_v = \frac{V_p}{V_m}$$

因为时间的量纲是 $\frac{l}{V}$，所以时间比例常数为

$$C_t = \frac{t_p}{t_m} = \frac{\dfrac{l_p}{V_p}}{\dfrac{l_m}{V_m}} = \frac{C_l}{C_v}$$

由此加速度比例常数为

$$C_a = \frac{a_p}{a_m} = \frac{C_t}{C_v} = \frac{C_l}{C_t^2}$$

3) 动力相似

动力相似是不同的流动现象作用在流体上相应位置处的各种力，如重力、压力、黏性力和弹性力等，它们的方向对应相同，且大小的比值相等，也就是说，两个动力相似的流动，作用在流体上相应位置处各力组成的力多边形是几何相似的。

这三种相似条件中，时空相似是运动相似和动力相似的前提和依据，动力相似则是流动相似的主导因素，而运动相似只是时空相似和动力相似的表征，三者密切相关，缺一不可。

3. 相似量纲

度量一种物理量，可以选用不同的度量单位。我们把本质相同的度量单位概括起来称为该物理量的量纲(或因次、尺度)。在国际单位制中，长度，质量和时间的量纲分别用[L]、[M]和[T]来表示，并作为基本量纲，其他物理量都与它们有一定关系，所以其他物理量的量纲都可用基本量纲来表示。目前工程单位暂时还将力[F]、长度[L]和时间[T]作为基本量纲。

1) 量纲的一些性质

任一物理现象，都可用一个或几个数学方程式表示，任一方程中各项的量纲都是相同的。因为一个方程中各项物理量的量纲是相同的，所以度量单位改变时，各项的转换系数必定相同，可以约去，因此方程仍保持原来的形式。这种度量单位改变而方程形式不变的性质，称为方程的量纲和谐性。对于一种物理现象，当已知受有关物理量的影响，但尚未确定它们之间的关系方程时，根据这些物理量的量纲及单位转换关系，并利用量纲的和谐性，可以证明该物理现象的单位转换与其他各物理量的单位转换量是同步的，这种性质称为量纲的齐次性。

2) 相似系数

模型和原型中同一物理量或相对应物理量的比值为一常数，称为相似系数。如两个三角形相似的条件是对应的角相等和对应的边成比例，如图 5.1.1 所示。

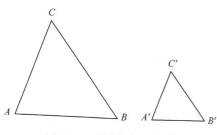

图 5.1.1　两个相似三角形

$$\frac{\angle A}{\angle A'} = \frac{\angle B}{\angle B'} = \frac{\angle C}{\angle C'} = 1 \ ; \quad \frac{AB}{A'B'} = \frac{BC}{B'C'} = \frac{CA}{C'A'} = C_l = 常数(相似系数)$$

推广到普遍情况，相似就是在原型和模型两个现象所对应的各物理量之间，都分别成一定的比例关系。这些比例常数就是相似系数。

3) 相似指标

模型和原型的各物理量之间具有一定关系，是相互制约的，因此它们的相似系数之间也是相互制约的，具有一定关系，制约相似系数之间的关系式称为相似指标。当两现象相似时，其相似指标为 1。

4. 相似准则

相似准则又称为相似参数、相似模数、相似判据等，是在判断两个现象之间相似性时使用的概念。相似准则一般可由描述现象特征的各个量之间关系的物理方程推导出或由量纲分析推导出。

5. 相似定理

判断两个现象相似的依据是相似定理。相似定理连接的是现象的相似与单值条件的相似和相似准则的相同之间的对应关系。

1) 相似第一定理

彼此相似的现象，单值条件相同，则相似指标为 1，其相似判据的数值也相同。相似第一定理适用于已知数学规律的物理现象，实现模型和原型之间的相似变换。两个物理现象的相似，要求两个现象具有相同物理性质的变化过程，两个现象对应的同名物理量之间有固定的比例常数。

两个相似的流动现象都属于同一类物理现象，都应被同一数学物理方程所描述。流动现象的几何条件(流场的边界形状和尺寸)、物性条件(流体密度、黏性等)、边界条件(流场边界上物理量的分布，如速度分布、压强分布等)，对非定常流动还有初始条件(选定研究的初始时刻流场中各点的物理量分布)都必定是相似的。这些条件又统称为单值条件。如前所述，两个流动现象力学相似，则在空间对应点和对应的瞬时物理量各自互成一定的比例，而这些物理量又必须满足同一微分方程组，因此各量的比例系数，即相似倍数，不是任意的，而是彼此制约的。

综上可得到结论：彼此相似的物理现象必须服从同样的客观规律，若该规律能用方程表示，则物理方程式必须完全相同，而且对应的相似准则必定数值相等。这就是相似第一定理。

2) 相似第二定理

相似第二定理又称相似逆定理，相似现象各物理量之间的关系，可转化为各相似准则之间的关系。两个物理现象相似，必定是同一类物理现象。因此，描述物理现象的微分方程组必定相同，这是现象相似的第一个必要条件。

单值条件相似是物理现象相似的第二个必要条件。因为服从同一微分方程组的同类现象有许多，单值条件可以将研究对象从无数多现象中单一地区分出来，数学上则是使微分方程组有唯一解的定解条件。

单值条件中的物理量所组成的相似准则相等是现象相似的第三个必要条件。

反过来说，属于同一类物理现象且单值条件相似时，两个现象才有时间和空间的对应关系以及与时间和空间联系的相同物理量，如果对应的相似准则相等，又保持了在对应的时间和空间点上物理量保持相同的比值，也就保证了两个物理现象的相似。

设两个运动系统的相似准则数值相等，则两个运动系统可以用符号完全相同的方程表示。当两个运动系统的单值条件完全相同，则得到的解是一个，两个运动系统是完全相同的。若两个运动系统的单值条件相似，则得到的解是互为相似的，两个运动是相似运动。若两个运动的单值条件既不相同又不相似，则仅是服从同一自然规律的互不相似运动。

试验模型同所模拟的研究对象相似，试验的结果才能应用到研究对象上去。判断两个现象是否相似，往往不能用物理量在对应时间和空间的分布是否保持同一比值来判定。

3) 相似第三定理

相似现象的充分和必要条件。要使两个现象相似，除了要求满足几何相似、有相同的物理关系表达式及由物理关系表达式求得的相同判据相等外，还要求能唯一地确定这一现象的(如边界条件，初始条件等)条件也必须相似。称这些能从同类性质的现象中区分具体现象的条件为单值条件，至此，可以将相似第三定理表述为在几何相似系统中，如果两个现象由文字结构相同的物理方程描述，且它们的单值条件相似(单值量对应成比例，且单值量的判据相等)，则两个现象相似。

相似第三定理为判断现象相似确定了理论依据，两个同类物理现象相似必须满足三个基本条件：第一，相似现象是遵循同一自然规律的现象；第二，相似现象初始条件相同，相似指标为定值；第三，由初始条件确定的物理量所组成的相似准则，在数值上相等。

值得指出的是，一个物理现象中在不同的时刻和不同的空间位置相似准则具有不同的数值，而彼此相似的物理现象在对应时间和对应点则有数值相等的相似准则，因此，相似准则不是常数。

这三条定理构成了相似理论的核心内容。相似第三定理明确了模型满足什么条件、现象时才能相似。

5.2　地理相似关联方法

地理相似性表现为地理空间的相似性、地理特征的相似性和地理环境的相似性。相同或相似的地理环境和历史发展过程，往往形成相同或相似的文化景观。相似是客观事物之间相同与变异的矛盾统一体，相似性反映的是事物间属性和特征的共同性与差异性。相似关联是指某事物(X)，通过相似性中介(M)与事物(Y)相联系，表示为$X(M)Y$。

5.2.1　地理空间相似关联

从地理空间实体之间的形态关系来说，空间相似可以分为互补相似和直接相似。所谓互补相似，是指地理空间实体之间的形态等特征呈现出互相弥补的特点，互补相似很难定量地表达和计算。例如，世界各大陆板块之间呈互补相似。直接相似是指空间目标几何形态和空间物体(群组目标)结构上的相似。如地图比例尺转换过程中，通过制图综合方法，实现不同比例尺之间地理要素相似。

1. 空间形状的相似性

空间现象十分复杂，但无论是地表静态的空间实体，还是各种活动的发生范围，其空间形态基本上以几何形式存在，因此，任何复杂形体都可以抽象为不同形状的几何形体来描述和表现。表达空间实体的几何类：①点状实体。在不需要表现实体面积属性的情况下，有些实体可以用点来描述，如区域内的城镇、企事业单位、基地、气象站、山峰、火山口等。②线状实体。具有线状特征的空间实体，可以用线表示其走向或网络结构，如河流、海岸线、铁路、公路、地下管线及行政边界等。③面状实体。需要表现实体的空间形态、边界轮廓，则以面状几何实体表示，如土壤、森林、草原、沙漠、湖泊等，通常也称为多边形。④体状实体。在三维世界里，需要表现出实体的三维特征，则用体来表示，如高层建筑、云体、山体、矿体等。

形状是描述物体的重要特征之一，几何形状的相似性是地理信息关联的基础，决定着地理信息关联结果的成功率和准确率。几何形状是空间感知的重要特征，利用几何形状特征来区别和检索物体比较直观。空间形状特征参数主要有：长度、面积、周长、形状系数、最小外接矩形(MBR)、方位角、最长轴及地理空间实体间相互关系等。最长轴表示地理实体的最大延伸长度，方位角是地理实体的最长轴与 x 轴的夹角。形状素数反映目标的狭窄程度，通过面积参数和周长参数的平方之比来表示。最小外接矩形是包围地理实体的最小矩阵，是地理实体的扁平程度的直观反映。利用集合的关系对相似性作如下定义：

设实体 A 的几何形状特征参数集合为 A_1，B 的几何形状特征参数集合为 B_1，且 $A_1 \neq 0$，$B_1 \neq 0$，则有：

(1) 当 $A_1 \bigcap B_1 = C \neq 0$ 时，A_1 与 B_1 几何形状特征相似，C 为其几何形状特征相似集合，$A_1 - C$ 为 A 的区分特征，$B_1 - C$ 为 B 的区分特征。特殊情况，若 $A_1 = B_1$，则 A 与 B 特征相同。

(2) 当 $A_1 \bigcap B_1 = C = 0$ 时，即 A_1 与 B_1 不具有相似特征，两者不相似。

相似性的定义依据差异度，二者是一对互补的概念，差异度小则相似性大，故相似度的量算是通过将差异度进行标准化后取补来实现，即

$$\text{sim}(A,B) = 1 - \frac{\text{dis}(A,B)}{U}$$

式中，$\text{sim}(A,B)$ 为实体 A,B 的相似度函数；$\text{dis}(A,B)$ 为对实体 A,B 间差异的度量，$\text{dis}(A,B)=1$ 和 $\text{dis}(A,B)=0$ 为差异性度量的极值——相异和相同；$U = \max(A,B)$ 为标准化因子，其值一般取为数据集中的两要素相应特征间的最大距离。由此，将依据相似特征值度量相似性大小的过程称为相似性度量。

1) 线状地理实体相似关联

线状地理实体相似是不同尺度下空间形态上的相似，要研究线状地理实体标在多尺度表达中的相似关系，必须先把握影响线状地理实体的相似因子。影响线状地理实体的相似因子主要包括长度、方向和面积等。

a. 长度

长度是线实体的重要特征之一，为了简化复杂度，将线实体投影到二维平面中。线实体的长度指的就是线实体上各线段长度的总和，各线段的长度通过欧氏距离描述。假设线上的点集为 $P = \{P_0, P_1, \cdots, P_n\}$，其中 P_i 坐标为 (x_i, y_i)，如图 5.2.1 所示。则线实体的长度为

$$L = \sum_{i=0}^{n-1} \sqrt{(x_{i+1} - x_i)^2 + (y_{i+1} - y_i)^2}$$

线实体的长度指标还可通过最大弦长来描述。线实体的最大弦长是指线实体上任意两节点之间距离的最大值。假设线实体上的任意两点 $P_i(x_i, y_i)$、$P_j(x_j, y_j)$，如图 5.2.2 所示。则线实体的最大弦长为

$$L_{\mathrm{m}} = \max\sqrt{(x_j - x_i)^2 + (y_j - y_i)^2}$$

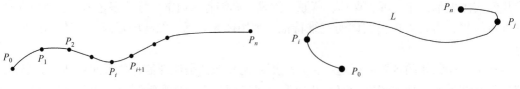

图 5.2.1　线实体的长度 　　　　　　　　图 5.2.2　线实体的最大弦长

b. 方向

线实体的方向是指线实体首尾结点的连线和 X 轴的夹角，顺时针为正，逆时针为负。假设线实体 L 的首尾结点坐标分别为 $P_0(x_0, y_0)$、$P_n(x_n, y_n)$，如图 5.2.3 所示。则线实体的方向为

$$L_{\mathrm{m}} = \arctan(x_n - x_0)/(y_n - y_0)$$

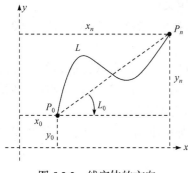

图 5.2.3　线实体的方向

若采用线线夹角指标作为线匹配指标，首先利用线实体的首尾结点坐标计算得出两个线实体的斜率，然后利用这两个线实体的斜率计算两个线实体之间的夹角，近似描述两个线实体之间的方向关系。假设两个线实体 L_A、L_B 的首尾结点坐标分别为 $P_{A0}(x_{A0}, y_{A0})$、$P_{An}(x_{An}, y_{An})$、$P_{B0}(x_{B0}, y_{B0})$、$P_{Bn}(x_{Bn}, y_{Bn})$，则线实体 L_A、L_B 的斜率分别为 K_A、K_B：

$$K_A = \frac{y_{An} - y_{A0}}{x_{An} - x_{A0}}, \quad K_B = \frac{y_{Bn} - y_{B0}}{x_{Bn} - x_{B0}}$$

则线实体 L_A、L_B 之间的夹角为

$$L'_\theta = \arctan\left|\frac{K_A - K_B}{1 + K_A \times K_B}\right|$$

c. 面积

线状地理实体原则上没有面积，这里所说的面积指的是线实体的首尾结点相连所围成的多边形的面积。假设线实体 L 所围成的多边形边界点集为 $P = \{P_0, P_1, \cdots, P_n, P_0,\}$，如图 5.2.4 所示。则此多边形的面积为

$$L_S = \sum_{i=0}^{n} \frac{1}{2}|y_{i+1} + y_i| \times (x_{i+1} - x_i)$$

2) 面状地理实体相似关联

面状实体也称多边形、区域等，是对湖泊、岛屿、地块等一类现象的描述。几何特征是空间实体最重要的特征。由于面状地理实体的形态复杂，弯曲众多且不规则，还会出现条带状、孔洞、附属岛等复杂情况，其实体的几何特征存在较大的差异，即使是同一实体的形状，在不同大小比例尺下也有较大不同。

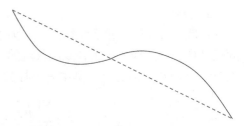

图 5.2.4　线实体所围成多边形的面积

a. 空间特征描述参数

面实体的几何特征有多种表示方式，如周长、面积和方向等。在进行相似性计算时，通常会用到如下几种特征描述参数：

设面实体坐标点集为 $P \in \{(x, y) | (x_0, y_0), (x_1, y_1), \cdots, (x_{n-1}, y_{n-1})\}$，并按顺时针排序，常见的几种几何特征介绍如下。

(1) 多边形面积。多边形面积的计算方法主要有两种：三角形法和梯形法。

按照三角形的面积计算方法，多边形的面积为

$$S(A) = \frac{1}{2} \sum_{i=0}^{n-1} (x_i y_{i+1} - x_{i+1} y_i)$$

按照梯形方法计算的多边形面积为

$$S(A) = \frac{1}{2} \sum_{i=0}^{n-1} (x_{i+1} - x_i)(y_{i+1} + y_i)$$

若多边形包含内环，则可以按照同样方法计算内环所包围的面积，然后利用外边界所包围的面积减去内环内的多边形面积即为该多边形的面积。

(2) 多边形周长。

$$D(A) = \sum_{i=0}^{n-1} \sqrt{(x_{i+1} - x_i)^2 + (y_{j+1} - y_i)^2}$$

(3) 多边形内角。

内角平均值：

$$\bar{\beta} = \sum_{i=0}^{n-1} \frac{\beta}{N}$$

内角标准方差：

$$\delta = \sqrt{\sum_{i=0}^{n-1} (\beta_i - \bar{\beta})^2}$$

(4) 多边形中心点。每个面实体可以用一个明确的特征点表示该实体的位置特征。对于面状实体来说，该点具有旋转、平移和尺度变化的不变性，且能准确地表示多边形整个区域，又称为形状中心点[图 5.2.5(a)和(c)]。

用几何坐标中心点来代替实体的形状中心点，其公式为

$$\bar{x} = \frac{\sum\limits_{i=0}^{n-1} x_i}{n}, \quad \bar{y} = \frac{\sum\limits_{i=0}^{n-1} y_i}{n}$$

式中，x_i，y_i 为第 i 个点的坐标；n 为面实体节点个数。

为了准确地计算面实体的相似度，利用实体的重心点来进行计算，其重心点可能不在面实体的内部[图 5.2.5(b)和(d)]，其计算公式为

$$\overline{x} = \frac{\sum_{i=0}^{n-1} x_i \sigma_i}{\sum_{i=0}^{n-1} \sigma_i}, \quad \overline{y} = \frac{\sum_{i=0}^{n-1} y_i \sigma_i}{\sum_{i=0}^{n-1} \sigma_i}$$

式中，x_i，y_i 为第 i 个点的坐标；σ_i 为每个边与原点组成的三角形的面积。

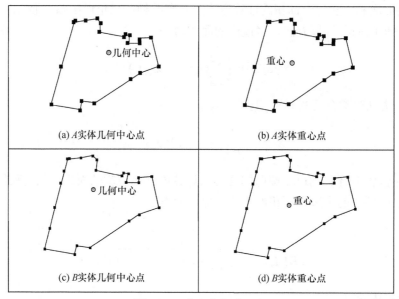

(a) A 实体几何中心点　　　　　　　(b) A 实体重心点

(c) B 实体几何中心点　　　　　　　(d) B 实体重心点

图 5.2.5　中心点与重心点

　　多个面实体的重心点可以通过计算单个面实体的重心点取平均值获得。为了便于面状地理实体形状相似关联，有必要对关联匹配实体的方向进行规范化处理，计算实体 A，B 的形状主轴方位，并平移旋转实体 B，使之与实体 A 方位一致。设实体 A 中心坐标为 (x_c, y_c)，实体 B 的边界点坐标为 (x_i, y_i)，则规范化后的边界点坐标 (x_i', y_i') 为

$$\begin{bmatrix} x_i' \\ y_i' \end{bmatrix} = \begin{bmatrix} \cos\theta & -\sin\theta \\ \sin\theta & \cos\theta \end{bmatrix} \cdot \begin{bmatrix} x_i - x_c \\ y_i - y_c \end{bmatrix}$$

　　b. 空间特征相似关联

　　(1) 多边形中心相似。在获得两面实体的形状中心点后，设为 $P_1 = (x_1, y_1)$，$P_2 = (x_2, y_2)$，计算位置距离相似度的公式为

$$\text{sim}(P_1, P_2) = 1 - \frac{\sqrt{(x_2 - x_1)^2 + (y_2 - y_1)^2}}{U}$$

式中，U 为待匹配两面实体的任意边界点间距离的最大值。

　　(2) 重叠面积法。面积特征也是面实体几何特征中重要的特征之一。两个面实体之间基于重叠面积的相似度计算公式为

$$\text{sim}(A_1, A_2) = \frac{\text{Area}(A_1 \bigcap A_2)}{\text{Area}(A_1)}$$

$$\text{sim}(A_2, A_1) = \frac{\text{Area}(A_1 \bigcap A_2)}{\text{Area}(A_2)}$$

$$\mathrm{sim}(A_1, A_2) = 1 - \frac{1}{2}\left(\frac{\mathrm{Area}(A_1 \bigcap A_2)}{\mathrm{Area}(A_1)} + \frac{\mathrm{Area}(A_1 \bigcap A_2)}{\mathrm{Area}(A_2)} \right)$$

选择重叠相似度 0.8 为匹配标准,对图 5.2.6 中所对应面实体进行了匹配实验,结果如表 5.2.1 所示。

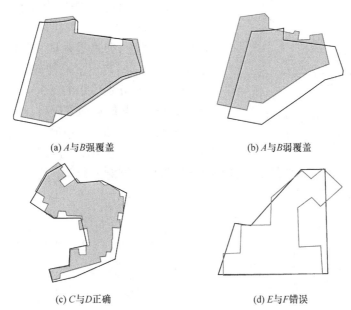

(a) *A*与*B*强覆盖　　　　　　　　　　(b) *A*与*B*弱覆盖

(c) *C*与*D*正确　　　　　　　　　　(d) *E*与*F*错误

图 5.2.6　重叠面积法实验

表 5.2.1　重叠面积法匹配表

匹配实体	双向重叠相似度	匹配结果	匹配是否正确
图(a)	0.8450	匹配	正确
图(b)	0.7068	不匹配	错误
图(c)	0.8620	匹配	正确
图(d)	0.8207	匹配	错误

从表 5.2.1 匹配结果可以看出,当同名实体强覆盖或重叠度较高时,通过重叠相似度能够判别两者的匹配关系,见图 5.2.6(a);而存在弱覆盖或重叠度较低时,不能判别两者关系并出现误匹配,见图 5.2.6(b)。对于跨尺度的实体与实体,能够得到较好的匹配结果,见图 5.2.6(c)。对于形状差异较大的实体与实体,匹配结果应该是不匹配,但由于面积重叠度较高,出现了误匹配,见图 5.2.6(d)。

综上所述,利用重叠面积法进行几何匹配,计算速度快,算法简单,但是准确率不高,在遇到弱覆盖或面积重叠度较高等情况会出现误匹配,不能作为最终匹配结果的主要依据,只能作为匹配依据之一。

(3) 最小外接矩形。面实体的外接矩形一般有两种形式:一是最小外接矩形(MBR),它通过一个与纵横轴平行的矩形来描述实体轮廓的方法,即以面实体顶点中的最大、最小坐标确定的矩形;二是最小面积外接矩形(minimum area bounding rectangle,MABR),它是基于轮廓的最简单的形状描述方法,以一个与形状主轴平行的矩形来描述实体的轮廓形状,如图 5.2.7 所示。

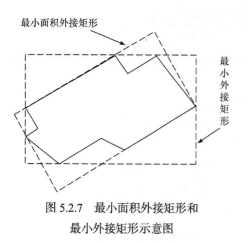

图 5.2.7　最小面积外接矩形和
最小外接矩形示意图

虽然最小面积外接矩形更加贴近于原图形，但是计算量较大，且只能是近似值；而最小外接矩形比最小面积外接矩形在计算速度上有更好的表现，通常用最小外接矩形法进行相似关联。

（4）方位编码法。方向指标也是面实体描述的一个重要方面。在基于折线段方向变化角的形状相似度的基础上，弗里曼根据相邻两点间的位置关系定义八个方向，提出了一种基于方位编码的匹配方法。对应编码分别为 0, 1, 2, 3, 4, 5, 6, 7，如图 5.2.8(a) 所示，在确定起始点和方向后，按照编码规则对形状进行编码。如图 5.2.8(b) 所示，以 (1,3) 为起始点，顺时针为正方向，其编码结果为 (1, 7, 0, 7, 4, 6, 2, 3, 6, 3)。该编码对线状和面状图形的描述具有很强的数据压缩能力和运算功能，常用于面积、周长和斜率等方面的计算。

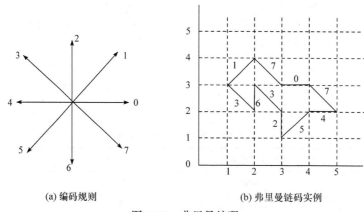

(a) 编码规则　　　　　　　　(b) 弗里曼链码实例

图 5.2.8　弗里曼编码

为了提高计算精度，在欧氏几何空间和笛卡儿坐标系中围绕坐标原点构成的圆周按照一定的角度间隔进行角度分区，并对每个角度分区进行编码，如图 5.2.9 中的间隔角度为 15°，将整个圆周分为 24 个区，用 $A \sim X$ 等 24 个字符来编码。

首先要确定两实体的起始点以及线段前进方向，然后对面实体轮廓上的每条线段进行方位编码。在获得方位编码字符串后，根据两个实体的方位编码字符串计算它们的相似度：

$$\operatorname{sim}(A,B) = \frac{\operatorname{simcode}[\operatorname{scode}(A), \operatorname{scode}(B)]}{\max[\operatorname{num}(A,B)]}$$

式中，$\operatorname{sim}(A,B)$ 为实体 A 与 B 的方位相似度；$\operatorname{scode}()$ 为实体计算处理后的方位编码字符串；$\operatorname{simcode}()$ 为相似的方位编码个数；$\operatorname{num}()$ 为方位编码的字符个数。

实验表明，基于线段方位编码的相似度方法对于简单的面实体计算量小、匹配速度快，但对于复杂面

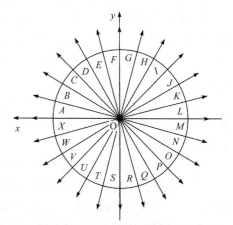

图 5.2.9　方位编码法角度分区

实体或出现局部噪声时，其准确率不高，并对匹配结果产生影响。

（5）重心射线法。如图 5.2.10 所示，在方位编码法基础上，计算从面状地理实体重心点发出射线与 X 轴的夹角 θ_i，作为几何形状描述函数的参数。$\theta_i \in [0, 2\pi]$，交实体 A 的轮廓边界于点 P_{A_i}，交实体 B 的轮廓边界于点 P_{B_i}，计算该点到原点的距离分别 $L_A\theta_i = \left| P_{A_i}O \right|$，$L_B\theta_i = \left| P_{B_i}O \right|$。面实体 A，B 在 θ_i 方向的差距为 $L_i = \left| L_A\theta_i - L_B\theta_i \right|$，并将该差异距离作为相似性特征，则它们在 θ_i 方向上的相似度为

$$\text{simangle}(\theta_i) = 1 - \frac{\left| L_A(\theta_i) - L_B(\theta_i) \right|}{\max[L_A(\theta_i), L_B(\theta_i)]}$$

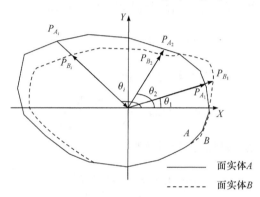

图 5.2.10　射线法示意图

旋转射线角度并与实体 A、B 相交于一系列的交点，通过统计方法，实体 A、B 的相似度为

$$\text{sim}(A,B) = \frac{1}{2\pi}\sum_{\theta=0}^{2\pi}\text{simangle}(\theta_i) = \frac{1}{2\pi}\sum_{\theta=0}^{2\pi} 1 - \frac{A(M)\left| L_A(\theta_i) - L_B(\theta_i) \right|}{\max[L_A(\theta_i), L_B(\theta_i)]}$$

式中，M 为射线数量；$A(M)$ 为一个与 M 有关的函数 $A(M) = 2\mathrm{e}^{-\frac{1}{M}}$，用来调节差异距离大小。

实验可知，该算法简单，通过调整射线角度可以实现不同程度的相似计算。在射线角度较大时，交点过稀，不能完全反映物体的特征。当面实体为凹多边形或比较复杂的多边形时，可能出现同一射线相交两次或多次的情况。

（6）几何参数法。常见的面实体几何特征，大部分不适合作为关联的依据，将这些特征进行改进并结合，成为相对值特征，通过形状描述算子计算得到纵横轴比、矩形度、面积凹凸比、周长凹凸比、球状性、圆形度、偏心率和形状参数。

纵横轴比(aspect ratio)是形状最小包围盒的长宽比值：

$$\text{aspect ratio} = \frac{\text{length}_{\text{bounding-box}}}{\text{width}_{\text{bounding-box}}}$$

矩形度(rectangularity)是形状面积与形状最小包围盒面积的比值：

$$\text{rectangularity} = \frac{\text{area}_{\text{object}}}{\text{area}_{\text{bounding-box}}}$$

面积凹凸比(area convexity)是形状面积与形状凸包面积的比值：

$$area\ converxity = \frac{area}{convex\ area}$$

周长凹凸比(perimeter convexity)是形状周长与形状凸包周长的比值：

$$permeter\ converxity = \frac{perimeter}{convex\ perimeter}$$

球状性(sphericity)是形状面积与形状凸包周长的计算值：

$$sphericity = \frac{4\pi \times area}{convex\ perimeter^2}$$

圆形度(circularity)是形状内切圆半径与外切圆半径的比值：

$$circularity = \frac{r_{roundedcircle}}{r_{circle}}$$

偏心率(eccentricity)是形状自身长轴与短轴的比值：

$$eccentricity = \frac{axislength_{long}}{axislength_{short}}$$

形状参数(form factor)是形状面积和周长的计算值：

$$form\ factor = \frac{4\pi \times area}{perimeter^2}$$

以上八项几何特征都具有旋转、平移和尺度不变性。但这八项几何特征只能代表面实体的全局几何特征情况，在面实体局部区域有变化或出现噪声时，这八项特征基本无变化，所以该方法要实现精确的实体匹配远远不够。

2. 空间结构的相似性

在地理信息研究领域，可以把空间理解为一个范围，是地理现象发生区域的一种定义或划分，是具有地理定位的几何空间。地理空间可以用具有属性的离散目标集合或场来描述，目标的属性有位置、范围和形状等，通过相交、连通等空间关系相互联系。根据格式塔识别原则，人们认识事物时总是先把事物作为一个整体进行认知的。人在视觉感知过程中，总是会自然而然地有一种追求事物的结构整体性或守形性的趋势，视觉形象首先是作为统一的整体被认知的，而后才以部分的形式被认知。也就是说，我们先看见一个构图的整体，然后才看见组成这一构图整体的各个部分。地理空间结构描述组成地理实体群的个体在其地理空间中的位置状态或空间布局，也叫作实体群的空间特征或分布类型。实体群的空间分布一般可概括为三种基本类型：随机分布、均匀分布和集群分布。空间结构的相似性是空间相似性重要的组成部分。

1) 点群地理实体的结构相似

常用点群目标的分布范围、数目、密度、分布中心、分布轴向等作为特征参数，描述点群的分布特征和其他地理要素的空间关系。也可以用点群目标的特征参数整体构建点群的相似度计算模型。

a. 点群分布范围

点群分布范围是一个不确定的问题。点群的分布范围由点群构造的外围多边形定义，实现的关键是如何将点群的分布范围转化为点群外围的多边形。外围多边形常常采用 Delaunay

三角网的三角形边连接。形状边界是一个点集，常按照某一形状特征值提取算法对每个边界点提取相应的形状特征值，并将它看作形状描述参数的函数值，再定义一个与各边界点相关的参量作为形状描述函数的自变量。该模型具有旋转、平移、比例不变性。

设形状描述函数为

$$f(l_i) = |P_i O_c|$$

即以多边形边界上各点 P_i 到形心点 O_c 距离 $|P_i O_c|$ 作为形状描述函数的值，以边界某一匹配起始点 P_0 到边界上任一点 P_i 的弧长 l_i 作为形状描述函数的参数。为了有可比性，l_i 取值应保证其相对于各自形状边界周长的比例一致，使各待匹配形状边界的点数统一。采用向量间绝对距离计算的方法来计算形状相似度，公式为

$$\text{sim\_scope} = 1 - \frac{\sqrt{\sum_{i=0}^{n}(f_1(l_i) - f_2(l_i))^2}}{\max\left(\sum_{i=0}^{n} f_1(l_i), \ \sum_{i=0}^{n} f_2(l_i)\right)}$$

b. 点群分布密度

点群生成 Voronoi 图(图 5.2.11)，将点的密度定义为该点所生成的 V 图的面积(A_i)的倒数：$1/A_i$。建立点密度 $1/A_i$ 与灰度的线性关系，生成点密度分布的灰度图像，计算其灰度直方图，把点群密度从空间域变换到频率域，利用灰度图像相似度判定算法进行点群分布密度相似性判断。

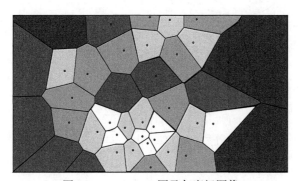

图 5.2.11　Voronoi 图及灰度级图像

图像相似度计算主要用于对于两幅图像之间内容的相似程度进行打分，根据分数的高低来判断图像内容的相近程度。采用一个数值判断两幅图像的相似程度本身就是两幅图像之间的距离度量，两个 256 个元素的向量的距离用一个数值表示肯定会存在不准确性。因为图像的统计直方图具有旋转、平移不变性，在图像的检索中得到了重要应用。所以，不同图像之间的相似性或差异性可以通过计算图像直方图之间的距离来进行度量。

假设有两幅图像 H 和 C，其灰度直方图分别为 h 和 c，则 L_1 距离的定义如下：

$$d_{L_1}(H, C) = \sum_{i=1}^{n} |h_i - c_i|$$

灰度图像相似度也即点群分布密度相似度 sim_densi 为

$$\text{sim\_densi} = \frac{1}{N}\sum_{i=1}^{N}\left[1 - \frac{d_{L_1}(H,C)}{\max(h_i - c_i)}\right]$$

式中，N 为灰度空间样点数。

c. 点群分布中心和轴向

现实空间的点群分布，通常是描述带有一定的方向偏离的地理现象，如沿道路、河流、山谷等线状地物分布的地理现象。描述方法既要考虑到实际空间点群目标的地理分布，又要考虑能反映点群目标的整体性，符合视觉的格式塔认知原则。采用点群的标准差椭圆来定义空间点群的分布中心、分布方向和分布距离。

如图 5.2.12 所示，标准差椭圆的中心为点群的分布中心。描述和定义标准差椭圆的三要素为转角、沿长轴的标准差和沿短轴的标准差。其计算方法简述如下。

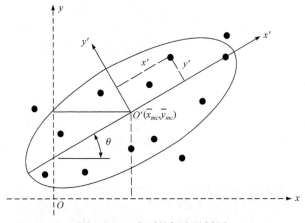

图 5.2.12　点群的标准差椭圆

对一点群数目为 n 的点群来说，计算其平均中心：

$$\left(\overline{x}_{mc}, \overline{y}_{mc}\right) = \left|\frac{\sum\limits_{i=1}^{n} x_i}{n}, \frac{\sum\limits_{i=1}^{n} y_i}{n}\right|$$

计算转角 θ，对分布在研究区域内的每个点 (x_i, y_i) 进行坐标变换：

$$x_i' = x_i - \overline{x}_{mc}, \quad y_i' = y_i - \overline{y}_{mc}$$

$$\tan\theta = \frac{\left(\sum\limits_{i=1}^{n} x_i'^2 - \sum\limits_{i=1}^{n} y_i'^2\right) \pm \sqrt{\left(\sum\limits_{i=1}^{n} x_i'^2 - \sum\limits_{i=1}^{n} y_i'^2\right)^2 + 4\left(\sum\limits_{i=1}^{n} x_i' y'\right)^2}}{2\sum\limits_{i=1}^{n} x_i' y_i'}$$

计算沿长轴方向的标准差 δ_x 和短轴方向的标准差 δ_y：

$$\delta_x = \sqrt{\frac{\sum\limits_{i=1}^{n}(x_i'\cos\theta - y_i'\sin\theta)^2}{n}}$$

$$\delta_y = \sqrt{\dfrac{\sum\limits_{i=1}^{n}(x_i'\sin\theta + y_i'\cos\theta)^2}{n}}$$

确定了椭圆中心、转角、长短轴，即可确定标准差椭圆。

从图 5.2.12 中可以看出，椭圆的长轴方向即为点群目标的主要分布方向，所有点到该方向的标准差距离最小。该方向与 x 轴的夹角 θ 就是点群的主要分布方向的定量描述参数，θ 取值范围为 $[0,\pi]$。

对标准差椭圆夹角分别为 θ_1 和 θ_2 的两个点群来说，定义其方向相似度为

$$\mathrm{sim}_{\mathrm{dist}} = |\cos(\theta_1 - \theta_2)|$$

当两点群的标准差椭圆夹角成 90°时，两点群之间的方向相似度为 0；当两点群的标准差椭圆夹角相等或者相差 180°时，两点群之间的方向相似度为 1。同时，该式具有旋转不变性，符合直观认知。

标准差椭圆夹角描述了点群分布的方向偏离特征，但无法描述标准差椭圆的形态特征所表示的点群分布集中程度。对标准差椭圆长、短轴分别为 a_1、b_1 和 a_2、b_2 的两个点群来说，定义其距离相似度为

$$\mathrm{sim\_dist} = 1 - \left[\dfrac{\left|\dfrac{b_1}{a_1} - \dfrac{b_2}{a_2}\right|}{\max\left(\dfrac{b_1}{a_1}, \dfrac{b_2}{a_2}\right)}\right]$$

式中，以点群的标准差椭圆的长、短轴的距离之比作为点群距离相似度的度量，实际上是描述了点群分布的集中程度，或者说描述了点群之间的距离集中程度。

d. 点群内部拓扑关系

对于点群内部的拓扑关系判定比较简单，可以用点的邻居来描述。点的邻居可以是 Voronoi、k 最近邻居数平均距离或定长距离邻居数等。选择 Voronoi 邻居作为点群拓扑信息的描述参数，其优势在于：①和其他两类邻居相比，其生成没有参数约束；②和 k 最近邻居数平均距离相比，其邻居个数不是人为固定的；③和定长距离邻居数相比，它对于尺度变化和点群密度变化具有适应性；④它的邻居关系具有对称性。

e. 空间点群总体相似度计算模型

如图 4.1.3 所示，点群在多尺度下的空间分布具有相似性。点群总体相似度以点群分布范围、分布密度、分布方向、总体距离和点群内部拓扑关系相似度度量为基础，顾及点群的空间分布和几何特征，对空间点群相似度进行总体度量。

2) 线群地理实体的结构相似

线群地理实体在地理空间上主要有两种聚集方式：一个是线簇；另一个是线网。在地形图中，呈线簇状分布的目标主要是等高线，呈网状分布的要素主要是道路、水系、境界线等。用来描述空间线群目标的几何特征主要有如下几种：线群目标所包含的线条数目、分维数、曲折系数、线群密度、线的长度和平均长度等。

(1) 线要素的几何结构相似度计算模型。线群要素是由单个线划要素组成的，在对线群要素进行研究时，既要注重线群要素的整体描述，同时，可以借鉴对组成线群要素的单个线划

要素处理的方法，进行相似关系的判断。

　　线要素的几何结构由一系列弯曲构成，因此，以弯曲作为结构单元对线要素进行划分是一种符合认知的方法。基于弯曲的线要素几何结构划分方法很多，如利用拐点来识别线要素上的弯曲结构，进而获得线要素的弯曲序列。定义拐点为线的绕动方向发生变化的点，并以绕动方向发生变化的直线段的中点代表，相邻拐点之间的曲线段即为一个弯曲。线状地理实体的结构相似因子主要包括曲率，角度变化率及拐点个数。

　　图 5.2.13 中直线段 AB 的绕转方向由逆时针变为顺时针，CD 的绕转方向由顺时针变为逆时针，分别取其中点 M 和 N 为拐点，相邻拐点 M 和 N 之间形成一个弯曲。将线要素划分得到的弯曲依次记为 $C_1,C_2,\cdots,C_n$，则该线要素几何上可表达为弯曲序列 $\{C_1,C_2,\cdots,C_n\}$。如图 5.2.13 所示，线要素可表达为 $\{C_1,C_2,C_3,C_4,C_5\}$。

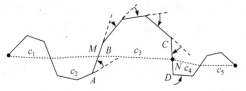

图 5.2.13　基于拐点的弯曲序列识别

　　选用弯曲度和弯曲面积比两个相互独立的指标描述弯曲几何特征。对于一个弯曲 C_i，弯曲底线宽度为连接弯曲两端点的线段长度，定义其弯曲度 f_{ci} 为弯曲长度 l_{ci} 与弯曲底线宽度 d_{ci} 的比值，表达为

$$f_{ci} = \frac{l_{ci}}{d_{ci}} \quad (1 \leqslant i \leqslant n)$$

式中，弯曲度 f_{ci} 取值为 $(1,+\infty)$。弯曲度具有缩放不变性，故不能区分不同尺寸的弯曲。因此，引入弯曲面积比指标描述弯曲大小，定义弯曲面积比 r_{ci} 为弯曲的面积 S_{ci} 与线要素弯曲序列的弯曲面积均值 S 的比值，表达为

$$r_{ci} = \frac{S_{ci}}{S} \quad (1 \leqslant i \leqslant n)$$

　　进而，线要素的几何形状度量可分解为两个序列，分别为弯曲度序列 $\{f_{c1},f_{c2},\cdots,f_{cn}\}$ 和弯曲面积比序列 $\{r_{c1},r_{c2},\cdots,r_{cn}\}$。

　　(2) 线群几何结构相似度计算模型。如图 5.2.14 所示，线群在多尺度下的空间分布具有几何结构相似性。线群几何结构特征参数为长度、平均长度、弯曲度或密度等。线群密度是指线群区域内线群总长与线群面积的比值或单位面积内线群的总长度。可用 $D = \sum L/F$ 表示，式中 D 为线群密度；$\sum L$ 为线群总长度；F 为线群区域面积。

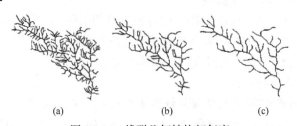

(a)　　　　　　　　(b)　　　　　　　　(c)

图 5.2.14　线群几何结构相似度

　　由于相似度是一个介于 0~1 的数值，计算出来的数值需要进行归一化处理，以计算出相似度数值。归一化模型即几何相似度计算公式，定义为

$$\text{sim}_{\text{geo}} = 1 - \frac{|G_A - G_B|}{\max(G_A, G_B)}$$

式中，G_A、G_B 分别为线群地理实体 A、B 的几何特征值，可以是长度、平均长度、曲折度或密度。分别计算出线群实体的长度、平均长度、曲折度和密度相似度后，在没有显著偏向性的情况下，可以取几者的算术平均值作为最后的几何特征相似度数值。

3) 面群地理实体的结构相似

在地理客观世界中，几乎所有的地理实体在空间中都占有一定的面积，都可以用面来描述这些地理实体。地理面状实体的空间结构特征是指由自然或人为形成的，一系列大小、形状各异，排列不同的面状实体在地理空间的分布和组合形态，是地理异质性的具体表现。面状空间实体斑块性(群)是空间结构最普遍的形式，表现在不同的尺度上面状斑块的类型、形状、大小、数量和空间组合。

a. 面群空间结构特征描述参数

面群空间结构特征定量描述是地理面状实体的空间结构相似关联的基础。面群空间结构特征可用空间结构指标来度量。空间结构指标是指能够高度浓缩空间结构信息，反映其结构组成和空间配置某些方面特征的简单、定量的指标。空间结构特征是面群多边形的面积、周长、形状指数，斑块数目、面密度、紧致度、均匀度、破碎度，以及最小外接矩形和最小外接圆等多项对应特征，以及长轴长度、短轴长度、延伸率、凸出度、主方向等统计指标。

(1) 紧致度。描述一个给定的多边形区域离某一特定形状的面(通常是圆)的偏离程度。面的紧致度可以用面的面积和周长的比率来描述。紧致度是面状物体同质性的一个指标。通常一个面越紧致，则对于面内任何两点之间的平均距离则越近，则通常这两点越相似。这与地理学第一定律反映的规律是一致的。

(2) 面密度。定义为单位面积内面状实体所占据的面积。面密度反映地理空间中组成面群的各面状实体之间的紧密程度。

(3) 均匀度。是指一个面群中全部实体个体数目的分配状况，反映的是各物理个体数目分配的均匀程度。

(4) 破碎度。是指面群被分割的破碎程度。

(5) 分维数。主要揭示斑块及斑块组成的面群的形状和面积大小之间的相互关系，反映了在一定的观测尺度上斑块和空间结构的复杂程度，表达式为

$$D = \frac{2\lg\dfrac{P}{4}}{\lg(A)}$$

式中，P 为斑块周长；A 为斑块面积；D 为分维数，且满足 $1 \leqslant D \leqslant 2$。$D$ 值越大，斑块的形状越复杂；当 $D = 1$ 时，斑块形状为简单的欧几里得正方形。

b. 面群几何结构相似度计算模型

面群几何结构相似度计算，可以分别计算各自的总面积、总周长、平均面积、平均周长、紧致度、面密度等特征参数。在没有显著偏向性的情况下，可以用特征参数的算术平均值作为最后的相似度数值。

3. 空间关系的相似性

空间关系包括空间拓扑关系、空间方向关系和空间距离关系。对于空间拓扑关系的描述，交集和交集模型是比较成熟且得到广泛应用的描述模型。

1) 空间关系形式化描述

空间关系描述模型对空间对象之间的空间关系进行形式化描述。空间关系描述分为：①拓扑空间关系形式化描述；②方向空间关系形式化描述；③度量空间关系形式化描述。

拓扑关系的描述是基于 RCC-8 模型，其中包含 8 种拓扑关系：DC、EC、PO、TPP、NTPP、EQ、TPPi 和 NTPPi。

描述空间方向关系的模型主要有锥形模型、基于投影的模型、基于 Voronoi 图的模型，统计模型和基于点群分割的模型等。锥形模型主要包括四方向、八方向和三角网等；基于投影的模型主要有 MBR 模型和方向关系矩阵模型等；基于 Voronoi 图的模型主要包括基于 MBR Voronoi 图模型和方向 Voronoi 图模型等。方向关系的描述常用基于 MBR 模型，在 X 方向和 Y 方向各包含 9 种拓扑关系：E、S、W、N、SE、SW、NW、NE 和 O。

度量空间关系是一个二元关系，是空间对象之间的距离关系，如 B 和参照目标 A 之间的距离关系用符号 $\text{dist}(A，B)$ 表示。

在进行空间关系相似性关联时，如果单独使用拓扑关系或者方向关系进行表示和关联，那么表示和关联的精度会受到影响。一般需要将拓扑关系、方向关系和距离关系等空间关系结合起来考虑，建立一个三元组的空间关系模型(spatial relation model，SRM)对空间关系进行形式化描述：$\text{SRM}(A，B) = (\text{Top}，\text{Dir}，\text{Dis})$，其中 Top 表示实体的 MBR 的拓扑关系；Dir 表示实体的 MBR 在 X 轴和 Y 轴上的投影间隔之间的关系；Dis 表示两个实体的 MBR 中心的距离。

采用 SRM 模型分别描述图 5.2.15(a)、(b)、(c)三个实体的空间关系如下：

$\text{SRAa}(O_1，O_2) = (\text{DC}，\{b，b\}，10)$，表示 O_1、O_2 之间的拓扑关系为 DC(不连接)，方向关系为 O_2 在 O_1 的 NW(西北)方向，距离为 10。

$\text{SRAb}(O_1，O_2) = (\text{DC}，\{b，s\}，8)$，表示 O_1、O_2 之间的拓扑关系为 DC(不连接)，方向关系为 O_2 在 O_1 的 RW(正西)方向，距离为 8。

$\text{SRAc}(O_1，O_2) = (\text{EC}，\{m，d\}，6)$，表示 O_1、O_2 之间的拓扑关系为 EC(外部连接)，方向关系为 O_2 在 O_1 的 RW(正西)方向，距离为 6。

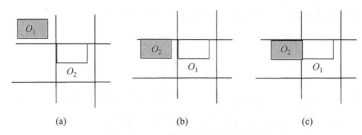

图 5.2.15　三种实体的空间关系

2) 空间关系相似性

综合考虑拓扑关系、方向关系和距离关系的基础上，基于 SRM 模型提出了基于面状目标的空间关系相似性的度量方法。

(1) 拓扑关系相似性。拓扑空间关系相似性是用来描述地理空间中地理实体与其他实体的拓扑关系不完全匹配，但又有一定的相似性(联系)。

图 4.4.16 中显示了拓扑关系的演变过程，各节点是不同的拓扑关系，可以沿连线的方向，通过连续的形变进行拓扑关系的相互转换。从图 4.4.16 中可以看出 DC 和 PO 是 EC 的一阶邻近，则可认为 EC 与 PO 相似，EC 比 DC 更相似于 PO。基于该思想，可得到空间对象间的拓扑关系距离，如表 5.2.1 所示。

表 5.2.1　拓扑关系距离

	DC	EC	PO	TPP	TPPi	NTPP	NTPPi	EQ
DC	0	1	2	3	3	4	4	3
EC	1	0	1	2	2	3	3	2
PO	2	1	0	1	1	2	2	1
TPP	3	2	1	0	2	2	2	1
TPPi	3	2	1	2	0	2	1	1
NTPP	4	3	2	2	2	0	2	1
NTPPi	4	3	2	2	1	2	0	1
EQ	3	2	1	1	1	1	1	0

假设 $\text{sim}_{\text{Top}}(A，B)$ 为实体 A 与实体 B 之间的拓扑关系相似性，Top_A 和 Top_B 分别对应于实体 A 和实体 B 的拓扑关系。$\text{Dist}_{\text{Top}}(\text{Top}_A，\text{Top}_B)$ 为这两个拓扑关系之间的距离，$\text{Dist}_{\text{Topmax}}$ 为两个拓扑关系之间的最大距离，则实体 B 中目标的拓扑关系与实体 A 中目标的拓扑关系的相似值可由下式计算：

$$\text{sim}_{\text{Top}}(A,B) = 1 - \frac{\text{Dist}_{\text{Top}}(\text{Top}_A,\text{Top}_B)}{\text{Dist}_{\text{Topmax}}}$$

从表 5.2.1 中可以发现，两个拓扑关系之间的最大拓扑距离为 4，因此 $\text{Dist}_{\text{Topmax}} = 4$。若 $\text{Dist}_{\text{Top}}(\text{Top}_A，\text{Top}_B) = 0$，则 $\text{sim}_{\text{Top}}(A，B) = 1$，说明由实体 A 与实体 B 拓扑关系没有变化，两者的拓扑相似值为 1，完全相似，视为等价。若拓扑关系由 DC 变为 NTPP，则 $\text{Dist}_{\text{Top}}(\text{Top}_A，\text{Top}_B) = 4$，$\text{sim}_{\text{Top}}(A，B) = 0$，两者的拓扑关系相似值为 0，拓扑关系完全不相似。

图 5.2.15(a)、(b)、(c)三种实体的空间关系之间的拓扑关系相似性为

$$\text{sim}_{\text{Top}}(a,b) = 1 - \frac{\text{Dist}_{\text{Top}}(\text{Top}_a,\text{Top}_b)}{\text{Dist}_{\text{Topmax}}} = 1 - \frac{0}{4} = 1$$

$$\text{sim}_{\text{Top}}(a,c) = 1 - \frac{\text{Dist}_{\text{Top}}(\text{Top}_a,\text{Top}_c)}{\text{Dist}_{\text{Topmax}}} = 1 - \frac{1}{4} = 0.75$$

(2) 方向关系相似性。方向关系相似性是用来描述空间对象多尺度表达前后不完全匹配，但又有一定相似性(或联系)的空间对象之间的方向关系。

方向关系的描述是基于 MBR 模型，即以参考对象的最小边界矩形 MBR 来近似表示该对象，并作垂直-水平投影，如图 5.2.16 所示。参考对象的 MBR(图中粗黑线围成区域)将整个空间划分为 E、S、W、N、SE、SW、NW、

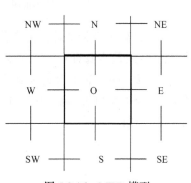

图 5.2.16　MBR 模型

NE 和 O。在图 5.2.16 中，可以沿各方向之间的连接关系从一个方向移动到另一个方向，利用所经过的最短路径的长度定义方向关系距离(表 5.2.2)。

表 5.2.2 方向关系距离

	N	NE	E	SE	S	SW	W	NW	O
N	0	1	2	3	2	3	2	1	1
NE	1	0	1	2	3	4	3	2	2
E	2	1	0	1	2	3	2	3	1
SE	3	2	1	0	1	2	3	4	2
S	2	3	2	1	0	1	2	3	1
SW	3	2	3	2	1	0	1	2	2
W	2	3	2	3	2	1	0	1	1
NW	1	2	3	4	3	2	1	0	2
O	1	2	1	2	1	2	1	2	0

如从 NW 方向片到 E 方向片的方向关系距离可以理解为： 在这两个方向间移动方向片，无论怎样移动至少要经过 3 个方向片，则 NW 与 E 之间的最短方向距离为 3。

假设 $\text{sim}_{\text{Dir}}(A, B)$ 为实体 A 与实体 B 之间的方向关系相似性，Dir_A 和 Dir_B 分别对应于实体 A 和实体 B 的方向关系。$\text{Dist}_{\text{Dir}}(\text{Dir}_A, \text{Dir}_B)$ 为这两个方向关系之间的距离，$\text{Dist}_{\text{Dirmax}}$ 为两个方向关系之间的最大距离，则实体 B 中目标的方向关系与实体 A 中目标的方向关系的相似值可由下式计算：

$$\text{sim}_{\text{Dir}}(A, B) = 1 - \frac{\text{Dist}_{\text{Dir}}(\text{Dir}_A, \text{Dir}_B)}{\text{Dist}_{\text{Dirmax}}}$$

从表 5.2.2 中可以发现，两个方向关系之间的最大方向距离为 4，因此 $\text{Dist}_{\text{Dirmax}} = 4$。若 $\text{Dist}_{\text{Dir}}(\text{Dir}_A, \text{Dir}_B) = 0$，则 $\text{sim}_{\text{Dir}}(A, B) = 1$，说明由实体 A 与实体 B 方向关系没有变化，两者的方向相似值为 1，完全相似，视为等价。若方向关系由 NE 变为 SW，则 $\text{Dist}_{\text{Dir}}(\text{Dir}_A, \text{Dir}_B) = 4$，$\text{sim}_{\text{Dir}}(A, B) = 0$，两者的方向关系相似值为 0，方向关系完全不相似。

图 5.2.15 中(a)、(b)、(c)三种实体的空间关系之间的方向关系相似性为

$$\text{sim}_{\text{Dir}}(a, b) = 1 - \frac{\text{Dist}_{\text{Dir}}(\text{Dir}_a, \text{Dir}_b)}{\text{Dist}_{\text{Dirmax}}} = 1 - \frac{1}{4} = 0.75$$

$$\text{sim}_{\text{Dir}}(a, c) = 1 - \frac{\text{Dist}_{\text{Dir}}(\text{Dir}_a, \text{Dir}_c)}{\text{Dist}_{\text{Dirmax}}} = 1 - \frac{1}{4} = 0.75$$

(3) 距离关系相似性。距离关系表示为两个对象的 MBR 中心的距离，由于采用定量方式描述距离关系本身即可表示其差别，为便于比较，在此将距离归一化计算其相似性。假设 $\text{sim}_{\text{Dis}}(A, B)$ 为实体 A 与实体 B 之间的距离关系相似性，Dis_A 和 Dis_B 分别对应于实体 A 和实体 B 中目标之间的距离，则实体 B 中目标的距离关系与实体 A 中目标的距离关系的相似值可由下式计算：

$$\text{sim}_{\text{Dis}}(A, B) = 1 - \frac{|\text{Dis}_A - \text{Dis}_B|}{\text{Dis}_A}$$

若 $\text{Dis}_A = \text{Dis}_B$，则 $\text{sim}_{\text{Dis}}(A, B) = 1$，说明实体 A 与实体 B 距离关系没有变化，两者的距

离相似值为 1，完全相似，视为等价。$\text{Dis}_B = 0$，则 $\text{sim}_{\text{Dis}}(A,B) = 0$，两者的距离关系相似值为 0，距离关系完全不相似。

图 5.2.15(a)、(b)、(c)三种实体的空间关系之间的距离关系相似性：

$$\text{sim}_{\text{Dis}}(a,b) = 1 - \frac{|\text{Dis}_a - \text{Dis}_b|}{\text{Dis}_a} = 1 - \frac{|10-8|}{10} = 0.8$$

$$\text{sim}_{\text{Dis}}(a,c) = 1 - \frac{|\text{Dis}_a - \text{Dis}_c|}{\text{Dis}_a} = 1 - \frac{|10-6|}{10} = 0.6$$

通过 SRM 模型可以得到综合考虑地理实体的拓扑关系、方向关系和距离关系的相似性的计算公式为

$$\text{sim}(A,B) = \alpha\text{sim}_{\text{Top}}(A,B) + \beta\text{sim}_{\text{Dir}}(A,B) + \gamma\text{sim}_{\text{Dis}}(A,B)$$

式中，$\text{sim}(A,B)$ 为综合相似值，$\text{sim}_{\text{Top}}(A,B)$ 为拓扑相似值，$\text{sim}_{\text{Dir}}(A,B)$ 为方向相似值，$\text{sim}_{\text{Dis}}(A,B)$ 为距离相似值，α，β 和 γ 分别表示影响拓扑关系、方向关系和距离关系相似性的权重。

因 为 $0 \leqslant \text{sim}_{\text{Top}}(A,B), \text{sim}_{\text{Dir}}(A,B), \text{sim}_{\text{Dis}}(A,B) \leqslant 1, 0 \leqslant \alpha,\beta,\gamma \leqslant 1, \alpha+\beta+\gamma=1$，所 以 $0 \leqslant \text{sim}(A,B) \leqslant 1$。

假设拓扑关系和方向关系对空间关系相似性的影响程度相同而距离关系次之，则取 $\alpha = 0.4$，$\beta = 0.4$，$\gamma = 0.2$，图 5.2.15(a)、(b)、(c)三种实体的空间关系相似性为

$$\text{sim}(a,b) = \alpha\text{Sim}_{\text{Top}}(a,b) + \beta\text{sim}_{\text{Dir}}(a,b) + \gamma\text{sim}_{\text{Dis}}(a,b)$$
$$= 0.4\times1 + 0.4\times0.75 + 0.2\times0.8 = 0.86$$

$$\text{sim}(a,c) = \alpha\text{sim}_{\text{Top}}(a,c) + \beta\text{sim}_{\text{Dir}}(a,c) + \gamma\text{sim}_{\text{Dis}}(a,c)$$
$$= 0.4\times0.75 + 0.4\times0.75 + 0.2\times0.6 = 0.72$$

因为 $\text{sim}(a,b) > \text{sim}(a,c)$，所以图 5.2.15(b)比图 5.2.15(c)要更相似于图 5.2.15(a)。

5.2.2 地理语义相似关联

基于语义类的语义相似性是人们思维中最常见的语义关系。地理语义表达为地理概念及概念之间的关系。地理语义相似关联主要表现为地理概念及关系相似关联。地理概念间相关程度是度量语义相似性度量的重要方法。在地理信息中地理概念通常包含描述地理特征，以及描述辅助信息的属性。计算地理语义相似度的关键在于估计地理特征各个属性项的相似度。对不同的属性类型采用相应的相似度算法，分别计算每个属性项的相似度，最终结合权重值计算概念相似度。

地理数据通常采用属性表结构来表达其所代表的地物的属性特征信息。在地物众多的属性特征中，存在两类相对重要的属性信息：分类代码与名称。其中分类代码属性描述地物内在本质的类别信息；名称属性是直观地区分地物的描述信息。因此本书将地物属性的语义相似性划分为三部分：基于地理分类语义相似性计算、基于地理名称语义相似性计算和基于地理辅助属性语义相似性计算。

1. 基于地理分类语义相似性计算

针对地理分类的层次结构，综合考虑语义距离、语义重合度、概念深度和概念宽度等多种因素，提出基于地理分类语义相似度计算方法。地理分类的层次结构用树状结构表示，如

图 5.2.17 所示。其中，树中节点表示概念，而节点间的边表示概念间的语义关系。自顶向下，概念的分类由大到小，下层概念是对上层概念更细的划分。

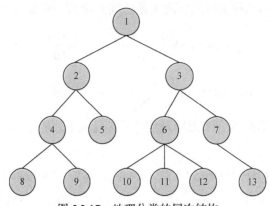

图 5.2.17　地理分类的层次结构

基于地理分类语义相似度的计算方法综合考虑语义距离、语义重合度、概念深度和概念宽度等因素对相似度计算的影响，最后根据这些影响因素给出更加合理的计算方法。

1) 基于语义距离的相似度计算

定义 1(语义距离)　设 X 和 Y 是本体层次树中任意两个概念节点，则这两个概念节点在层次树中最短路径长度定义为语义距离，记为

$$\text{dist}(X,Y) = \sum_{i=1}^{n} \text{weight}(i)$$

式中，$\text{weight}(i)$ 为连接概念节点 X 和 Y 的最短路径上第 i 条边的权重。当两个概念之间不存在连通路径时，其语义距离为 ∞，语义相似度为 0。为计算简便起见，我们设定所有边对语义距离计算的贡献都是相同的，那么两个概念节点的语义距离就是连接它们的最短路径上边的条数，即所有边的权重均为 1。例如，在图 5.2.17 中概念节点 4 和 5 的语义距离 $\text{dist}(4,5) = 2$，而概念节点 8 和 6 的语义距离 $\text{dist}(8,6) = 5$。语义相似度是一个主观性很强的概念，到目前为止还没有统一的定义，在不同的应用背景下它有不同的含义。但是，语义距离是决定概念语义相似度计算的一个重要因素。

在本体层次树中，两个概念节点间的语义距离与这两个节点在本体层次树中的最短路径有关。语言学研究认为，概念语义相似度和语义距离之间存在密切联系，两者之间可以建立简单的对应关系：两个概念的语义距离越大，其相似度越小；反之，两个概念的语义距离越小，其相似度越大。两者之间可以建立简单的对应关系，这种对应关系应满足如下条件：两个概念完全相同时其语义距离为 0，其相似度为 1；两个概念语义距离为无穷大时，其相似度为 0；两个概念的语义距离越大，其相似度越小，反之则相似度越大。考虑语义距离对语义相似度的影响，以概念 X 和 Y 为例，记其语义相似度为 $\text{sim}(X,Y)$，语义距离为 $\text{dist}(X,Y)$，可以定义两者之间的简单转换关系为

$$\text{sim}(X,Y) = \frac{u}{\text{dist}(X,Y) + u}$$

式中，$u(u>0)$ 为可调节参数，用来调节相似度的值。u 取值越大则相似度值趋近于 1 的速度越快。通常情况下，u 可以表示当语义相似度为 0.5 时的语义距离值。这种转换仅能反映语义

距离与相似度成反比关系，未考虑其他因素的影响。

2) 基于语义深度的相似度计算

定义 2(最近公共祖先)　在本体层次树中，连接两个概念节点的边的权重之和最小的路径称为最短路径。如果概念节点 Z 在概念节点 X 和 Y 的最短路径上，同时又是 X 和 Y 的祖先概念节点，则 Z 被称为 X 和 Y 的最近公共祖先，通常记为 $\mathrm{lca}(X,Y)$。

例如，图 5.2.17 中，概念节点 4 和 5 的最近公共祖先节点为 $\mathrm{lca}(4,5)=2$，而概念节点 10 和 13 的最近公共祖先节点为 $\mathrm{lca}(10,13)=3$。

定义 3(语义深度)　指概念节点在本体层次树中所处的层次数。设根节点为 R，令 R 的深度为 1，即 $\mathrm{depth}(R)=1$，则任一非根节点概念 X 在树中的深度 $\mathrm{depth}(X)$ 为

$$\mathrm{depth}(X)=\mathrm{depth}[\mathrm{Parent}(X)]+1$$

式中，$\mathrm{parent}(X)$ 表示为 X 的双亲节点。

另外，树的深度 $\mathrm{depth}(\mathrm{Tree})$ 为树中所有概念节点的最大深度，即

$$\mathrm{depth}(\mathrm{Tree})=\max[\mathrm{depth}(X)]$$

例如，在图 5.2.17 中，概念节点 2 和 3 的深度均为 2，而概念节点 4、5、6 和 7 的深度为 3。在本体层次树中，概念的组织自顶向下分类由大到小、由粗到细，处在离根较远的概念间的相似度要比离根近的概念间的相似度大。在本体树中，每层概念都是对上层概念的细化，随着层次数的增加，概念节点的分类就越细致。由此可见，在语义距离相同的前提下，概念节点的深度对相似度有一定的影响，其影响因素主要包括：①两概念节点的深度和，两概念节点的深度和越大，则概念之间的相似度越大；②两概念节点的相对深度差，在两概念节点的相对深度差越大，表示两概念细化程度的差异越大，则概念之间相似度越小。

考虑上面概念深度对语义相似度的影响，给出概念 X 和 Y 在深度方面对相似度计算的影响因子，记为

$$u_1=\frac{\mathrm{depth}(X)+\mathrm{depth}(Y)}{\left|\mathrm{depth}(X)-\mathrm{depth}(Y)\right|+2\mathrm{depth}(\mathrm{Tree})}$$

3) 基于语义重合的相似度计算

定义 4(语义重合度)　指本体内部概念中，部分上位关系概念相同，其相同的数量代表语义重合度。语义重合度表明两个概念在其祖先节点上的相似程度。如果两概念所继承的相同上位概念的信息越多，那么它们之间的语义重合度越大，相似度也就越大；反之亦然。

语义重合度通常可以使用最近公共祖先节点的深度表示，深度越大说明两概念间的区分越细致，共享的信息量越大，则相似度也就越大，反之相似度就越小。

由此以概念 X 和 Y 为例，给出语义重合度对相似度计算的影响因子，记为

$$u_2=\frac{\exp(2\mathrm{depth}(\mathrm{lca}(X,Y)))-1}{\exp(2\mathrm{depth}(\mathrm{lca}(X,Y)))+1}$$

4) 基于语义宽度的相似度计算

定义 5(概念宽度)　指概念所包含的直接孩子节点的个数。例如，概念 X 的宽度通常记为 $\mathrm{wid}(X)$。

同一领域本体内，不同概念节点的直接孩子节点数往往不同，直接孩子节点数越多说明此节点宽度越大，此概念节点的细化程度越大，在其他因素相同的情况下，直接孩子节点之

间的语义相似度就越大。由此以概念 X 和 Y 为例，给出概念宽度对相似度计算的影响因子，记为

$$u_3 = \frac{\text{wid}[\text{lca}(X,Y)]}{\text{wid}(\text{Tree})}$$

式中，wid(Tree) 为本体树中各个概念节点的概念宽度的最大值，即 wid(Tree) = max[wid(X)]。

在基于语义距离的相似度计算方法的基础上综合考虑概念深度、语义重合度以及概念宽度对相似度的影响，使概念间的语义相似度计算更加精确，根据对以上各关键因子与语义相似度关系的研究，提出一种新的计算语义相似度的方法：

$$\text{sim}(X,Y) = [\text{sim}(X,Y)]^{\alpha} \cdot (u_1)^{\beta} \cdot (u_2)^{\gamma} \cdot (u_3)^{\delta}$$

$$= \left[\frac{u}{\text{dist}(X,Y)+u}\right]^{\alpha}$$

$$\cdot \left[\frac{\text{depth}(X)+\text{depth}(Y)}{\left|\text{depth}(X)-\text{depth}(Y)\right|+2\text{depth}(\text{Tree})}\right]^{\beta}$$

$$\cdot \left[\frac{\exp(2\text{depth}(\text{lca}(X,Y)))-1}{\exp(2\text{depth}(\text{lca}(X,Y)))+1}\right]^{\gamma}$$

$$\cdot \left[\frac{\text{wid}(\text{lca}(X,Y))}{\text{wid}(\text{Tree})}\right]^{\delta}$$

式中，u 为可调节参数；α、β、γ、δ 为调节因子，可以根据语义相似度的相对权重进行调节，并且满足：$\alpha + \beta + \gamma + \delta = 1$。由于语义距离在相似度计算中占主导地位，其他因子起辅助作用，所以 α 的权重相对较大，而 β、γ、δ 的权重相对较小。

上面的语义相似度计算中遵循了可调节性原则。可调节性是指相似度的计算结果可通过某些参数来调节，语义相似度是一个主观性相当强的概念，对于不同的应用环境其相似度也不同，可调节性能保证相似度结果满足不同的系统需要。

2. 基于地理名称语义相似性计算

地理要素名称的相似性是判断地物是否相似的最为直观的指标。由于地物的名称十分复杂，不可能通过建立本体结构实现其相似性比较，因此本书采用基于字面的相似度算法。通过分析地理要素的命名规律，发现地物名称的匹配与重心后移规律的理念类似，但关注的语义重点位置不同。专业词汇关注要素类别是否相同，语义重点位于字符串的后部分；而地物名称关注于地物是否相同，语义重点集中于字符串的前部分，如关山大道与雄楚大道。对于要素分类相似性度量，关注点在于要素类别均为大道，因此属于相同类别的可能性较大；而对于地物名称相似性度量，关注点在地物位置分别为关山与雄楚，因此属于相同地物的可能性较小。通过改进重心后移规律匹配法，将模型中的匹配序改进为匹配逆序，以符合地物名称的特点。

基于重心前移的相似性模型为

$$\text{sim}(s_1,s_2) = \alpha \times \frac{1}{2} \times \left(\frac{k}{m}+\frac{k}{n}\right) + \beta \times \min\left(\frac{m}{k},\frac{k}{m}\right) \times \frac{1}{2} \times \left[\frac{\sum\limits_{i=1}^{c} L_1(i)}{\sum\limits_{t=1}^{m} t} + \frac{\sum\limits_{i=1}^{c} L_2(i)}{\sum\limits_{p=1}^{n} p}\right]$$

式中，α 为 s_1，s_2 中含有相同语素个数的影响权重；β 为相同语素在各个词中的位置关系的影响权重，满足 $\alpha+\beta=1$，通常推荐设置 $\alpha=0.6$，$\beta=0.4$；m、n 分别为 s_1、s_2 的字符长度；c 为 s_1、s_2 匹配的字符数；$L_1(i)$、$L_2(i)$ 分别为匹配字符 i 在 s_1、s_2 的匹配索引值。

3. 基于地理辅助属性语义相似性计算

地理要素的属性数据不仅包含分类属性信息、要素名称信息，同时还存在描述辅助信息的属性字段。作为用户通过地理要素全面了解地物特征的字段，辅助属性的语义相似度计算也是不可或缺的。属性项可分为五种类型：标称型、同义型、层次型、数值型和其他型。

1) 标称属性的相似度计算

标称属性是指具有两个及两个以上的状态值的属性，可由字符串、符号或数值表达。但需要注意的是，各种状态值不代表任何特定的顺序，只是用于表达数据的整数值，也可表达具有一定顺序的符号。

(1) 有序标称属性。有序标称属性特指具有特定顺序或程度差别的标称属性。例如，描述地形倾斜信息的坡度属性值包含有小于 20°，20°~40°，40°~70° 与大于 70° 4 个等级程度，可称为有序标称属性。针对此类属性，可先将值域里的所有值按照升序排列，然后为值域中每个属性值进行编号。例如，一般道路要素的属性表中都存在道路等级属性，即一级道路、二级道路、…"，因此我们将其按重要性升序排列后，分别赋以编号。

其相似度计算方法可先将所有属性值升序排列，接着从数值 1 开始将每个属性值编号作为其各自的索引值，通过计算两个属性值相对应的索引值之间的差值描述其不相似度，进一步计算差值与属性值域基数的比值，得到归一化表达相似度结果。有序标称属性相似度函数为

$$\text{sim}(X,Y)=1-\frac{\left|f(X)-f(Y)\right|}{m}$$

式中，函数 f 用于对应每个属性值的索引值，对于任意属性值 X 都存在唯一的索引值 $f(X)$ 与之相对应；m 为属性值域的基数。

(2) 无序标称属性。无序标称属性是指无程度差别或次序关系的标称属性。如颜色属性是一个无序标称属性，可能存在的值有：红色、绿色、蓝色等，这些属性值之间相互独立，互不交叉。由于此类属性项各值之间保持独立，且不存在交集，因此若完全相同则认为其相似度为 1；反之为 0。无序标称属性相似度函数为

$$\text{sim}(X,Y)=\begin{cases}1 & X=Y \\ 0 & X\neq Y\end{cases}$$

2) 同义属性的相似度计算

同义关系是指一种等价关系，可通过引入类义词词典等外部资源判断。本书认为同义词间的相似度应略低于相同属性值间的相似度。同义属性相似度函数为

$$\text{sim}(X,Y)=\begin{cases}1 & X=Y \\ 0.99 & \text{syn}(X,Y)\ \ X\neq Y\end{cases}$$

式中，函数 $\text{syn}(X,Y)$ 表明 X 与 Y 为同义属性值。

3) 层次型属性的相似度计算

由于概念间存在语义关系，表达概念特征的本体属性值间也必然存在一定的语义关系。

本体结构中的语义关系主要包括上下义关系与整体部分关系两种。上下义关系属性是描述处于不同逻辑层次上具有共同特征的属性值之间的语义关系；而整体部分关系表达了概念在组成结构上的相关性。层次型属性的相似度计算利用本体结构中的各种关系，结合层次概念关系图的结构密度与深度，构建关联节点的概念向量，利用余弦相似度模型计算层次型属性的相似度。

4) 数值属性的相似度计算

数值型属性是采用数值形式描述概念的属性项。通常允许数值间存在一定的精度误差，即若两个数值间的差值小于等于某误差阈值，则可认为二者相等。数值型属性相似度计算函数如下，其中 λ 为误差阈值。即若 X 与 Y 的差值在阈值范围内，则认定 X 与 Y 相同，相似度为 1；反之认为不相同。

$$\text{sim}(X,Y) = \begin{cases} 1 & |X-Y| \leqslant \lambda \\ 0 & |X-Y| > \lambda \end{cases}$$

5) 其他属性的相似度计算

其他类型属性项是指不属于上述任意一种属性类型中的属性。因为已排除同义词的情况，且同属于相同领域内的属性值，所以对于此类型的本体属性，可利用属性值字符串相似度计算其相似度。

基于字符串的相似度模型能简便地计算概念的相似性，且允许单独计算任意两个概念的相似性。但该模型仅适用于比较具有近似名称的概念，若比较同名异义、异名同义的概念则会获得错误的相似性结果，如时令河与时令湖两概念，在字面字符串上具有较高的相似度，但是实际上却是分别表达不同的含义。因此基于字符串的模型通常用于辅助其他模型计算相似度。

基于外部特征的相似性模型通过抽取概念对象的外部显著特征属性，以集合的形式表达概念对象。比较概念间的各类特征属性项，形成共同特征属性集与差异特征属性集，利用差异模型或比率模型计算概念间的相似度。该模型从概念对象的外在特征出发计算相似度，可在一定程度上避免同义词与一词多义等情况的影响，改善相似度结果的准确性。但并未比较概念的本质属性的相似性，在某些情况下容易被外在特征相同，但本质并不完全相同的概念影响相似度结果。

基于信息内容的相似性模型是基于信息论出现的，主要是利用概念间相同信息在语料库中出现的概率计算相似度。该模型的基本原理是：概念间共享的信息量越大，语义相似度也相应越高；反之则越小。对于概念树而言，子概念节点是父节点的细化，因此父节点的信息量较低，而子节点较多。目前的算法大多结合概念间共同父节点的信息量实现相似度的计算，但不同的算法由于利用的节点不同，会产生不同的相似度结果。

根据地理要素类别、地物名称以及辅助属性的重要性，基于权重的地物属性语义相似度模型为

$$\text{sim}_{\text{attr}}(p,q) = \alpha \times \text{sim}_{\text{class}}(p,q) + \beta \times \text{sim}_{\text{name}}(p,q) + \gamma \times \text{sim}_{\text{ma}}(p,q)$$

式中，α、β、γ 分别为分类语义相似度、名称语义相似度、辅助属性语义相似度的权重，满足 $\alpha + \beta + \gamma = 1$；$\text{sim}_{\text{class}}$ 为地理信息分类语义相似模型；sim_{name} 为地理要素名称相似性模型；sim_{ma} 为辅助属性相似性模型；相似度计算结果满足 $\text{sim}_{\text{attr}} \in [0,1]$。

5.2.3　地理环境相似关联

地球上不同地区,由于所处纬度和海陆位置互不相同,分别具有一定的热量和水分组合,不同气候,又产生了与之相应的、有代表性的植被和土壤类型,从而形成了具有一定宽度、呈带状分布的陆地自然带。地理区域体现区域内部相似性是指某一地理区域内具有相似的地理特征。

1. 地理环境相似概述

在地理研究中,人们往往在相似的地理环境中寻找同一种地理现象。例如,在土壤发生分类学中,认为具有相同的气候、母质、地形地貌、生物等条件的地方具有相同的土壤类型,即使这些地方在空间上不连续,但它们具有相同的地理条件或条件的组合,有着相同的生物地球化学过程,具有相同的土壤形成过程,因此它们的土壤特征也应该相同(或很相似)。再如,在动物生境的研究中,我们经常会去与动物曾经出现过地区相似的地方去寻找这些动物,这些与曾经出现过的地方相似的地方往往是通过地理要素特征(或条件的组合)的相似性来确定的。又如,在城市犯罪学研究中,我们经常通过对收入、文化程度、社会设施等地理要素组成的社区条件(地理环境)的分析确定哪些社区(地区)的犯罪率高,并用这些地理环境去推测城市的哪些其他地区也可能有同样类型的犯罪事件。从上述地理研究案例中可看出,自然界普遍存在地理相似性。

地理环境关注的是地理现象的多要素组合特征,即一个点的某个地理要素(目标地理变量)与该点其他地理要素组合的关系。地理环境相似性是指两个空间位置在地理环境(包括空间、非空间和演变过程)上的综合相似性,如图 5.2.18 所示。

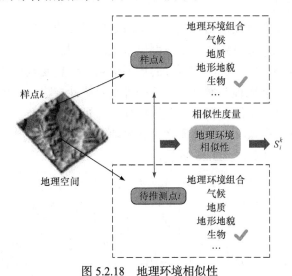

图 5.2.18　地理环境相似性

S_i^k 是样点 k 对点 i 的个体代表性,即样点 k 的地理环境组合与点 i 的地理环境组合的相似程度

2. 地理环境描述内容

地理环境分自然环境和人文环境两大类。人文环境包括经济、社会和文化等。经济环境包括农业(第一产业)、工业(第二产业)和社会服务业(第三产业)。社会环境包括人口区域分布、聚落(城镇)和城市等。文化环境包括语言、民俗、民族和宗教等。

(1) 自然地理环境描述。地理环境是指一定社会所处的地理位置以及与此相联系的各种自然条件的总和。自然地理环境包括地理位置、地形、气候、土壤、水源、矿产资源等。地理位置特征主要描述半球位置、经纬度位置、海陆位置、相对位置等内容；地形地貌特点描述内容包括：①地形类型；②地势特点；③地貌类型。区域气候特点描述内容包括：①气候类型；②气温特点；③降水特点；④光照状况。河流水系特点描述内容包括流域面积、河网密度、支流数量、河流长度、河谷地貌、落差或峡谷分布等。水文特点描述包括水量大小、水位季节变化大小、汛期长短、含沙量大小、结冰期长短、有无凌汛、水能等内容。陆地植被分为自然植被和人工植被。人工植被描述内容包括农田、果园、草场、人造林和城市绿地等。自然植被描述内容包括原生植被、次生植被等。

(2) 人文地理环境描述。人文地理环境是指人类为求生存和发展而在地球表面上进行的各种活动的分布和组合，如疆域、政区、军事、人口、民族、经济(农业、手工业、商业)、城市、交通、社会、文化，等等。人口方面主要包括：人口分布、民族、宗教文化、劳动力数量和素质、住房等；经济方面主要包括：经济发展水平、工业、农业、城市分布、商业、市场、交通、科技等；社会方面主要包括：国防需要、个人偏好、乡土观念、政策等。

3. 地理环境描述方式

地理环境描述与所表达的尺度有关，不同的尺度决定不同的地理环境空间粒度。在一定尺度下，地理环境描述分为位置和区域两种方式。地理环境的位置方式描述，主要采用点位上地理环境某个变量指数，来反映地理环境范围的某个变量的综合指标，不能描述变量空间分布差异。地理环境区域方式描述，主要采用区域上地理环境某个变量空间分布，反映地理环境区域范围内变量的空间分布差异。

1) 位置变量指数图表

地理定位研究是地理学研究常用方法。为了对地理环境的结构、演变规律和过程进行更深入和系统地研究，科研人员需要在一个典型位置上或典型区域中，进行固定的或半固定的连续精密观测，从中得到长期的、连续可靠的地理信息。位置变量指数，也称位置变量统计指数，是某位置范围内某类地理要素某个变量一种重要统计方法。统计指数综合反映多种不同种类地理要素不同变量在不同时间上的总体特征。它是根据某类地理要素某变量采样数据并计算出来的统计数据，衡量某类地理要素某变量随时间的变化程度，也可以将表格数据转化为变化曲线。如图 5.2.19 和图 5.2.20 所示。

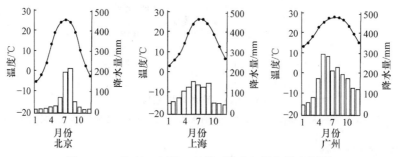

图 5.2.19　北京、上海、广州三城市气温和降水量图

2) 区域空间分布图

空间分布图指地理环境范围内某类地理要素变量的变化数量在空间上的分布。

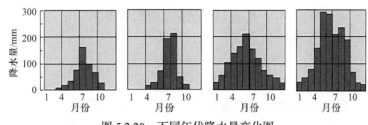

图 5.2.20　不同年代降水量变化图

4. 地理环境相似性计算

对复杂的地理环境而言，整体地理环境一般由多个子环境组成，整体的特征由多个子特征来体现。不同的地理环境具有不同的地理特征。地理环境之间存在共同的地理特征，而特征值在数值上存在差异性。地理环境 A 和环境 B 存在相似性是指每个子特征存在相似性。

1) 基于变量指数的相似性计算

地理环境中某类地理要素的特征变量分为静态变量和随时间变化的变化变量。静态变量描述地理要素的瞬间状态或总体趋势，如区域的位置和高程。变化变量描述地理要素随时间的变化，如降水量、温度和光照状况等。

(1) 静态变量的相似性计算。地理环境由地理要素(地理实体)组成，每个地理实体包含若干个地理特征。地理环境相似可以分解为若干地理要素相似元，每个地理要素相似元含有若干个特征相似元，其层次结构如图 5.2.21 所示。

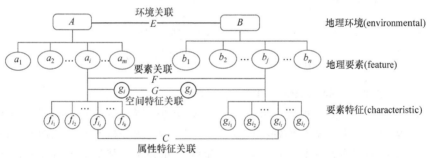

图 5.2.21　地理环境、地理要素和要素特征层次结构

设地理环境 $A=\{a_1,a_2,a_3,\cdots,a_m\}$，$B=\{b_1,b_2,b_3,\cdots,b_n\}$，若环境 A 中某要素 a_i 的特性与 B 中某要素 b_j 的特性相似，则 a_i、b_j 可构成要素相似元，由此 a_i、b_j 构成了子环境，记为 E，$E=\{a_i,b_j\}$。

设 $a_i=\{f_{i_1},f_{i_2},\cdots,f_{i_k}\}$，$b_j=\{g_{j_1},g_{j_2},\cdots,g_{j_l}\}$，若要素 a_i 中某特性 f_{i_t} 与要素 b_j 某特性 g_{j_t} 属于同一类型，仅是特征值不同，则 f_{it} 和 g_{jt} 构成特征相似元，记为 C，$C=\{f_{i_t},g_{j_t}\}$。

由上可知，要素相似元与特征相似元具有层次关系，要素相似元是特征相似元的上一层次，地理环境相似与地理要素相似元和特征相似元之间的关系可用图 5.2.21 的层次结构表示。

特征 f_{i_t} 和 g_{j_t} 属于同一类型特征，仅是特征值不同，那么特征之间的相似度为

$$\mathrm{sim}_{C_t}\left(f_{i_t},g_{j_t}\right)=1-\frac{\left|f_{i_t}-g_{j_t}\right|}{\max(f_{i_t},g_{j_t})}$$

设要素 a_i 与 b_j 属于同一类要素，其所有特征集合数目相等，即 $k=l$，且特征类型一一对

应，仅是特征值不同。由于每一个特征对要素相似度影响程度不同，每一个特征 C 对应一个权重 d，则要素 a_i 与 b_j 之间的相似度为

$$\text{sim}_{E_i} = \sum_{t=1}^{k} d_t \text{sim}_{C_t}$$

设地理环境属于不同的区域，其所有要素集合数目相等，即 $m=n$，且要素类型一一对应，仅是相似度不同。由于每一个要素对地理环境相似度影响程度不同，每一个要素 E 对应一个权重 e，则环境 A 与 B 之间的相似度为

$$\text{sim}(A,B) = \sum_{i=1}^{m} e_i \text{sim}_{E_i}$$

(2) 变化变量的相似性计算。地理环境中某地理要素的某类地理特征随时间变化，如气温有最高气温、最低气温、平均气温和随时间变化气温值。用随时间变化气温值代替最高气温、最低气温和平均气温可以提高相似度计算的精度。

地理环境 $A = \{a_1, a_2, a_3, \cdots, a_m\}$，$B = \{b_1, b_2, b_3, \cdots, b_n\}$，若环境 A 中某要素 a_i 的特性与 B 中某要素 b_j 的特性相似，$a_i = \{f_{i_1}, f_{i_2}, \cdots, f_{i_k}\}$，$b_j = \{g_{j_1}, g_{j_2}, \cdots, g_{j_l}\}$，若要素 a_i 中某特性 f_{i_p} 与要素 b_j 某特性 g_{j_p} 属于同一类型，且经过时间归一化处理，得出 f_{i_p} 时间序列 $f_{i_p} = \{f_{i_{p_1}}, f_{i_{p_2}}, \cdots, f_{i_{p_t}}\}$，$g_{j_p}$ 时间序列 $g_{j_p} = \{g_{j_{p_1}}, g_{j_{p_2}}, \cdots, g_{j_{p_t}}\}$，那么特征 f_{i_p} 和 g_{j_p} 之间的相似度为

$$\text{sim}_{C_t}(f_{i_t}, g_{j_t}) = 1 - \frac{\sum_{l=1}^{t} \dfrac{\left| f_{i_{p_l}} - g_{j_{p_l}} \right|}{\max(f_{i_{p_l}}, g_{j_{p_l}})}}{t}$$

2) 基于变量空间分布的相似性计算

地理环境范围粒度很大，地理环境区域可以划分为一定分辨率的小区域，小区域可以描述地理环境中某地理要素的某类地理特征变量，不同小区域变量不同。地理环境的区域就可以用一个矩阵或一幅图像表达某类地理特征变量的空间分布。某类地理特征变量相似度计算就转化为两幅图像的相似度计算。计算图像相似度(也可理解为图像匹配)就是比较两幅图像是否相似，或者说相似度是多少。若两幅图像在相同位置上的像素点灰度相同，则称它们在该位置具有相同的像素点。两幅图像的相似度定义为相同像素点数占总像素点数的百分比。

设地理环境 A 中地理要素 $a_i = \{f_{n_1 m_1}, f_{n_2 m_2}, \cdots, f_{n_k m_k}\}$，地理环境 B 中地理要素 $b_j = \{g_{n_1 m_1}, g_{n_2 m_2}, \cdots, g_{n_l m_l}\}$，若要素 a_i 中某特性值空间分布矩阵 $f_{n_i m_i}$ 与要素 b_j 某特性值空间分布矩阵 $g_{n_i m_i}$ 属于同一类型，分布矩阵的行列大小相同，仅是特征值不同，则 $f_{n_i m_i}$ 和 $g_{n_i m_i}$ 构成特征相似图像元，记为 CI，$\text{CI} = \{f_{n_i m_i}, g_{n_i m_i}\}$。$f_{n_i m_i}$ 和 $g_{n_i m_i}$ 相似性度量为两个矩阵 $f_{n_i m_i}$ 和 $g_{n_i m_i}$ 的交集元素在 $f_{n_i m_i}$、$g_{n_i m_i}$ 的并集中所占的比例，称为两个矩阵的杰卡德(Jaccard)相似系数：

$$J_{\text{CI}}(f_{n_i m_i}, g_{n_i m_i}) = \frac{\left| f_{n_i m_i} \bigcap g_{n_i m_i} \right|}{\left| f_{n_i m_i} \bigcup g_{n_i m_i} \right|}$$

与杰卡德相似系数相反的概念是杰卡德距离(Jaccard distance)。杰卡德距离可用如下公式表示：

$$J_{\mathrm{Dis}}(f_{n_i m_i}, g_{n_i m_i}) = 1 - J_{\mathrm{CI}}(f_{n_i m_i}, g_{n_i m_i}) = \frac{\left| f_{n_i m_i} \bigcup g_{n_i m_i} \right| - \left| f_{n_i m_i} \bigcap g_{n_i m_i} \right|}{\left| f_{n_i m_i} \bigcup g_{n_i m_i} \right|}$$

可将杰卡德相似系数用在衡量图像矩阵的相似度上。

3) 基于变量变化空间分布的相似性计算

若要素 a_i 中某特性值空间分布矩阵 $f_{n_i m_i}$ 与要素 b_j 某特性值空间分布矩阵 $g_{n_i m_i}$ 在时间序列发生变化，且经过时间归一化处理，得出 $f_{n_i m_i}$ 时间序列 $f_{n_i m_i} = \left\{ f_{n_i m_{i1}}, f_{n_i m_{i2}}, \cdots, f_{n_i m_{it}} \right\}$，$g_{n_i m_i}$ 时间序列 $g_{n_i m_i} = \left\{ g_{n_i m_{i1}}, g_{n_i m_{i2}}, \cdots, g_{n_i m_{it}} \right\}$，那么特征 $f_{n_i m_i}$ 和 $g_{n_i m_i}$ 之间相似度矩阵为

$$\mathrm{sim}_{C_t}\left(f_{n_i m_i}, g_{n_i m_i} \right) = 1 - \frac{\left(\sum_{l=1}^{t} \dfrac{\left| f_{n_i m_{il}} - g_{n_i m_{il}} \right|}{\max\left(f_{n_i m_{il}}, g_{n_i m_{il}} \right)} \right)}{t}$$

第6章　地理统计关联

各种事物或现象之间的相互关系分成函数关系和相关关系两种类型，前者表示变量之间数量上的确定性关系；后者表示变量之间存在一种非确定的相互依存关系。用统计方法研究两个总体是否关联，需要从中抽取样本，用样本来推断总体之间的关系。数理统计以概率论为基础，研究大量随机现象的统计规律性，其中包括大数定理、切比雪夫定理、中心极限等一系列理论。地理统计学是以具有空间分布特点的区域化变量理论为基础，研究自然现象的空间变异与空间结构的一门学科。地理统计关联通过各地理要素间的相互关系和联系强度揭示地理要素之间相互关系的密切程度。本章以数理统计理论为基础，根据试验或观察得到的数据，通过统计分析来研究随机现象之间的关联关系。

6.1　数理统计方法

6.1.1　统计概念

1. 总体与样本

在统计问题中，把所研究对象的全体称为总体，总体中的每个元素(即每一个研究对象)称为个体。若总体中包含有限个体，则称这个总体为有限总体，否则称为无限总体。总体中所包含的个体总数称为总体容量。

在统计问题中，人们所关心的往往不是总体的一切方面，而是它的某一项数量指标 X。因此，我们把这个数量指标 X 所有可能取值的全体作为总体，称为总体 X，X 是一个随机变量。我们要根据试验或观察得到的数据来得到 X 的概率分布和数字特征，分别称为总体的分布和数字特征。

随机现象的统计规律性必然在大量的重复试验中呈现出来，为了推断总体 X 的性质，从理论上讲，应该对每个个体逐一进行测试，然而实际上这样做是不现实的，例如，要研究灯泡寿命，由于寿命测试是破坏性的，当测试过每只灯泡的寿命后，这批灯泡就报废了。

一般来说，恰当的方法是按一定的规则从总体中抽取若干个个体进行测试，为了使测试得到的数据能很好地反映总体的情况，应该要求总体中每一个个体被抽到的可能性是均等的。并且在抽取一个个体后总体的成分不改变。这种抽取个体的方法称为简单随机抽样。被抽出的部分个体，称为总体的一个样本。

设 X 是具有某一概率分布的随机变量(看作一个总体)。如果随机变量 $X_1, X_2, \cdots, X_n$ 相互独立，且都与 X 具有相同的概率分布，则称 n 维随机变量 $X_1, X_2, \cdots, X_n$ 为来自总体 X 的简单随机样本，简称样本，n 称为样本容量。

在对总体 X 进行一次具体的抽样并作观测之后，得到样本 $X_1, X_2, \cdots, X_n$ 的确切的数值 $(x_1, x_2, \cdots, x_n)$，称为一个样本观测值(观察值)，简称样本值。

样本 $(X_1, X_2, \cdots, X_n)$ 有可能取值的全体称为样本空间，是 n 维空间或其中的一个子集。样本观察值 $(x_1, x_2, \cdots, x_n)$ 是样本空间中的一个点。

如果总体 X 的分布函数为 $F(x)$，则 X 的样本 $X_1, X_2, \cdots, X_n$ 的联合分布函数为 $\prod\limits_{i=1}^{n} F(x_i)$。

如果总体 X 为连续型且概率密度为 $f(x)$，则样本 $(X_1, X_2, \cdots, X_n)$ 的联合概率密度为 $\prod\limits_{i=1}^{n} f(x_i)$。

2. 统计量及其分布

样本来自总体，是总体的代表。样本携带了总体的部分信息，是统计推断总体的依据。样本带来的信息往往是分散凌乱的，需要集中整理加工后才能利用。在进行统计推断时，往往不是直接使用样本本身，而是针对不同的问题构造样本的函数。样本值(观测值)的函数所表达的量，称为统计量。进行统计推断时，使用统计量所携带样本的信息推断总体的概率性质。

1) 统计量

统计量是统计理论中用来对数据进行分析、检验的变量。统计量依赖且只依赖于样本，它不含总体分布的任何未知参数。

定义 1　设 $(X_1, X_2, \cdots, X_n)$ 是来自总体 X 的一个样本，$t = g(t_1, t_2, \cdots, t_n)$ 为 $t, t_2, \cdots, t_n$ 的一个单值实函数，并且其中不包含任何未知参数，则称 $T = g(X_1, X_2, \cdots, X_n)$ 为一个统计量。

设 $x_1, x_2, \cdots, x_n$ 是相应于样本 $X_1, X_2, \cdots, X_n$ 的样本值，则称 $g(x_1, x_2, \cdots, x_n)$ 是统计量 $T = g(X_1, X_2, \cdots, X_n)$ 的观察值。统计量包括平均数、中位数、众数，它们都可以用来表示数据分布位置和一般水平。

2) 样本矩

有一类常用的统计量是样本的数字特征，是为模拟总体数字特征而构造的，称为样本矩。样本矩主要包括样本均值、未修正样本方差、样本(修正)方差、样本 k 阶原点矩和样本 k 阶中心矩。

设 $(X_1, X_2, \cdots, X_n)$ 是来自总体 X 的一个样本，$(x_1, x_2, \cdots, x_n)$ 是样本观察值，定义：

样本均值为

$$\bar{X} = \frac{1}{n} \sum_{i=1}^{n} X_i$$

样本方差为

$$S^2 = \frac{1}{n-1} \sum_{i=1}^{n} (X_i - \bar{X})^2 = \frac{1}{n-1} \left(\sum_{i=1}^{n} X_i^2 - n\bar{X}^2 \right)$$

样本标准差(均方差)为

$$S = \sqrt{S^2} = \sqrt{\frac{1}{n-1} \sum_{i=1}^{n} (X_i - \bar{X})^2}$$

样本 k 阶原点矩为

$$A_k = \frac{1}{n} \sum_{i=1}^{n} X_i^k \quad (k = 1, 2, \cdots)$$

样本 k 阶中心矩为

$$B_k = \frac{1}{n} \sum_{i=1}^{n} (X_i - \bar{X})^k \quad (k = 1, 2, \cdots)$$

显然

$$A_1 = \overline{X}, \quad B_2 = \frac{n-1}{n}S^2$$

观察值分别为

$$\overline{X} = \frac{1}{n}\sum_{i=1}^{n}X_i$$

$$S^2 = \frac{1}{n-1}\sum_{i=1}^{n}(X_i - \overline{X})^2 = \frac{1}{n-1}\left(\sum_{i=1}^{n}X_i^2 - n\overline{X}^2\right)$$

$$S = \sqrt{\frac{1}{n-1}\sum_{i=1}^{n}(X_i - \overline{X})^2}$$

$$A_k = \frac{1}{n}\sum_{i=1}^{n}X_i^k$$

$$B_k = \frac{1}{n}\sum_{i=1}^{n}(X_i - \overline{X})^k$$

3) 顺序统计量

定义 2　$(X_1, X_2, \cdots, X_n)$ 是总体 X 的一个样本，$(x_1, x_2, \cdots, x_n)$ 是一个样本观察值，由从小到大的顺序排列得到，取 $x_{(i)}$ 作为 $X_{(i)}$ 的观测值，由此得到的统计量 $X_{(1)}, X_{(2)}, \cdots, X_{(n)}$ 称为样本 $(X_1, X_2, \cdots, X_n)$ 的一组顺序统计量，$X_{(i)}$ 称为第 i 个顺序统计量或第 i 项。统计量：

$$\tilde{X} = \begin{cases} X_{(m+1)} & \text{当} n = 2m+1 \\ \dfrac{1}{2}\left(X_{(m)} + X_{(m+1)}\right) & \text{当} n = 2m \end{cases}$$

分别称为样本中位数和样本极差。

样本均值、顺序统计量的首项及末项、样本中位数描述了样本在数轴上的大致位置；样本方差与样本极差描述了样本的分散程度。

3. 样本分布函数与频率直方图

1) 样本分布函数

样本能够反映总体 X 的信息，总体 X 的分布函数 $F(x)$ 是否能由样本来表示？回答是肯定的，我们用下面介绍的样本函数来近似表示总体 X 的分布函数。设 $x_{(1)}, x_{(2)}, \cdots, x_{(n)}$ 是总体 X 的顺序统计量的一组观察值，对于任意的实数 x，定义函数：

$$F_n(x) = \begin{cases} 0 & x < x_{(1)} \\ \dfrac{i}{n} & x_{(i)} \leqslant x < x_{(i+1)}, \quad i = 1, 2, \cdots, n-1 \\ 1 & x \geqslant x_{(n)} \end{cases}$$

称 $F_n(x)$ 为总体 X 的样本分布函数(或经验分布函数)。

样本分布函数 $F_n(x)$ 不仅与样本容量 n 有关，还与样本观察值有关，故它是随机变量。$F_n(x)$ 的图形(图 6.1.1)呈跳跃上升的台阶状，在 $x_{(1)}, x_{(2)}, \cdots, x_{(n)}$ 中不重复的值处，跳跃高度为 $1/n$；在重复 i 次的值处，跳跃高度为 i/n。图 6.1.1 中的曲线是总体 X 的理论分布函数 $F(x)$

的图形。

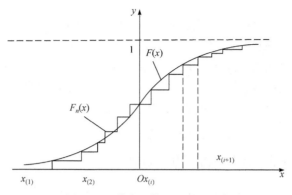

图 6.1.1　分布函数 $F(x)$ 的图形

样本分布函数 $F_n(x)$ 具有以下性质：① $0 \leqslant F_n(x) \leqslant 1$；② $F_n(x)$ 是单调不减函数；③ $F_n(x)$ 是处处右连续的。

对于样本观察值 $(x_1, x_2, \cdots, x_n)$，为了求其对应的样本分布函数 $F_n(x)$ 之值，只需将这 n 个值中小于或等于 x 的个数除以样本容量 n 即可。对于给定的 x，$F_n(x)$ 是 n 次重复独立试验中事件 $\{X \leqslant x\}$ 出现的频率，而理论分布函数 $F(x)$ 是事件 $\{X \leqslant x\}$ 发生的概率。由伯努利定理可知，对任意给定的正数 ε，有

$$\lim_{n \to \infty} P\{|F_n(x) - F(x)| < \varepsilon\} = 1$$

即 $F_n(x)$ 按概率收敛于 $F(x)$。进一步还有如下结论：根据格利文科定理，设总体 X 的分布函数为 $F(x)$，样本分布函数 $F_n(x)$，则对于任何实数 x，有

$$P\left\{\lim_{n \to \infty} \sup_{-\infty < x < +\infty} |F_n(X) - F(X)| = 0\right\} = 1$$

以上结论是我们用样本去推断总体的依据。

2) 频率直方图

如果说样本分布函数是随机样本对总体分布函数的反映，那么下面介绍的频率直方图就是样本对总体概率密度函数的反映(假设总体是连续随机变量)。

依据总体 X 的一个样本观察值 $(x_1, x_2, \cdots, x_n)$ 画直方图的一般步骤如下。

(1) 找出 $x_1, x_2, \cdots, x_n$ 中的最小值 $x(1)$ 与最大值 $x(n)$。

(2) 选择常数 a、$b(a \leqslant x(1),\ b \geqslant x(n))$，在区间 $[a, b]$ 内插入 $k - 1$ 个分点：

$$a = t_0 < t_1 < t_2 < \cdots < t_{k-1} < t_k = b$$

用来对样本观察值进行分组。为了方便将区间 $[a, b]$ 分成 k 等分，此时组距是

$$\Delta t = t_i - t_{i-1} = \frac{b - a}{k} \quad (i = 1, 2, \cdots, k)$$

组数 k 要选择适当。一般地说，当 $20 \leqslant n \leqslant 100$ 时，取 k 为 $5 \sim 10$；当 $n > 100$ 时，取 k 为 $10 \sim 15$。通常取 t_i 比样本观察值精度高一位。

(3) 对于每个小区间 $(t_{i-1}, t_i]$，数出 $x_1, x_2, \cdots, x_n$ 落入其中的个数 n_i (称为频数)，再算出频率：

$$f_i = \frac{n_i}{n} \quad (i = 1, 2, \cdots, k)$$

(4) 在 xOy 平面上，对每个 i，画出以 $(t_{i-1}, t_i]$ 为底，以 $y_i = f_i/\Delta t (i = 1, 2, \cdots, k)$ 为高的矩形。这种图称为频率直方图，简称直方图。

直方图中第 i 个小矩形面积 $y_i\Delta t = f_i (i = 1, 2, \cdots, k)$，$k$ 个小矩形的面积之和为 1。

由于样本观察值的 n 个数值 $x_1, x_2, \cdots, x_n$ 是从总体 X 中独立抽取的，它们落入区间 $(t_{i-1}, t_i]$ 的频率 f_i 近似等于随机变量 X 在该区间内取值的概率，即

$$f_i \approx P\{t_{i-1} < X \leqslant t_i\} = p_i \quad (i = 1, 2, \cdots, k)$$

当 X 是连续随机变量，且概率密度为 $f(x)$ 时，则有

$$f_i \approx \int_{t_{i-1}}^{t_i} f(x)\mathrm{d}x = p_i \quad (i = 1, 2, \cdots, k)$$

由此可见直方图在一定程度上反映了 X 的概率密度情况。

有了直方图，就可以大致画出 X 的概率密度曲线。从图上看，曲线很像正态分布的概率密度曲线。

4. 几个常用统计量的分布

统计量是样本的函数，是一个随机变量，下面介绍来自正态总体的几个常用统计量的分布。

1) χ^2 分布

(1) χ^2 分布定义。

设 $X_1, X_2, \cdots, X_n$ 是来自正态总体 $N(0,1)$ 的样本，则称统计量：

$$\chi^2 = X_1^2 + X_2^2 + \cdots + X_n^2$$

为服从自由度为 n 的 χ^2 分布，记作 $\chi^2 \sim \chi^2(n)$。

(2) $\chi^2(n)$ 分布的概率密度。

$$f(x) = \begin{cases} \dfrac{1}{2^{n/2}\Gamma\left(\dfrac{n}{2}\right)} x^{\frac{n}{2}-1}\mathrm{e}^{-\frac{n}{2}} & x > 0 \\ 0 & x \leqslant 0 \end{cases}$$

式中，$\Gamma\left(\dfrac{n}{2}\right)$ 为 Γ 函数 $\Gamma(s) = \int_0^{+\infty} x^{s-1}\mathrm{e}^{-x}\mathrm{d}x \quad (s > 0)$ 在 $s = \dfrac{n}{2}$ 处的函数值。

$$\Gamma(s+1) = s\Gamma(s), \quad \Gamma\left(\frac{1}{2}\right) = \sqrt{\pi}, \quad \Gamma(n+1) = n!, \quad \Gamma(1) = 1$$

(3) $\chi^2(n)$ 分布的性质。

性质 1：设 $\chi^2 \sim \chi^2(n)$，则 $E(\chi^2) = n$，$D(\chi^2) = 2n$。

性质 2：设 $X \sim \chi^2(n_1)$，$Y \sim \chi^2(n_2)$，且 X 与 Y 相互独立，则 $X + Y \sim \chi^2(n_1 + n_2)$。

性质 3：设 $X \sim N(\mu, \sigma^2)$，$X_1, X_2, \cdots, X_n$ 为 X 的样本，$\dfrac{1}{\sigma^2}\sum_{i=1}^{n}(X_i - \mu)^2 \sim \chi^2(n)$，则

$$\frac{X_i - \mu}{\sigma} \sim N(0,1) \,.$$

性质 4：设 $\chi^2 \sim \chi^2(n)$，则对任意实数 x，有

$$\lim_{n \to \infty} P\left\{ \frac{\chi^2 - n}{\sqrt{2n}} \leqslant x \right\} = \frac{1}{\sqrt{2\pi}} \int_{-\infty}^{x} e^{-\frac{t^2}{2}} dt$$

(4)　$\chi^2(n)$ 分布的上分位点。

设 $\chi^2 \sim \chi^2(n)$，对于给定的正数，称满足条件

$$P\{\chi^2 > \chi_\alpha^2(n)\} = \int_{\chi_\alpha^2(n)}^{+\infty} f(x)dx = \alpha$$

的点 $\chi_\alpha^2(n)$ 为 $\chi^2(n)$ 分布的上 α 分位点。

2)　t 分布

(1)　t 分布定义。设 $X \sim N(0,1)$，$Y \sim \chi^2(n)$，且 X 与 Y 独立，则称随机变量

$$t = \frac{X}{\sqrt{Y/n}}$$

服从自由度为 n 的 t 分布，记作 $t \sim t(n)$。

(2)　$t(n)$ 分布的概率密度。

$$f(x) = \frac{\Gamma\left(\frac{n+1}{2}\right)}{\sqrt{n\pi}\Gamma\left(\frac{n}{2}\right)} \left(1 + \frac{x^2}{n}\right)^{-\frac{n+1}{2}} \quad (-\infty < x < +\infty)$$

(3)　t 分布性质。$t(n)$ 分布的概率密度关于 y 轴对称，且

$$\lim_{n \to \infty} f(x) = \frac{1}{\sqrt{2\pi}} e^{-\frac{x^2}{2}} \quad (-\infty < x < +\infty)$$

(4)　$t(n)$ 分布的上分位点。

设 $t \sim t(n)$，对于给定正数 $\alpha(0 < \alpha < 1)$，称满足条件 $P\{t > t_\alpha(n)\} = \alpha$ 的点 $t_\alpha(n)$ 为 $t(n)$ 分布的上 α 分位点，且有

$$-t_\alpha(n) = t_{1-\alpha}(n), \quad t_\alpha(n) \approx u_\alpha$$

3)　F 分布

(1)　F 分布定义。设 $X \sim (m)$，$Y \sim (n)$，且 X 与 Y 独立，则称随机变量

$$F = \frac{X/m}{Y/n}$$

为服从自由度是 m、n 的 F 分布，记作 $F \sim F(m,n)$。式中，m 为第一自由度；n 为第二自由度。

(2)　$F(m, n)$ 分布的概率密度。

$$f(x) = \begin{cases} \dfrac{\Gamma\left(\dfrac{m+n}{2}\right)}{\Gamma\left(\dfrac{m}{2}\right)\Gamma\left(\dfrac{n}{2}\right)} \left(\dfrac{m}{n}\right)^{\frac{m}{2}} x^{\frac{m}{2}-1} \left(1 + \dfrac{m}{n}x\right)^{-\frac{m+n}{2}} & x > 0 \\ 0 & x \leqslant 0 \end{cases}$$

(3) $F(m, n)$分布的性质。若$F\sim F(m, n)$则$\dfrac{1}{F}\sim F(n,m)$。

(4) $F(m, n)$分布的上α分位点。设$F\sim F(m,n)$，对于给定正数$\alpha(0<\alpha<1)$，称满足条件$P\{F>F_\alpha(m,n)\}=\alpha$的点$F_\alpha(m,n)$为$F(m,n)$分布的上分位点，且有

$$F_{1-\alpha}(m,n)=\dfrac{1}{F_\alpha(n,m)}$$

5. 正态总体统计量的分布

正态总体的样本均值与样本方差的抽样分布是参数估计与假设检验的基础。

1) 定理1

设$X\sim N(\mu,\sigma^2)$，$X_1,X_2,\cdots,X_n$为来自总体X的样本，则

$$\bar{X}=\dfrac{1}{n}\sum_{i=1}^{n}X_i\sim N\left(\mu,\dfrac{\sigma^2}{n}\right)$$

$$\dfrac{\bar{X}-\mu}{\sigma/\sqrt{n}}\sim N(0,1)$$

2) 定理2

$$\dfrac{1}{\sigma^2}\sum_{i=1}^{n}(X_i-\mu)^2\sim\chi^2(n)$$

3) 定理3

设$X_1,X_2,\cdots,X_n$是正态总体$N(\mu,\sigma^2)$的一个样本，则样本均值$\bar{X}$与样本方差S^2相互独立，且有

$$\dfrac{(n-1)S^2}{\sigma^2}\sim\chi^2(n-1)$$

4) 定理4

设$X_1,X_2,\cdots,X_n$是正态总体$N(\mu,\sigma^2)$的样本，$\bar{X}$与S^2分别为样本均值与样本方差，则有

$$\dfrac{\bar{X}-\mu}{S/\sqrt{n}}\sim t(n-1)$$

5) 定理5

设总体$X\sim N(\mu_1,\sigma_1^2)$，总体$Y\sim N(\mu_2,\sigma_2^2)$，且$X$与$Y$独立。$X_1,X_2,\cdots,X_n$与$Y_1,Y_2,\cdots,Y_n$分别为来自总体$X$与总体$Y$的样本，且这两组样本相互独立。

$$\bar{X}=\dfrac{1}{m}\sum_{i=1}^{m}X_i,\quad \bar{Y}=\dfrac{1}{n}\sum_{j=1}^{n}Y_j,\quad S_1^2=\dfrac{1}{m-1}\sum_{i=1}^{m}(X_i-\bar{X})^2,\quad S_2^2=\dfrac{1}{n-1}\sum_{j=1}^{n}(Y_j-\bar{Y})^2$$

则有

(1) $\bar{X}-\bar{Y}\sim N\left(\mu_1-\mu_2,\dfrac{\sigma_1^2}{m}+\dfrac{\sigma_2^2}{n}\right)$，$u=\dfrac{(\bar{X}-\bar{Y})-(\mu_1-\mu_2)}{\sqrt{\dfrac{\sigma_1^2}{m}+\dfrac{\sigma_2^2}{n}}}\sim N(0,1)$

(2) 若 $\sigma_1^2 = \sigma_2^2 = \sigma^2$，则

$$t = \frac{\bar{X} - \bar{Y} - (\mu_1 - \mu_2)}{S_w \sqrt{\dfrac{1}{m} + \dfrac{1}{n}}} \sim t(m + n - 2)$$

其中

$$S_w^2 = \frac{(m-1)S_1^2 + (n-1)S_2^2}{m + n - 2},$$

(3)

$$F = \frac{n\sigma_2^2}{m\sigma_1^2} \cdot \frac{\sum\limits_{i=1}^{m}(X_i - \mu_1)^2}{\sum\limits_{j=1}^{n}(Y_j - \mu_2)^2} \sim F(m, n)$$

(4)

$$F = \frac{\sigma_2^2 S_1^2}{\sigma_1^2 S_2^2} \sim F(m-1, n-1)$$

6.1.2 统计定律

数理统计以概率论为基础，研究大量随机现象的统计规律性，它的一系列理论与方法则是分析现实问题和数据的参照与理论保障。数理统计从机器学习应用的角度来看主要分为两方面，一是以大数定律与中心极限定理为代表的数理统计定理，为我们提供了根据观测数据建模真实系统的理论依据；二是通过估计等具体方法，提供了建模的基础和出发点。此外，机器学习较少涉及的假设检验等部分内容不在本书讨论范围。

1. 大数定律

大数定律是概率论中讨论随机变量序列的算术平均值向随机变量各数学期望的算术平均值收敛的定律。大数定律揭示了不确定性背后的稳定性，从理论上将观测数据的统计频率与概率，将样本均值与分布的期望联系起来，打通了现实和理论。

2. 中心极限定理

在自然界与生产中，一些现象受到许多相互独立的随机因素的影响，当每个因素所产生的影响都很微小时，总的影响可以看作服从正态分布的，中心极限定理就从数学上证明了这一现象。

3. 参数估计与非参数估计

一个典型的统计过程一般由抽样样本数据、观察数据趋势、选择概率分布、概率分布参数估计和假设检验组成。这是概率密度建模的参数化方法，即根据数据来估计概率分布中固定的几个参数，如数学期望、方差，需要估计的参数根据选定的概率分布而有所不同。但这样做其实隐含了一个假设，即确信选定的概率分布能很大程度上拟合真实数据。很多情况下，现实中的系统是很难用已知的概率分布拟合，这种疑问就对参数化方法提出了挑战，如果假设不成立，我们所作出的估计泛化性能也不会高。

因此，在概率密度建模的参数估计之外，在样本分布函数或概率密度未知情况下，采用非参数估计的方法。该方法对待建模的系统并不作概率分布形式上的假设，不是估计概率分

布的几个参数，而是估计概率分布本身。它的潜在参数空间是无限的，具体参数的数量和形式取决于实际数据，进而决定了建模出来的函数的形式。

1) 最小二乘法

最小二乘法是一种在误差估计、不确定度、系统辨识及预测、预报等数据处理诸多学科领域得到广泛应用的数学工具。

最小二乘法(least squares method，LSM)是一种数学优化技术。它先构造平方和误差函数，通过平方和误差的最小化，寻找数据的最佳匹配函数。

根据样本数据，采用最小二乘估计式可以得到简单线性回归模型参数的估计量。但是估计量参数与总体真实参数的接近程度如何，是否存在更好的其他估计式，这涉及最小二乘估计式或估计量的最小方差最佳(best)性、线性(linear)及无偏(unbiased)性，简称为 BLU 特性。这是广泛应用普通最小二乘法估计地理计量模型的主要原因。

2) 最大似然估计

最大似然估计(maximum likelihood estimation，MLE)是在总体的分布类型已知的前提下使用的一种参数估计法。在自然生活中，观察到的某种现象产生的原因可能有很多种。但要判断出到底是哪种原因时，人们往往选择可能性最大的一种或者说是概率最大的，这就是最大似然估计的思想。所有集合中的小事件发生概率连乘再取最大值，即使得观测数据(样本)发生概率最大的参数就是最好的参数。在统计中，似然与概率是不同的东西。概率是在特定环境下某件事情发生的可能性，也就是结果没有产生之前依据环境所对应的参数来预测某件事情发生的可能性，而似然刚好相反，是在确定的结果下去推测产生这个结果的可能环境(参数)。概率是已知参数，是对结果可能性的预测。似然是已知结果，对参数是某个值的可能性预测。最大似然法明确地使用概率模型，其目标是寻找能够以较高概率产生观察数据的系统发生树。最大似然法是一类完全基于统计的系统发生树重建方法的代表。

MLE 有很多比较好的性质，例如，在假设的分布正确的情况下 MLE 具有一致性(保证了估计量的偏差随着数据样本的增多而减小)，即训练样本无穷大时，MLE 会收敛到参数的真实值，其收敛速度也是最好的，因此 MLE 经常作为机器学习的首选估计方法。

3) 最大后验概率估计

最大后验概率(maximum a posteriori，MAP)估计是后验概率分布的众数。利用最大后验概率估计可以获得对试验数据中无法直接观察到的量的点估计。后验概率是相对先验概率而言的，先验是在分析样本之前就引入人类知识，预先假设或者说约束待建模分布的参数满足的分布；后验概率则是基于先验概率，用观测到的样本来进一步减少参数的熵，将观测样本的信息归纳，以更大的可能性集中到真实系统的参数上。

6.1.3　统计分析

统计分析是指以统计资料为依据，以统计方法为手段，定量分析与定性分析相结合去认识事物的一种分析研究活动。统计分析是运用数学方式，建立数学模型，对通过调查获取的各种数据及资料进行数理统计和分析，形成定量的结论。统计最基本的特点是以数字为语言，用数字说话。统计分析要通过大量的、散乱的数据去观察事物的整体，了解事物的全貌，认识和揭示事物间的相互关系、变化规律和发展趋势，对事物进行正确解释和预测。

1. 相关分析

相关分析是描述客观事物相互间关系的密切程度并用适当的统计指标表示出来的过程。

相关的种类：根据自变量的多少，可分为单相关和复相关；根据相关关系的方向，可分为正相关和负相关；根据变量间相互关系的表现形式可划分为线性相关和非线性相关；根据相关关系的程度，可分为不相关、完全相关和不完全相关。

1) 协方差

协方差表示两个变量总体的误差，这与只表示一个变量误差的方差不同。如果两个变量的变化趋势一致，也就是说如果其中一个大于自身的期望值，另外一个也大于自身的期望值，那么两个变量之间的协方差就是正值。如果两个变量的变化趋势相反，即其中一个大于自身的期望值，另外一个却小于自身的期望值，那么两个变量之间的协方差就是负值。

随机变量 X 与 Y 之间的协方差定义为

$$\text{Cov}(X,Y) = E\{[(X - E(X))(Y - E(Y)]\} = EXY - EX \times EY$$

直观上来看，方差是协方差的一种特殊情况，即当两个变量是相同的情况。如果 X 与 Y 是统计独立的，那么二者之间的协方差是 0，因为两个独立的随机变量满足 $E(XY) = E(X)E(Y)$。但是，反过来并不成立。即如果 X 与 Y 的协方差为 0，二者并不一定是统计独立的。协方差 $\text{Cov}(X,Y)$ 的度量单位是 X 的协方差乘以 Y 的协方差。协方差取决于两个随机变量的相关性，是一个衡量线性独立的无量纲的数。协方差为 0 的两个随机变量是不相关的。

2) 相关系数

相关关系是一种非确定性的关系，相关系数是研究变量之间线性相关程度的量。由于研究对象的不同，相关系数有如下几种定义方式。

a. 简单相关系数

简单相关系数又称为相关系数或线性相关系数，一般用字母 r 表示，用来度量两个变量间的线性关系。定义式为

$$r(X,Y) = \frac{\text{Cov}(X,Y)}{\sqrt{\text{Var}[X]\text{Var}[Y]}}$$

式中，$\text{Cov}(X,Y)$ 为 X 与 Y 的协方差；$\text{Var}[X]$ 为 X 的方差；$\text{Var}[Y]$ 为 Y 的方差。

这里 $r(X,Y)$ 是一个可以表征 X 和 Y 之间线性关系紧密程度的量，具有两个性质：

(1) $\lceil r(X,Y) \rceil \leqslant 1$，当 $\lceil r(X,Y) \rceil$ 较大时，通常说 X 和 Y 相关程度较好；当 $\lceil r(X,Y) \rceil$ 较小时，通常说 X 和 Y 相关程度较差；当 X 和 Y 不相关时，$\lceil r(X,Y) \rceil = 0$，通常认为 X 和 Y 间不存在线性关系，但并不能排除 X 和 Y 之间可能存在其他关系，如 $X^2 + Y^2 = 1$，X 和 Y 不独立。若 X 和 Y 独立，则必有 $\lceil r(X,Y) \rceil = 0$，X 和 Y 不相关；因此，不相关是一个比独立要弱的概念。

(2) $\lceil r(X,Y) \rceil = 1$ 的充要条件是：存在常数 a、b，使得 $P\{Y = a + bX\} = 1$，X 和 Y 完全相关的含义是在概率为 1 的意义下存在线性关系。

b. 复相关系数

复相关系数又称为多重相关系数，是反映一个因变量与一组自变量(两个或两个以上)之间相关程度的指标。它不能直接测算，只能采取一定的方法间接测算，可利用单相关系数和偏相关系数求得。复相关系数越大，表明要素或变量之间的线性相关程度越密切。

测定一个变量 y 与其他多个变量 $x_1, x_2, \cdots, x_k$ 之间的相关系数，$x_1, x_2, \cdots, x_k$ 不能直接测算。可以考虑构造一个关于 $x_1, x_2, \cdots, x_k$ 的线性组合，通过计算该线性组合与 y 之间的简单相关系数作为变量 y 与 $x_1, x_2, \cdots, x_k$ 之间的复相关系数。

具体过程如下：

第一步，用 y 对 $x_1, x_2, \cdots, x_k$ 作回归，得

$$\hat{y} = \widehat{\beta_0} + \widehat{\beta_1} X_1 + \cdots + \widehat{\beta_k} X_k$$

第二步，计算简单相关系数，即为 y 与 $x_1, x_2, \cdots, x_k$ 之间的复相关系数。

复相关系数的计算公式为

$$R = \frac{\sum (y - \overline{y})(\hat{y} - \overline{y})}{\sqrt{\sum (y - \overline{y})^2 \sum (\hat{y} - \overline{y})^2}}$$

复相关系数与简单相关系数的区别是简单相关系数的取值范围是 $[-1,1]$，而复相关系数的取值范围是 $[0,1]$。这是因为，在两个变量的情况下，回归系数有正负之分，所以在研究相关时，也有正相关和负相关之分；但在多个变量时，偏回归系数有两个或两个以上，其符号有正有负，不能按正负来区别，所以复相关系数也就只取正值。

c. 典型相关系数

典型相关系数(canonical correlation coefficient)是度量两个随机向量间的线性关联程度大小的若干数量指标。典型相关分析采用主成分分析的思想浓缩信息，根据变量间的相关关系，寻找少数几对综合变量(实际观测变量的线性组合)，替代原始观测变量，从而将两组变量的关系集中到少数几对综合变量的关系上，通过对这些综合变量之间相关性的分析，回答两组原始变量间相关性的问题。除了要求所提取的综合变量所含的信息量尽可能大以外，提取时还要求第一对综合变量间的相关性最大，第二对次之，依次类推。

这些综合变量被称为典型变量，或典则变量，第一对典型变量间的相关系数则被称为第一典型相关系数。典型相关系数是能简单、完整地描述两组变量间关系的指标。当两个变量组均只有一个变量时，典型相关系数即为简单相关系数；当其中的一组只有一个变量时，典型相关系数即为复相关系数。

设 $X = (X_1, X_2, \cdots, X_p)'$，$Y = (Y_1, Y_2, \cdots, Y_q)'$ 是两个随机向量。利用主成分思想寻找第 i 对典型相关变量 (U_i, V_i)：

$$U_i = a_{i1} X_1 + a_{i2} X_2 + \cdots + a_{ip} X_p = a_i' X$$

$$V_i = b_{i1} X_1 + b_{i2} X_2 + \cdots + b_{ip} X_p = b_i' X$$

式中，$i = 1, 2, \cdots; m = \min(p, q)$；称 a_i' 和 b_i' 为(第 i 对)典型变量系数或典型权重。

记第一对典型相关变量间的典型相关系数为 $\mathrm{Can}R_1 = \mathrm{Corr}(U_1, V_1)$ (使 U_1 与 V_1 间最大相关)；

第二对典型相关变量间的典型相关系数为 $\mathrm{Can}R_2 = \mathrm{Corr}(U_2, V_2)$ (与 U_1、V_1 无关；使 U_2 与 V_2 间最大相关)

……

第 m 对典型相关变量间的典型相关系数为 $\mathrm{Can}R_m = \mathrm{Corr}(U_m, V_m)$ (与 $U_1, V_1, \cdots, U_{m-1}, V_{m-1}$ 无关；使 U_m 与 V_m 间最大相关)。

各对典型相关变量所包括的相关信息互不交叉，且满足：

(1) $U_1, U_2, \cdots, U_m$ 互不相关，$V_1, V_2, \cdots, V_m$ 互不相关，即其相关系数为

$$\mathrm{Corr}(U_i, U_j) = \begin{cases} 1 & i = j \\ 0 & i \neq j \end{cases}, \quad \mathrm{Corr}(V_i, V_j) = \begin{cases} 1 & i = j \\ 0 & i \neq j \end{cases}$$

(2) 同一对典型相关变量 U_i 和 V_i 之间的相关系数为 $\mathrm{Can}R_i$，不同对的典型相关变量之间互不相关；

(3) U_i 和 V_i 的均值为 0，方差为 1（$i=1,\cdots,m$）；

(4) $1 \geqslant \mathrm{Can}R_1 \geqslant \mathrm{Can}R_2 \geqslant \cdots \geqslant \mathrm{Can}R_m \geqslant 0$。

d. 等级相关系数

在实际应用中，因变量和自变量没有具体的数据表现，只能用等级来描述某种现象，要分析现象之间的相关关系，就只能用等级相关系数。等级相关系数又称秩相关系数(coefficient of rank orrelation)，是将两要素的样本值按数据的大小顺序排列位次，以各要素样本值的位次代替实际数据而求得的一种统计量。它是反映等级相关程度的统计分析指标，常用的等级相关分析方法有斯皮尔曼等级相关系数和肯德尔秩相关系数等。

计算相关系数公式为

$$r_s = 1 - \frac{6 \sum d_i^2}{n(n^2 - 1)}$$

式中，r_s 为等级相关系数；d_i 为两个变量每一对样本的等级之差；n 为样本容量。等级相关系数是建立在等级的基础上计算的，与其他相关系数一样，取值为 $-1 \sim +1$，r_s 为正表示正相关，r_s 为负表示负相关，较适用于反映序列变量的相关。

e. 简单非线性相关系数

通常用相关指数 R_{yx} 来度量表示简单非线性相关程度的统计量：

$$R_{yx} = \sqrt{1 - \frac{\sum (y_i - \hat{y}_i)^2}{\sum (y_i - \overline{y})^2}}, \quad \hat{y}_i = f(x_i)$$

R_{yx} 相关指数的性质随相关曲线形状的不同而异。通常情况下，R_{yx} 与 R_{xy} 不相等，仅当完全相关或完全无关时，两者才相等。相关指数的分布范围为 $0 \sim 1$，即 $0 \leqslant R_{yx} \leqslant 1$。相关指数的值越大，两个要素(变量)间的相关程度越密切。当 $R_{yx}=1$ 时，表示两个要素间为完全曲线相关；当 $R_{yx}=0$ 时，表示两个要素间为完全无曲线相关。相关指数必大于或至少等于用同一批资料所求得的相关系数的绝对值，即 $R_{yx} \geqslant |r|$。

f. 多要素相关矩阵

如果问题涉及多个要素(n 个)，则对于其中任何两个要素 x_i 和 x_j，都可以按照下面的公式计算，得到多要素的相关系数矩阵：

$$r_{ij} = \frac{\sum_{k=1}^{n} (x_{ik} - \overline{x}_i)(x_{jk} - \overline{x}_j)}{\sqrt{\sum_{k=1}^{n} (x_{ik} - \overline{x}_i)^2} \sqrt{\sum_{k=1}^{n} (x_{jk} - \overline{x}_j)^2}}$$

多要素的相关系数矩阵：

$$R = \begin{bmatrix} r_{11} & r_{12} & \cdots & r_{1n} \\ r_{21} & r_{22} & \cdots & r_{2n} \\ \vdots & \vdots & & \vdots \\ r_{n1} & r_{n2} & \cdots & r_{nn} \end{bmatrix}$$

相关矩阵的对角元素是 1，相关矩阵是对称矩阵。

2. 回归分析

回归分析(regression analysis)指确定两种或两种以上变量间相互依赖的定量关系的一种统计分析方法。回归分析法主要解决以下问题：①确定变量之间是否存在相关关系，若存在，则找出数学表达式；②根据一个或几个变量的值，预测或控制另一个或几个变量的值，且要估计这种控制或预测可以达到何种精确度。根据因变量和自变量的个数可分为一元回归分析和多元回归分析；按照因变量的多少，可分为简单回归分析和多重回归分析；根据因变量和自变量的函数表达式可分为线性回归分析和非线性回归分析。

1) 一元回归方程的求解方法

若已知变量 x 与 y 之间存在某种相关关系，为了研究它们之间的关系，一个最简单的方法是作图。若以 x 作为自变量，y 作为因变量，每对数据 (x, y) 在坐标系中用相应的点表示，这种图称为散点图，从散点图可以看出两个变量之间的大致关系。对于相关关系，虽不能求出变量之间精确的函数关系式，但通过观测大量的数据，可以发现它们之间的关系存在一定的统计规律性，可以应用统计方法寻求一个数学公式描述变量间的相关关系。

假设已经得到两个具有线性相关关系的变量的一组数据 $(x_1, y_1), (x_2, y_2), \cdots, (x_n, y_n)$。

(1) 一元线性回归方程。一元线性回归方程是根据两种现象或事物的相应变动规律所拟合的，由自变量值估计因变量值的直线方程。回归方程有两种模型：一是自变量 X 选择的准则，对于每个选取的 x 值其因变量 Y 值服从正态分布；二是 (X, Y) 服从双变量的正态分布。上述两种模型通常用最小二乘法来拟合回归方程。根据样本资料拟合的由自变量 X 值估计因变量 Y 值的直线回归方程为

$$\hat{y} = a + bx$$

很自然的想法是把各个离差加起来作为总离差。可是，由于离差有正有负，直接相加会互相抵消，如此无法反映这些数据的贴近程度，即这个总离差不能用 n 个离差之和来表示，

$$\sum_{i=1}^{n}(y_i - \hat{y}_i)$$

一般做法是用离差的平方和，即

$$Q = \sum_{i=1}^{n} e_i^2 = \sum_{i=1}^{n}(y_i - \hat{y}_i)^2 = \sum_{i=1}^{n}(y_i - a - bx_i)^2 \to \min$$

作为总离差，并使之达到最小。这样回归直线就是所有直线中 Q 取最小值的那一条。因为平方又称为二乘方，所以这种使离差平方和为最小的方法被称为最小二乘法。

用最小二乘求回归直线方程中的 a、b 的公式为

$$\hat{b} = \frac{\sum_{i=1}^{n} x_i y_i - n\overline{xy}}{\sum_{i=1}^{n} x_i^2 - n\overline{x}^2}, \quad \hat{a} = \overline{y} - \hat{b}\overline{x}$$

b 上方加 ^ 为由观察值按最小二乘法求得的估计值，a、b 求出后，回归直线方程也就建立了。

(2) 一元多项式回归方程。一元多项式回归方程的基本模型为

$$y = a_0 + a_1 x + a_2 x^2 + a_3 x^3 + \cdots + a_n x^n + \varepsilon$$

式中，Y 为因变量，是观测值 $y_1, y_2, \cdots, y_m$ 的列向量；X 为自变量，是观测值 $X_1, X_2, \cdots, X_m$ 的列向量；a 为回归系数向量 $a_0, a_1, a_2, \cdots, a_n$ 的列向量；ε 为剩余误差向量 $\varepsilon_0, \varepsilon_1, \varepsilon_2, \cdots, \varepsilon_n$，且 $m > n+1$。变量处理 $x_1 = x$，$x_2 = x^2$，$x_3 = x^3, \cdots$，$x_n = x^n$。由此转换为多个自变量的任意多项式：

$$y = a_0 + a_1 x_1 + a_2 x_2 + a_3 x_3 + \cdots + a_n x_n + \varepsilon$$

用矩阵表示为

$$Y = Aa + \varepsilon$$

式中，ε 包括了未观测的随机成分 $\varepsilon_1, \varepsilon_2, \cdots, \varepsilon_n$ 以及回归量的观测值矩阵 A：

$$A = \begin{pmatrix} 1 & x_{11} & \cdots & x_{1n} \\ 1 & x_{21} & \cdots & x_{2n} \\ \vdots & \vdots & & \vdots \\ 1 & x_{m1} & \cdots & x_{mn} \end{pmatrix}$$

可采用最小二乘法对上式中的待估回归系数 $a_0, a_1, a_2, \cdots, a_n$ 进行估计，求得 a 值后，即可利用一元多项式回归模型进行预测。

2) 多元线性回归方程的求解方法

线性回归方程是利用最小二乘函数对一个或多个自变量和因变量之间关系进行建模的一种回归分析。这种函数是一个或多个回归系数的模型参数的线性组合。只有一个自变量的情况称为简单回归，大于一个自变量的称为多元回归。

给一个随机样本 $(Y_i, X_{i1}, X_{i2}, \cdots, X_{ip})$，$i = 1, 2, \cdots, n$，一个线性回归模型假设回归子 Y_i 和回归量 $X_{i1}, X_{i2}, \cdots, X_{ip}$ 之间的关系是除了 X 的影响以外，还有其他的变数存在。我们加入一个误差项 ε_i (也是一个随机变量) 来捕获除了 $X_{i1}, X_{i2}, \cdots, X_{ip}$ 之外任何对 Y_i 的影响。所以一个多变量线性回归模型表示为以下形式：

$$Y_i = \beta_0 + \beta_1 X_{i1} + \beta_2 X_{i2} + \cdots + \beta_p X_{ip} + \varepsilon_i \quad (i = 1, 2, \cdots, n)$$

用矩阵表示为

$$Y = X\beta + \varepsilon$$

式中，Y 为一个包括了观测值 $Y_1, Y_2, \cdots, Y_n$ 的列向量，ε 包括了观测的随机成分 $\varepsilon_1, \varepsilon_2, \cdots, \varepsilon_n$，以及回归量的观测值矩阵 X：

$$X = \begin{pmatrix} 1 & x_{11} & \cdots & x_{1p} \\ 1 & x_{21} & \cdots & x_{2p} \\ \vdots & \vdots & & \vdots \\ 1 & x_{n1} & \cdots & x_{np} \end{pmatrix}$$

假设：①样本是母体之中随机抽取出来的；②因变量 Y 在直线上是连续的；③残差项是独立同分布的，也就是说，残差是独立随机的，且服从高斯分布。这些假设意味着残差项不依赖自变量的值，所以 ε_i 和自变量 X (预测变量) 之间是相互独立的。

回归分析的最初目的是估计模型的参数以便达到对数据的最佳拟合。采用最小二乘法，这种估计可以表示为

$$\hat{\beta} = (X^{\mathrm{T}}X)^{-1}X^{\mathrm{T}}y$$

这表示估计项是因变量的线性组合。进一步地说，如果所观察的误差服从正态分布，参数的估计值将服从联合正态分布。在当前的假设之下，估计的参数向量是精确分布的。

3) 非线性回归方程的求解方法

在一些实际问题中，变量间的关系并不都是线性的，这时就应该用曲线去进行拟合。用曲线去拟合数据首先要解决的问题是回归方程中的参数估计问题。

对于曲线回归建模的非线性目标函数 $y = f(x)$，通过某种数学变换 $v = v(y)$，$u = u(x)$ 使之线性化，转化为一元线性函数 $v = a + bu$ 的形式，继而利用线性最小二乘估计的方法估计出参数 a 和 b，用一元线性回归方程 $\hat{v} = \hat{a} + \hat{b}u$ 来描述 v 与 u 间的统计规律性，然后再利用逆变换 $y = v^{-1}(v)$，$x = u^{-1}(u)$ 还原为目标函数形式的非线性回归方程。

(1) 倒幂函数，即 $y = a + \dfrac{b}{x}$ 线性化方法。令 $v = y$，$u = \dfrac{1}{x}$，则 $v = a + bu$。

(2) 双曲线函数，即 $\dfrac{1}{y} = a + \dfrac{b}{x}$ 线性化方法。令 $v = \dfrac{1}{y}$，$u = \dfrac{1}{x}$，则 $v = a + bu$。

(3) 幂函数，即 $y = ax^b$ 线性化方法。令 $v = \ln y$，$u = \ln x$，则 $v = \ln a + bu$。

相关分析只表明变量间相关关系的性质和程度，回归关系是要确定变量间相关的具体数学形式。只有当变量之间存在高度相关时，进行回归分析寻找相关的具体形式才有意义。相关分析是基础，然后再进行回归分析，如果没有相关关系，是不应该有回归影响关系的。

3. 假设检验

在实践中经常会遇到对总体数据进行评估的问题，但又不能直接统计全部数据，这时就需要从总体中随机抽出一部分样本进行分析，用样本数据表现情况来估计总体数据表现情况。为了解决这类问题的需要，通常先对总体参数提出一个假设值，然后利用样本信息判断这一假设是否成立。

1) 假设检验定义

用来判断样本与样本、样本与总体的差异是由抽样误差引起还是本质差别造成的统计推断方法，称为假设检验(hypothesis testing)，又称统计假设检验。

假设检验的基本思想是小概率事件原理，其统计推断方法是带有某种概率性质的反证法。小概率思想是指小概率事件在一次试验中基本不会发生。反证法思想是先提出检验假设，再用适当的统计方法，利用小概率原理，确定假设是否成立。

所以做假设检验时会设置两个假设：一种是原假设，也称为零假设，用 H_0 表示。原假设一般是统计者想要拒绝的假设。原假设的设置一般为：等于(=)、大于等于(≥)、小于等于(≤)。即为了检验一个假设 H_0 是否正确，首先假定该假设 H_0 正确，然后根据样本对假设 H_0 作出接受或拒绝的决策。如果样本观察值导致了小概率事件发生，就应拒绝假设 H_0，否则应接受假设 H_0。

假设检验中的小概率事件，并非逻辑中的绝对矛盾，而是基于人们在实践中广泛采用的原则，即小概率事件在一次试验中是几乎不发生的，但概率小到什么程度才能算作小概率事件，显然，小概率事件的概率越小，否定原假设 H_0 就越有说服力，常记这个概率值为 $\alpha(0 < \alpha < 1)$，称为检验的显著性水平。对于不同的问题，检验的显著性水平 α 不一定相同，一般认为，事件发生的概率小于 0.1、0.05 或 0.01 等，即小概率事件。另外一种是备择假设，

用 H_1 表示。备则假设是统计者想要接受的假设。备择假设的设置一般为：不等于、大于、小于。

2) 显著性水平

假设检验的基本思想是利用小概率事件原理作出统计判断，通过样本数据来判断总体参数的假设是否成立，但样本是随机的，因而有可能出现小概率错误。假设检验是可能犯错误的，这种错误分为两种，一种是弃真错误，另一种是取伪错误。

弃真错误也叫作第 I 类错误或 α 错误，是指原假设实际上是真的，但通过样本估计总体后，拒绝了原假设。明显这是错误的，因为拒绝了真实的原假设，所以叫弃真错误，这个错误的概率记为 α。这个值也是显著性水平，而小概率事件是否发生与一次抽样所得的样本及所选择的显著性水平 α 有关。因为样本的随机性及选择显著性水平 α 的不同，所以检验结果与真实情况也可能不吻合，在假设检验之前会规定这个概率的大小。

取伪错误也叫作第 II 类错误或 β 错误，是指原假设实际上假的，但通过样本估计总体后，接受了原假设。明显这是错误的，我们接受的原假设实际上是假的，所以叫取伪错误，这个错误的概率记为 β。

由于假设检验是根据样本提供的信息进行推断的，有犯错误的可能。原假设正确，而我们却把它当成错误的加以拒绝。犯这种错误的概率用 α 表示，统计上把 α 称为假设检验中的显著性水平。显著性水平是假设检验中的一个概念，是指当原假设实际上正确时，检验统计量落在拒绝域的概率，简单理解就是犯弃真错误的概率。这个值是我们做假设检验之前统计者根据业务情况定好的。$1-\alpha$ 为置信度或置信水平，是公认的小概率事件的概率值，其表明了区间估计的可靠性。显著性水平 α 越小，犯第 I 类错误的概率就越小，通常取 $\alpha=0.05$ 或 $\alpha=0.01$。这表明，当作出接受原假设的决定时，其正确的可能性(概率)为 95% 或 99%。

假设检验运用了小概率原理，事先确定作为判断的界限，即允许的小概率的标准。显著性水平是在进行假设检验时，事先确定一个可允许的作为判断界限的小概率标准。如果根据命题的原假设所计算出来的概率小于这个标准，就拒绝原假设；大于这个标准则不拒绝原假设。这样显著性水平把概率分布分为两个区间：拒绝区间、不拒绝区间。小于给定标准的概率区间称为拒绝区间，大于这个标准则为接受区间。事件属于接受区间，原假设成立而无显著性差异；事件属于拒绝区间，拒绝原假设而认为有显著性差异。

3) 检验方式

根据对原假设和备择假设作出决策的某个样本统计量，称为检验统计量。检验方式分为两种，双侧检验和单侧检验。单侧检验又分为两种，左侧检验和右侧检验。双侧检验，备择假设没有特定的方向性，形式为 ≠ 这种检验假设称为双侧检验。单侧检验，备择假设带有特定的方向性形式为 >、< 的假设检验称为单侧检验，< 称为左侧检验，> 称为右侧检验。拒绝域是由显著性水平围成的区域。拒绝域的功能主要是判断假设检验是否拒绝原假设。如果样本观测计算出来的检验统计量的具体数值落在拒绝域内，就拒绝原假设，否则不拒绝原假设。给定显著性水平 α 后，查表可以得到具体临界值，将检验统计量与临界值进行比较，判断是否拒绝原假设。

4) 参数检验方法

根据问题的需要对所研究的总体作某种假设，假设是否正确，要用从总体中抽出的样本进行检验，与此有关的理论和方法，构成假设检验的内容。

设 A 是关于总体分布的一项命题，所有使命题 A 成立的总体分布构成一个集合 H_0，称为原假设(简称假设)。使命题 A 不成立的所有总体分布构成另一个集合 H_1，称为备择假设。如果 H_0 可以通过有限个实参数来描述，则称为参数假设，否则称为非参数假设。如果 H_0 (或 H_1) 只包含一个分布，则称原假设(或备择假设)为简单假设，否则为复合假设。对一个假设 H_0 进行检验，要制定一个规则，使得有了样本以后，根据这规则可以决定是接受它(承认命题 A 正确)，还是拒绝它(否认命题 A 正确)。

选取合适的统计量，这个统计量的选取使得在假设 H_0 成立时，其分布为已知；由实测的样本，计算出统计量的值，并根据预先给定的显著性水平进行检验，作出拒绝或接受假设 H_0 的判断。常用的假设检验方法有 u 检验法、t 检验法、χ^2 检验法(卡方检验)、F 检验法等。

6.2　地理统计关联方法

在地理环境中各要素间较少见确定性的关系，这是因为许多地理要素的变化具有随机性。随机变动的变量之间遵循统计规律性，即一个变量只是大体上按照某种趋势随另一个或一组变量而变化，是在进行了大量的观测或试验以后建立起来的一种经验关系。地理统计学是以区域化变量理论为基础，以变异函数为主要工具，研究在空间分布上既有随机性又有结构性，或空间相关和依赖性的自然现象的科学。协方差函数和变异函数是以区域化变量理论为基础建立起来的地理统计学的两个最基本的函数。

6.2.1　地理空间统计关联

地理统计关联是构建地理要素关系的一种重要方法。当一个变量呈现为空间分布时，称为区域化变量。区域化变量具有两个最显著、最重要的特征，即随机性和结构性。地理要素关联一般用区域化变量样本数据的相关性和相似性描述，即相关系数(衡量变量之间接近程度)和相似系数(衡量样本之间接近程度)。相关系数度量地理要素的两个变量之间相关程度；相似系数度量地理要素的两个对象的相似程度。相似性度量的方法种类繁多，一般根据实际问题进行选用。

1. 地理要素相关性度量

地理要素之间的相关分析的任务，是揭示地理要素之间相互关系的密切程度。而地理要素之间相互关系的密切程度的测定，主要是通过对相关系数的计算与检验来完成的。

1) 简单直线相关程度的度量

该度量研究两个地理要素之间的相互关系是否密切。r_{xy} 为要素 x 与 y 之间的相关系数，它就是表示该两要素之间相关程度的统计指标，其值在[-1, 1]区间。$r_{xy} > 0$，表示正相关，y 值随 x 的增加而变大或随 x 的减少而变小，即两要素同向发展；$r_{xy} < 0$，表示负相关，y 值随 x 的增加而变小或随 x 的减少而增大，即两要素异向发展；r_{xy} 的绝对值越接近于 1，表示两要素的关系越密切；越接近于 0，表示两要素的关系越不密切。

a. 常用相关系数的计算。对于两个要素 X 与 Y，如果它们的样本值分别为 x_i 和 $y_i (i = 1, 2, \cdots, n)$，则它们之间的相关系数被定义为

$$r_{xy} = \frac{\sum_{i=1}^{n}(x_i - \overline{x})(y_i - \overline{y})}{\sqrt{\sum_{i=1}^{n}(x_i - \overline{x})^2}\sqrt{\sum_{i=1}^{n}(y_i - \overline{y})^2}} = \frac{\sum_{i=1}^{n}x_i y_i - \frac{\left(\sum_{i=1}^{n}x_i\right)\left(\sum_{i=1}^{n}y_i\right)}{n}}{\sqrt{\left[\sum_{i=1}^{n}x_i^2 - \frac{\left(\sum_{i=1}^{n}x_i\right)^2}{n}\right]\left[\sum_{i=1}^{n}y_i^2 - \frac{\left(\sum_{i=1}^{n}y_i\right)^2}{n}\right]}}$$

式中，$\overline{x}$ 和 $\overline{y}$ 为两要素的平均值。x, y, xy, x^2, y^2 的计算值如表 6.2.1 所示。

表 6.2.1　相关系数计算表

月份	气温 (x)	地温 (y)	xy	x^2	y^2
1	−4.7	−3.6	16.92	22.09	12.96
2	−2.3	−1.4	3.22	5.29	1.96
3	4.4	5.1	22.44	19.36	26.01
4	13.2	14.5	191.40	174.24	210.25
5	20.2	22.3	450.46	408.04	497.29
6	24.2	26.9	650.98	585.64	723.61
7	26.0	28.2	733.20	676.00	795.24
8	24.6	26.5	651.90	605.16	702.25
9	19.5	21.1	411.45	380.25	445.21
10	12.5	13.4	167.50	156.25	179.56
11	4.0	4.6	18.40	16.00	21.16
12	−2.8	−1.9	5.32	7.84	3.61
总计	138.8	155.7	3323.19	3056.16	3619.11

将表 6.2.1 中总计值代入相关系数公式，则有：

$$r_{xy} = \frac{3323.19 - \frac{1}{12}(138.8)(155.7)}{\sqrt{\left[3056.16 - \frac{1}{12}(138.8)^2\right]\left[3619.11 - \frac{1}{12}(155.7)^2\right]}} = 0.9995$$

计算结果表明，北京市多年各月平均气温与 5cm 深的平均地温之间呈正相关。

b. 顺序(等级)相关系数计算

设两个要素 X 与 Y，有 n 对样本值，令 R_1 代表要素 X 的序号(或次位)，R_2 代表要素 Y 的序号(或次位)，$d_i^2 = (R_{1i} - R_{2i})^2$ 代表要素 X 和要素 Y 的同一组样本的位次差的平方。

顺序(等级)相关系数计算公式为

$$r_s = 1 - \frac{6\sum d_i^2}{n(n^2 - 1)}$$

计算结果如表 6.2.2 所示。

表 6.2.2　顺序相关系数计算表

月份	气温(x)	平均气温顺序号(T_s)	地温(y)	5cm 平均地温顺序号(T_{ds})	$d = T_s - T_{ds}$	d^2
1	−4.7	12	−3.6	12	0	0
2	−2.3	10	−1.4	10	0	0
3	4.4	8	5.1	8	0	0
4	13.2	6	14.5	6	0	0
5	20.2	4	22.3	4	0	0
6	24.2	3	26.9	2	1	1
7	26.0	1	28.2	1	0	0
8	24.6	2	26.5	3	−1	1
9	19.5	5	21.1	5	0	0
10	12.5	7	13.4	7	0	0
11	4.0	9	4.6	9	0	0
12	−2.8	11	−1.9	11	0	0
合计						2

北京市多年各月平均气温与 5cm 深的平均地温之间的等级相关系数为 $r_s = 1 - \dfrac{6 \times 2}{12(12^2 - 1)} = 0.993$。

2) 多要素间相关程度的测度

地理系统是一个多要素的复杂巨系统，其中一个要素的变化必然影响到其他各要素的变化。由于受到其他变量的影响，变量之间的关系很复杂，可能受到不止一个变量的影响。多要素间相关程度由偏相关系数和全相关系数描述。

a. 偏相关系数

简单的相关系数只能从表面上反映两个变量相关的性质，不能真实地反映变量之间的线性相关程度，不是刻画相关关系的本质统计量，甚至会给人造成相关的假象。在多要素构成的地理系统中，当我们研究某一个要素对另一个要素的影响或相关程度时，把其他要素的影响视为常数(保持不变)，即暂不考虑其他要素的影响，而单独研究那两个要素之间的相互关系的密切程度，则称为偏相关，又称净相关、纯相关、条件相关。偏相关性是两个随机变量在排除了其余部分或全部随机变量影响情形下的净相关性或纯相关性，是两个随机变量在处于同一体系的其余部分或全部随机变量取给定值的情形下的条件相关性。用以度量偏相关程度的统计量，称为偏相关系数。偏相关是地理系统的一个多要素系统，一个要素的变化要影响到其他要素的变化，因此它们之间存在着不同的相关关系。偏相关系数才是真正反映两个变量相关关系的统计量。偏相关分析在控制其他变量的线性影响的条件下，分析两变量间的线性相关性，所采用的工具是偏相关系数(净相关系数)。根据被排除或取给定值的随机变量个数为 0 个、1 个、2 个、…，可分为零阶偏相关、一阶偏相关、二阶偏相关、…。零阶偏相关即简单相关。

(1) 0 阶偏相关系数。假设有三个要素 x_1，x_2，x_3，其两两间单相关系数矩阵为

$$R = \begin{bmatrix} r_{11} & r_{12} & r_{13} \\ r_{21} & r_{22} & r_{23} \\ r_{31} & r_{32} & r_{33} \end{bmatrix} = \begin{bmatrix} 1 & r_{12} & r_{13} \\ r_{21} & 1 & r_{23} \\ r_{31} & r_{32} & 1 \end{bmatrix}$$

因为相关系数矩阵是对称的，故在实际计算时，只要计算出 r_{12}，r_{13} 和 r_{23} 即可。在偏相关分析中，常称这些单相关系数为零级相关系数。

(2) 1 阶偏相关系数。在 3 个变量中，任意两个变量的偏相关系数是在排除其余一个变量影响后计算得到的，称为 1 阶偏相关系数。对于上述三个要素 x_1、x_2、x_3，它们之间的偏相关系数共有三个，即 $r_{12.3}$、$r_{13.2}$、$r_{23.1}$(下标点后面的数字代表在计算偏相关系数时保持不变的量，如 $r_{12.3}$ 即表示 x_3 保持不变)。

$$r_{12.3} = \frac{r_{12} - r_{13}r_{23}}{\sqrt{\left(1 - r_{13}^2\right)\left(1 - r_{23}^2\right)}}$$

$$r_{13.2} = \frac{r_{13} - r_{12}r_{32}}{\sqrt{\left(1 - r_{12}^2\right)\left(1 - r_{32}^2\right)}}$$

$$r_{23.1} = \frac{r_{23} - r_{21}r_{31}}{\sqrt{\left(1 - r_{21}^2\right)\left(1 - r_{31}^2\right)}}$$

$$R = \begin{bmatrix} 1 & r_{12.3} & r_{13.2} \\ r_{21.3} & 1 & r_{23.1} \\ r_{31.2} & r_{32.1} & 1 \end{bmatrix}$$

(3) 2 阶偏相关系数。在 4 个变量中，任意两个变量的偏相关系数是在排除其他两个变量影响后计算得到的，称为 2 阶偏相关系数。

$$r_{12.34} = \frac{r_{12.3} - r_{14.3}r_{24.3}}{\sqrt{\left(1 - r_{14.3}^2\right)\left(1 - r_{24.3}^2\right)}}$$

$$r_{13.24} = \frac{r_{13.2} - r_{14.2}r_{34.2}}{\sqrt{\left(1 - r_{14.2}^2\right)\left(1 - r_{34.2}^2\right)}}$$

$$r_{14.23} = \frac{r_{14.2} - r_{13.2}r_{43.2}}{\sqrt{\left(1 - r_{13.2}^2\right)\left(1 - r_{43.2}^2\right)}}$$

$$r_{23.14} = \frac{r_{23.1} - r_{24.1}r_{34.1}}{\sqrt{\left(1 - r_{24.1}^2\right)\left(1 - r_{34.1}^2\right)}}$$

例如，对某四个地理要素 x_1、x_2、x_3、x_4 的 23 个样本数据，经过计算得到了如下的单相关系数矩阵：

$$R = \begin{bmatrix} r_{11} & r_{12} & r_{13} & r_{14} \\ r_{21} & r_{22} & r_{23} & r_{24} \\ r_{31} & r_{32} & r_{33} & r_{34} \\ r_{41} & r_{42} & r_{43} & r_{44} \end{bmatrix} = \begin{bmatrix} 1 & 0.416 & 0.346 & 0.579 \\ 0.416 & 1 & -0.592 & 0.950 \\ -0.346 & -0.592 & 1 & -0.469 \\ 0.579 & 0.950 & -0.469 & 1 \end{bmatrix}$$

利用 2 阶偏相关系数公式计算一级偏相关系数，见表 6.2.3。

表 6.2.3 一级偏相关系数

$r_{12.3}$	$r_{13.2}$	$r_{14.2}$	$r_{14.3}$	$r_{23.1}$	$r_{24.1}$	$r_{24.3}$	$r_{24.1}$	$r_{34.2}$
0.821	0.808	0.647	0.895	-0.863	0.956	0.945	-0.875	0.371

利用 2 阶偏相关系数公式计算二级偏相关系数，见表 6.2.4。

表 6.2.4　二级偏相关系数

$r_{12.34}$	$r_{13.24}$	$r_{14.23}$	$r_{23.14}$	$r_{24.13}$	$r_{34.12}$
0.821	0.808	0.635	−0.187	0.821	−0.337

(4) 高阶偏相关系数。假设有 $k(k>2)$ 个变量 $x_1, x_2, \cdots, x_k$，则任意两个变量 x_i 和 x_j 的 $g(g \leqslant k-2)$ 阶样本偏相关系数公式为

$$r_{ij.l_1 l_2 \cdots l_g} = \frac{r_{ij.l_1 l_2 \cdots l_{g-1}} - r_{i l_g.l_1 l_2 \cdots l_{g-1}} r_{j l_g.l_1 l_2 \cdots l_{g-1}}}{\sqrt{\left(1 - r_{i l_g.l_1 l_2 \cdots l_{g-1}}^2\right)\left(1 - r_{j l_g.l_1 l_2 \cdots l_{g-1}}^2\right)}}$$

式中，右边均为 $g-1$ 阶的偏相关系数。

偏相关系数具有下述性质。

偏相关系数分布的范围为−1~1，如当 $r_{12.3}$ 为正值时，表示在 X_3 固定时，X_1 与 X_2 之间为正相关；当 $r_{12.3}$ 为负值时，表示在 X_3 固定时，X_1 与 X_2 之间为负相关。

偏相关系数的绝对值越大，表示其偏相关程度越大。例如，$|r_{12.3}|=1$，则表示当 X_3 固定时，X_1 与 X_2 之间完全相关；当 $|r_{12.3}|=0$ 时，表示当 X_3 固定时，X_1 与 X_2 之间完全无关。偏相关系数的绝对值必小于或最多等于由同一系列资料所求得的复相关系数，即 $R_{1.23} \geqslant |r_{12.3}|$。

两个变量简单相关系数只是两变量局部的相关性质，不能真实地反映变量 X 和 Y 之间的相关性，也就是说，并非自变量对因变量整体的相关性质。因为变量之间的关系很复杂，它们可能受到不止一个变量的影响。在多元相关分析中，并不看重简单相关系数，而是看重偏相关系数。根据偏相关系数，可以判断自变量对因变量的影响程度，在所有的自变量中，判断哪些自变量对因变量的影响较大，从而选择作为必需的自变量。对那些对因变量影响较小的自变量，则可以舍去不考虑。这样，在计算多元回归方程时，只保留起主要作用的自变量，用较少的自变量描述其与因变量之间的关系。

b. 全相关系数

偏相关系数描述了因变量和自变量之间的相关性，不能确切地说明因变量与各自变量之间的整体相关程度。复相关就是研究几个要素同时与某一个要素之间的整体相关关系，即研究涉及两个或两个以上的自变量和因变量相关性问题。

复相关系数又称多重相关系数或全相关系数，是一个随机变量与某一组随机变量间线性相依性的度量，表示一个随机变量和一组随机变量的相关性，反映一个因变量 y 与一组自变量 $x_1, x_2, \cdots, x_k (k>2)$ 之间相关程度的指标，它不能直接测算，只能采取一定的方法进行间接测算。可以考虑构造一个关于 $x_1, x_2, \cdots, x_k$ 的线性组合，通过计算该线性组合与 y 之间的简单相关系数作为变量 y 与 $x_1, x_2, \cdots, x_k$ 之间的多重相关系数，把很多复相关现象转化为单相关关系来分析。它可利用单相关系数和偏相关系数求得。复相关系数越大，表明要素或变量之间的线性相关程度越密切。

假定有观测数据 $y\{y_1, y_2, \cdots, y_n\}$ 和多个变量 $x_1, x_2, \cdots, x_k \{x_{11}, x_{12}, \cdots, x_{1k}, x_{21}, x_{22}, \cdots, x_{2k}, \cdots, x_{n1}, x_{n2}, \cdots, x_{nk}\}$。多重相关系数计算具体过程如下：

第一步，用 y_i 对 $x_{i1}, x_{i1}, \cdots, x_{ik}$ 作回归，得 $\widehat{y_i} = \widehat{\beta_0} + \widehat{\beta_1} X_{i1} + \widehat{\beta_2} X_{i2} + \cdots + \widehat{\beta_k} X_{ik}$。

第二步，计算简单相关系数，即为 y_i 与 $\widehat{y_i}$ 之间的多重相关系数。

多重相关系数的计算公式为

$$R = \frac{\sum\limits_{i=0}^{n}(y_i - \overline{y})\left(\widehat{y_i} - \overline{\widehat{y_i}}\right)}{\sqrt{\sum\limits_{i=0}^{n}(y_i - \overline{y})^2\left(\widehat{y_i} - \overline{\widehat{y_i}}\right)^2}}$$

地理现象与过程一般具有不同程度的不确定性，是地理学研究的重大挑战。人的语言思维与认知判别等又具有模糊性，如何系统地分析由模糊性导致的空间不确定性，进而掌握人对时空问题的决策，是地理学研究的关键课题。所以，地理学不确定性研究的首要问题是要理清导致不确定性的原因，进而寻找合适的分析方法。

2. 地理要素相似性度量

在做地理要素之间关联时，常需要估算不同样本之间的相似性度量(similarity measurement)。相似度的度量指标有多种，可用样本的匹配系数、一致度，也可以采用计算样本间的距离。度量距离的方法有欧氏距离、曼哈顿距离、切比雪夫距离、闵可夫斯基距离、马氏距离等(见4.2.2 节)。采用什么样的方法计算距离是有条件的，这关系到分类的正确与否。

设两个 n 维样本点 $X(x_1, x_2, \cdots, x_n)$ 和 $Y(y_1, y_2, \cdots, y_n)$，可以使用类似于夹角余弦的概念来衡量它们之间的相似程度。值得注意的是，余弦相似度可以用在任何维度的向量比较中，在高维正空间中的利用尤为频繁。

6.2.2　地理空间自相关

在地学领域，地理统计数据主要来源于研究对象在空间区域上的抽样，进而分析各种自然现象的空间变异规律和空间格局，并且已被证明是研究空间分异和空间格局的有效方法。空间异质性和空间相关性，是地统计学里面最重要的两个特性。从宏观来看，地理空间之间存在差异，即异构性。从微观来看，地理空间是连续的，所以地理空间存在相关性。空间异质性、空间的隔离，造成了地物之间的差异客观存在，是空间相关性成立的基础。正是异质性导致了地理事物的聚集、而邻近表征了这种聚集的空间远近关联的程度。

1. 空间异质性

地理学是一门研究时空分异与多尺度综合的学科。分异基于地理异质性的客观事实，综合表达特定时空尺度的地理要素和结构的有机联系。异是不同的、有差别的意思；质就是事物的根本、特性，本体，本性的意思。异质的概念，就是表示各种事务，在空间位置的分布上，有很多不同的地方。最开始这个词在生态学上用得很多，说的是各种物体在空间上的分布是多样性的。地理空间异质性是地理学存在的学科基础。最朴素的对地理空间异质性的理解，就像世界上没有完全相同的两片树叶那样，地球上也没有完全相同的地理单元。

空间差异和空间异质性是不同的概念。空间差异(spatial disparity)是指不同地域范畴因为(社会、经济等)发展水平及其结构不同而产生的差异。空间异质性(spatial heterogeneity)是指因为空间位置的不同而引发的获取到不同的数据。Goodchild 在 2003 年提出了 "geographic variables exhibit uncontrolled variance"。这个规律得到学术界广泛承认，理解为空间异质性定律(law of spatial heterogeneity)，也称地理学第二定律。很多俗语都体现了地理学空间异质性的特征，比如泾渭分明、橘生淮北则为枳等。

1) 区域化变量

当一个变量呈空间分布时，称为区域化。这种变量反映某种空间现象的特征，用区域化变量描述的现象称为区域化现象。如生态学、土壤学和地质学中许多研究的变量都具有空间分布的特点，实质上都是区域化变量。

(1) 平稳假设。在研究区域内所有点处的样品数据的实测值是一个区域化值，其相应的函数 $z(x)$ 就是一个区域化变量，也是该区域随机模型(函数) $Z(x)$ 的一个实现。

平稳性表示当将既定的 n 个点的点集从研究区域某一处移向另一处时，随机函数的性质保持不变，也称平移不变性。即随机函数分布的规律性不因位移而改变，是严格平稳的，具有平稳性，即

$$F_{x_1,\cdots,x_n}(Z_1,\cdots,Z_n) = F_{x_1+h,\cdots,x_n+h}(Z_1,\cdots,Z_n)$$

(2) 二阶平稳性假设。随机函数的均值为一常数，且任何两个随机变量之间的协方差依赖于它们之间的距离和方向，而不是确切位置。

条件 1：在整个研究区内，区域化变量的数学期望对任意 x 存在，且等于常数。该条件表示为

$$E[Z(x) - Z(x+h)] = 0$$

数学期望：反映随机变量取值的集中特征，是随机变量取得数字的代表数。

条件 2：在整个研究区内，区域化变量的协方差函数对任意 x 和 h 存在，且平稳，即

$$\mathrm{Cov}[Z(x), Z(x+h)] = E[\{Z(x) - E[Z(x)]\}\{Z(x+h) - E[Z(x)]\}]$$
$$= E[\{Z(x) - m\}\{Z(x+h) - m\}] = E[Z(x)Z(x+h) - m^2] = C(h)$$

协方差：两个不同参数之间的方差就是协方差，用于衡量两个变量的总体误差。而方差是协方差的一种特殊情况，即当两个变量是相同的情况。设随机变量 X、Y 的期望分别为 $E(X) = \mu$ 与 $E(Y) = \nu$，这两个随机变量之间的协方差定义为

$$\mathrm{Cov}(X,Y) = E\{[X - E(X)][Y - E(Y)]\}$$

若两个随机变量 X 和 Y 相互独立，则它们的协方差为 0。

(3) 本征假设。

条件 1：在研究区域内，区域化变量 $Z(x)$ 的增量的数学期望对任意 x 和 h 存在且等于 0。即

$$E[Z(x) - Z(x+h)] = 0$$

条件 2：在研究区域内，区域化变量的增量 $[Z(x) - Z(x+h)]$ 的方差对任意 x 和 h 存在且平稳，即

$$\mathrm{Var}[Z(x) - Z(x+h)] = E(\{Z(x) - Z(x+h)\}^2) = 2r(h)$$

式中，$r(h)$ 为半方差函数，也称为变异函数。

本征假设是地统计学中对随机函数的基本假设。事实上，当作用于大区域时，本征假设的第一个条件很难满足，空间变异的漂移或趋势面可能存在，因为这种漂移，第二个条件也不能满足，但地统计学理论的基础是本征假设，所以有必要去认识一个随机过程是否是平稳性的。

2) 空间异质性定量描述

异质性用来描述系统和系统属性在时间维度和空间维度上的变异程度。空间异质性是指生态学过程和格局在空间分布上的不均匀性及其复杂性。空间异质性有水平异质性(horizontal heterogeneity)和垂直异质性(vertical heterogeneity)之分。尺度、粒度和幅度对空间异质性的测量和理解有着重要的影响。

空间异质性定量研究应从空间特征和空间比较两方面去考虑。对于空间特征,着重讨论怎样应用变异函数将空间异质性分解成各定量组分;确定空间异质性程度;探测空间异质性变化的尺度。对于空间比较,着重讨论怎样对同一变量和不同变量应用变异函数比较空间异质性时的统计检验;采用标准化变异函数比较同一地点上的不同变量的空间异质性;最后是在同一地点上建立不同变量之间的相关关系。

(1) 变异函数定义。变异函数是以区域化变量理论为基础分析自然现象空间变异和空间相关的统计学方法。变异函数定义为

$$\gamma\langle h\rangle = \frac{1}{2}E\big[z(x)-z(x+h)\big]^2$$

式中,$\gamma\langle h\rangle$ 为变异函数;$z(x)$ 为系统某属性 Z 在空间位置 X 处的值;$z(x+h)$ 是 Z 在 $x+h$ 处的值;$E\big[z(x)-z(x+h)\big]^2$ 是抽样间隔为 h 时的样本值方差的数学期望。根据定义,变异函数揭示了在整个尺度上的空间变异。但要说明的是,变异函数在最大间隔距离 1/2 之内才有意义。

(2) 变异函数的参数。通过变异函数及曲线图可以得到 4 个极为重要的参数,即变程(range)、基台值(sill)、块金值(nugget)和分数维(fractal dimension)。前 3 个参数可直接从变异函数曲线图中得到(图 6.2.1)。图 6.2.1 中 SS 表示小尺度(stands for small scale),MS 表示中尺度(stands for medium scale),LS 表示大尺度(stands for large scale)。

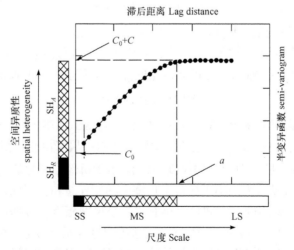

图 6.2.1 变异函数及有关参数和空间异质性在不同尺度上的定量分解

当变异函数 $\gamma(h)$ 随着间隔距离 h 的增大,从非零值达到一个相对稳定的常数,该常数称为基台值 $(C_0 + C)$;当间隔距离 $h=0$ 时,$\gamma(0)=C_0$,该值称为块金值或块金方差(nugget variance)。基台值是系统或系统属性中最大的变异,当变异函数 $\gamma(h)$ 达到基台值时的间隔距离 a 称为变程。变程表示在 $h \geqslant a$ 以后,区域化变量 $z(x)$ 空间相关性消失。块金值表示区域化变量在小于抽样尺度时非连续变异,由区域化变量的属性或测量误差决定。第 4 个参数分数维

D，用于表示变异函数的特性，由变异函数 $\gamma(h)$ 和间隔距离 h 之间的关系确定，即

$$2\gamma\langle h\rangle = h^{(4-2D)}$$

分数维 D 为双对数直线回归方程中的斜率，是一个无量纲数。分数维 D 值的大小，表示变异函数曲线的曲率，可以作为随机变异的量度。要说明的是，这里的 D 值是一个随机分数维，与克鲁梅尔等使用的形状分数维有本质的不同。

对区域化变量，变异函数 $\gamma(h)$ 不仅与间隔距离 h 有关，也与方向有关。当一个变异函数是由某一个特殊方向构造时，称为各向异性半变异函数(anisotropic semi-variogram)，表示为 $\gamma(h,\theta)$。此时，$\gamma(h)$ 表示各向同性半变异函数(isotropic semi-variogram)。这里采用各向异性比 $k(h)$ 描述景观中各向异性结构的特点，即

$$k(h) = \gamma(h,\theta_1)/\gamma(h,\theta_2)$$

式中，$\gamma(h,\theta_1)$ 和 $\gamma(h,\theta_2)$ 分别为两个方向 θ_1 和 θ_2 上的变异函数。如果 $k(h)$ 等于或接近于 1，则空间异质性为各向同性的，否则称为各向异性的。各向异性和变异函数的 4 个参数是解释变异函数意义的关键。

3) 空间异质性分解

根据数理统计的理论，随机变量 Z 可以由两部分组成，即

$$Z = \mu + \varepsilon$$

式中，μ 为 Z 的平均数；ε 为随机误差，并假定 ε 空间不相关，其正态分布的数学期望为零。传统的数理统计中，误差项不考虑空间的影响，因此不适于空间相关变量的分析。但是在地统计学中，变量 Z 是一个区域化变量，具有随机性和结构性。在点 X 处的观测值 $Z(X)$ 可表示为

$$Z(X) = \mu + \varepsilon'(x) + \varepsilon''$$

式中，μ 为 Z 的平均数；$\varepsilon'(x)$ 为空间相关的误差，其平均数为零，方差大小与 $\gamma(h)$ 有关；ε'' 为 ε 的较小残差。本式表示变量的空间结构，其变异是两部分($\varepsilon'(x)$ 和 ε'')变异之和。

根据变异函数及尺度的概念，变量 Z 的空间异质性可分解成两部分，即

$$SH(Z) = SH_A + SH_R$$

式中，SH_A 为 $\varepsilon'(x)$ 的自相关变异；SH_R 为 ε'' 随机变异。SH_A 和 SH_R 可通过变异函数分析而定量化(图 6.2.1)。由空间自相关部分引起的空间异质性 SH_A 属于由变异函数 $\gamma(h)$ 定义的空间相关变程 a 范围之内，在尺度上对应于中尺度(MS)。由随机部分引起的空间异质性 SH_R 出现在小尺度(SS)上，SH_R 可以认为是小于分辨率尺度上的变异总和，因此，可由块金方差(C_0)表示。这里的尺度概念与采用的抽样间隔大小有关，小尺度相当于数据最小分辨率，大尺度上的变异可能超出空间相关变程 a 的范围，但它主要是产生空间异质性。可以看出，SH_A 和 SH_R 对空间总异质性 $SH(Z)$ 的相对贡献是负相关的，如果这两部分的空间异质性一定，则可以得到空间异质性在不同尺度上的定量信息。

4) 空间异质性程度

基台值(C_0+C)、块金值(C_0)、各向异性比[$k(h)$]和分数维(D)均可以描述空间异质性程度(degrees of spatial heterogeneity)。在图 6.2.1 中，基台值(C_0+C)表示系统属性或区域化变量最大变异，(C_0+C)越大表示总的空间异质性程度越高。但是当不同的区域化变量相比较时，

基台值(C_0+C)并不有效，因为基台值受自身因素和测量单位的影响较大。块金值(C_0)表示随机部分的空间异质性。较大的块金方差值表明较小尺度上的某种过程不可忽视。与基台值相似，块金值也不能用于比较不同变量间的随机性方面的差异。但是块金值与基台值之比(C_0/C_0+C)反映块金方差占总空间异质性SH(Z)变异的大小，非常有意义。如果该比值较高，说明随机部分引起的空间异质性程度SH_R起主要作用，如果比值接近于 1，则所研究的变量在整个尺度上具有恒定的变异。各向异性是空间异质性程度的重要部分。在景观中，地形、水分等因子导致的空间异质性常常是各向异性的，自然过程在不同方向上控制着不同的变异性，明显影响景观的结构。如果各向异性较高，意味着空间异质性程度也较高。由于分数维 D 表示变异函数$\gamma(h)$曲线的曲率大小，因此，D 值越大，由空间自相关部分引起的空间异质性SH_R越高。D 值是一个无量纲数，可以对不同变量 D 值之间进行比较，以确定空间异质性程度。

　　空间异质性是尺度的函数，进行空间异质性分析必须考虑尺度问题。这是因为生态系统及其格局是在多尺度上存在的，即具有等级系统结构。自相关部分引起的空间异质性程度随尺度变化。在景观生态学中这种尺度的确定有助于区别不同的景观格局所对应的生态学过程。在尺度与相关变异中最重要的参数是指示空间相关范围大小的变程 a。另一个有效的参数是变异函数曲线的形状。根据特兰玛等的研究，变异函数曲线斜率的急剧变化表明所研究的区域化变量在不同尺度上受几个重要过程控制，当曲线斜率平缓时，表明在所有尺度上几个过程同等重要。各向异性比 $k(h)$ 也可以作为一个参数，因为在某一尺度上各向异性比 $k(h)$ 存在与否主要取决于不同方向上几个过程中的主要过程的变化。例如，一些景观过程的控制存在于较小的尺度当中，往往产生各向同性结构，同时另一些过程控制较大的尺度，引起强烈的各向异性结构。测定不同尺度上的空间异质性有助于认识在哪一尺度上异质性控制某一生态过程。

　　5) 空间异质性比较

　　到目前为止，两个空间相关的变量比较仍然是一个未解决的问题。当空间异质性由变异函数定义时，可以采用一种比较空间自相关变量参数的方法。如果两个空间自相关变量的变异函数的参数不存在统计差异，可以认为这两个空间变量的空间异质性是相同的。但要区别两种情况，一个是同一变量在不同地点或时间上测定的比较；另一个是不同变量间的比较。对第一种情况可直接通过变异函数参数及各向异性比实现，但第二种情况要根据标准化变异函数进行。标准化变异函数SS(h) 为

$$SS(h) = \frac{\gamma(h)}{\gamma_{\max}}$$

式中，$\gamma(h)$ 为原变异函数；$\gamma_{\max}$ 为最大变异函数值，也可用变量的普通方差来替代。标准化过程可消除变异中较大的或平均作用，但原变异函数曲线形状不变。变异函数的有关参数，如变程、基台值、块金值、分数维不受标准化过程的影响。

　　两个变异函数之间的比较可以直接通过其参数进行，也可通过其参数的统计检验进行。对具有生态学意义的参数检验更体现实际意义。关于参数统计检验有两点要说明：

　　(1) 构造一个合适的检验，要考虑的变异函数相当于在一个样本中的一次观测，因为从变异函数中得到的每个参数的估计仅为一次。在研究区域上，需要有几条样带的数据，计算出参数标准差。如果仅有一条样带数据，可以通过在同一样带上再抽样，产生几条附样带的方

法解决。

(2) 检验基台值是检验系统中某变量总的空间异质性的最大程度,检验块金值则是检验由随机部分引起空间异质性的程度，而检验块金值与基台值之比实际上是检验由随机部分引起的空间异质性相对重要的程度。

2. 空间依赖性

地理空间中不同位置的事物间存在不同强度的联系，并以物质、能量、信息等不同形式进行移动和交换，这个过程称为空间交互，或空间相互作用。地理现象由于受空间相互作用和空间扩散的影响，彼此之间可能不再相互独立，而是相关的，于是在这一个地理空间中各个点的现象都会影响相邻的其他点的现象。世界上一个事物的存在和变化总以另一个事物的存在和变化为前提的关系称为依赖关系，又称逻辑关系。简而言之，相互依赖即彼此依赖。地理空间某位置上的现象与其他位置上的现象间存在相互依赖关系，通常把这种依赖称为空间依赖(spatial dependence)。空间依赖性被视为理论地理学和区域科学的研究核心。

空间依赖性是研究一定地理单元里某种现象存在与周围其他现象存在的联系，从另一个角度而言，是研究同一种现象的聚集和分散程度。地理要素空间相互影响，空间依赖性是一种不容忽视的影响因素。如某个城市在一段时期内，在其他影响城市发展因素不变的情况下，城市经济结构通常也不变。若城市经济规模发生了较大变化，是因为城市经济自身相关因素发挥了较大作用。如所研究的地理对象受许多因素影响，要是这些因素本身存在自相关，必然削弱它们的作用，为此需剔除自相关影响大的因素。

利用空间相互依赖理论，可以解释世界经济相互依赖的原因。从本质上说，区域联合实质是一种区域间的相互依存，如以欧洲共同体为代表的区域一体化的相互依赖关系，"南北"之间、"南南"之间的相互依赖关系。

空间依赖性反映地理信息之间存在特殊关系。即一个空间单元内的信息与其周围单元信息有相似性。形态相似分析是分析的目的。形态相似在很多情况下是更深层次分析的基础，提供部分分析依据，这是因为形态是空间物体的特征之一，而属性特征是另一个重要方面。对形态的相似性分析有两种途径，一是在相似变换下图形吻合度的分析，二是基于形态参数的聚类分析或相关分析。

地物之间的空间依赖性与距离有关，一般来说，距离越近，地物间相关性越大；距离越远，地物间相异性越大。地理学第一定律提出以后，在地理学界引起了巨大的反响。它不仅在地理学向定量化发展起到了指导性、方向性的作用，而且在与地理有关的其他学科(如考古学，社会学等)中也得到了应用，但其远近概念的含糊性要求具体问题具体分析，这就局限了其更广泛的应用。因此，近来不少学者都倾向于用邻近度来定量描述远近。空间邻近度的提出是在承认两个相对均质的地理单元都有边界的前提下，定量描述二者之间远近的一种尝试。对于两个地理单元来说，其空间邻近度有不同的计算方案。

地理学构建了三个核心概念：维度、尺度、地域的关系体系。维度是地理学理论的首要因素，并以此形成研究过程中必须作出的尺度选择及其转换研究(包括时间和空间)。伴随地理信息处理及其对结果的影响形成复杂的地域等级系统，地域性、等级概念、空间(及其要素)的相互依赖性、空间结构等构成了地理学特殊的视角，并且由于尺度交互作用，地理系统尺度具有明显的梯级、包含、嵌套等复杂等级关系。这些关系形成本级地域、次级地域、背景地域三个层次，并且三者之间均存在相互影响。这些关系的一个测度即邻近度，邻近度是描述地理空间中两个地物距离相近的程度，是空间分析的一个方法。

3. 空间自相关

统计上，通过相关分析可以检测两种现象(统计量)的变化是否存在相关性，例如，稻米的产量，往往与其所处的土壤肥沃程度相关。如果这个分析统计量是不同观察对象的同一属性变量，就称为自相关(autocorrelation)。自相关也称序列相关。自相关系数度量的是同一事件在两个不同时期之间的相似程度，形象地讲就是度量自己过去的行为对自己现在的影响。

所有的事物或现象在空间上都是有联系的，事物或现象之间存在某种联系并以相似或差异的方式表现出来。空间上的相关性或关联性(spatial associatiaon)是自然界存在秩序与格局的原因之一。在空间统计学中，相似事物或现象在空间上集聚(集中)的性质称为空间自相关(spatial autocorrelation)。空间自相关是用于度量地理现象的一个基本性质，是某位置上的现象与其他位置上的现象间的相互依赖程度，是指一些变量在同一个分布区内的观测数据之间潜在的相互依赖性。

空间自相关研究方法是针对某空间单元与其周围空间单元的某种特征值，通过统计分析方法，进行空间自相关性程度的计算，目的是分析这些空间单元在空间分布上的特性。空间自相关分析是认识空间分布特征的一种常用方法，可以检测两种现象的变化是否存在相关性。一种现象的观测值如果在空间分布上呈现出高的地方周围也高，低的地方周围也低，称为空间正相关，表明这种现象具有空间扩散的特性；如果呈现出高的地方周围低，低的地方周围高，则称为空间负相关，表明这种现象具有空间极化的特性；如果观测值在空间分布上呈现出随机性，表明空间相关性不明显，是一种随机分布的现象。

空间自相关系数常用来定量地描述事物在空间上的依赖关系。空间自相关系有数种，分别适合于不同数据类型。空间自相关分析在地理统计学科中应用较多，现已有多种指数可以使用，但最主要的有两类工具：第一类，全局空间相关性，一般用莫兰(Moran)I 指数、吉尔里(Geary)C 系数来测度；第二类，局部空间相关性，一般用 G 统计量、Moran 散点图和局部空间自相关统计量来测度。莫兰将相关系数推广到二维空间，并定义了第一个度量空间相关性的方法——莫兰指数。吉尔里提出吉尔里系数概念，标志着空间自相关分析方法的雏形形成。19 世纪 60 年代，使用空间自相关研究生态学、遗传学等，Could 于 1970 年首次提出空间自相关的概念。Wartenber 于 1985 年首先提出了多元空间自相关的思想及矩阵模式。Cliff 和 Ord 提出使用 Z 统计方法来检验空间自相关性系数的显著性，并引入空间权重矩阵。Getis 和 Ord 提出度量每一个观测值与周围邻居是否存在局部空间关联 G 统计量。Anselin 发展了空间自相关的局部分析法——局部空间自相关统计量(local indicators of spatial association, LISA)。Moran 散点图分析法的创立代表着空间自相关理论的基本形成。莫兰指数分为全局莫兰指数(global Moran I)和局部莫兰指数(local Moran I)，前者是 Moran 开发的空间自相关的度量；后者是美国亚利桑那州立大学地理与规划学院院长 Anselin 教授在 1995 年提出的。全局莫兰指数(全局空间自相关)是对属性在整个区域空间特征的描述；局部莫兰指数(局部空间自相关)是研究范围内各空间位置与各自周围邻近位置的同一属性相关性。通过已知观测数据建立自回归模型，即可对自相关变量进行预测。如存在空间自相关，亦即该变量本身存在某种数学模型。通常情况下，先做一个地区的全局 I 指数，全局指数只是告诉我们空间是否出现了集聚或异常值，但并没有告诉我们在哪里出现。换句话说全局 Moran I 只回答"是"还是"否"；如果全局有自相关出现，接着做局部自相关；局部 Moran I 会告诉我们哪里出现了异常值或者哪里出现了集聚，是一个回答"在哪里"的工具。

1) 全局空间自相关

在全局相关分析中，全局莫兰 I 指数和吉尔里 C 系数是两个用来度量空间自相关的全局指标。其中，莫兰指数反映的是空间邻接或空间邻近的区域单元属性值的相似程度，而吉尔里系数与莫兰指数存在负相关关系。

(1) 全局 Moran I。全局 Moran I 计算公式如下：

$$\text{Moran I} = \frac{n \times \sum\limits_{i}^{n}\sum\limits_{j}^{n} W_{ij} \times (y_i - \bar{y})(y_j - \bar{y})}{\sum\limits_{i}^{n}\sum\limits_{j}^{n} w_{ij} \times \sum\limits_{i}^{n}(y_i - \bar{y})^2}$$

式中，n 为空间单元总个数；y_i 和 y_j 分别为第 i 个空间单元和第 j 个空间单元的观察值；$\bar{y}$ 为所有空间单元观察值的均值；w_{ij} 为空间权重值；W_{ij} 为地理单元相互之间邻接关系的权重矩阵。空间权重矩阵可以根据邻接标准或距离标准来度量，邻接空间单元将标准距离设置为 1，把不连接的定义为 0。

通常用一个二元对称空间权重矩阵 W 来表达 n 个位置的区域的邻近关系，其中，W_{ij} 为区域 i 与 j 的邻近关系：

$$W = \begin{bmatrix} w_{11} & w_{12} & \cdots & w_{1n} \\ w_{21} & w_{22} & \cdots & w_{2n} \\ \vdots & \vdots & & \vdots \\ w_{n1} & w_{n2} & \cdots & w_{nn} \end{bmatrix}$$

由于 Moran I 是基于空间数据计算的，相当于是二维数据。单从分子来看，仅比皮尔逊相关系数计算的公式多了一个求和号以及空间权重，即将其拓展为空间上的相关系数。

需要特别说明的是，这里的观察值取决于研究的对象。例如，若研究的是一个班上各个学生的成绩在空间上有无相关关系，则观察值就是学生成绩；若研究的是各个地区经济发展水平在空间有无相关关系，则观察值大多采用人均 GDP 来反映地区经济发展。

全局莫兰指数的取值范围为 $[-1,1]$；全局莫兰指数在 0~1 取值时，为正相关，表示具有相似的属性聚集在一起；全局莫兰指数在-1~0 取值时，为负相关，表示具有相异的属性聚集在一起；全局莫兰指数接近于 0，表示随机分布，或不存在空间自相关性。

对于莫兰指数，可以用标准化统计量 Z 检验 n 个区域是否存在空间自相关关系，Z 的计算公式为

$$Z = \frac{\text{Moran } I - E(I)}{\sqrt{\text{Var}(I)}}$$

式中，$E(I)$ 和 $\text{Var}(I)$ 为理论期望和理论方差。数学期望 $E(I) = -1/(n-1)$。

当 Z 值为正且显著时，表明存在正的空间自相关，也就是说相似的观测值(高值或低值)趋于空间集聚；当 Z 值为负且显著时，表明存在负的空间自相关，相似的观测值趋于分散分布；当 Z 值为零时，观测值呈独立随机分布。如果 Moran I 的正态统计量的 Z 值均大于正态分布函数在 0.05(0.01)水平下的临界值 1.65(1.96)，表明区域创新在空间分布上具有明显的正向相关关系。

(2) 全局 Geary C。全局 Geary C 测量空间自相关的方法与全局 Moran I 相似，其分子的

交叉乘积项不同，即测量邻近空间位置观察值近似程度的方法不同。Geary C 系数计算公式为

$$C = \frac{(n-1)\sum\limits_{i=1}^{n}\sum\limits_{j=1}^{n}w_{ij}(y_i - y_j)^2}{2\sum\limits_{i=1}^{n}\sum\limits_{j=1}^{n}w_{ij}\sum\limits_{i=1}^{n}(y_i - \overline{y})^2}$$

式中，C 为 Geary C 系数；其他变量同上式。

Geary C 系数总是正值，取值范围在[0, 2]，且服从渐近正态分布。当 C 值小于 1 时，表明存在正的空间自相关，也就是说相似的观测值区域空间聚焦；当 C 值大于 1 时，表明存在负的空间自相关，相似的观测值趋于空间分散分布；当 C 值为 1 时，表明不存在空间自相关，即观测值在空间上随机分布。

全局 Moran I 的交叉乘积项比较的是邻近空间位置的观察值与均值偏差的乘积，而全局 Geary C 比较的是邻近空间位置的观察值之差，因为并不关心 y_i 是否大于 y_j，只关心 y_i 和 y_j 之间差异的程度，所以对其取平方值。

全局 Geary C 假设检验方法同全局 Moran I。值得注意的是，全局 Geary C 的数学期望不受空间权重、观察值和样本量的影响，恒为 1，导致了全局 Geary C 的统计性能比全局 Moran I 要差，这可能是全局 Moran I 比全局 Geary C 应用更加广泛的原因。

(3) 全局 Geti-Ord G。全局 Getis-Ord G 与全局 Moran I 和全局 Geary C 测量空间自相关的方法相似，其计算公式为

$$G(d) = \frac{\sum\limits_{i}\sum\limits_{j}w_{ij}(d)y_iy_j}{\sum\limits_{i}\sum\limits_{j}y_iy_j} \quad (i \neq j)$$

全局 Getis-Ord G 直接采用邻近空间位置的观察值之积来测量其近似程度，与全局 Moran I 和全局 Geary C 不同的是，全局 Getis-Ord G 定义空间邻近的方法只能是距离权重矩阵 $w_{ij}(d)$，是通过距离 d 定义的，认为在距离 d 内的空间位置是邻近的。如果空间位置 j 在空间位置 i 的距离 d 内，那么权重 $w_{ij}(d)=1$，否则为 0。从公式中可以看出，在计算全局 Getis-Ord G 时，如果空间位置 i 和 j 在设定的距离 d 内，那么它们包括在分子中；如果距离超过 d，则没有包括在分子中，而分母中则包含了所有空间位置 i 和 j 的观察值 y_i 和 y_j，即分母是固定的。如果邻近空间位置的观察值都大，全局 Getis-Ord G 的值也大；如果邻近空间位置的观察值都小，全局 Getis-Ord G 的值也小。因此，可以区分热点区和冷点区两种不同的正空间自相关，这是全局 Getis-Ord G 的典型特性，但是在识别负空间自相关时效果不好。

全局 Getis-Ord G 的数学期望 $E(G)=W/n(n-1)$，当全局 Getis-Ord G 的观察值大于数学期望，并且有统计学意义时，提示存在热点区；当全局 Getis-Ord G 的观察值小于数学期望，提示存在冷点区。假设检验方法同全局 Moran I 和全局 Geary C。

2) 局部空间自相关

在全局相关分析中，如果全局 Moran I 显著，即可认为在该区域上存在空间相关性。但是，我们还是不知道具体在哪些地方存在着空间聚集现象，这个时候需要局部 Moran I 参与帮助说明。要进一步考察是否存在观测值的高值或低值的局部空间聚集，哪个区域单元对于全局空间自相关的贡献更大，以及在多大程度上空间自相关的全局评估掩盖了反常的局部状况

或小范围局部不稳定性，就必须应用局部空间自相关分析。

局部空间自相关统计量(LISA)的构建需要满足两个条件：一是局部空间自相关统计量之和等于相应的全局空间自相关统计量；二是能够指示每个空间位置的观察值是否与其邻近位置的观察值具有相关性。相对于全局空间自相关而言，局部空间自相关分析的意义在于：①当不存在全局空间自相关时，寻找可能被掩盖的局部空间自相关的位置；②存在全局空间自相关时，探讨分析是否存在空间异质性；③空间异常值或强影响点位置的确定；④寻找可能存在的与全局空间自相关的结论不一致的局部空间自相关的位置，例如，全局空间自相关分析结论为正全局空间自相关，分析是否存在有少量的负局部空间自相关的空间位置，这些位置是研究者所感兴趣的。因为每个空间位置都有自己的局部空间自相关统计量值，所以，可以通过显著性图和聚集点图等图形将局部空间自相关的分析结果清楚地显示出来，这也是局部空间自相关分析的优势所在。

局部空间自相关分析方法包括三种分析方法。

(1) 局部 Moran I。空间联系的局部指标满足下列两个条件：①每个区域单元的 LISA，是描述该区域单元周围显著的相似值区域单元之间空间聚集程度的指标；②所有区域单元 LISA 的总和与全局的空间联系成正比。LISA 包括局部莫兰指数和局部吉尔里系数。相比全局莫兰指数，局部莫兰指数的计算方式要简洁许多，其计算公式为

$$I_i = \frac{Z_i}{S^2} \sum_{j \neq i}^n w_{ij} Z_j$$

式中，$Z_i = y_i - \bar{y}$；$Z_j = y_j - \bar{y}$；$S^2 = \frac{1}{n} \sum (y_i - \bar{y})^2$；$W_{ij}$ 为空间权重值；n 为研究区域上所有地区的总数；I_i 则代表第 i 个地区的局部莫兰指数，局部莫兰指数的范围是没有限制的。

与计算全局空间自相关的 I 值类似，检验统计量为标准化 $Z(I_i)$ 值，可以用公式来检验 n 个区域是否存在局部空间自相关关系：

$$Z(I_i) = \frac{I_i - E(I_i)}{\sqrt{\text{Var}(I_i)}}$$

式中，$E(I_i)$ 和 $\text{Var}(I_i)$ 为其理论期望和理论方差。

局部莫兰指数的值大于数学期望，并且通过检验时，提示存在局部的正空间自相关；局部莫兰指数的值小于数学期望，提示存在局部的负空间自相关。

每个区域单元 i 的局部莫兰指数是描述该区域单元周围显著的相似值区域单元之间空间集聚程度的指标，I_i 为位置 i 上的观测值与周围邻居观测平均值的乘积。这样，全局莫兰指数和局部指数统计量之间的关系为

$$I = \frac{\sum_{i=1}^n \sum_{j=1 \neq i}^n w_{ij} Z_i Z_j}{S^2 \sum_{i=1}^n \sum_{j=1 \neq i}^n w_{ij}} = \frac{1}{n} \sum_{i=1}^n \left(Z_i \sum_{j=1 \neq i}^n w_{ij} Z_j \right) = \frac{1}{n} \sum_{i=1}^n I_i$$

(2) 局部 Geary C。局部 Geary C 的计算公式为

$$\mu_X = \sum_j w_{ij} (y_i - y_j)^2 \ (i \neq j)$$

$$U(C_i) = \frac{C_i - E(C_i)}{\sqrt{\mathrm{Var}(C_i)}}$$

局部 Geary C 的值小于数学期望，并且通过假设检验时，提示存在局部的正空间自相关；局部 Geary C 的值大于数学期望，提示存在局部的负空间自相关。它的缺点也是不能区分热点区和冷点区两种不同的正空间自相关。

(3) 局部 Getis-Ord G。Getis 和 Ord 建议使用局部 G 统计量来检测小范围内的局部空间依赖性，因为此空间联系很可能是采用全局统计量所体现不出来的。值得注意的是，当全局统计量并不足以证明存在空间联系时，一般建议使用局部 G 统计来探测空间单元的观测值在局部水平上的空间聚集程度。

对于每一个空间单元 i 的 G_i 统计量：

$$G_i = \sum_i w_{ij} y_j \Big/ \sum_j y_j$$

对统计量的检验与局部莫兰指数相似，其检验值为

$$Z(G_i) = \frac{G_i - E(G_i)}{\sqrt{\mathrm{Var}(G_i)}}$$

显著的正值表示在该空间单元周围，高观测值的空间单元趋于空间聚集，而显著的负值表示低观测值的空间单元趋于空间聚集，与莫兰指数只能发现相似值(正相关)或非相似性观测值(负相关)的空间聚集模式相比，G_i 能够测度出空间单元属于高值聚集还是低值聚集的空间分布模式。

全局自相关统计量仅仅为整个研究空间的空间自相关情况提供了一个总体描述，其正确应用的前提是要求同质的空间过程，当空间过程为异质时结论不可靠。为了能正确识别空间异质性，需要应用局部空间自相关统计量。对于利用观测值计算全局空间自相关时，可以使用全局 Moran I、全局 Geary C 和全局 Getis-Ord G 统计量。全局空间自相关是对整个研究空间的总体描述，仅对同质的空间过程有效，然而，由于环境和社会因素等外界条件的不同，空间自相关的大小在整个研究空间，特别是较大范围的研究空间上并不一定是均匀同质的，可能随着空间位置的不同有所变化，甚至可能在一些空间位置发现正空间自相关，而在另一些空间位置发现负空间自相关，这种情况在全局空间自相关分析中是无法发现的，这种现象称为空间异质性。为了能识别这种空间异质性，需要使用局部空间自相关统计量来分析空间自相关性，如局部 Moran I、局部 Geary C 和局部 Getis-Ord G。

(4) 莫兰散点图。以 (W_z, z) 为坐标点的莫兰散点图，常用来研究局部的空间不稳定性。对空间滞后因子 W_z 和 z 数据进行了可视化的二维图示(图 6.2.2)。

全局莫兰指数，可以看作 W_z 对 z 的线性回归系数。对界外值以及对莫兰指数具有强烈影响的区域单元，可通过标准回归来诊断出。

局部莫兰指数高值表明有相似变量值的面积单元在空间聚集(高值或低值)，低值表明不相似变量的面积单元在空间聚集(局部莫兰指数统计量是全局莫兰指数的分解形式)。S^2 总是正的，相当于只是对整个公式进行标准化而已。Z_i 反映出第 i 区域的变量的值与整个区域的平均值之间的高低情况。$\sum_{j \neq i}^{n} w_{ij} Z_j$ 反映出第 i 地区的周边地区与整个区域的平均值之间的高低情

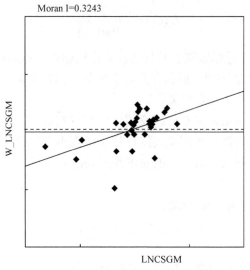

图 6.2.2　城市人口规模莫兰散点图

况。Z_i 和 $\sum\limits_{j \neq i}^{n} w_{ij} Z_j$ 都有高低两种可能性，两两组合，共有四种情况，以表格的方式呈现，见表 6.2.5。

表 6.2.5　Moran I 的四种情况

Z_i	$\sum\limits_{j \neq i}^{n} W_{ij} Z_j$	I_i	含义
>0	>0	>0	第 i 个地区观测值高，周边地区观测值高
<0	<0	>0	第 i 个地区观测值低，周边地区观测值低
<0	>0	<0	第 i 个地区观测值低，周边地区观测值高
>0	<0	<0	第 i 个地区观测值高，周边地区观测值低

　　将上表内容以可视化的方式呈现，就得到了莫兰散点图。以 Z_i 为 x 轴，$\sum\limits_{j \neq i}^{n} w_{ij} Z_j$ 为 y 轴，将平面区域划分为四个象限，如图 6.2.3 所示。

　　莫兰散点图的四个象限分别对应于空间单元与其邻居之间四种类型的局部空间联系形

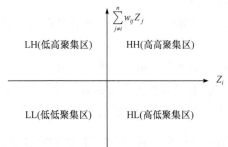

图 6.2.3　莫兰散点图的四个象限

式，以区域经济发展作为案例：

　　第一象限(高-高，标记为 HH)：表示一个高经济水平的区域被其他高经济水平的区域包围；或者说，一个高经济水平的区域和它周围的经济区域有较小的空间差异程度。

　　第二象限(低-高，标记为 LH)：表示高经济水平的区域包围着一个低经济水平的区域，也就是说该区域的经济水平相比较周围邻居是比较低的，意为该区域经济的空间差异的程度是比较大的。

第三象限(低-低，标记为 LL)：表示该区域和它周围的其他区域都是低经济水平的区域，也就是说这个区域的经济水平是比较低的，表现为这个区域和它的邻居区域经济的空间差异程度是比较小的。

第四象限(高-低，标记为 HL)：表示一个区域是高经济水平，而周围其他区域是低经济水平，也就是说这个区域的经济水平是比较高的，而且这个区域经济是有比较大的空间差异程度的。

与局部莫兰指数相比，虽然莫兰散点图不能获得局部空间聚集的显著性指标，但是其形象的二维图像非常易于理解，其重要的优势还在于能够进一步具体区分空间单元和其邻居之间属于高值和高值、低值和低值、高值和低值、低值和高值之中的哪种空间联系形式。并且，对应于莫兰散点图的不同象限，可识别出空间分布中存在着哪几种不同的实体。

LISA 满足下列两个条件：一是每个区域单元的 LISA，是描述该区域单元周围显著的相似值区域单元之间空间集聚程度的指标；二是所有区域单元 LISA 的总和与全局的空间联系指标成比例。LISA 包括局部莫兰指数和局部吉尔里指数。

将莫兰散点图与 LISA 显著性水平相结合，也可以得到"莫兰显著水平图"，并分别标识出对应于莫兰散点图中不同象限的相应区域。

3) 空间权重矩阵

空间自相关概念源于时间自相关，但比后者复杂。主要是因为时间是一维函数，而空间是多维函数，因此在度量空间自相关时，还需要解决地理空间结构的数学表达，定义空间对象相互关系，这时便引入了空间权重矩阵。空间权重矩阵的引入，是进行探索性空间数据分析的前提和基础。如何选择合适的空间权重矩阵一直以来是探索性空间数据分析的重点和难点问题。

通常定义一个二元对称空间权重矩阵 W 来表达 n 个空间对象的空间邻近关系。空间权重矩阵的表达形式为

$$W = \begin{bmatrix} w_{11} & w_{12} & \cdots & w_{1n} \\ w_{21} & w_{22} & \cdots & w_{2n} \\ \vdots & \vdots & & \vdots \\ w_{n1} & w_{n2} & \cdots & w_{nn} \end{bmatrix}$$

式中，w_{ij} 为区域 i 与 j 的邻近关系。空间权重矩阵有多种规则，在实际的区域分析中，该矩阵的选择设定是外生的，原因是 $n \times n$ 维的 W 包含了关于区域 i 和区域 j 之间相关的空间连接的外生信息，不需要通过模型来估计得到它，只需通过权值计算出来。

下面介绍几种常见的空间权重矩阵设定规则。

(1) 基于邻近概念的空间权值矩阵。根据邻接标准。当空间对象 i 和空间对象 j 相邻时，空间权重矩阵的元素 w_{ij} 为 1，其他情况为 0，表达式为

$$w_{ij} = \begin{cases} 1 & \text{当区域}i\text{和}j\text{相邻接} \\ 0 & \text{当区域}i\text{和}j\text{不相邻} \end{cases}$$

(2) 基于距离的空间权值矩阵。根据距离标准。当空间对象 i 和空间对象 j 在给定距离 d 之内时，空间权重矩阵的元素 w_{ij} 为 1，否则为 0，表达式为

$$w_{ij} = \begin{cases} 1 & \text{当区域}i\text{和}j\text{在距离}d\text{之内} \\ 0 & \text{当区域}i\text{和}j\text{在距离}d\text{之外} \end{cases}$$

(3) 经济社会空间权值矩阵。除了使用真实的地理坐标计算地理距离外，还有包括经济和社会因素的更加复杂的权值矩阵设定方法。例如，根据区域间交通运输流、通信量、GDP 总额、贸易流、资本流、人口迁移、劳动力流等确定空间权值，计算各个地区任何两个变量之间的距离。

从理论上讲，较之邻近矩阵，距离矩阵在空间效应测算中应该是比较科学和理想的一个指标。但是，在实际应用中，这种方法实行起来比较困难，原因有二，一是社会经济距离的实际统计数据难以获得；二是模型中权值的计算是外生的。当然，基于经济、社会因素的权值计算方法更加接近区域经济的现实，因而在数据可得和模型结构清晰的情况下，可以考虑选择这种类型的权值。

W 中对角线上的元素 w_{ij} 被设为 0，而 w_{ij} 表示区域 i 和区域 j 在空间上相连接的原因。为了减少或消除区域间的外在影响，权值矩阵被标准化(row-standardization)：

$$w_{ij}^* = w_{ij} \bigg/ \sum_{j=1}^{n} w_{ij}$$

如果采用属性值 x_j 和二元空间权重矩阵来定义一个加权空间邻近度量方法，则对应的空间权重矩阵可以定义为

$$w_{ij}^* = \frac{w_{ij} x_j}{\sum_{i=1}^{n} w_{ij} x_j}$$

关于各种权值矩阵的选择，没有现成的理论根据，一般考虑空间计量模型对各种空间权值矩阵的适用程度，检验估计结果对权值矩阵的敏感性，最终的依据实际上就是结果的客观性和科学性。

6.2.3 地理空间聚类关联

物以类聚，人以群分，在自然科学和社会科学中，存在着大量的分类问题。聚类是将数据分类到不同的类或者簇的过程，由聚类所生成的簇是一组数据对象的集合，这些对象与同一个簇中的对象彼此相似，与其他簇中的对象相异。聚类通过比较数据的相似性和差异性，能发现数据的内在特征及分布规律，从而获得对数据更深刻的理解与认识。所以同一个簇中的对象有很大的相似性，而不同簇间的对象有很大的差异性。聚类与分类的不同在于，聚类所要求划分的类是未知的。

1. 聚类分析

聚类分析(cluster analysis)又称群分析，是研究(样品或指标)分类问题的一种统计分析方法。依据数据对象间关联的度量标准将数据对象集自动分成几个组或簇。聚类分析系统的输入是一个对象数据集和一个度量两个对象间关联程度(相似度或相异度)的标准。聚类分析的输出是数据集的几个簇，这些簇构成一个分区或一个分区结构。

聚类分析起源于分类学，但是聚类不等于分类。聚类分析指将物理或抽象对象的集合分组为由类似的对象组成的多个类的分析过程，是一种重要的人类行为。

聚类分析是一种探索性的分析，在分类过程中，人们不必事先给出一个分类的标准，聚类分析能够从样本数据出发，自动进行分类。聚类分析使用不同方法会得到不同的结论。不同研究者对同一组数据进行聚类分析，所得到的聚类数也未必会一致。

从机器学习的角度讲，簇相当于隐藏模式。聚类是搜索簇的无监督学习过程。与分类不同，无监督学习不依赖预先定义的类或带类标记的训练实例，需要由聚类学习算法自动确定标记，而分类学习的实例或数据对象有类别标记。聚类是观察式学习，而不是示例式的学习。

从统计学的观点看，聚类分析是一组将研究对象分为相对同质的群组(clusters)的统计分析技术。聚类分析区别于分类分析(classification analysis)，后者是有监督的学习。聚类分析是通过数据建模简化数据的一种方法。传统的统计聚类分析方法包括系统聚类法、分解法、加入法、动态聚类法、有序样品聚类、有重叠聚类和模糊聚类等。采用 k-均值、k-中心点等算法的聚类分析工具已被加入许多著名的统计分析软件包中，如 SPSS、SAS 等。

从实际应用的角度看，聚类分析是数据挖掘的主要任务之一。而且聚类能够作为一个独立的工具获得数据的分布状况，观察每一簇数据的特征，集中对特定的聚簇集合作进一步地分析。聚类分析还可以作为其他算法(如分类和定性归纳算法)的预处理步骤。

传统的聚类已经比较成功地解决了低维数据的聚类问题。但是由于实际应用中数据复杂，在处理许多问题时，现有的算法经常失效，特别是对于高维数据和大型数据的情况。传统聚类方法在高维数据集中进行聚类时，主要遇到两个问题：①高维数据集中存在大量无关的属性，使得在所有维中存在簇的可能性几乎为零；②高维空间中数据较低维空间中数据分布稀疏，其中数据间距离几乎相等是普遍现象，而传统聚类方法是基于距离进行聚类的，因此在高维空间中无法基于距离来构建簇。

高维聚类分析已成为聚类分析的一个重要研究方向，同时高维数据聚类也是聚类技术的难点。随着技术的进步，数据收集变得越来越容易，数据库规模越来越大、复杂性也越来越高，如各种类型的贸易交易数据、web 文档、基因表达数据等，它们的维度(属性)通常可以达到成百上千维，甚至更高。但是，受维度效应的影响，许多在低维数据空间表现良好的聚类方法运用在高维空间上往往无法获得好的聚类效果。高维数据聚类分析是聚类分析中一个非常活跃的领域，同时也是一个具有挑战性的工作。高维数据聚类分析在市场分析、信息安全、金融、娱乐、反恐等方面都有很广泛的应用。

2. 空间聚类分析方法

空间聚类作为聚类分析的一个研究方向，是指将空间数据集中的对象分成由相似对象组成的类。同类中的对象具有较高的相似度，而不同类中的对象差异较大。空间聚类分析的对象是空间数据。由于空间数据具有空间(位置、大小、形状、方位及几何拓扑关系)、属性和时序等特征信息，因此空间数据的存储结构和表现形式比传统事务型数据更复杂。虽然在空间信息的概化和细化过程中，可以利用此特征发现整体和局部的不同特点，但对空间聚类任务来说，实际上增加了空间聚类的难度。有些聚类方法集成了多种聚类方法的思想，因此有时很难将一个给定的算法只划归到一个聚类方法类别。此外，有些应用可能有某种聚类准则，要求集成多种聚类技术。表 6.2.6 简略地总结了这些方法。

表 6.2.6　常用聚类方法概览

方法	一般特点
划分方法	发现球形互斥的簇 基于距离 可以用均值或中心点等代表簇中心 对中小规模数据集有效
层次方法	聚类是一个层次分解(即多层) 不能纠正错误的合并或划分 可以集成其他技术,如微聚类或考虑对象连接
基于密度的方法	可以发现任意形状的簇 簇是对象空间中被低密度区域分隔的稠密区域 簇密度:每个点的邻域内必须具有最少个数的点 可能过滤离群点
基于网格的方法	使用一种多分辨率网格数据结构 快速处理(独立于数据对象数,值依赖于网格大小)

1) 划分聚类算法

基于划分的聚类方法是最早出现并被经常使用的经典聚类算法。其基本思想是:给定一个包含 n 个对象或数据的集合,将数据集划分为 k 个子集,其中每个子集均代表一个聚类 ($k \leqslant n$)。划分方法是首先创建一个初始划分,然后利用循环再定位技术,即通过移动不同划分中的对象来改变划分内容。

基本划分方法采取互斥的簇划分,即每个对象必须恰好属于一个组。也就是说,它把数据划分为 k 个组,使得每个组至少包含一个对象。

大部分划分方法是基于距离的。给定要构建的分区数 k,划分方法首先创建一个初始划分。然后,采用一种迭代的重定位技术,通过把对象从一个组移动到另一个组来改进划分。一个好的划分的一般准则是:同一个簇中的对象尽可能相互接近或相关,而不同簇中的对象尽可能远离或不同。传统的划分方法可以扩展到子空间聚类,而不是搜索整个数据空间。

为了达到全局最优,基于划分的聚类可能需要穷举所有可能的划分,计算量极大。实际上,大多数应用都采用了流行的启发式方法,如均值和中心点算法,渐进地提高聚类质量,逼近局部最优解。

划分聚类算法主要包括:k-均值(k-means)、k-中心点(k-medoids)、PAM、CLARA、k-模(k-model)、k 原型(k-prototype)、EM 和 CLARANS 等。

k-means 算法是首先从 n 个数据对象随机地选择 k 个对象,每个对象初始地代表了一个簇中心,对剩余的每个对象,根据其与各个簇中心的距离,将它赋给最近的簇,然后重新计算每个簇的平均值。这个过程不断重复,直到准则函数收敛(说明:一般都采用均方差作为标准测度函数)。

假设数据集 D 包含 n 个欧氏空间中的对象,k-均值方法把 D 中的对象分配到 k 个簇 $C_1, \cdots, C_k$ (对于 $1 \leqslant i, j \leqslant k$,$C_i \subset D$ 且 $C_i \cap C_j = \varnothing$)中,使得以下的误差函数最小

$$E = \sum_{i=1}^{k} \sum_{p \in C_i} \text{dist}(p, c_i)^2$$

式中,p 为空间中的点,表示给定的数据对象;c_i 为簇 C_i 的中心,也即分配给簇 C_i 的对象的

均值；dist(x,y)为两个对象x和y之间的欧氏距离，用以度量两个对象之间的相似度或相异度。

k-均值算法的处理流程如下：

(1) 确定要聚类的簇数，即确定k值。

(2) 在D中随机地选择k个对象，每个对象代表一个簇的初始均值或中心。

(3) 对剩下的每个对象，根据其与各个簇中心的欧氏距离，将它分配到最相似的簇(即对象与这个簇中心的欧氏距离最小)。

(4) 重复步骤(3)与步骤(4)，直到每个簇的中心点不再变化，即没有对象被重新分配时算法处理流程结束。

以图 6.2.4 来说明使用k-均值方法对对象集进行划分的聚类过程。考虑二维空间的对象集合，如图 6.2.4(a)所示，令$k=3$，即用户要求将这些对象划分成 3 个簇。

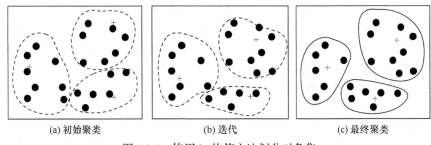

　　(a) 初始聚类　　　　　　　　(b) 迭代　　　　　　　　(c) 最终聚类

图 6.2.4　使用k-均值方法划分对象集

根据k-均值算法，任意选择 3 个对象作为 3 个初始的簇中心，其中簇中心用+标记。根据与簇中心的距离，每个对象被分配到最近的一个簇。这种分配形成了如图 6.2.4(a)中虚线所描绘的轮廓。

下一步，更新簇中心。也就是说，根据簇中的当前对象，重新计算每个簇的均值。使用这些新的簇中心，把对象重新分布到离簇中心最近的簇中。这样的重新分配形成了图 6.2.4(b)中虚线所描绘的轮廓。

重复这一过程，形成图 6.2.4(c)所示的结果。这种迭代地将对象重新分配到各个簇，以改进划分的过程被称为迭代的重定位。最终，对象的重新分配不再发生，处理过程结束，聚类过程返回结果簇。

k-均值方法不能保证能够获取全局最优解，并且它常常终止于一个局部最优解。结果可能依赖于初始簇中心的随机选择。实践中，为了得到好的结果，通常以不同的初始簇中心多次运行均值算法。

特点：各聚类本身尽可能地紧凑，而各聚类之间尽可能地分开，这个特点正是聚类的最根本的实质要求。但是k-均值法也有其缺点：产生类的大小相差不会很大，对于"脏"数据很敏感。而在这一点上，k-中心点作出了相应的改进，k-中心点不采用聚类中对象的平均值作为参照点，而选用聚类中位置最中心的对象，即中心点，仍然是基于最小化所有对象与其参照点之间的相异度之和的原则来执行的。

PAM 算法在初始选择k个聚类中心对象之后，不断循环对每两个对象(非中心对象和中心对象)进行分析，以选择出更好的聚类中心代表对象，并根据每组对象分析所获得的聚类质量。该方法可以聚类数值和符号属性，但效率不高。一种将 PAM 和采样过程结合起来的改进方法 CLARA 提高了其效率，CLARA 的主要思想是不考虑整个数据集合，只考虑实际数据的一部分。

k-modes 方法扩展了 k-均值方法，用模代替类的平均值，采用新的相异性度量方法来处理分类对象，并用基于频率的方法来修改聚类的模，k-proto types 方法将 k-均值和 k-原型综合起来处理有数值类型和分类类型的混合数据。CLARANS 算法改进了 CLARA 的聚类质量，也拓展了数据处理量的伸缩范围，它与 CLARA 算法的本质区别在于 CLARA 在搜索的开始是抽取节点的样本，而 CLARANS 在搜索的每一步抽取邻居的样本，与 PAM 和 CLARA 相比，ClARANS 算法的聚类效果明显占优，但其时间复杂度仍为 $O(n^2)$，因此，低效是其缺点。

2) 层次聚类算法

层次聚类方法是将数据组织为若干组，并形成一个相应的树来进行聚类的。根据层次分解如何形成，层次方法可以分为凝聚的或分裂的方法。

凝聚的方法，也称自底向上的方法，开始将每个对象作为单独的一个组，然后逐次合并相近的对象或组，直到所有的组合并为一个组(层次的最顶层)，或者满足某个终止条件。

分裂的方法，也称为自顶向下的方法，开始将所有的对象置于一个簇中。在每次相继迭代中，一个簇被划分成更小的簇，直到最终每个对象在单独的一个簇中，或者满足某个终止条件。终结条件可以是簇的数目，或者是进行合并的阈值。

层次聚类方法可以是基于距离的或基于密度和连通性的。层次聚类方法的一些扩展也考虑了子空间聚类。

AGNES 和 DIANA 算法是早期的层次聚类方法，前者是一种凝聚聚类方法，后者是一种分裂聚类方法，两者都使用简单的准则，即根据各簇间距离度量来合并或分裂簇。由于这两种方法在选择合并或分裂点时有一定困难，并且进行合并或分解后不能被撤销，簇间也不能交换对象，否则就会导致发现错误的簇而降低聚类质量。同时，这种方法的可伸缩性较差。因此，人们在对这两种方法概括和总结的基础上，提出了一些新的层次聚类算法，如 BIRCH 算法、CURE 算法、ROCK 和 CHAMELEON 算法。

CURE 算法采取随机取样和划分相结合的方法：一个随机样本首先被划分，每个划分被局部聚类，最后把每个划分中产生的聚类结果用层次聚类的方法进行聚类，较好地解决了偏好球形和相似大小的问题，在处理孤立点时也更加健壮。

BIRCH 算法是一种综合的层次聚类方法。BIRCH 算法包括两个阶段：第一个阶段扫描数据库，动态建立一个初始存放于内存的 CF 树，它可以被看成是对数据的压缩，试图保留数据内在的聚类结构；第二个阶段，BIRCH 采用某个聚类算法对 CF 树的叶节点进行聚类，来改善聚类质量。该算法适用于类的分布呈凸形或球形，它在内存大小、运行时间、聚类质量、稳定性和伸缩性方面都胜于 CLARANS 和 k-均值法，但由于 CF 树的节点只包含有限的子簇，所以 一个 CF 树的节点并不总对应于用户认为的一个自然簇。

CURE 算法解决了偏好球形和相似大小的问题，在处理孤立点上也更加健壮。它选择基于质心和基于代表对象方法之间的中间策略，不用单个质心或对象来代表一个簇，而选择数据空间中固定数目具有代表性的点。

ROCK 算法是利用聚类间的连接进行聚类合并，该算法是针对布尔和类别数据设计的，采用一种新方法来计算相似形，即基于元组之间的连接数目，如果一元组的相似形超过某一阈值，则称这一对元组为邻居。这种方法不是基于精确的数值计算，而是基于领域专家的直觉，两个元组之间的连接数目由它们共同的邻居数目来定义，其相似性度量采用的是连接数目而不是距离的度量，适用 link 将数据进行聚类，最后将数据库中的其余数据指派到样本数

据完成的簇中，得到最终的聚类结果。ROCK 的时间复杂度为

$$O(n^2 + nm_m m_a + n^2 \log n)$$

式中，m_m 为最大邻居数；m_a 为平均邻居数，n 为资料点数；空间复杂度为 $O(\min\{n^2, nm_m m_a\})$。

CHAMELEON(hierarchical clustering using dynamic modeling)算法的主要思想是首先使用图划分算法将数据对象聚类为大量相对较小的子类，其次使用凝聚的层次聚类算法反复地合并子类来找到真正的结果类。CHAMELEON 算法是在 CURE 等算法的基础上改进而来的，能够有效地解决 CURE 等算法的问题。

CHAMELEON 算法是一种探索层次聚类中动态模型的聚类算法，是针对 CURE 和 ROCK 这两个层次聚类算法所存在的不足提出的。CURE 忽略了两个不同聚类间的连接累积信息；而 ROCK 则在强调聚类间连接信息却忽略了有关两个聚类间相接近的信息。CHEMALEON 算法首先利用一个图划分算法将数据对象聚合成许多相对较小的子聚类，然后再利用聚合层次聚类方法，并通过不断合并这些子聚类来发现真正的聚类。为确定哪两个子聚类最相似，该算法不仅考虑了聚类间的连接度，而且也考虑了聚类间的接近度，特别是聚类本身的内部特征。该算法在发现高质量的任意形状的聚类方面有很强的能力。

层次方法的缺陷在于，一旦一个步骤(合并或分裂)完成，就不能被撤销。这个严格规定是有用的，因为不用担心不同选择的组合数目，它将产生较小的计算开销。然而，这种技术不能更正错误，针对这个问题已经提出了一些提高层次聚类质量的方法。

3) 基于密度的方法

绝大多数划分方法是基于对象之间的距离进行聚类的，这样的方法只能发现球状的类，而在发现任意形状的簇时遇到了困难。因此，出现了基于密度的聚类方法，其主要思想是使用区域密度作为划分聚类的依据，只要邻近区域的密度(对象或数据点的数目)超过某个阈值，就继续增长给定的簇。也就是说，对给定簇中的每个数据点，在给定半径的邻域中必须至少包含最少数目的点。这样的方法可以用来过滤噪声或离群点，发现任意形状的簇。这样的方法可以过滤噪声数据，发现任意形状的类。从而克服基于距离的方法只能发现类圆形聚类的缺点。代表性算法有 DBSCAN 算法、OPTICS 算法、DENCLUE 算法等。

DBSCAN(density based spatial clustering of applications with noise)算法将聚类定义为基于密度可达性最大的密度相连对象的集合。聚类分析时，必须输入参数 ε、MinPts，其中，ε 是给定对象的半径，MinPts 是一个对象的邻域内包含的最少对象数目。检查一个对象的 ε 邻域的密度是否较大，即一定距离 ε 内数据点的个数是否超过 MinPts 来确定是否建立一个以该对象为核心对象的新类，再合并密度可达类。

该算法还具有实现简单、聚类效果较好等优点。另外，该方法不进行任何的预处理而直接对整个数据集进行聚类操作。当数据量非常大时，必须有大内存量支持，I/O 消耗也非常大。

尽管 DBSCAN 算法能对任意形状的数据集进行聚类，但仍需要用户输入参数 ε 和 MinPts，而聚类结果对这两个参数的值又非常敏感。事实上这是将选择参数的任务留给了用户，而在实际中，用户很难准确地确定合适的参数值，往往导致聚类结果的偏差。

因此，为了克服上述问题，人们提出了一种基于 DBSCAN 的改进算法 OPTICS(ordering points to identify the clustering structure)。OPTICS 算法是一种基于类的排序方法，它克服了 DBSCAN 参数设置复杂的缺点。该算法并不明确产生一个聚类，而是为自动交互的聚类分析计算出一个增强聚类顺序。这个顺序代表了数据基于密度的聚类结构。它包含的信息等同于

从一个宽广的参数设置范围所获得的基于密度的聚类。

DENCLUE 算法是基于一组密度分布函数的聚类算法。该算法主要基于下面的想法：①每个数据点的影响可以用一个数学函数来形式化地模拟，描述了一个数据点在领域内的影响，称为影响函数；②数据空间的整体密度可以被模型化为所有数据点的影响函数的总和；③聚类可以通过确定密度吸引点来得到，这里的密度吸引点是全局密度函数的局部最大。

4) 基于网格法

主要思想是将空间区域划分为若干个具有层次结构的矩形单元，不同层次的单元对应不同的分辨率网格，把所有数据都映射到不同的单元网格中，算法所有的处理都是以单个单元网格为对象，其处理速度要远比以元组为处理对象的效率高得多。所有的聚类操作都在这个网格结构(量化的空间)上进行。这种方法的主要优点是处理速度很快，其处理时间通常独立于数据对象的个数，而仅依赖于量化空间中每一维的单元数。代表性算法有 STING 算法、CLIQUE 算法、WAVE-CLUSTER 算法等。

STING(statistical information grid)算法首先将空间区域划分为若干矩形单元，这些单元形成一个层次结构，每个高层单元被划分为多个低一层的单元。单元中预先计算并存储属性的统计信息，高层单元的统计信息可以通过底层单元计算获得。这种算法的优点是效率很高，而且层次结构有利于并行处理和增量更新；缺点是聚类的边界全部是垂直或水平的，与实际情况可能有比较大的差别，影响聚类的质量。

Wave-Cluster(clustering using wavelet transformation)算法是一种采用小波变换的聚类方法。首先使用多维数据网格结构汇总区域空间数据，用多维向量空间表示多维空间中的数据对象，然后使用小波变换方法对特征空间进行处理，发现特征空间中的稠密区域。最终通过多次小波变换，获得多分辨率的聚类。小波变换聚类的优点有：①小波变换聚类提供了无指导的聚类；并能够自动地排除孤立点。②小波变换的多分辨率特性对不同精确性层次的聚类探测有帮助。③基于小波的聚类速度很快，计算复杂度是 $O(n)$，文献提出一种改进的小波变换聚类方法 Wavecluster+算法，可处理复杂的图像数据库聚类问题。

CLIQUE(clustering in quest)算法综合了基于密度和网格的聚类方法。主要思想是将多维数据空间划分为多个矩形单元，通过计算每一个单元数据点中全部数据点的比例的方法确定聚类。优点是自动地发现最高维的子空间，对元组的输入顺序不敏感，不需要假设任何规范的数据分布，它随输入数据的大小线性扩展，当数据维数增加时具有良好的可伸缩性，能够有效处理高维度的数据集；缺点是由于方法大大简化，聚类的精度有可能会降低。

5) 基于模型法

基于模型的聚类的主要思想是假设数据集中的数据分布符合特定的数学模型，通过数学模型发现聚类。给每一个聚类假定一个模型，然后寻找能够很好地满足这个模型的数据集。常用的模型主要有两种：一种是统计学的方法，代表性算法是 COBWEB 算法；另一种是神经网络方法，代表性的算法是竞争学习算法。COBWEB 算法是一种增量概念聚类算法。这种算法不同于传统的聚类方法，它的聚类过程分为两步：首先进行聚类，然后给出特征描述。因此，分类质量不再是单个对象的函数，而且也加入了对聚类结果的特征性描述。竞争学习算法属于神经网络聚类。它采用若干个单元的层次结构，以一种胜者全取的方式对系统当前所处理的对象进行竞争。

基于神经网络的方法包括鲁梅尔哈特和齐普泽提出的竞争学习算法、Kohonen 提出的学习矢量量化算法和 SOFM 算法。

　　除了上述 5 种空间聚类算法外，研究人员根据空间聚类的要求，提出了多种结合其他思想的空间聚类方法。如处理高维数据、大规模数据、动态数据的聚类方法；基于遗传算法的聚类方法；模糊聚类方法以及将基本聚类方法与各种新技术相结合的聚类方法等。

　　影响较大的有遗传空间聚类和带约束的空间聚类算法。其中，遗传空间聚类是模仿生物进化过程中的自然选择和进化机制，通过基因编码、遗传、变异和交叉等操作，来实现空间聚类的一种算法，是一种基于群体的全局随机优化算法；而带约束的空间聚类算法则是为了解决空间聚类中所面临的空间障碍问题而产生的，如城市中的河流、湖泊等障碍，各居民点并非沿直线，而是沿着一定的道路或网络到达簇中心等情况，如果在实际分析中不考虑这些障碍，获得的聚类结果必然与实际情况有较大的误差，而带约束的空间聚类正是解决上述问题的有效算法。

3. 空间聚类质量评价方法

　　空间聚类作为分类的一个分支，其过程是一个寻找最优划分的过程，即根据聚类终止条件不断对划分进行优化，最终得到最优解。因为空间聚类是一种无监督的学习方法，事先没有任何先验知识，所以，需要一定的措施或方法对的空间聚类结果进行有效性验证和质量评价。本小节主要从内部度量和外部度量两个方面对空间聚类质量进行评价。

　　1) 内部度量

　　空间聚类的内部度量原则主要有两个：聚类内部距离和聚类间的距离。聚类内部距离是指聚类内部间对象的平均距离，反映了聚类的紧凑性和聚类算法的有效性；而聚类间的距离是指两个聚类间所有对象的平均距离。对于良好的聚类算法来说，聚类内部距离应较小，聚类间的距离应较远。

　　(1) 聚类间距离。假设 n 个空间对象被聚类为 Kr（$Kr \in K$）个簇，定义聚类间距离为所有分中心(每个簇的均值)到全域中心(所有空间对象均值)的距离之和：

$$L = \sum_{i=1}^{Kr} |m_i - m|$$

式中，L 为聚类间距离；m 为全部空间对象的均值；m_i 为簇 C_i 所含空间对象的均值；Kr 为聚类的个数，$Kr \in K$；K 为聚类区间。

　　(2) 聚类内部距离。假设 n 个空间对象被聚类为 Kr 个簇，定义聚类内部距离为所有聚类内部距离的总和 (其中每个聚类的内部距离为该聚类所有空间对象到其中心的距离之和)：

$$D = \sum_{i=1}^{Kr} \sum_{p \in C_i} |p - m_i|$$

式中，D 为类内距离；p 为任一空间研究对象；m_i 为簇 C_i 所含空间对象的均值。

　　2) 外部度量

　　对聚类质量的评价，除了内部度量方法，还有外部度量方法。外部度量方法不同于内部度量方法，其主要从当前分类是正确的分类的角度出发，衡量聚类质量的好坏。外部度量有两种方法：纯净度和 F-measure 熵。

　　(1) 纯净度。纯净度定义为已知正确类符号，标识为该类的数据占整个簇的比例，即

$$\text{Purity}(C_k) = \max \frac{N_{tk}}{N_k}$$

式中，N_k 为 C_k 中类标识的数目；N_{tk} 为该簇中标识为 t 的数目。而整个聚类结果的纯净度为所有簇的纯净度的均值，表示为

$$P(C) = \frac{1}{M} \sum_{k=1}^{M} \max \frac{N_{tk}}{N_k}$$

式中，M 为簇的数目；N_k 为 C_k 中类标识的数目；N_{tk} 为该簇中标识为 t 的数目。

(2) F-measure 熵。F-measure 熵采用信息检索的准确率和查全率的思想。数据所属的类 t 为集合 N_t 中等待查询的项；由算法产生的簇 C_k 为集合 N_k 中检索的项；N_{tk} 为簇 C_k 中类 t 的数量。对于类 t 和簇 C_k 的准确率和查全率分别为

$$\text{Prec}(t, C_k) = \frac{N_{tk}}{N_k}$$

$$\text{Rec}(t, C_k) = \frac{N_{tk}}{N_k}$$

相应的 F-measure 为

$$\text{Fmeas}(t, C_k) = \frac{(b^2 + 1)\text{Prec}(t, C_k) \cdot \text{Rec}(t, C_k)}{b^2 \cdot \text{Prec}(t, C_k) + \text{Rec}(t, C_k)}$$

如果 $b = 1$，那么 $\text{Prec}(t, C_k)$ 和 $\text{Rec}(t, C_k)$ 的权重是一样的。整个划分的 F 值为

$$F(C) = \sum_{t \in T} \frac{N_t}{N} \max(\text{Fmeas}(t, C_k))$$

4. 空间聚类分析实现

空间聚类分析可以分为基于点和面两种方法。基于点的方法需要事件准确的地理位置，基于面的方法是运用其区域内的平均值，空间聚类分析分类如图 6.2.5 所示。

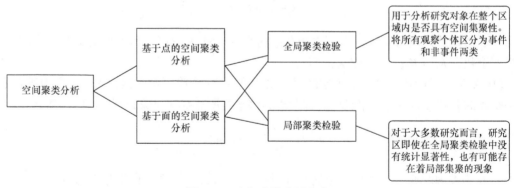

图 6.2.5　空间聚类分析分类

1) 基于点的全局聚类检验

全局聚类检验用于分析研究对象在整个区域内是否具有空间集聚性。将所有观察个体区分为事件和非事件两类。以德特莫尔等提出的全局聚类检验指标为例，先计算事件之间的平均距离，再计算所有个体之间的平均距离。如果前者比后者低，则表明时间在空间上存在集聚。当研究区的中心地区具有丰富的调查样本资料时，这个方法比较有效，但如果样例分散在外围地区，则此方法效果不佳。

2) 基于点的局部聚类检验

对于大多数研究而言，确定空间集聚的具体位置或局部集聚也是十分重要的。研究区即使在全局聚类检验中没有统计显著性，也有可能存在着局部集聚的现象。

这里主要说明 SaTScan 软件使用的空间扫描统计法使用圆作为扫描窗口，搜索这个研究区，扫描窗口半径大小的选取，以圆内样本数占总样本数的比例来确定，从 0%～50%逐步上升。针对每个圈，比较窗口内和窗口外的出现的概率，寻找窗内统计上明显高的圈，定义为空间集聚。空间扫描统计法使用泊松分布或伯努利分布来判断统计显著性。如果是二项分布数据(即事件与非事件数据)选用伯努利模型，它要求所有样本的地理坐标，事件记为 1，非事件记为 0。

例如，在伯努利模型中窗口 z 的似然函数计算如下：

$$L = (z, p, q) = p^n (1-p)^{m-n} q^{N-n} (1-q)^{(M-m)-(N-n)}$$

式中，N 为研究区中的样本总数；n 为窗口中的事件数；M 为研究区中的非事件数；m 为窗口中的非事件数；$p = n/m$ 为事件在窗口中的概率；$q = (N-n)(M-m)$ 为事件在窗口外的概率。

对每个窗口，求似然函数的最大值，最可能的集聚圈就是窗口内最不可能为随机分布的圈。这种方法找到了最可能的集聚圈后，还可能找到与之不重叠的次一级集聚圈。

3) 基于面的全局聚类检验

Moran I 是最早应用于全局聚类检验的方法。它检验整个研究区中邻近地区间是相似、相异(空间正相关、负相关)，还是相互独立的。Moran I 计算公式为

$$I = \frac{N \sum_i \sum_j w_{ij}(x_i - \bar{x})(x_j - \bar{x})}{\left(\sum_i \sum_j w_{ij}\right) \sum_i (x_i - \bar{x})^2}$$

式中，N 为研究区内地区总数；w_{ij} 为空间权重；x_i 和 x_j 分别为区域 i 和 j 的属性；$\bar{x}$ 为属性的平均值。

Moran I 数值处于–1～1，值接近 1 时表明具有相似的属性集聚在一起；值接近–1 时表明具有相异的属性集聚在一起。如果 Moran I 接近于 0 则表示属性是随机分布的，或者不存在空间自相关性。

与 Moran I 相似，Geary C 也是全局聚类检验的一个指数，其公式为

$$C = \frac{(N-1) \sum_i \sum_j w_{ij}(x_i - x_j)^2}{2\left(\sum_i \sum_j w_{ij}\right) \sum_i (x_i - \bar{x})^2}$$

Geary C 值通常处于 0～2，虽然 2 不是一个严格的上界。其值为 1 时，表示属性的观察值在空间上是相互独立的，值在 0～1 表示空间正相关，值在 1～2 表示空间负相关。因此，Geary C 与 Moran I 刚好相反。

4) 基于面的局部聚类检验

安瑟林提出了局部莫兰指数用来检验局部地区是否存在相似或者相异的观察值聚集在一起。区域 i 的局部莫兰指数用来度量区域 i 和其他领域之间的关联程度，定义为

$$I_i = \frac{(x_i - x)}{s_x^2} \sum_j [w_{ij}(x_j - \bar{x})]$$

正的 I_i 为一个高值被高值所包围(高-高)或者是一个低值被低值所包围(低-低)；负的 I_i 为一个低值被高值所包围或与之相反的情况。

类似地，G_i 指数用来检验局部地区是否存在显著的高值或低值。G_i 定义如下：

$$G_i^* = \frac{\sum_j (w_{ij} x_j)}{\sum_j x_j}$$

式中，符号与 Moran I 指数相同，对 j 的累加不包括区域 i 本身，即 j 不等于 i；高的 G_i 代表高值的样本集中在一起，而低的 G_i 值表示低值的样本集中在一起。

第7章 地理时序关联

人类有记忆能力，大量研究表明，记忆存储在神经元细胞集群中，且表征每段记忆的神经元群体并不相同，相近时刻存储的记忆更容易共享更多的神经元。这些共享神经元的作用是建立两个记忆之间的关联。记忆创造了时间概念，时间是衡量客观事物运动状态变化的尺度或参照物。记忆将分散的事物过程按时间先后顺序连接在一起，通过时间序列推理分析事物发展过程，预测事物发展的方向和趋势，以及可能达到的目标。自然地理现象随时间发生演化并呈规律演替。人们在地理现象可感知和可测量的基础上，按照不同的时间尺度，依据客观事物发展的连续规律性，通过统计分析来研究地理现象在不同时间序列的关联关系，推测地理现象的发展趋势。

7.1 地理时间序列

在地理学中，时间、空间和属性是地理实体和地理现象本身固有的三个基本特征，是反映地理实体的状态和演变过程的重要组成部分。严格地说，空间和属性数据总是在某一特定时间或时间段内采集得到或计算产生的。

7.1.1 地理现象变化

一切地理事实、现象、过程、表现，既包括在空间上的性质，又包括时间上的性质。只有同时把时间及空间这两大范畴纳入某种统一的基础之中，才能真正地认识地理学的基础规律。

1. 地球公转和自转引起的周期变化

四季轮转、昼夜交替、潮涨潮落、月圆月缺等均具有周期性变化规律，这是毋庸置疑的。天空中各种天体东升西落的现象都是地球公转和自转的反映。地球公转，是指地球按一定轨道围绕太阳转动。地球的公转遵从地球轨道、地球轨道面、黄赤交角、公转周期、公转速度和公转效应等规律。地球上的观测者，观测到太阳在黄道上连续经过某一点的时间间隔，就是一年。

自转是地球的一种重要运动形式，地球绕自转轴自西向东转动，从北极点上空看呈逆时针旋转，从南极点上空看呈顺时针旋转。

地球运动引起了太阳直射点移动、昼夜长短差异、极昼极夜范围大小和正午太阳高度随纬度的变化。地球自转的周期性变化主要包括周年周期的变化，月周期、半月周期的变化，以及近周日、半周日周期的变化。周年周期变化，也称为季节性变化，是 20 世纪 30 年代发现的，表现为春天地球自转变慢，秋天地球自转加快，其中还带有半年周期的变化。周年变化的振幅为 20~25ms，主要由风的季节性变化引起。半年变化的振幅为 8~9ms，主要由太阳潮汐作用引起。此外，月周期和半月周期变化的振幅约为 ±1ms，是由月亮潮汐力引起的。地球自转具有周日和半周日变化是在最近的十年中才被发现并得到证实的，振幅只有约 0.1ms，主要是由月亮的周日、半周日潮汐作用引起的。地球自转速度也有长周期变化，包括 78 年、52 年、22 年及 11 年左右的周期变化。

2. 地理循环引起的周期变化

我们把自然地理过程及其现象随时间重复出现的变化规律称为自然地理环境的节律性，简称节律性或节奏性、韵律性。节律性是自然界一种特殊的（时间）循环。显然，它是在发展背景上的重复，是递进中的循环。

自然地理环境的节律性可概括为三种类型：一是周期性节律，二是旋回性节律；三是阶段性节律。周期性节律是自然地理过程按严格的时间间隔重复的变化规律。它发生在地球自转和公转及地表光、热、水的周期性变化基础上。具体而言，周期性节律主要发生在一定地区的昼夜更替日周期和季节更替年周期基础上。前者称昼夜节律，后者称季节节律。

周期性是指某件事的发生有一定的循环规律，地球上的四季不仅是温度的周期性变化，而且是昼夜长短和太阳高度的周期性变化。它影响或者决定地球环境中很多事物的运动节律，尤其是生物适应最为明显。大自然四季更替、天气变化、作物生长、动物迁徙、潮起潮落等充满周期性变化。

自然界的循环与周期性分成四大类：①固相循环周期性：也称地质循环，包括风化、侵蚀、搬运、沉积、岩化、构造上升等环节。②液相循环周期性：包括水分蒸发、水分输送与降落、径流输送、洋流等环节。③气相循环周期性：通过大气环流形成，如 O、N 循环。④生物循环周期性：由食物链转换，枝叶枯落，动植物遗体分解等环节形成。

以上四类循环通常耦合在一起，在地表共同承担物质与能量的传输、转移、储存、相变等功能。

3. 人文地理现象变化特征

各种人文地理事物和现象的形成、扩散和聚集等分布变化是由多种因素共同作用的结果，因此我们要用普遍联系的观点和地理环境整体性的原理分析各种人文地理事物和现象的形成，以人地关系理论为基础，探讨各种人文现象的地理分布、扩散和变化，以及人类社会活动的地域结构的形成和发展规律。人文地理变化有三个特征：①各国各地区发展不平衡。由于自然环境和自然资源分布不平衡及历史文化的差别，在经济规律的作用下，各地区的发展状况是不平衡的。②各地区发展从不平衡趋向相对平衡，推动区域经济相对平衡化的机制有经济规律、生态规律和社会规律，例如，产业向要素成本较低的地区扩散可以获得较大利润；劳动力向工资水准较高的地区聚集可以取得较高收入；区域开放程度越大，地区间生产要素流动越快，发展水平趋同化越明显。③各国各地区地理千差万别，有强烈的区域特征。区域特征受地理环境制约，地理学研究区域时采用求同存异思维模式，排除区域间的特殊条件，抓住区域间的相似点，提炼出普遍适用的规律和概念。同时，关注区域个性，从个性中概括出区域特征，探索区域发展的特殊规律和特殊概念。

这三个特征中，第一个特征和第二个特征带有共性，第三个特征是区域的个性。

7.1.2　地理现象变化描述

地理现象的空间分布直接影响地球表面的物质和能量循环过程，而其时间变化则综合地反映了地球表面各种物质类型的演变过程及人类活动和气候变化对自然环境的影响。地理现象变化感知主要来自两种途径：①利用对地观测系统感知地表覆盖的自然变化；②利用社会经济普查统计的方法感知人类活动变化。

1. 地理现象变化表述

地理现象变化包含在形态上或本质上产生新的状况，变化程度往往利用参数来描述变化的量，称为变量。地理现象变化变量是地理现象数量变化的一种重要统计方法，是衡量地理现象变化的基本单位，反映了地理现象各因素变动的程度。按所采集的地理现象范围和分辨率不同，地理现象变化分为变化指数和空间分布两种。变化指数反映地理现象范围变化综合指数；空间分布反映地理现象范围变化的空间差异。

1) 变化指数

变化指数是反映地理变化的一种统计方法。地球表面由不同的地理类型组成，每种地理类型有不同的地理变量，不同的地理变量随时间的变化反映地理变化。变化指数用某类地理变量的样本数据统计量来衡量某类地理变量随时间的变化程度，常用平均变化值 V 描述。例如，有 n 个采样时间点就有 n 个变化平均值 V ，按时间序列为 (V_1, t_1)，(V_2, t_2)，(V_3, t_3)，$\cdots$，(V_n, t_n) ，如图 7.1.1 所示。

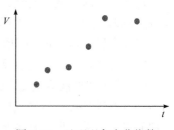

图 7.1.1　地理现象变化指数

2) 空间分布

空间分布指知识点范围内某类地表覆盖某个变量的变化数量在空间上的分布 $V(x, y) = V(x_i, y_j)$ ，$i = 1, \cdots, n; j = 1, \cdots, m$ 。n 个采样时间点就有 n 个空间分布 $V(x, y)$ ，按时间序列描述为 $[V_1(x, y)，t_1]$，$[V_2(x, y)，t_2]$，$[V_3(x, y)，t_3]$，$\cdots$，$[V_n(x, y)，t_n]$。

2. 基于遥感数据的变化指标计算

卫星遥感具有覆盖全球和周而复始的特点，为全球地表覆盖时空变化的宏观观测提供了前所未有的技术手段。遥感结合全球定位系统所获得的遥感图像为地表覆盖现象的空间分布提供了较高精度的定位、定量数据。在可感知和可测量的基础上，按照不同的时间尺度(即时段的长短)建立各类地理变量的时序。遥感瞬时视场中地表特征随时间发生的变化引起两个时期影像像元光谱响应的变化。遥感变化监测从不同时期的遥感数据中定量分析和确定地表变化的特征与过程。从不同时间或在不同条件下获取的同一地区的遥感图像中，识别和量化地表类型的变化、空间分布状况和变化量，这一过程就是遥感动态监测技术。

1) 遥感变化监测过程

遥感变化监测过程一般可分为三个步骤。

(1) 数据预处理。在进行变化信息检测前，需要考虑以下因素对不同时相图像产生的差异信息。①传感器类型的差异：考虑选择相同传感器的图像，甚至选择相同的波段，因为不同中心波长或者不同的波谱响应会导致相同物质具有不同的像元值。②采集日期和时间的差异：季节的变化会引起地表植被的差异，不同的时间段也会影响太阳高度角和方位角。③图像像元单位的差异：像元是构成遥感数字图像的基本单元，是遥感成像过程中的采样点，是同时具有空间特征和波谱特征的数据元。像元的几何意义是其数据值确定所代表的空间范围，物理意义是波谱变量代表该像元在某一特定波段中波谱响应的强度(同一像元内的地物，只有一个灰度值)。不同时相的图像存在不同的空间范围和不同的波谱变量。④像素分辨率的差异：不同的像素大小会导致错误的变化检测结果。

(2) 变化信息监测可分为以下三类：①图像直接比较法是最为常见的方法，是对经过配准的两个时相的遥感图像中的像元值直接进行运算或变换处理，找出变化的区域。②分类后比较法是将经过配准的两个时相的遥感图像分别进行分类，然后比较分类结果得到变化检测信息。该方法的核心是基于分类基础发现变化信息。③直接分类法，结合了图像直接比较法和分类后结果比较法的思想，常见的方法有多时相主成分分析后分类法、多时相组合后分类法等。

(3) 变化信息提取。通过遥感手段，对同一地区不同时期的两个影像的光谱信息进行分析、处理比较，并结合目视判读解译，获取影像变化的信息，常用方法有人工目视解译、图像自动分类、监督分类和图像分割等。

2) 遥感变化指标计算

地理现象时空变化属性，用定性与定量相结合的方法描述其组成、特点、特征和数量等，如自然地理主要有气候、地形、土壤、水文等。地理现象遥感像元的空间特征和波谱特征的变化包含多种变量，如空间形态的大小、长度、面积；波谱特征方面包括植被指数、水体透明度和土壤湿度等。这些变量反映了地理现象时空变化各因素变动的程度。

(1) 遥感图像波谱变化。遥感影像波谱特征是由地面反射率，大气作用等过程形成的。根据地物电磁波特征产生的遥感影像特征，以遥感影像为已知量，去推算大气中某个影响遥感成像的未知参数，即将遥感数据转变为人们实际需要的地表各种特性参数，这个过程就是遥感反演。遥感的本质是反演，反演的基础是描述遥感信号或遥感数据与地表应用之间的关系模型，也就是说，遥感模型是遥感反演研究的对象。遥感模型描述像元的观测量与地表实用参数之间的定量关系。要进行遥感反演研究，首先要解决的问题是对地表遥感像元信息的地学描述。利用遥感的波谱特征变化可以反演地球表面的气象变化、地形变化、植被指数变化、地表温度变化和地表湿度(水分)变化，如表7.1.1所示。

表 7.1.1 波谱特征指标

光谱特征指标		指标含义	指标性质
植被指数	归一化植被指数 (normalized differential vegetation index，NDVI)	近红外波段与红光波段的反射值之差比上两者之和。负值表示地面覆盖为云、水、雪等；0表示有岩石或裸土等；正值表示有植被覆盖，且随覆盖度增大而增大	定量
	比值植被指数 (ratio vegetation index，RVI)	近红外波段与红光波段反射值之比。绿色植被地区的RVI远大于1，而无植被覆盖的地面的RVI在1附近	定量
	差值植被指数 (difference vegetation index，DVI)	近红外波段与红光波段反射值之差。对土壤背景的变化极为敏感，有利于植被生态环境的监测	定量
	土壤调整植被指数 (soil-adjusted vegetation index，SAVI)	通过土壤亮度校正系数最小化土壤亮度影响的植被指数。L=0时，表示植被覆盖度为零；L=1时，表示土壤背景的影响为零	定量
	绿度植被指数(green vegetation index，GVI)	通过KT变换使植被与土壤的光谱特性分离。KT变换后得到第二个分量表示绿度，第一、第二分量集中了超过95%的信息，这两个分量构成的二位图反映出植被和土壤光谱特征的差异	定量
	垂直植被指数 (perpendicular vegetation index，PVI)	在红外波段和近红外波段的二维坐标系内，植被像元到土壤亮度线的垂直距离	定量
叶面积指数(leaf area index，LAI)		单位地面面积上植物叶片总面积占土地面积的倍数	定量
地表发射率		在同一温度下地表发射的辐射量与一黑体发射的辐射量的比值	定量
地表温度(land surface temperature，LST)		太阳的热能被辐射到达地面后，一部分被反射，一部分被地面吸收，使地面增热，对地面的温度进行测量后得到的温度就是地表温度	定量

续表

光谱特征指标		指标含义	指标性质
光合有效辐射吸收比率(fraction of absorbed photosynthetically active radiation，FPAR)		被植被冠层绿色部分吸收的光合有效辐射(photosynthetically active radiation，PAR)占总 PAR 的比率，是直接反映植被冠层对光能的截获、吸收能力的重要参数	定量
植被净初级生产力(net primary production，NPP)		指在单位面积、单位时间内绿色植物通过光合作用积累的有机物数量	定量
地表反照率(surface albedo)		指地表对入射的太阳辐射的反射通量与入射的太阳辐射通量的比值，决定了多少辐射能被下垫面所吸收	定量
地表湿度(水分)		土壤含水量的一种相对变量，是表示土壤干湿程度的物理量	
遥感气象参数	大气气温	表示空气冷热程度的物理量	定量
	大气湿度	表示空气中水汽含量和湿润程度的气象要素	定量
	降水量	从天空降落到地面上的液态或固态(经融化后)水，未经蒸发、渗透、流失而在水平面上积累的深度。降水量是区域水资源量计算的重要依据	
	风速	指空气相对于地球某一固定地点的运动速率	定量
	气压	作用在单位面积上的大气压力	定量
地形因子	基本地形因子	平均高度　地表单元平均高度	定量
		坡度　地表单元陡缓的程度，通常把坡面的垂直高度和水平方向的距离的比称为坡度	定量
		坡向　为坡面法线在水平面上的投影的方向	定量
		坡位　坡面所处的地貌部位	
	地形特征因子	地表粗糙度　地面凹凸不平的程度	定量
		地形起伏度　指在一个特定的区域内，最高点海拔与最低点海拔的差值	
		地表切割深度　指地面某点的邻域范围的平均高程与该邻域范围内的最小高程的差值	定量

(2) 遥感图像形态变化。遥感图像形态变化通过图像的像元值在空间上的变化反映出来，包括图像上有实际意义的点、线、面或者区域的空间位置、长度、面积、距离、纹理信息等变化。遥感图像形态变化指标分为空间统计指标、空间格局指标和空间变化指标，如表 7.1.2 所示。

表 7.1.2　空间形态指标

代表性指标			指标含义	指标性质
空间统计指标		周长	对象多边形外边框周长，包括洞的边框周长	数值
		面积	对象多边形的面积，不包含中间的洞	数值
		斑块数量	某类别多边形斑块的个数	数值
		面积占比	某类别面积占研究区域总面积的比例	数值
	最小外接矩形相关指标	主方向	长轴(最大直径)与 x 轴之间的夹角	数值
		延伸率	长轴长度/短轴长度	数值
		紧致度	最小外接矩形的面积/对象多边形的面积	数值
		凸出度	最小外接矩形的周长/对象多边形的周长	数值

续表

代表性指标		指标含义	指标性质
空间格局指标	多样性指数	反映地表覆盖的多样性	数值
	均匀度指数	反映不同地表覆盖类型分布的均匀程度	数值
	破碎度指数	反映地表覆盖的复杂异质程度	数值
空间变化指标	变化强度	反映一定时间间隔内,某一空间统计(或格局)指标的变化数量	数值
	变化速度	变化强度除以时间间隔	数值
	结构变化指数	反映一定时间间隔内,多样性、均匀度和破碎度三方面的综合变化	数值
	转出率	反映单一地表覆盖类型面积的减少速率	数值
	转入率	反映单一地表覆盖类型面积的增加速率	数值
	变化动态度	反映一定时间间隔内,各种地表覆盖类型的综合变化情况	数值

3. 基于普查数据的社会经济变化统计

人类活动的规律及对地理环境变化的影响可通过普查统计获得。利用世界各国规范化的普查数据,运用统计的理论、方法和手段,进行加工处理分析,挖掘地理环境变化的本质、彼此联系、成因及特征,揭示其演变规律,是目前分析人口、社会经济、国土资源利用以及它们之间的协调关系的重要手段。

社会经济发展指标一般以行政区划为单位统计,通过行政区划矢量数据和地表覆盖栅格数据融合处理,实现社会经济发展指标和地理环境变化指标关联。社会经济普查统计指标见表 7.1.3。

表 7.1.3　社会经济普查统计指标

发展变化指标		指标含义	指标性质
人口数据	人口数量	各行政区域内的统计人口数量	数值
	人口分布	人口的空间分布状况	数值
	人口增长率	人口的增长速度	数值
	人口密度	单位土地面积上的人口数量	数值
经济数据	国内生产总值(gross domestic product, GDP)	指按国家市场价格计算一个国家(或地区)所有常驻单位在一定时期内生产活动的最终成果,是衡量国家经济状况的最佳指标,是核算体系中一个重要的综合性统计指标,它反映了一国(或地区)的经济实力和市场规模	数值
	国民生产总值(gross national product, GNP)	指一个国家(或地区)所有常住单位在一定时期(通常为一年)内收入初次分配的最终结果,是一定时期内本国的生产要素所有者所占有的最终产品和服务的总价值	数值
	工业增加值/增长率	指一个国家在一定的时期(通常是一年)内所生产的工业产品总量的增加或增长率,以及由货币所表现的产值增加或增长率	数值
	制造业增加值/增长率	指一个国家在一定的时期(通常是一年)内所生产的制造业产品总量的增加或增长率,以及由货币所表现的产值增加或增长率	数值
	农林牧渔业增加值/增长率	指一个国家在一定的时期(通常是一年)内所生产的农林牧渔业产品总量的增加或增长率,以及由货币所表现的产值增加或增长率	数值
	服务业增加值/增长率	指一个国家在一定的时期(通常是一年)内所生产的服务业收入总量的增加或增长率,以及由货币所表现的产值增加或增长率	数值

7.1.3 地理时间序列分析

要完成从感知到认知的跨越，时间序列分析是必不可少的。时间序列分析的基本原理包括：①承认事物发展的延续性。应用过去的数据，就能推测事物的发展趋势。②考虑到事物发展的随机性。任何事物的发展都可能受偶然因素影响，为此要利用统计分析中的加权平均法对历史数据进行处理。基本思想是根据系统的有限长度的运行记录(观察数据)，建立能够比较精确地反映序列中所包含的动态依存关系的数学模型，并借此对系统的未来进行预报。

1. 时间序列定义

时间序列(time series)的出现可以追溯到 7000 年前的古埃及，当时为了更好地发展农业，满足人们的粮食需求，古埃及人每天记录下尼罗河的涨落情况，便形成了最初的时间序列。通过观察该序列的规律，古埃及人找出了河水泛滥与作物丰收的内在关系，从而使得古埃及的农业有了质的飞跃。基于此，我们可以抽象出时间序列的理论概念。

时间序列是由同一现象在不同时间上的相继观察值排列而成的序列。时间序列数据用于描述现象随时间发展而变化的特征。时间序列是按照时间排序的一组随机变量，通常是在相等间隔的时间段内依照给定的采样率对某种潜在过程进行观测的结果。时间序列数据本质上反映的是某个或者某些随机变量随时间不断变化的趋势。研究时间序列的主要目的是进行预测，而时间序列预测方法的核心就是从数据中挖掘出这种规律，根据已有的时间序列数据预测未来的变化。时间序列预测的关键是确定已有的时间序列的变化模式，并假定这种模式会延续到未来。

用按时间顺序排列的一组随机变量得到的离散序列集合，称为观测时间序列。公式为 $X_1, X_2, \cdots, X_t \cdots, X_n$，可记为 $X = \{x(t_1), x(t_2), \cdots, x(t_n)\}$，简记为 $\{X_t, t \in T\}$ 或 $\{X_t\}$。

这种有时间意义的序列又称为动态数据。因为这些按时间次序排列的数据之间有内在的联系和规律性，所以能很好地反映产生这些数据的系统的规律性。这是我们在日常生活和社会工作中十分常见的一种数据，如商业活动中服装公司的年销售量，气象学中某城市的年降水量、月平均气温等。

2. 时间序列特点

时间序列预测主要是以连续性原理作为依据的。连续性原理是指客观事物的发展具有合乎规律的连续性，事物发展是按照它本身固有的规律进行的。在一定条件下，只要规律赖以发生作用的条件不产生质的变化，则事物的基本发展趋势在未来就还会延续下去。正是因为客观事物发展有这种连续规律性，所以我们才能运用过去的历史数据，通过统计分析，进一步推测未来的发展趋势。事物的过去会延续到未来这个假设前提包含两层含义：①不会发生突然的跳跃变化，是以相对小的步伐前进；②过去和当前的现象可能表明当前和将来活动的发展变化趋向。这就决定了在一般情况下，时间序列分析法对于短、近期预测比较显著，但如果延伸到更远的将来，就会出现很大的局限性，导致预测值偏离实际较大而使决策失误。

这种数列由于受到各种偶然因素的影响，往往会表现出一定的随机性，但其实彼此之间存在统计上的依赖关系。时间序列中的每个观察值的大小，是影响变化的各种不同因素在同一时刻发生作用的综合结果。从这些影响因素发生作用的大小和方向变化的时间特性来看，这些因素造成的时间序列数据的变动具有以下特点。

(1) 时间序列中数据的位置是与时间相对应的，数据的取值随时间的变化而波动，不能对数据的顺序进行随意调换。时间通常用 t 表示，可以是年份、季度、月份或其他时间单位，该单位由具体问题的观测频率或周期决定。序列中的数据点位置很大程度上由时间先后顺序决定，但不完全依赖时间变化。

(2) 时间序列在时间先后上通常存在着相互依存的关系，这种关系从整体上看，往往表现为时间序列呈现出某种趋势性或周期性变化，属于系统的动态规律性，也是时间序列分析的基础。相距间隔较近的不同时刻的时序数值具有很强的关联性，正是这种相关性能够准确地反映系统演变规律。

(3) 时间序列是对某一个或某几个变量指标在不同时间进行观察所得到的结果序列，因为观测指标通常受到众多因素的影响，所以其取值在每个时间点上都具有一定的随机性。因为时序中不同时刻点的取值具有一定的随机性，所以不可能完全准确地通过历史观测值预测。

(4) 时间序列中的观测值可以是一个周期内的存量，也可以是周期节点上的瞬时流量值。时序数值在随时间变化的过程中，往往表现出某种周期性或者趋势性的变化特征。

3. 时间序列分解

时间序列中每一期的数据都是由不同的因素同时发生作用的综合结果。各种影响因素按性质不同，可分解成四大类：①长期趋势因素 T；②季节变动因素 S；③循环变动因素 C；④不规则变动因素 I。

1) 长期趋势因素 T

趋势可以理解为时间序列在长时期内呈现出来的某种持续上升或持续下降的变动，也称长期趋势。时间序列中的趋势可以是线性或非线性的。

为了对一个时间序列算出时间趋势值，可以考虑对原始数据拟合一条数学曲线。选择曲线方程有两个途径：①在以时间 t 为横轴，变量 Y 为纵轴的直角坐标图上作时间序列数值的散点图，根据散点的分布状态来确定应该拟合的曲线方程；②对时间序列的数值作一些分析，根据分析的结果来确定应选择的曲线方程。

2) 季节变动因素 S

季节变动是时间序列由季节性原因而引起的周期性变动。这里的季节，不是指一年中的四季，而是指任何一种周期性的变化。含有季节成分的序列可能含有趋势，也可能不含有趋势。

3) 循环变动因素 C

循环变动是时间序列中呈现出来的围绕长期趋势的一种波浪形或振荡式波动，是以记录的时间序列所表现出的某种周期性变动。循环波动无固定规律，循环的幅度和周期都可以是不规则的。

4) 不规则变动因素 T

不规则变动是时间序列除去长期趋势、季节变动和循环变动之后余留下来的变动，分为严格的随机变动和偶然性变动两种。偶然性因素对时间序列产生影响，致使时间序列呈现出某种随机波动。时间序列除去趋势、周期性和季节性后的偶然性波动，称为随机性(random)，也称为不规则波动(irregular variations)。

实际变化情况是趋势(T)、季节性或季节变动(S)、周期性或循环波动(C)、随机性或不规则波动(I)的叠加或组合。在预测分析时，人们设法滤除不规则变动，突出反映趋势性和周期性变动。

4. 时间序列分析模型

传统时间序列分析的一项主要内容就是把上述四种因素从时间序列中分离出来，并将它们之间的关系用一定的数学关系式予以表达，而后分别进行分析。按四种因素对时间序列的影响方式不同，一般有以下三种组合方式。

1) 乘法模式

$$Y_t = T_t \times S_t \times C_t \times I_t$$

要求满足条件：①Y_t 与 T_t 有相同的量纲，S_t 为季节指数，C_t 为循环指数，两者皆为比例数；②$\sum_{t=1}^{k} S_t = k$，k 为季节周期长；③I_t 为独立随机变量序列，服从正态分布。

2) 加法模式

$$Y_t = T_t + S_t + C_t + I_t$$

要求满足条件：①Y_t、T_t、S_t、C_t、I_t 均有相同的量纲；②$\sum_{t=1}^{k} S_t = 0$，k 为季节周期长；③I_t 为独立随机变量序列，服从正态分布。

3) 混合模式

$$Y_t = T_t \times S_t + C_t + I_t$$

要求满足条件：①Y_t 与 T_t、C_t、I_t 有相同的量纲，S_t 为季节指数；②$\sum_{t=1}^{k} S_t = k$，k 为季节周期长；③I_t 为独立随机变量序列，服从正态分布。

5. 时间序列分析预测

时间序列分析(time series analysis)是一种动态数据处理的统计学方法，主要研究数据序列所遵从的统计规律，以用于解决具体行业的实际问题。时间序列分析主要有确定性变化分析和随机性变化分析。其中，确定性变化分析包括趋势变化分析、周期变化分析、循环变化分析。随机性变化分析包括自回归模型(aotoregressive model，AR)、移动平均模型(moving average model，MA)、自回归移动平均模型(autoregressive moving average model，ARMA)、自回归差分移动平均模型(auto regressive integrated moving average model，ARIMA)。前三种模型是 ARIMA 模型的特例。

1) 确定性时序分析

这种方法主要适合由确定性因素引起时间序列的变动，其通常显示出非常明显的规律性，如有显著的趋势或者有固定的变化周期，这种规律性通常比较容易提出。确定性时序分析的目的是克服其他因素的影响，单纯测度出某一个确定性因素对序列的影响；推断出各种确定性因素彼此之间的相互作用关系及它们对序列的综合影响，找到序列中的这种趋势，并利用这种趋势对序列的发展作出合理的预测。常用方法有趋势拟合法、平滑法和预测法。

(1) 趋势拟合法。趋势拟合法是以时间作为自变量，以相应的序列观察值作为因变量，建立序列值随时间变化的回归模型的方法。包括线性拟合和非线性拟合。

线性拟合的使用场合为长期趋势呈现出线形特征的场合。参数估计方法为最小二乘估计。其模型为 $X_t = a + bt + I_t$，$E(I_t) = 0$，$\mathrm{Var}(I_t) = \sigma^2$。

非线性拟合的使用场合为长期趋势呈现出非线性特征的场合。其参数估计的思想是把能转换成线性模型的都转换成线性模型，用线性最小二乘法进行参数估计，实在不能转换成线性模型的，就用迭代法进行参数估计。其模型有 $T_t = a + bt + ct^2$、$T_t = ab^t$、$T_t = a + bc^t$ 等。

(2) 平滑法。平滑法是进行趋势分析和预测时常用的一种方法。它是利用修匀技术，削弱短期随机波动对序列的影响，使序列平滑化，从而显示出长期趋势变化的规律。

(3) 预测法。时间序列预测法是一种回归预测方法，属于定量预测，基本原理是：一方面承认事物发展的延续性，运用过去的时间序列数据进行统计分析，推测出事物的发展趋势；另一方面充分考虑由于偶然因素影响而产生的随机性。为了消除随机波动产生的影响，利用历史数据进行统计分析，并对数据进行适当处理，进行趋势预测。

时间序列预测法可用于短期、中期和长期预测。根据对资料分析方法的不同，又可分为简单平均数法、加权平均数法等。简单平均数法：也称算术平均法，即把若干历史时期的统计数值作为观察值，求出算术平均数作为下期预测值；加权平均数法：把各个时期的历史数据按近期和远期影响程度进行加权，求出平均值，作为下期预测值。

2) 随机性变化分析

如果该序列是平稳的，即它的行为不会随时间的推移而变化，那么我们就可以通过该序列过去的行为来预测未来，这也正是随机时间序列分析模型的优势所在。在实际工作中，时间序列分析的目的通常有两个，一是要发现产生观测序列的随机机制，即建立数据生成模型，就是我们通常所说的数据建模；二是基于序列的历史数据，以及可能对结果产生影响的其他相关序列，对序列未来的可能取值作出预测。

随机时间序列预测就是利用统计技术与方法，从预测指标的时间序列中找出演变模式，建立数学模型，对预测指标的未来发展趋势作出定量估计。博克斯(Box)和詹金斯(Jenkins)的研究对时间序列分析和预测起到了奠基性作用，由他们提出的自回归整合滑动平均(autoregressive integrated moving average，ARIMA)模型，是更一般、更具代表性、应用最广泛的线性模型，对 ARIMA 模型识别、估计和检验的统计方法也简称为 Box-Jenkins 方法。ARIMA 建模过程具体分为五个步骤：特征分析、模型识别、模型参数估计、模型检验和模型应用，如图 7.1.2 所示。

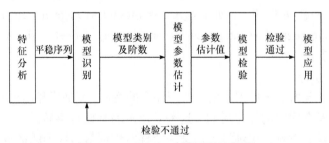

图 7.1.2　ARIMA 建模过程示意图

特征分析，是从时间序列的随机性、平稳性和季节性三个方面进行考虑。其中平稳性尤为重要，对于一个非平稳时间序列，通常需要进行平稳化处理后再建模，但也可根据特性直接建模。通常采用单位根检验方法检验时间序列的平稳性，若序列存在单位根，则不平稳，需对数据进行适当的差分处理或函数变换使其平稳化。

模型识别，主要包括确定模型类别和模型阶数两个方面。模型的类别，是通过对平稳序列样本自相关函数(autocorrelation function，ACF)和偏自相关函数(partial autocorrelation function，

PACF)的拖尾性和截尾性来判断，若 ACF 拖尾，PACF 截尾，则时间序列适合 AR 模型；若 ACF 截尾，PACF 拖尾，则时间序列适用于 MA 模型；若 ACF 和 PACF 均拖尾，则 ARMA 模型更为适合。模型的阶数，可以根据时间序列的相关特性判定，即根据自相关系数和偏自相关系统截尾的阶数来判定；也可以利用信息准则函数，如 AIC(akaike information criterion)、FPE(final prediction error)等，来客观精确地进行判断；还可以利用统计检验方法判定模型阶数，其主要思想是利用 F 检验来考察两个不同阶数的时间序列模型的残差平方和是否有显著差异，以确定最终模型的参数。

模型参数估计，常用的方法有三种：①矩估计，其实质是令样本矩等于相应的理论矩，并利用理论矩与模型参数之间的关系方程，求解出模型参数的估计值；②最小二乘估计，该方法是较为理想的参数估计方法，其实质是使得估计值与实际值的差的平方和最小；③极大似然估计，该方法对于非线性模型参数估计较为理想，其实质是以似然准则为基础，构造似然函数，将似然函数的极值点作为模型参数的估计值。

模型检验是对模型和模型参数进行显著性检验。模型的显著性检验主要检验模型的有效性，看模型是否充分有效地提取了全部信息，即确保残差序列为白噪声。模型参数的显著性检验，是要检验模型中每一个参数是否显著异于零，其目的是使模型更为精简和准确。

模型应用，是指最终利用适合的模型进行预测分析。常采用最小均方误差或最小方差作为预测的准则，以保证预测的精度。

然而，在各行各业中实际采集到的时间序列可能由于设备、人员、时间、机制等各种因素产生各种各样的问题，如数据缺失、不准确、冗余等，这些问题给时间序列建模带来各种困难，甚至使模型失效，因此在数据建模之前，我们通常需要对原始时间序列模型进行大量的数据准备工作。特别是在大数据环境中，数据的宽度和广度都达到了前所未有的程度，需要利用专门的算法对数据进行分析准备工作，如对数据进行分组、聚合，对数据的分布进行探究，检验数据质量，以及对缺失值的处理等。

7.2 序列自相关分析

时间序列数据有时没法找到一个别的数据和自己来进行比较，只能用自己和自己的慢几拍(滞后期)的数据进行比较，所以在分析中加入了自相关，也称序列相关。自相关是指地理现象在一个时刻的瞬时值与另一个时刻的瞬时值之间的依赖关系，是对一个随机地理现象的周期性变化描述。相关系数度量指的是两个不同事件彼此之间的相互影响程度。自相关系数度量的是同一事件在两个不同时期之间的相关程度，就是两次观察之间的相似度与它们之间的时间差的函数。形象地讲就是度量自己过去的行为对现在的影响。

7.2.1 自相关性

1. 自相关(序列相关)概念

自相关(autocorrelation),也称为序列相关,是一个信号与其自身在不同时间点的互相关。在时间序列 $X_1, X_2, X_3, \cdots, X_n$ 中，现实样本为 $\{x_1, x_2, x_3, \cdots, x_n\}$。$X_t$ 与 X_{t+k} 对应分别的两组样本。例如，当 $k=1$ 时，X_t 的样本为 $\{x_1, x_2, x_3, \cdots, x_n\}$，而 X_{t+1} 的样本为 $\{x_2, x_3, \cdots, x_{n+1}\}$。时间序列的一个本质特征就是具有动态性，相邻观测值之间具有很强的依赖性。基于时间序列平稳性假设，可假设时间序列的期望与方差是相同的。

设因变量为 Y，k 个自变量分别为 $X_1, X_2, \cdots, X_k$，描述因变量 Y 如何依赖于自变量 X_1,

$X_2,\cdots,X_k$ 和误差项 μ 的方程称为多元回归模型。其一般形式可表示为

$$Y_i = \beta_0 + \beta_1 X_{1i} + \beta_2 X_{2i} + \cdots + \beta_k X_{ki} + \mu_i \quad (i=1,2,\cdots,n)$$

式中，$\beta_0,\beta_1,\beta_2,\cdots;\beta_k$ 为模型的参数；μ_i 为随机项。

随机项 μ_i 互不相关的基本假设表现为

$$\mathrm{cov}(\mu_i,\mu_j)=0 \quad (i\neq j,i,j=1,2,\cdots,n)$$

如果对于不同的样本点，随机误差项之间不再是不相关的，而是存在某种相关性，则认为出现了自相关(serial correlation)。在其他假设仍然成立的条件下，序列相关意味着 $E(\mu_i,\mu_j)\neq 0$。

如果仅存在

$$E(\mu_i,\mu_{i+1})\neq 0 \quad (i=1,2,\cdots,n)$$

则称模型存在一阶自相关，或自相关(autocorrelation)。

2. 自相关分类

因为自相关经常出现在以时间序列为样本的模型中，所以常用下标 t 代表 i。自相关按形式可分为以下两类。

1) 一阶自回归形式

当随机误差项 μ_t 只与其滞后一期值 μ_{t+1} 有关时，即

$$\mu_t = f(\mu_{t+1}) + \varepsilon_t$$

称 μ_t 具有一阶自回归形式。

2) 高阶自回归形式

当随机误差项 μ_t 不仅与其滞后一期值 μ_{t+1} 有关，而且与其后若干期的值都有关时，即

$$\mu_t = f(\mu_{t+1},\mu_{t+2},\mu_{t+3},\cdots) + \varepsilon_t$$

则称 μ_t 具有高阶自回归形式。在计量地理模型中常用一阶自回归形式。

3. 自相关系数

在一阶自回归的形式下讨论自相关的相关假定。通常假定扰动项的自相关是线性的，即

$$\mu_t = \rho\mu_{t-1} + \varepsilon_t \quad -1<\rho<1$$

式中，ρ 为 μ_t 与 μ_{t-1} 的自协方差系数(coefficient of autocovariance)或一阶自相关系数(first-order coefficient of autocorrelation)；ε_t 为满足标准普通最小二乘法(ordinary least squares，OLS)的条件，假定的随机干扰项：

$$E(\varepsilon_t)=0, \quad \mathrm{var}(\varepsilon_t)=\sigma_t^2, \quad \mathrm{cov}(\varepsilon_t,\varepsilon_{t-s})=0 \ s\neq 0$$

ρ 的取值范围为 $[-1,1]$。当 $\rho>0$ 时，称 μ_t 存在正自相关，当 $\rho<0$ 时，称 μ_t 存在负自相关，当 $\rho=0$ 时，称 μ_t 不存在自相关。

自相关是函数和函数本身的相关性，当函数中有周期性分量时，自相关函数的极大值能很好地体现这种周期性。互相关是两个函数之间的相似性，当两个函数都具有相同周期分量的时候，它的极大值同样能体现这种周期性的分量。

7.2.2 自相关产生原因

1. 产生原因

1) 地理变量的本身自相关

这是因为许多地理变量时间序列呈现周期或循环，前后期之间是相互关联的，如气温、

降雨、植被指数。地理变量的序列相关性往往导致模型随机项自相关。

2) 地理变量的惯性作用

地理事物发展的连续性所形成的惯性(inertia)或者说是迟缓性，是大多数地理时间序列的一个显著特征。随机扰动的影响往往会持续一段时间，而不仅是一个取值时期。当处于经济恢复周期时，由萧条的底部开始，大多数经济序列的数据都会向上浮动，序列某一时点之后的取值会大于其各个前期的取值，这是一种冲击的延期影响，如 GNP 就业、货币供给、价格指数等。地震、洪水等偶发的外部因素改变，通常也会造成某一段时间内的数据发生整体的偏移。因此，利用时间序列数据建立模型时，变量的惯性作用使得模型存在自相关性。但是随着观测时期的延长，这种冲击造成的滞后影响会逐渐消退。

3) 模型中遗漏了带有自相关的解释变量

在建立计量地理模型时，我们会选择最重要的几个解释变量，而将次要的解释变量略去，如果被略去的解释变量本身存在自相关，它必然在随机扰动项中反映出来。但有时多个被略去的解释变量之间的自相关关系会相互抵消，而使得模型表现为非自相关。

4) 模型设定偏误

模型设定偏误(specification error)是指所设定的模型不正确，主要表现为：①选择的模型不合适，如非线性问题用了线性模型；②模型中的自变量数目不对，或漏选了重要的影响因素，在模型中丢掉了重要的解释变量，模型函数形式有偏误，或模型中存在多余的影响因素；③序列中包含很强的趋势分量，需通过差分法进行补救；④没有考虑影响因素的滞后性。

如果模型所选用的函数形式与实际变量之间的真实关系不相符，随机扰动项往往会存在自相关。例如，当被解释变量与解释变量之间应为对数关系，而模型却选用线性回归来进行拟合，那么该回归模型必存在自相关。

5) 一些随机干扰因素的影响

因为某些原因对数据进行修正和内插处理，在这样的数据序列中可能产生自相关。例如，将月度数据调整为季度数据，由于采用了加合处理，修正了月度数据的波动，使得数据具有平滑性，这种平滑性可能产生自相关。对缺失的历史资料，采用特定统计方法进行内插处理，也可能使得数据前后期相关，从而产生自相关。另外，自然灾害、金融危机等随机因素的影响，往往要持续多个时期，从而使得随机误差呈现出自相关性。

2. 产生后果

若随机扰动项 ε_t 存在自相关时，会对回归结果造成以下影响。

(1) 回归系数最小二乘估计仍然是线性和无偏的。

(2) 回归系数最小二乘估计不再是有效的。

(3) 可能低估扰动项 ε_t 的方差。

(4) 由于回归系数估计值 $\hat{\beta}$ 的方差以及扰动项 ε_t 的方差被低估，导致 OLS 方法计算得到的拟合优度 R^2 不能反映模型的真实 R^2，同时导致根据被低估的 $\hat{\beta}$ 方差所计算的预测区间不可靠。

3. 解决方法

1) 变换模型的数学形式

如果造成自相关的原因是错误地设定了模型中的数学形式，导致无法正确反映地理变量的真实情况，此时适当的方法就是改变初始的线性形式，使用其他数学形式进行估计，并重新检验在新的形势下所得残差 e_t (e_t 为随机误差 ε_t 的估计值)。如果此时不存在自相关,则认为该数学形式便是合适的模型。

2) 将自相关的变量引入模型中

如果造成自相关的原因是略去了具有自相关的解释变量,那么合适的处理方法是将这些被错误略去的解释变量重新引入模型中。例如,在消费函数中,t 期的消费不仅取决于 t 期的收入,还取决于前一期的收入水平,如果查明自相关性是由于略去的前一期收入水平 X_{t-1} 引起的,则只要将前一期收入 X_{t-1} 作为解释变量加入模型,模型中的自相关就会消除。即

$$C_t = \beta_0 + \beta_1 X_t + \beta_2 X_{t-1} + \varepsilon_t$$

式中,C_t 为 t 期的消费;X_t 为 t 期的收入;X_{t-1} 为前一期的收入。

3) 广义差分法

当上述两种来源的自相关消除后,就可以认为模型中仍然存在的自相关主要来源于随机扰动项本身。在这种情况下,对于一阶自相关的形式,解决的办法是变换原回归模型,通过变换消除随机扰动项中的自相关,自相关消除后再利用普通最小二乘法估计回归参数,这种估计方法称广义差分法。

广义差分法是将原模型变换为满足 OLS 法的差分模型,再进行 OLS 估计。如果原模型:

$$Y_i = \beta_0 + \beta_1 X_{1i} + \beta_2 X_{2i} + \cdots + \beta_k X_{ki} + \mu_i$$

存在:

$$\mu_i = \rho_1 \mu_{t-1} + \rho_2 \mu_{t-2} + \cdots + \rho_l \mu_{t-l} + \varepsilon_t$$

可以将原模型变换为

$$Y_t - \rho_1 Y_{t-1} - \cdots - \rho_l Y_{t-l} = \beta_0 (1 - \rho_1 - \cdots - \rho_l) + \beta_1 (X_{1t} - \rho_1 X_{1t-1} - \cdots - \rho_l X_{1t-l})$$
$$+ \cdots + \beta_k (X_{kt} - \rho_1 X_{kt-1} - \cdots - \rho_l X_{kt-l}) + \varepsilon_t$$

该模型为广义差分模型,不存在序列相关问题,可进行 OLS 估计。

7.2.3　自相关的检验方法

相关性检验方法的共同思路是:采用 OLS 估计模型,以求得随机干扰项的近似估计量,然后通过这些近似估计量之间的相关性,判断随机干扰项是否具有序列相关。主要相关性检验方法有四种:图示法、回归检验法、杜宾-瓦森(D-W)检验法、拉格朗日乘数(Lagrange multiplier, LM)检验/GB 检验。最好的检验方法应该是 GB 检验,适用于高阶序列相关及模型中存在滞后变量的情形。D-W 检验中,存在一个不能确定的 D-W 值区域,且仅能检测一阶自相关,对存在滞后被解释变量的模型无法检验。

1. D-W 检验法

1) D-W 检验的基本思想

对一阶线性自相关 $u_t = \rho u_{t-1} + v_t$,显然,当 $\rho = 0$ 时,u 不具有一阶线性自相关,当 $\rho \neq 0$ 时,u 具有一阶线性自相关。D-W 检验是通过构造统计量:

$$d = \frac{\sum\limits_{t=2}^{n} (\varepsilon_t - \varepsilon_{t-1})^2}{\sum\limits_{t=1}^{n} \varepsilon_t^2} \quad (\varepsilon_t = y_t - \widehat{y_t})$$

来建立 d 与 ρ 的近似关系，从而判断随机项 u 的自相关性。

事实上：

$$d = \frac{\sum_{t=2}^{n}(\varepsilon_t - \varepsilon_{t-1})^2}{\sum_{t=1}^{n}\varepsilon_t^2} = \frac{\sum_{t=2}^{n}\varepsilon_t^2 + \sum_{t=2}^{n}\varepsilon_{t-1}^2 - 2\sum_{t=2}^{n}\varepsilon_t\varepsilon_{t-1}}{\sum_{t=1}^{n}\varepsilon_t^2}$$

对于大样本(即 n 很大)来说，可以认为

$$\sum_{t=2}^{n}\varepsilon_{t-1}^2 \approx \sum_{t=2}^{n}\varepsilon_t^2 \approx \sum_{t=1}^{n}\varepsilon_t^2$$

于是上式可以改写成

$$d \approx \frac{2\sum_{t=2}^{n}\varepsilon_{t-1}^2 - 2\sum_{t=2}^{n}\varepsilon_t\varepsilon_{t-1}}{\sum_{t=2}^{n}\varepsilon_{t-1}^2} = 2\left(1 - \frac{\sum_{t=2}^{n}\varepsilon_t\varepsilon_{t-1}}{\sum_{t=2}^{n}\varepsilon_{t-1}^2}\right)$$

注意 ε_t 是随机项 μ_t 的估计量，便有

$$\hat{\rho} = \frac{\sum_{t=2}^{n}\varepsilon_t\varepsilon_{t-1}}{\sum_{t=2}^{n}\varepsilon_{t-1}^2}$$

$$d \approx 2(1 - \hat{\rho})$$

可以看出：如果 $\hat{\rho} = 0$ 则 $d \approx 2$；如果 $\hat{\rho} = 1$ 则 $d \approx 0$；如果 $\hat{\rho} = -1$ 则 $d \approx 4$。

因此，得出结论：① d 值为 0~4；② $d = 2$ 表明随机项 u 没有自相关，$d = 0$ 表明随机项有很强的正自相关($\hat{\rho} = 1$)，$d = 4$ 表明随机项 u 有很强的负自相关($\hat{\rho} = -1$)。由此可见，我们可以利用统计量 d 来对自相关系数 ρ 进行显著性检验。

杜宾-沃森证明了 d 的实际分布介于两个极限分布之间：一个称为下极限分布，其下临界值用 d_L 表示，另一个称为上极限分布，其下临界值用 d_U 表示；而下极限分布的上临界值为($4 - d_L$)，上极限分布的上临界值为($4 - d_U$)，如图 7.2.1 所示。

对于不同样本的 d_L 和 d_U 值的确定，可根据杜宾-沃森临界值表查出。

2) D-W 检验的步骤

综合上述分析过程，杜宾-沃森检验的过程可归纳如下。

(1) 建立零假设 $H_0: \rho = 0$；备择假设 $H_1: \rho \neq 0$。

(2) 用 OLS 法估计线性回归模型，并算出残差 $\varepsilon_t (t = 1, 2, \cdots, n)$。

(3) 根据第二式计算统计量 d 的现实值。

(4) 根据样本容量 n，自变量个数和显著水平 0.05(或 0.01)从 D-W 检验临界值表中查出

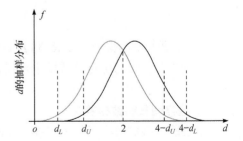

图 7.2.1　统计量 d 的极限分布和临界值

d_L 和 d_U 。

(5) 将 d 的现实值与临界值进行比较：若 $d < d_L$，则否定 H_0，即 u 存在一阶正自相关；若 $d > 4 - d_L$，则否定 H_0，即 u 存在一阶负自相关；若 $d_U < d < 4 - d_U$，则不否定，即 u 不存在自相关；若 $d_L \leqslant d \leqslant d_U$ 或 $-d_U \leqslant d \leqslant 4 - d_L$，则不能作结论。

3) 应用 D-W 检验应注意的问题

(1) D-W 检验法不适用自回归模型。因为在 D-W 表制作中假定了 u 是正态、同方差的，并且认为 x 确实是外生变量的情况下求出的，所以解释变量中有内生变量的滞后值，D-W 检验就不适用了。

(2) D-W 检验只适用于一阶线性自相关，对于高阶自相关或非线性自相关皆不适用。

(3) 一般要求样本容量至少为 15，否则很难对自相关的存在性作出明确的结论。

(4) 若出现 d 值落入不定区域，则不能作出结论。这时可以扩大样本容量或改用别的检验方法。

(5) 如果样本容量 n 不太大，则可采用公式

$$\hat{\rho} = \frac{\left(1 - \frac{d}{2}\right) + \left(\frac{k+1}{n}\right)^2}{1 - \left(\frac{k+1}{n}\right)^2}$$

来计算，式中，k 为模型中自变量的个数。此公式可以使 $\hat{\rho}$ 的偏倚程度减小。

2. 回归检验法

回归检验法的基本思想是：若 u 存在自相关，必然在它的估计量 ε 中反映出来。因此，我们可以对样本观测值首先应用最小二乘法(OLS)，求出 ε_t，然后对 ε_t 进行不同形式的自回归试验，从中找出满意的结果。它的具体步骤如下：

(1) 对样本观测值用 OLS 法建立线性回归模型，然后计算残差 ε_t。

(2) 由于事先不知道 u 自相关的类型，可以对不同形式的自回归结构进行试验，例如，

$$\varepsilon_t = \rho \varepsilon_{t-1} + v_t$$
$$\varepsilon_t = \rho_1 \varepsilon_{t-1} + \rho_2 \varepsilon_{t-2} + v_t$$
$$\varepsilon_t = \rho \varepsilon_{t-1}^2 + v_t$$
$$\varepsilon_t = \rho \sqrt{\varepsilon_{t-1}} + v_t$$

(3) 根据回归的拟合优度 R^2 和 $\hat{\rho}$ 的统计显著性，判断是否存在自相关。

这种检验方法的优点是适用于任何自相关形式，同时还可以给出自相关关系式中的系数估计值。

3. 拉格朗日乘数检验

拉格朗日乘数检验克服了 D-W 检验的缺陷，适合高阶序列相关以及模型中存在滞后被解释变量的情形。

对于模型 $Y_i = \beta_0 + \beta_1 X_{1i} + \beta_2 X_{2i} + \cdots + \beta_k X_{ki} + \mu_i$，如果怀疑随机扰动项存在 p 阶序列相关：

$$\mu_t = \rho_1 \mu_{t-1} + \rho_2 \mu_{t-2} + \cdots + \rho_p \mu_{t-p} + \varepsilon_t$$

GB 检验可用来检验如下受约束回归方程：

$$Y_t = \beta_0 + \beta_1 X_{1t} + \cdots + \beta_k X_{kt} + \rho_1 \mu_{t-1} + \cdots + \rho_p \mu_{t-p} + \varepsilon_t$$

约束条件为：H_0: $\rho_1 = \rho_2 = \cdots = \rho_p = 0$

约束条件 H_0 为真时，大样本下：

$$\text{LM} = nR^2 \sim \chi^2(p)$$

式中，n、R^2 为如下辅助回归的样本容量和可决系数：

$$\widetilde{e_t} = \beta_0 + \beta_1 X_{1t} + \cdots + \beta_k X_{kt} + \rho_1 \tilde{e}_{t-1} + \cdots + \rho_p \tilde{e}_{t-p} + \varepsilon_t$$

给定 α，查临界值 $\chi_\alpha^2(p)$，与 LM 值比较，作出判断，实际检验中，可从 1 阶、2 阶开始，逐次向更高阶检验。

4. 偏相关系数检验法

偏相关系数是衡量多个变量之间相关程度的重要指标，可用来判断自相关的类型。在分析过程中，为了排除相关关系的影响，应该使用偏相关系数(partial correlation，PAC)判断自相关性。这种方法不仅可判断有没有一阶自相关，还可以判断高阶自相关。

7.3　灰色关联分析

研究灰色系统的关键是如何使灰色系统白化、模型化、优化。人们通过隶属函数来使模糊概念量化；用随机变量和随机过程来研究事物的状态和运动，同样能将不确定量予以量化。随机过程就是一串随机变量的序列，在这个序列当中，每一个数据都可以被看作是一个随机变量。灰色预测视时间序列为随时间变化的灰色过程，通过累加生成和相减生成，逐步使灰色量白化，从而建立相应的模型并作出预测。客观系统所表现出来的现象尽管纷繁复杂，但其发展变化有着自己的客观逻辑规律。为了弄清楚系统内部的运行机理，灰色系统是通过对原始数据的收集与整理来寻求其发展变化的规律，通过散乱的数据系列去寻找系统内在的发展规律。

7.3.1　灰色系统概述

客观世界中存在很多其内部结构、参数以及特征并未全部被人们了解的系统，其作用原理不明确，内部因素难以辨识或之间关系隐蔽，行为特征很难准确把握，因此人们对其定量描述难度较大，很难建立客观的物理原型，同时也很难利用模型来模拟它。灰色系统的研究对象是"部分信息已知，部分信息未知"的贫信息不确定性系统，它可以利用灰色系统方法和模型技术，选择适当的序列算子，作用于部分已知信息，从而开发、挖掘出蕴含在系统观测数据中的重要信息，实现对现实世界的正确描述和认识。

1. 灰色系统定义

在科学研究中我们用"黑"表示信息未知，用"白"表示信息完全明确，用"灰"表示部分信息明确、部分信息不明确。相应地，信息完全明确的系统称为白色系统，信息未知的系统称为黑色系统，部分信息明确、部分信息不明确的系统称为灰色系统。

灰色系统是指对系统多少已经有了一些认识，但认识又不是很充足，可以直接观察到系统内部的基本状态但是仍然不能完全观测的系统。灰色系统具有层次、结构关系的模糊性，动态变化的随机性，指标数据的不完备或不确定性。它是部分信息已知而部分信息未知，信息不完全的系统。所谓"信息不完全"，一般是指：①系统因素不完全明确；②因素关系不完全清楚；③系统结构不完全清楚。

一般而言，灰色系统在大千世界中是大量存在的，绝对的白色或黑色系统是很少的，如地理系统、社会系统、经济系统、生态系统都是灰色系统。研究灰色系统的重要内容之一是如何从一个不甚明确的、整体信息不足的系统中抽象并建立起一个模型，该模型能使灰色系统的因素由不明确到明确，由知之甚少发展到知之较多。

客观世界中存在着的大大小小的各类系统，不仅不同系统之间的关系是灰的，同一系统中不同因素之间的关系也是灰的。对两个系统或两个因素之间关联性大小的度量，称为关联度。因为关联度反映了两个事物在发展过程中的关联程度，所以关联分析是灰色系统分析、预测和决策的基础。

白、灰、黑是相对于一定的认识层次而言的，因而具有相对性。区别白色系统与灰色系统的重要标志是系统内各因素之间是否具有确定的关系。

2. 灰色系统理论

1981 年，中国控制论专家邓聚龙教授首次提出灰色系统的概念，后来又陆续发表了许多关于灰色系统的论文和专著，建立了灰色系统理论，其核心内容就是要在少数据、少信息的不确定性背景下，通过对数据的处理与现象的分析，达到预测模型的建立、针对发展趋势的预测、事务的决策、系统的控制与状态有效合理的评估。灰色系统理论为贫信息情况下解决系统问题提供了新途径。

该理论以"部分信息已知，部分信息未知"的"少数据""贫信息"不确定性系统为研究对象，通过对"部分"已知信息的挖掘，提取有价值的信息，实现对系统运行行为、演化规律的正确描述和有效监控。它把一切随机过程看作是在一定范围内变化的、与时间有关的灰色过程，对灰色量不是从寻找统计规律的角度通过大样本进行研究，而是用数据生成的方法，将杂乱无章的原始数据整理成规律性较强的数列后再作研究。

现实世界中普遍存在的"少数据""贫信息"不确定性系统，为灰色系统理论提供了丰富的研究资源和广阔的发展空间。

1) 基本原理

在灰色系统理论创立和发展过程中，邓聚龙教授提炼了六个基本原理，这些基本原理有着较为深刻的哲学内涵，是灰色系统理论构建的基石。六个原理简述如下。

原理 1：差异信息原理。差异即信息，凡信息必有差异。事物 A 不同于事物 B，即含有事物 A 相对于事物 B 之特殊性的有关信息。这种"具有特殊性的信息"就是事物 A 与事物 B 之间的"差异"。客观世界中万事万物之间的"差异"为我们提供了认识世界的基本信息。

在学习生活中，如果信息 I 改变了我们对某一复杂事物的看法或认识，那么信息 I 与人们对该事物的原认识信息就是有差异的。科学研究中的重大突破为人们提供了认识世界、改造世界的重要信息，这类信息与原来的信息必有差异。信息 I 的信息含量越大，与原信息的差异就越大。

原理 2：解的非唯一性原理。信息不完全、不确定情况下的解是非唯一的。该原理是灰色系统理论解决实际问题所遵循的基本法则。"解的非唯一性原理"在决策上的体现是灰靶思想。灰靶是目标非唯一与目标可约束的统一。

"解的非唯一性原理"也是目标可接近、信息可补充、方案可完善、关系可协调、思维可多向、认识可深化、途径可优化的具体体现。在面对多种可能的解时，能够通过定性分析、补充信息，确定出一个或几个满意解。因此，"非唯一性"的求解途径是定性分析与定量分析相结合的求解途径。

原理 3：最少信息原理。灰色系统理论的特点是充分开发利用已占有的最少信息。"最少信息原理"是"少"与"多"的辩证统一，灰色系统理论的特色是研究具有"小数据、贫信息"特点的不确定性问题，其立足点是"有限信息空间"。因此，"最少信息"是灰色系统的基本准则。所能获得的"信息量"是判别"灰"与"非灰"的分水岭，充分开发利用已占有的"最少信息"是灰色系统理论解决问题的基本思路。

原理 4：认知根据原理。信息是认知的根据。认知必须以信息为依据，没有信息，无从认知。以完全、确定的信息为根据，可以获得完全确定的认知；以不完全、不确定的信息为根据，只能得到不完全、不确定的灰认知。

原理 5：新信息优先原理。新信息对认知的作用大于老信息。"新信息优先原理"是信息时效性的具体体现。新信息优先原理是灰色系统理论的信息观，赋予新信息较大的权重可以提高灰色建模、灰色预测、灰色分析、灰色评估、灰色决策等的功能。"新陈代谢"模型体现了"新信息优先原理"，新信息的补充为灰元白化提供了科学依据。

原理 6：灰性不灭原理。信息完全是相对的、暂时的；而信息不完全、不确定则是绝对的、永恒的，且具有普遍性。原有的不确定性消失，新的不确定性很快出现。

2) 灰数及其运算

灰色系统中灰色的基本含义是指信息不完全，包括元素信息不完全、结构信息不完全、边界信息不完全、运行行为信息不完全。灰色系统基于序列算子的作用，通过对原始数据处理，挖掘其变化规律，是一种就数据寻找数据的现实规律的途径。

a. 灰数定义

灰数是灰色系统理论的基本单元或细胞。我们把只知道大概范围而不知道其确切值的数称为灰数。在应用中，灰数实际上指在某一个区间或某个一般的数集内取值不确定的数。通常用记号 $\otimes$ 表示灰数。

灰数的种类如下。

(1) 仅有下界的灰数。有下界无上界的灰数记为

$$\otimes \in [a, -\infty]$$

式中，a 为灰数 $\otimes$ 的下确界，是确定的数，我们称 $[a, -\infty]$ 为 $\otimes$ 的取数域，简称 $\otimes$ 的灰域。

(2) 仅有上界的灰数。有上界而无下界的灰数记为

$$\otimes \in [-\infty, b]$$

式中，b 为灰数 $\otimes$ 的上确界，是确定的数。

(3) 区间灰数。既有下界又有上界的灰数称为区间灰数，记为

$$\otimes \in [a, b]$$

(4) 连续灰数与离散灰数。在某一区间内取有限个值的灰数称为离散灰数，取值连续地取满整个区间的灰数称为连续灰数。

(5) 黑数与白数。当 $\otimes \in (-\infty, +\infty)$，即当 $\otimes$ 的上界、下界皆为无穷，称 $\otimes$ 为黑数，当 $\otimes \in [a, b]$ 且 $a \neq b$ 时，称 $\otimes$ 为白数。

(6) 本征灰数与非本征灰数。本征灰数是指不能或暂时还不能找到一个白数作为其代表的灰数；非本征灰数是凭借某种手段，可以找到一个白数作为其代表的灰数。

b. 区间灰数的运算

设灰数 $\otimes_1 \in [a,b]$, $\otimes_2 \in [c,d]$　$(a<b,\ c<d)$

(1)　$\otimes_1 + \otimes_2 \in [a+c, b+d]$

(2)　$-\otimes_1 \in [-b, -a]$

(3)　$\otimes_1 - \otimes_2 = \otimes_1 + (-\otimes_2) \in [a-d, b-c]$

(4)　若 $ab>0$, 则 $\otimes_1 -1 \in \left[\dfrac{1}{b}, 1/a \right]$

(5)　$\otimes_1 \cdot \otimes_2 \in \left[\min\{ac, ad, bc, bd\},\ \max\{ac, ad, bc, bd\} \right]$

(6)　若 $cd>0$, 则

$$\otimes_1 / \otimes_2 = \otimes_1 \cdot \otimes_2^{-1} \in \left[\min\left\{ \frac{a}{c}, \frac{a}{d}, \frac{b}{c}, \frac{b}{d} \right\},\ \max\left\{ \frac{a}{c}, \frac{a}{d}, \frac{b}{c}, \frac{b}{d} \right\} \right]$$

(7)　若 k 为正实数, 则

$$k \otimes_1 \in [ka, kb]$$

c. 灰数白化与灰度

有一类灰数在某个基本值附近变动, 在系统分析过程中, 由于灰数信息缺乏, 通常以此基本信息值代替灰数来进行系统分析, 称此基本值为灰数的白化值, 而求解白化值的过程称为灰数的白化。

定义：形如 $\tilde{\otimes} = \alpha a + (1-\alpha)b,\ \alpha \in (0,1)$ 的白化称为等权白化。

定义：在等权白化中 $\alpha = \dfrac{1}{2}$ 而得到的白化值称为等权均值白化。

当区间灰数取值的分布信息缺乏时, 常采用等权均值白化。

定义：设区间灰数 $\otimes_1 \in [a,b], \otimes_2 \in [c,d]$　$(a<b,\ c<d)$

$$\tilde{\otimes}_1 = \alpha a + (1-\alpha)b \quad \alpha \in (0,1)$$

$$\tilde{\otimes} = \beta a + (1-\beta)b \quad \beta \in (0,1)$$

当 $\alpha = \beta$ 时, 称 $\otimes_1$ 与 $\otimes_2$ 取数一致；当 $\alpha \neq \beta$ 时, 称 $\otimes_1$ 与 $\otimes_2$ 取数不一致。

d. 灰数的分类

从灰数产生的本质划分, 灰数可分为信息型、概念型和层次型三种。

信息型灰数指因暂时缺乏信息而不能肯定其取值的数。例如, 预计某学校明年的招生人数在 5000 人以上, $\otimes \in [5000, \infty]$；预计南京十月份最高气温不超过 30℃, $\otimes \in [0,30]$。由于暂时缺乏信息, 不能肯定某数的确切取值, 而到一定时间后, 通过信息补充, 灰数可以完全变白。

概念型灰数也称意愿型灰数, 指由人们的某种观念、意愿形成的灰数。例如, 某公司投放一种新产品到市场, 希望获得不低于 100 万的利润, 且越多越好, $\otimes \in [100, \infty]$；某工厂废品率为 1%, 希望大幅度降低, 当然越小越好, $\otimes \in [0, 0.01]$。

层次型灰数是由层次改变形成的灰数。例如，一个人的身高以厘米为单位度量是白的，若精确到万分之一微米就成灰的了。再如，叫张三的人，某个学校只有 1 人，全市大学有 6～10 人，$\otimes \in [6,10]$ 已是灰数，若在全国范围内考虑，就更加说不清楚了。

3) 灰色序列的生成

灰色系统理论是通过对原始数据的整理来寻求其变化规律的，原始数据中的信息是不完全的，往往通过对原始数据的挖掘和整理来降低信息的不确定性，这一数据预处理过程称为灰色序列的生成。生成灰色序列的方法称为序列算子。生成灰色序列的常用算子有缓冲算子、均值算子和累加算子等。

a. 冲击扰动序列

设 $X^{(0)} = [x^{(0)}(1), x^{(0)}(2), \cdots, x^{(0)}(n)]$ 为系统真实行为序列，而观测到的系统行为数据序列为

$$X = (x(1), x(2), \cdots, x(n))$$
$$= (x^{(0)}(1) + \varepsilon_1, x^{(0)}(2) + \varepsilon_2, \cdots, x^{(0)}(n) + \varepsilon_n) = X^{(0)} + \varepsilon$$

式中，$\varepsilon = (\varepsilon_1, \varepsilon_2, \cdots, \varepsilon_n)$ 为冲击扰动项，则称 X 为冲击扰动序列。

b. 缓冲算子

设 $X = (x(1), x(2), \cdots, x(n))$ 为原始序列，D 为作用于 X 的算子，X 经过算子 D 作用后所得序列记为 $XD = (x(1)d, x(2)d, \cdots, x(n)d)$，称 D 为序列算子(sequence operator)，称 XD 为一次算子缓冲序列。

序列算子的作用可以多次进行，相应地，称 $XD_1D_2 = (x(1)d_1d_2, x(2)d_1d_2, \cdots, x(n)d_1d_2)$ 为二次算子缓冲序列，称 $XD_1D_2D_3 = (x(1)d_1d_2d_3, x(2)d_1d_2d_3, \cdots, x(n)d_1d_2d_3)$ 为三次算子缓冲序列等。

序列算子 D 可根据原始序列受冲击波干扰的情况进行适当定义。

c. 均值生成算子

在原始数据中，常常出现空缺或者异常值。均值生成是常用的构造新数据、填补老序列空穴、生成新序列的方法。

定义 1　设序列 $X = (x(1), x(2), \cdots, x(k), x(k+1), \cdots, x(n))$，$x(k)$ 与 $x(k+1)$ 为 X 的一对紧邻值，$x(k)$ 称为前值，$X(k+1)$ 称为后值。若 $x(n)$ 为新信息，则对任意 $k \leqslant n-1$，$x(k)$ 为老信息。

定义 2　设序列 X 在 k 处有空穴，记为 $\varnothing(k)$ 即

$$X = (x(1), x(2), \cdots, x(k), \varnothing(k), x(k+1), \cdots, x(n))$$

则称 $x(k-1)$ 与 $x(k+1)$ 为 $\varnothing(k)$ 的界值，$x(k-1)$ 为前界，$x(k+1)$ 为后界。当 $\varnothing(k)$ 由 $x(k-1)$ 和 $x(k+1)$ 生成时，称生成值 $x(k)$ 为 $[x(k), x(k+1)]$ 的内点。

定义 3　设 $x(k)$ 与 $x(k-1)$ 为序列 X 中的一对紧邻值，若有 $x(k-1)$ 为老信息，$x(k)$ 为新信息，$x^*(k) = \alpha x(k) + (1-\alpha) x(k-1)$，$\alpha \in [0,1]$，则称 $x^*(k)$ 为由新信息与老信息在生成系数 α 下的生成值，当 $\alpha > 0.5$ 时，称 $x^*(k)$ 的生成是重新信息、轻老信息生成；当 $\alpha < 0.5$ 时，称 $x^*(k)$ 的生成是重老信息、轻新信息生成；当 $\alpha = 0.5$ 时，称 $x^*(k)$ 的生成为非偏生成。

定义 4　设 $X = (x(1), x(2), \cdots, x(k), \varnothing(k), x(k+1), \cdots, x(n))$ 为在 k 处有空穴 $\varnothing(k)$ 的序列，而 $x^*(k) = 0.5x(k-1) + 0.5x(k+1)$ 为非紧邻均值生成数。用非紧邻均值生成数填补空穴所得的序列称为非紧邻均值生成序列。

定义 5　设序列 $X = (x(1), x(2), \cdots, x(n))$，若 $x^*(k) = 0.5x(k) + 0.5x(k-1)$，则称 $x^*(k)$ 为紧邻

均值生成数。由紧邻均值生成数构成的序列称为紧邻均值生成序列。在灰色模型(grey model，GM)建模中，常用紧邻信息的均值生成，它是以原始序列为基础构造新序列的方法。

当序列的起点 $x(1)$ 和终点 $x(n)$ 为空穴，就无法采用均值生成填补空缺，只有转而采用别的方法，如级比生成和光滑比生成就是常用的填补序列端点空穴的方法。

3. 不确定性系统研究方法

概率统计、模糊数学和灰色系统理论是三种最常用的不确定性系统研究方法。

模糊数学着重研究认知不确定问题，其研究对象具有内含明确、外延不明确的特点。对于这类内含明确、外延不明确的认知不确定问题，模糊数学主要是凭经验借助于隶属函数进行处理。灰色系统与模糊数学的区别主要在于对系统内涵与外延的处理态度，研究对象内含与外延的性质不同。灰色概念着重研究外延明确、内含不明确的对象；模糊概念则是研究内含明确、外延不明确的对象。

概率统计研究的是随机不确定现象，着重考察随机不确定现象的历史统计规律，考察具有多种可能发生的结果的随机不确定现象中每一种结果发生的可能性的大小，其出发点是大样本且对象服从某种典型分布。有些随机事件无规律可循，但不少是有规律的，这些有规律的随机事件在大量重复出现的条件下，往往呈现几乎必然的统计特性。很多个因素独立同分布并且可以叠加，那么叠加结果就会接近正态分布(中心极限定理)。依据大数定律，样本数量很大的时候，样本均值和真实均值充分接近。

灰色系统理论着重研究概率统计、模糊数学难以解决的小样本、贫信息不确定性问题，着重研究外延明确，内含不明确的对象。针对部分信息明确，部分信息未知的小样本、贫信息不确定性问题，它通过对已知部分信息的生成去开发了解、认识现实世界，实现对系统运行行为和演化规律的正确把握和描述，并依据信息覆盖，通过序列算子的作用探索事物运动的现实规律。其特点是少数据建模。

灰色系统理论经过 40 年的发展，已基本建立起一门新兴的结构体系，其研究内容主要包括灰色系统建模理论、灰色系统控制理论、灰色关联分析方法、灰色预测方法、灰色规划方法、灰色决策方法等。

灰色序列预测是指利用动态 GM 模型，对系统的时间序列进行数量大小的预测，即对系统的主行为特征量或某项指标，发展变化到未来特定时刻出现的数值进行预测。

7.3.2　灰色模型构建

系统被噪声污染后，原始数据序列呈现出离乱的情况，这种离乱的数列也是一种灰色数列，或者灰色过程。对灰色过程建立模型，称为灰色模型，用以描述灰色系统内部事物连续变化过程，对事物发展规律作出模糊性的长期描述。

1. 灰色系统理论建模前提

灰色系统理论之所以能够建立微分方程模型，是基于下述概念、观点和方法。

(1) 灰色理论将随机变量当作一定范围内变化的灰色变量，将随机过程当作一定范围、一定时区内变化的灰色过程。

(2) 灰色理论将无规律的原始数据经生成后，使其变为较有规律的生成数列再建模，所以 GM 模型实际上是生成数列模型。

(3) 灰色理论按开集拓扑定义了数列的时间测度，进而定义了信息浓度，定义了灰导数与灰微分方程。

(4) 灰色理论通过灰数的不同生成方式，数据的不同取舍以及残差的 GM 模型来调整、修正、提高精度。

(5) 灰色理论模型基于关联度的概念及关联度收敛原理。

(6) GM 模型一般采用三种检验，即残差、关联度、后验差检验。残差检验是按点检验，关联度检验是建立的模型与指定函数之间近似性的检验，后验差检验是残差分布随机特性的检验。

(7) 对于高阶系统建模，灰色理论是通过 GM$(1, N)$ 模型解决的。

(8) GM 模型所得数据必须经过逆生成做还原后才能使用。

2. GM 模型的数学原理

灰色系统理论与方法的核心是灰色动态模型，其特点是生成函数和灰色微分方程。灰色动态模型是以灰色生成函数概念为基础，以微分拟合为核心的建模方法。灰色系统理论认为：一切随机量都是在一定范围内、一定时段上变化的灰色量和灰过程，对于灰色量的处理不是寻求它的统计规律和概率分布，而是将杂乱无章的原始数据列，通过一定的方法处理，变成比较有规律的时间序列数据，即以数找数的规律，再建立动态模型。对于原始数据以一定方法进行处理，其目的有二：①为建立模型提供中间信息；②将原始数据的波动性弱化。

若给定原始时间数据列：$X^{(0)}(X^{(0)}(1), X^{(0)}(2), \cdots, X^{(0)}(n))$。这些数据多为无规律、随机、有明显的摆动，若将原始数据列进行一次累加生成，获得新的数据列：$X^{(1)}(X^{(1)}(1), X^{(1)}(2), \cdots, X^{(1)}(n))$。其中：

$$X^{(1)}(i) = \sum_{k=1}^{i} X^{(0)}(k) \quad (i = 1, 2, \cdots, n)$$

新生成的数据列为一条单调增长的曲线，增加了原始数据列的规律性，而弱化了波动性。

灰色系统建模思想是直接将时间序列转化为微分方程，从而建立抽象系统的发展变化动态模型。建立的 GM(h, n) 模型是微分方程的时间连续函数模型，括号中的 h 表示方程的阶数，n 表示变量的个数。

用原始数据组成原始序列(0)，经累加生成法生成序列(1)，可以弱化原始数据的随机性，使其呈现出较为明显的特征规律。对生成变换后的序列(1)建立微分方程型的模型即 GM 模型。GM$(1, 1)$ 模型表示 1 阶的、1 个变量的微分方程模型。GM$(1, 1)$ 模型群中，新陈代谢模型是最理想的模型。这是因为任何一个灰色系统在发展过程中，随着时间的推移，将会不断地有一些随机扰动和驱动因素进入系统，使系统的发展相继地受其影响。用 GM$(1, 1)$ 模型进行预测，精度较高的仅仅是原点数据(0)(n)以后的 1 到 2 个数据，即预测时刻越远预测的意义越弱。而新陈代谢 GM$(1, 1)$模型的基本思想为越接近的数据，对未来的影响越大。也就是说，在不断补充新信息的同时，去掉意义不大的老信息，这样的建模序列更能动态地反映系统最新的特征，这实际上是一种动态预测模型。

3. 建模基本思路

灰色系统建模的基本思路可以概括为以下几点：

(1) 定性分析是建模的前提。

(2) 定量模型是定性分析的具体化。

(3) 定性与定量紧密结合，相互补充。

(4) 明确系统因素，弄清因素间的关系及因素与系统的关系是系统研究的核心。

(5) 因素分析不应停留在一种状态上，而应考虑到时间推移、状态变化，即系统行为的研究要动态化。

(6) 因素间的关系及因素与系统的关系不是绝对的，而是相对的。

(7) 为了将控制论中卓有成效的方法和成果推广到社会、经济、农业、生态等研究领域中，系统模型应控制化。

(8) 要通过模型了解系统的基本控制性能，如是否可控、变化过程是否可观测等。

(9) 要通过模型对系统进行诊断，搞清现状，揭示潜在的问题。

(10) 应从模型获得尽可能多的信息，特别是发展变化信息。例如，系统是能够持续不断发展的，还是有限度的？对于持续发展的系统，它是单调地发展，还是有波动的发展？是迅猛地发展，还是缓慢地发展？对于有一定发展限度的系统，其极限值是多少？它是单调地达到极限，还是有摆动地达到极限？是迅速地达到极限，还是缓慢地达到极限？系统发展过程中有没有冲击？

(11) 建立模型常用的数据有以下几种：①科学实验数据；②经验数据；③生产数据；④决策数据。

(12) 序列生成是建立灰色模型的基础数据。

(13) 对于满足准光滑条件的序列，可以建立 GM 微分模型。一般非负序列累加生成后，可得到准光滑序列。

(14) 通过灰数的不同生成方式、数据的不同取舍、不同级别的残差 GM 模型来调整、修正、提高模型精度。

(15) 灰色理论采用三种方法检验、判断模型的精度：①残差大小检验，是对模型值和实际值的误差进行逐点检验；②关联度检验，通过考察模型值曲线与建模序列曲线的相似程度进行检验；③后验差检验，是对残差分布的统计特性进行检验。

4. 灰色系统建模步骤

系统模型的建立，一般要经历开发思想、因素分析、量化、动态化、优化五个步骤，故称为五步建模。

第一步：开发思想，形成概念，通过定性分析、研究，明确研究的方向、目标、途径、措施，并将结果用准确简练的语言加以表达，这便是语言模型。

第二步：对语言模型中的因素及各因素之间的关系进行剖析，找出影响事物发展的前因、后果。一对前因后果(或一组前因与一个后果)构成一个环节。一个系统包含许多个这样的环节。有时，同一个量既是一个环节的前因，又是另一环节的后果。将所有这些关系连接起来，便得到一个相互关联的、由多个环节构成的框图，即为网络模型。

第三步：对各环节的因果关系进行量化研究，初步得出低层次的概略量化关系，即为量化模型。

第四步：进一步收集各环节输入数据和输出数据，利用所得数据序列，建立动态 GM 模型，即动态模型。动态模型是高层次的量化模型，更为深刻地揭示出输入与输出之间的数量关系或转换规律，是系统分析、优化的基础。

第五步：对动态模型进行系统研究和分析，通过结构、机理、参数的调整，进行系统重组，达到优化配置、改善系统动态品质的目的。这样得到的模型，称为优化模型。

五步建模的全过程，是在五个不同阶段五种模型的建立过程，即语言模型→网络模型→

量化模型→动态模型→优化模型。

　　在建模过程中，要不断地将下面阶段中得到的结果向回反馈，经过多次循环往复，使整个模型逐步趋于完善。

　　灰色系统理论建模的主要任务是根据灰色系统的行为特征数据，充分开发并利用不多的数据中的显信息和隐信息，寻找因素间或因素本身的数学关系。通常的办法是采用离散模型，建立一个按时间做逐段分析的模型。但是，离散模型只能对客观系统的发展作短期分析，适应不了从现在起作较长远的分析、规划、决策的要求。尽管联系系统的离散近似模型对许多工程应用是有用的，但在某些领域中，人们却常常希望使用微分方程模型。事实上，微分方程的系数描述了我们所希望辨识的系统内部的物理或化学过程的本质。

　　灰色系统理论首先基于对客观系统的新认识。尽管某些系统的信息不够充分，但系统必然是有特定功能和有序的，只是其内在规律并非充分外露。有些随机量、无规则的干扰成分以及杂乱无章的数据列，从灰色系统的观点来看，并不认为是不可捉摸的。相反地，灰色系统理论将随机量看作是在一定范围内变化的灰色量，可以按适当的办法将原始数据进行处理，将灰色数变化为生成数，从生成数进而得到规律性较强的生成函数。例如，某些系统的数据经处理后呈现出指数规律，这是由于大多数系统都是广义的能量系统，而指数规律是能量变化的一种规律。灰色系统理论的量化基础是生成数，从而突破了概率统计的局限性，使其结果不再是过去依据大量数据得到的经验性的统计规律，而是现实性的生成规律。这种使灰色系统变得尽量清晰明了的过程被称为白化。

7.3.3　灰色关联方法

　　一般的抽象系统都包含许多影响因素，多种因素共同作用的结果决定了系统的发展态势。我们希望从众多的因素中判断出哪些是主要因素、哪些是次要因素。这些属于系统分析的内容，数理统计中的回归分析、方差分析、主成分分析等都可以用来进行系统分析。这些方法的不足之处是：①要求有大量的数据；②要求样本服从某一种典型概率分布，各因素数据与系统特征数据之间呈线性关系且各因素之间彼此无关；③计算量大；④可能出现量化结果与定性分析结果不符的情况。灰色关联分析方法的基本思想是根据序列曲线几何形状的相似程度来判断其联系是否紧密，曲线越接近，相应序列之间的关联度越大，反之越小。对一个抽象系统或现象进行分析，首先要选准反映系统行为特征的数据序列，我们称之为找系统行为的映射量，之后用映射量来间接地表征系统行为。

1. 灰色关联因素和关联算子集

　　定义 1　设 X_i 为系统因素，其在序号 k 上的观测数据为 $x_i(k),\ k=1,2,\cdots,n$ ，则称 $X_i=(x_i(1),x_i(2),\cdots,x_i(n))$ 为因素 X_i 的行为序列。

　　若 k 为时间序号，$x_i(k)$ 为因素 X_i 在 k 时刻的观测数据，则称 $X_i=(x_i(1),x_i(2),\cdots,x_i(n))$ 为因素 X_i 的行为时间序列。

　　若 k 为指标序号，$x_i(k)$ 为因素 X_i 关于第 k 个指标的观测数据，则称 $X_i=(x_i(1),x_i(2),\cdots,x_i(n))$ 为因素 X_i 的行为指标序列。

　　若 k 为观测对象序号，$x_i(k)$ 为因素关于第 k 个对象的观测数据，则称 $X_i=(x_i(1),x_i(2),\cdots,x_i(n))$ 为因素 X_i 的行为横向序列。

　　无论是时间序列数据、指标序列数据还是横向序列数据，都可以用来作关联分析。

定义 2　设 $X_i = (x_i(1), x_i(2), \cdots, x_i(n))$ 为因素 X_i 的行为序列，D_1 为序列算子，且 $X_iD_1 = (x_i(1)d_1, x_i(2)d_1, \cdots, x_i(n)d_1)$，其中，$x_i(k)d_1 = \dfrac{x_i(k)}{x_i(1)}(k=1,2,\cdots,n)$，则称 D_1 为初值化算子；X_i 为原像；X_iD_1 为 X_i 在初值化算子 D_1 下的像，简称初值像。

定义 3　设 $X_i = (x_i(1), x_i(2), \cdots, x_i(n))$ 为因素 X_i 的行为序列，D_2 为序列算子，且 $X_iD_2 = (x_i(1)d_2, x_i(2)d_2, \cdots, x_i(n)d_2)$，其中，$x_i(k)d_2 = \dfrac{x_i(k)}{\overline{X_i}}$；$\overline{X_i} = \dfrac{1}{n}\sum_{i=1}^{n} x_i(k)(k=1,2,\cdots,n)$，则称 D_2 为均值化算子；X_iD_2 为 X_i 在均值化算子 D_2 下的像，简称均值像。

定义 4　设 $X_i = (x_i(1), x_i(2), \cdots, x_i(n))$ 为因素 X_i 的行为序列，D_3 为序列算子，且 $X_iD_3 = (x_i(1)d_3, x_i(2)d_3, \cdots, x_i(n)d_3)$，其中，$x_i(k)d_3 = \dfrac{x_i(k) - \min x_i(k)}{\max x_i(k) - \min x_i(k)}(k=1,2,\cdots,n)$，则称 D_3 为区间化算子；X_iD_3 为区间值像。

命题 1　初值化算子 D_1、均值化算子 D_2 和区间值化算子 D_3 皆可以使系统行为序列无量纲化，且在数量上规一。一般地，$D_1D_2D_3$ 不宜混合、重叠使用。

定义 5　设 $X_i = (x_i(1), x_i(2), \cdots, x_i(n))$，$x_i(k) \in [0,1]$ 为因素 X_i 的行为序列；D_4 为序列算子，且 $X_iD_4 = (x_i(1)d_4, x_i(2)d_4, \cdots, x_i(n)d_4)$，其中，$x_i(k)d_4 = 1 - x_i(k)(k=1,2,\cdots,n)$，则称 D_4 为逆化算子；X_iD_4 为 X_i 在逆化算子 D_4 下的像，简称逆化像。

定义 6　设 $X_i = (x_i(1), x_i(2), \cdots, x_i(n))$ 为因素 X_i 的行为序列，D_5 为序列算子，且 $X_iD_5 = (x_i(1)d_5, x_i(2)d_5, \cdots, x_i(n)d_5)$，其中，$x_i(k)d_5 = \dfrac{1}{x_i(k)}(k=1,2,\cdots,n)$，则称 D_5 为倒数化算子；X_iD_5 为倒数化像。

命题 2　若系统因素 X_i 与系统主行为 X_0 成负相关关系，则 X_i 的逆化算子作用像 X_iD_4 和倒数化作用像 X_iD_5 与 X_0 具有正相关关系。

2. 灰色关联公理与灰色关联度

从几何角度看，关联程度实质上是参考数列与比较数列曲线形状的相似程度。如果比较数列与参考数列的曲线形状接近，则两者间的关联度较大；反之，如果曲线形状相差较大，则两者间的关联度较小。因此，可用曲线间的差值大小作为关联度的衡量标准。

1) 灰色关联公理

定义 1　设 $X_i = (x_i(1), x_i(2), \cdots, x_i(n))$，则

$$X = \{x(k) + (t-k)[x(k+1) - x(k)] \mid k=1,2,\cdots,n-1; \; t \in [k,k+1]\}$$

为序列 X 所对应的折线。

这里，我们对序列和折线采用了相同的记号。为叙述简便起见，在讨论时，往往对序列和它所对应的折线不加区别。

命题 1　设系统特征行为序列 X_0 为增长序列，X_i 为相关因素行为序列，则有

(1) 当 X_i 为增长序列时，X_i 与 X_0 为正相关关系。

(2) 当 X_i 为衰减序列时，X_i 与 X_0 为负相关关系。

由于负相关序列可通过 7.3.3 节中定义的逆化算子或倒数化算子作用转化为正相关序列，故我们重点研究正相关关系。

定义 2　设序列 $X = (x(1), x(2), \cdots, x(n))$，则

(1)　$\alpha = (x(k) - x(k-1))(k = 2,3,\cdots,n)$，为 X 在区间 $[k-1,k]$ 上的斜率。

(2)　$\alpha = \dfrac{x(s) - x(k)}{s - k}(s > k, k = 1,2,\cdots,n-1)$，为 X 在区间 $[k,s]$ 上的斜率。

(3)　$\alpha = \dfrac{1}{n-1}(x(n) - x(1))$ 为 X 的平均斜率。

定理 1　设 X_i，X_j 皆为非负增长序列，$X_j = X_i + c$，c 为非零常数，D_1 为初值化算子，且 $Y_i = X_i D_1$，$Y_j = X_j D_1$ 分别为 X_i、X_j 的初值像；α_i、α_j 分别为 X_i、X_j 的平均斜率；β_i、β_j 分别为 Y_i、Y_j 的平均斜率，则必有①$\alpha_i = \alpha_j$；②当 $c < 0$ 时，$\beta_i < \beta_j$；当 $c > 0$ 时，$\beta_i > \beta_j$。

上述定理反映出序列的增值特性，当两个增长序列的绝对值量相同时，初值小的序列的相对增长速度要高于初值大的序列，如果要保持相同的增长速度，初值大的序列的绝对增量必须大于初值小的序列。

定义 3　设 $X_0 = (x_0(1), x_0(2), \cdots, x_0(n))$；$X_1 = (x_1(1), x_1(2), \cdots, x_1(n))$；$X_i = (x_i(1), x_i(2), \cdots, x_i(n))$；$X_m = (x_m(1), x_m(2), \cdots, x_m(n))$ 为相关因素序列，给定实数 $\gamma(x_0(k), x_i(k))$，若实数 $\gamma(X_0, X_i) = \dfrac{1}{n}\sum_{k=1}^{n}\gamma(x_0(k), x_i(k))$ 满足①规范性，$0 < \gamma(X_0, X_i) \leqslant 1$，$\gamma(X_0, X_i) = 1 \Leftarrow X_0 = X_i$；②整体性，对于 $X_i, X_j \in X = \{X_s \mid s = 0,1,2,\cdots,m;\ m \geqslant 2\}$，有 $\gamma(X_i, X_j) \neq \gamma(X_j, X_i)(i \neq j)$；③偶对对称性，对于 $X_i, X_j \in X$，有 $\gamma(X_i, X_j) = \gamma(X_j, X_i) \Leftrightarrow X = \{X_i, X_j\}$；④接近性，$|x_0(k) - x_i(k)|$ 越小，$\gamma(x_0(k), x_i(k))$ 越大，则称 $\gamma(X_0, X_i)$ 为 X_i 与 X_0 的灰色关联度；$\gamma(x_0(k), x_i(k))$ 为 X_i 与 X_0 在 k 点的关联系数；并称条件①②③④为灰色关联四公理。

在灰色关联公理中，$\gamma(X_0, X_i) \in (0,1]$ 表明系统中任何两个行为序列都不可能是严格无关联的。整体性则体现了环境对灰色关联比较的影响，环境不同，灰色关联度也随之变化，因此对称原理不一定满足。偶对对称性表明，当灰色关联因子集中只有两个序列时，两两比较满足对称性。接近性是对关联度量化的约束。

2) 灰色关联度

对于两系统之间的因素，其随时间或不同对象而变化的关联性的大小的量度，称为关联度。在系统发展过程中，若两个因素变化的趋势具有一致性，即变化程度较高，即可谓二者的关联度较高；反之，则较低。因此，灰色关联度分析方法，是根据因素之间发展趋势的相似或相异程度，即灰色关联度作为衡量因素之间关联程度的一种方法。

定理 2　设系统行为序列：

$$X_0 = (x_0(1), x_0(2), \cdots, x_0(n))$$
$$X_1 = (x_1(1), x_1(2), \cdots, x_1(n))$$
$$X_i = (x_i(1), x_i(2), \cdots, x_i(n))$$
$$X_m = (x_m(1), x_m(2), \cdots, x_m(n))$$

对于 $\xi \in (0,1)$，令：

$$\gamma(x_0(k), x_i(k)) = \frac{\min\limits_{i}\min\limits_{k}|x_0(k) - x_i(k)| + \xi\max\limits_{i}\max\limits_{k}|x_0(k) - x_i(k)|}{|x_0(k) - x_i(k)| + \xi\max\limits_{i}\max\limits_{k}|x_0(k) - x_i(k)|}$$

$$\gamma(X_0, X_i) = \frac{1}{n}\sum_{k=1}^{n}\gamma(x_0(k), x_i(k))$$

则 $\gamma(X_0, X_i)$ 满足灰色关联四公理，其中，ξ 称为分辨系数；$\gamma(X_0, X_i)$ 称为 X_0 与 X_i 的灰色关联度。

灰色关联度 $\gamma(X_0, X_i)$ 常简记为 γ_{0i}；k 点关联系数 $\gamma(x_0(k), x_i(k))$ 常简记为 $\gamma_{0i}(k)$。

按照定理2中定义的算式可得灰色关联度的计算步骤如下：

第一步，求各序列的初值像(或均值像)。令

$$X_i' = X_i/x_i(1) = \left(x_i'(1), x_i'(2), \cdots, x_i'(n)\right) \quad (i = 0, 1, 2, \cdots, m)$$

第二步，求差序列。记：

$$\Delta_i(k) = \left|x_0'(k) - x_i'(k)\right|$$

$$\Delta_i = [\Delta_i(1), \Delta_i(2), \cdots, \Delta_i(n)] \quad (i = 1, 2, \cdots, m)$$

第三步，求两极最大差与最小差。记：

$$M = \max_i \max_k \Delta_i(k), \quad m = \min_i \min_k \Delta_i(k)$$

第四步，求关联系数，即

$$\gamma_{0i}(k) = \frac{m + \xi M}{\Delta_i(k) + \xi M}, \quad \xi \in (0,1) \quad (k = 1, 2, \cdots, n; \ i = 1, 2, \cdots, m)$$

第五步，计算关联度。

因为关联系数是比较数列与参考数列在各个时刻(即曲线中的各点)的关联程度值，所以它的数不止一个，而信息过于分散不便于进行整体性比较。因此有必要将各个时刻(即曲线中的各点)的关联系数集中为一个值，也就是求其平均值，作为比较数列与参考数列间关联程度的数量表示：

$$\gamma_{0i} = \frac{1}{n}\sum_{k=1}^{n}\gamma_{0i}(k) \quad (i = 1, 2, \cdots, m)$$

3. 广义灰色关联度

1) 绝对灰色关联度

命题1　设行为序列 $X_i = (x_i(1), x_i(2), \cdots, x_i(n))$，记折线 $(x_i(1) - x_i(1), x_i(2) - x_i(1), \cdots, x_i(n) - x_i(1))$ 为 $X_i - x_i(1)$，令

$$s_i = \int_1^n (X_i - x_i(1))\mathrm{d}t$$

则①当 X_i 为增长序列时，$s_i \geqslant 0$；②当 X_i 为增长序列时，$s_i \leqslant 0$；③当 X_i 为增长序列时，s_i 符号不定。

定义1　设行为序列 $X_i = (x_i(1), x_i(2), \cdots, x_i(n))$；$D$ 为序列算子，且 $X_iD = (x_i(1)d, x_i(2)d, \cdots, x_i(n)d)$，其中，$x_i(k)d = x_i(k) - x_i(1), \ k = 1, 2, \cdots, n$，则称 D 为始点零化算子，X_iD 为 X_i 的始点零化像，记为

$$X_iD = X_i^0 = (x_i^0(1), x_i^0(2), \cdots, x_i^0(n))$$

命题2 设行为序列 $X_i = (x_i(1), x_i(2), \cdots, x_i(n))$; $X_j = (x_j(1), x_j(2), \cdots, x_j(n))$ 的始点零化像分别为 $X_i^0 = (x_i^0(1), x_i^0(2), \cdots, x_i^0(n))$, $X_j^0 = (x_j^0(1), x_j^0(2), \cdots, x_j^0(n))$ 。

令

$$s_i - s_j = \int_1^n (X_i^0 - X_j^0) \mathrm{d}t$$

则①若 X_i^0 恒在 X_j^0 上方, $s_i - s_j \geqslant 0$; ②若 X_i^0 恒在 X_j^0 下方, $s_i - s_j \leqslant 0$; ③若 X_i^0 与 X_j^0 相交, $s_i - s_j$ 符号不定。

定义2 称序列 X_i 各个观测数据间时距之和为 X_i 的长度。需注意长度相等的两个序列中的观测数据个数不一定一样多。例如, $X_1 = (x_1(1), x_1(3), x_1(6))$, $X_2 = (x_2(1), x_2(3), x_2(5), x_2(6))$, $X_3 = (x_3(1), x_3(2), x_3(3), x_3(4), x_3(5), x_2(6))$, 3 个序列的长度都是 5, 但数据个数不同。

若序列 x 各对相邻观测数据间时距相同, 则称 x 为等时距序列。若其时距 $l \neq 1$, 则时距轴 $t: T \to T$, $t \to t/l$, 可将 x 化为 1- 时距序列。

定义3 设序列 X_0 与 X_i 的长度相等, 则称

$$\varepsilon_{0i} = \frac{1 + |s_0| + |s_i|}{1 + |s_0| + |s_i| + |s_0 - s_i|}$$

为 X_0 与 X_i 的灰色绝对关联度。灰色绝对关联度满足灰色关联公理中的规范性、偶对对称性与接近性, 但不满足整体性。

引理 设序列 X_0 与 X_i 的长度相同, 且皆为 1- 时距, 而 $X_0^0 = [x_0^0(1), x_0^0(2), \cdots, x_0^0(n)]$; $X_i^0 = [x_i^0(1), x_i^0(2), \cdots, x_i^0(n)]$ 分别为 X_0 和 X_i 的始点零化像, 则

$$|S_0| = \left| \sum_{k=2}^{n-1} x_0^0(k) + \frac{1}{2} x_0^0(n) \right|$$

$$|S_i| = \left| \sum_{k=2}^{n-1} x_i^0(k) + \frac{1}{2} x_i^0(n) \right|$$

$$|S_0 - S_i| = \left| \sum_{k=2}^{n-1} (x_i^0(k) - x_0^0(k)) + \frac{1}{2} (x_i^0(n) - x_0^0(n)) \right|$$

定理3 设序列 X_0 和 X_i 的长度相同, 当它们时距不同或至少有一个为非等时距序列时, 若通过均值生成填补相应空穴使之化成时距相等的等时距序列, 则此时灰色绝对关联度不变。

定理4 灰色绝对关联度 ε_{0i} 具有下列性质。

(1) $0 < \varepsilon_{0i} \leqslant 1$。

(2) ε_{0i} 只与 X_0 和 X_i 的几何形状有关, 而与其空间相对位置无关。

(3) 两个序列都不是绝对无关的, 即 ε_{0i} 恒不为 0。

(4) X_0 和 X_i 几何上的相似程度越大, ε_{0i} 越大。

(5) X_0 和 X_i 的长度变化, ε_{0i} 亦变。

(6) 当 X_0 或 X_i 的任一个观测数据变化, ε_{0i} 将随之变化。

(7) $\varepsilon_{00} = 1$, $\varepsilon_{11} = 0$。

(8) $\varepsilon_{0i} = \varepsilon_{i0}$。

2) 灰色相对关联度

定义 5：设序列 X_0、X_i 长度相同，且初值不等于 0，X_0'、X_i' 分别为 X_0、X_i 的初值像，则称 X_0'、X_i' 的灰色绝对关联度为 X_0 与 X_i 的灰色相对关联度，记为 r_{0i}。灰色相对关联度是序列 X_0 与 X_i 相对于初始点的变化速率的联系的数量表征。X_0 与 X_i 的变化速率越接近，r_{0i} 越大，反之越小。

命题 4：设 X_0，X_i 为长度相同且初值不等于 0 的序列，若 $X_0 = cX_i$，其中 $c > 0$ 为常数，则 $r_{0i} = 1$。

3) 灰色综合关联度

定义 6：设序列 X_0，X_i 的长度相同，且初值不等于 0，ε_{0i} 与 r_{0i} 分别为 X_0 与 X_i 的灰色绝对关联度和灰色相对关联度，$\theta \in [0,1]$，则称 $\rho_{0i} = \theta\varepsilon_{0i} + (1-\theta)r_{0i}$ 为 X_0 与 X_i 的灰色综合关联度。它既体现了折线的相似程度，又反映了相对于始点的变化速率，全面反映了序列之间的联系，一般取 $\theta = 0.5$。

4. 灰色关联分析步骤与实例

1) 灰色关联分析法步骤

利用灰色关联分析的步骤如下。

(1) 根据分析目的确定分析指标体系，收集分析数据。设 n 个数据序列形成如下矩阵：

$$(X_1', X_2', \cdots, X_n') = \begin{pmatrix} x_1'(1) & x_2'(1) & \cdots & x_n'(1) \\ x_1'(2) & x_2'(2) & \cdots & x_n'(2) \\ \vdots & \vdots & & \vdots \\ x_1'(m) & x_2'(m) & \cdots & x_n'(m) \end{pmatrix}$$

式中，m 为指标的个数；$X_i' = (x_i'(1), x_i'(2), \cdots, x_i'(m))^{\mathrm{T}}$ $(i = 1, 2, \cdots, n)$。

(2) 确定参考数据列。参考数据列应该是一个理想的比较标准，可以以各指标的最优值(或最劣值)构成参考数据列，也可根据评价目的选择其他参照值，记作

$$X_0' = (x_0'(1), x_0'(2), \cdots, x_0'(m))$$

(3) 对指标数据进行无量纲化。因为系统中各因素的物理意义不同，所以数据的量纲也不一定相同，不便于比较，或在比较时难以得到正确的结论。因此在进行灰色关联度分析时，一般都要进行无量纲化的数据处理。

无量纲化后的数据序列形成如下矩阵：

$$(X_0, X_1, \cdots, X_n) = \begin{pmatrix} x_0(1) & x_1(1) & \cdots & x_n(1) \\ x_0(2) & x_1(2) & \cdots & x_n(2) \\ \vdots & \vdots & & \vdots \\ x_0(m) & x_1(m) & \cdots & x_n(m) \end{pmatrix}$$

(4) 逐个计算每个被评价对象指标序列(比较序列)与参考序列对应元素的绝对差值，即 $|x_0(k) - x_i(k)|$ $(k = 1, \cdots, m,\ i = 1, \cdots, n,\ n$ 为被评价对象的个数)。

(5) 确定 $\min\limits_{i=1}^{n} \min\limits_{k=1}^{m} |x_0(k) - x_i(k)|$ 与 $\max\limits_{i=1}^{n} \max\limits_{i=1}^{m} |x_0(k) - x_i(k)|$。

(6) 计算关联系数。

由

$$\zeta_i(k) = \frac{\min\limits_i \min\limits_k |x_0(k) - x_i(k)| + \rho \cdot \max\limits_i \max\limits_k |x_0(k) - x_i(k)|}{|x_0(k) - x_i(k)| + \rho \cdot \max\limits_i \max\limits_k |x_0(k) - x_i(k)|} \quad (k = 1, \cdots, m)$$

分别计算每个比较序列与参考序列对应元素的关联系数。其中，ρ 为分辨系数，$0 < \rho < 1$。ρ 越小，关联系数间差异越大，区分能力越强。通常 ρ 取 0.5。

当用各指标的最优值(或最劣值)，构成参考数据序列计算关联系数时，也可用改进的更为简便的计算方法：

$$\zeta_i(k) = \frac{\min\limits_i |x_0'(k) - x_i'(k)| + \rho \cdot \max\limits_i |x_0'(k) - x_i'(k)|}{|x_0'(k) - x_i'(k)| + \rho \cdot \max\limits_i |x_0'(k) - x_i'(k)|}$$

改进后的方法不仅可以省略第(3)步，使计算简便，而且避免了无量纲化对指标作用的某些负面影响。

(7) 计算关联序。对各评价对象(比较序列)分别计算其个指标与参考序列对应元素的关联系数的均值，以反映各评价对象与参考序列的关联关系，并称其为关联序，记为

$$r_{0i} = \frac{1}{m} \sum_{k=1}^{m} \zeta_i(k)$$

(8) 如果各指标在综合评价中所起的作用不同，可对关联系数求加权平均值即

$$r_{0i}' = \frac{1}{m} \sum_{k=1}^{m} W_k \cdot \zeta_i(k) \quad (k = 1, \cdots, m)$$

式中，W_k 为各指标权重。

(9) 依据各观察对象的关联序，得出分析结果。

2) 灰色关联分析法举例

案例一：用灰关联分析方法分析影响呼和浩特市大气污染的各主要因素的污染水平，见表 7.3.1。

表 7.3.1　1999～2003 年呼和浩特市大气污染监测数据

因素	1999 年	2000 年	2001 年	2002 年	2003 年
大气污染值	0.732	0.646	0.636	0.598	0.627
NO/(μg/m³)	0.038	0.031	0.042	0.036	0.043
TSP	0.507	0.451	0.448	0.411	0.122
SO$_2$	0.048	0.034	0.030	0.030	0.031
工业总产值/亿元	183.25	207.28	240.98	290.80	370.00
基建投资/亿元	24.03	44.98	62.79	83.44	127.22
机动车数量/辆	85508	74313	85966	100554	109804
煤炭用量/万 t	175.87	175.72	183.69	277.11	521.26
沙尘天数/d	10	13	13	1	1

注：TSP 为总悬浮颗粒物，total suspended particulate。

计算步骤如下。

(1) 将城市区域大气污染值作为参考序列 $x_0(k)$，$k=1,\cdots,5$，其他各因素作为比较因素序列 $x_i(k)$，$i=1,\cdots,8$，$k=1,\cdots,5$，对各因素初值化处理，得各标准化序列：

$$y_i(k)，\ i=1,\cdots,8,\ k=1,\cdots,5$$

表 7.3.2　标准化数据

因素	1999 年	2000 年	2001 年	2002 年	2003 年
大气污染值	1	0.883	0.869	0.817	0.857
NO	1	0.816	1.105	0.947	1.132
TSP	1	0.890	0.884	0.811	0.241
SO_2	1	0.708	0.625	0.625	0.646
工业总产值	1	1.131	1.315	1.587	2.019
基建投资	1	1.872	2.613	3.472	5.294
机动车数量	1	0.869	1.005	1.176	1.284
煤炭用量	1	0.999	1.044	1.576	2.964
沙尘天数	1	1.300	1.300	0.100	0.100

(2) 由表 7.3.2 求绝对差 $\Delta_{0i}(k)=\left|x_0(k)-x_i(k)\right|$，$\Delta_{\min}=\min\limits_{i}\min\limits_{k}\Delta_{0i}(k)$，$\Delta_{\max}=\max\limits_{i}\max\limits_{k}\Delta_{0i}(k)$ 得序列

$$\Delta_{01}=(0,0.067,0.236,0.130,0.275)$$
$$\Delta_{02}=(0,0.007,0.015,0.006,0.616)$$
$$\Delta_{03}=(0,0.175,0.244,0.192,0.211)$$
$$\Delta_{04}=(0,0.248,0.446,0.770,1.162)$$
$$\Delta_{05}=(0,0.989,1.744,2.655,4.437)$$
$$\Delta_{06}=(0,0.014,0.136,0.359,0.427)$$
$$\Delta_{07}=(0,0.116,0.175,0.759,2.107)$$
$$\Delta_{08}=(0,0.417,0.431,0.717,0.757)$$
$$\Delta_{\min}=0,\Delta_{\max}=4.437$$

(3) 计算关联系数，取 $\rho=0.5$

$$\zeta_{0j(k)}=\frac{0+0.5\times4.437}{\Delta_{0i}+0.5\times4.437}$$

$$\zeta_{01}=(1,0.971,0.904,0.945,0.890)$$
$$\zeta_{02}=(1,0.997,0.993,0.997,0.783)$$
$$\zeta_{03}=(1,0.927,0.901,0.920,0.913)$$

$$\zeta_{04} = (1, 0.899, 0.833, 0.742, 0.656)$$

$$\zeta_{05} = (1, 0.692, 0.560, 0.455, 0.333)$$

$$\zeta_{06} = (1, 0.994, 0.942, 0.861, 0.839)$$

$$\zeta_{07} = (1, 0.950, 0.927, 0.861, 0.839)$$

$$\zeta_{08} = (1, 0.842, 0.837, 0.756, 0.746)$$

(4) 计算关联度，取 $\omega_1 = \omega_2 = \omega_3 = \omega_4 = \omega_5 = 0.2$，比较因素和参考因素的关联度为

$$r_{01} = \frac{1}{5}\sum_{k=1}^{5}\zeta_{01}(k) = 0.942$$

$$r_{02} = \frac{1}{5}\sum_{k=1}^{5}\zeta_{02}(k) = 0.954$$

$$r_{03} = \frac{1}{5}\sum_{k=1}^{5}\zeta_{03}(k) = 0.935$$

$$r_{04} = \frac{1}{5}\sum_{k=1}^{5}\zeta_{04}(k) = 0.826$$

$$r_{05} = \frac{1}{5}\sum_{k=1}^{5}\zeta_{05}(k) = 0.608$$

$$r_{06} = \frac{1}{5}\sum_{k=1}^{5}\zeta_{06}(k) = 0.927$$

$$r_{07} = \frac{1}{5}\sum_{k=1}^{5}\zeta_{07}(k) = 0.827$$

$$r_{08} = \frac{1}{5}\sum_{k=1}^{5}\zeta_{08}(k) = 0.836$$

从结果可以看出，直接因素(前 3 个)关联度的排序为 $r_{02} > r_{01} > r_{03}$，说明在城市大气环境的直接影响因素中，TSP 是主要因素；在间接因素(后 5 个)中，关联度的排序为 $r_{06} > r_{08} > r_{07} > r_{04} > r_{05}$，机动车数量是主要的间接因素。

案例二：山西省汾河上游的输沙量与降水径流的灰色关联分析。

汾河是山西省的主要河流，在汾河下游距太原市 100 多千米的西山修建了汾河水库。该水库不但对农业灌溉、防洪蓄水、鱼类养殖等起很大作用，并且还为太原市的用水提供了保证。建库以来，人们经常在考虑如何防止库容被泥沙淤塞，使水库能长期有效地为工农业生产与人民生活服务。影响泥沙输入水库的因素较多，比如降水量、径流量、植被覆盖率等。在这些因素中哪些是主要的，哪些是次要的有待研究和量化分析。

根据关联系数求关联度得：$r_1 = 0.41$ (年径流量与输沙量的关联程度)；$r_2 = 0.21$ (年平均降水量与输沙量的关联程度)；$r_3 = 0.23$ (平均汛期降水量与输沙量的关联程度)。

相应的关联序为 $r_1 > r_3 > r_2$。上述关联序表明对输沙量影响最大的是年径流量，其次是汛期降水量，再其次是平均年降水量。

实际上，年径流量大，流速快，冲刷力和挟运力强，难以被土壤吸收，容易引起河道泥沙

流量的形成。年径流量对输沙量的影响最大，是影响输沙量最为显著的环境因子。汛期的雨强较大的暴雨在地表形成径流，导致地表径流量大，对输沙量有影响。平均降水也会影响河流输沙量,它们呈正相关关系。如果一年内降水均匀，没有强度较大的降水，形成不了较大的径流量，则对输沙量影响较小。故平均年降水量与雨强、水土保持、水土流失的关系不显著。

第8章 地理因果关联

因果联系是事物的普遍联系之一。地理因果关系反映地理事物间相互关系与联系，是地理事物间最重要的法则和规律，也是解释地理现象发展成因的基础知识。寻找因果关系的目的是控制原因，改变结果，通过变动的原因来预测未来的变化，由此推动地理学的进步和发展。在大数据时代，数据的收集和分析在各个学科和研究领域都变得越来越重要，而根据数据推断因果作用和寻找因果关系将成为推动各个学科和领域发展的重要动力。由于因果性是一种特殊的、非对称的相关性，从地理数据的相关性寻找因果性是具有挑战性的课题。地理现象与过程一般具有不同程度的不确定性。常用逻辑推理研究确定性因果关系，用统计学的方法来研究不确定性因果关系。

8.1 因果关联概述

人工智能深度学习的核心概念就是关联，关联可以理解成相关性。关联分析是发现客观事物或现象中不同现象之间的联系。因果关联对于我们想任何问题和做任何事情都是非常重要的。

8.1.1 因果关系概述

因果关系一般表现为两种客观现象之间有着内在的、必然的、合乎规律的引起与被引起的联系，具有时间序列性，即从发生时间上看，原因必定在先，结果只能在后，二者的时间顺序不能颠倒。它是客观存在的，并不以人们主观认知为转移。因果关系普遍存在于大自然、人类社会以及人的思维之中。人工智能的关联分析能够发现大量数据集中项集之间的关联性或相关性，以及两个或多个变量的取值之间存在的某种规律性。人们利用挖掘出的有用的关联规则能够发现不同客观事物或现象之间的联系，从而进行深层次的因果分析，去发现事物之间的因果关系。

事物是普遍联系的，为了了解单个现象，我们就必须把它们从普遍的联系中提取出来，孤立地考察它们。如果我们不能在不同现象之间建立某种因果关系，那么，我们看到的世界就只可能是一个个独立的、静止的现象。原因和结果是揭示客观世界中普遍联系着的事物具有先后相继、彼此制约的一对范畴。

在因果关系问题上，最容易犯的错误有两个：①将因果关系混同于充分和必要条件关系，在既不存在充分条件、也不存在必要条件的情况下，认为不存在因果关系。②将因果关系混同于统计相关性关系，找到了数据上的正相关，就以为找到了因果关系。这两种错误，前者通常对应于单个经验事件或比较直接的因果关联，后者通常对应于大量经验事件或比较复杂的因果关系。要避免犯这两种错误，我们就有必要了解因果关系。

1. 因果论

因果指事物的起因和结果。起因是指：①原来因为。②造成某种结果或者引发某种事情的条件。结果指在一定阶段，事物发展所达到的最后状态。最经典的一句就是"有因必有果"。

直接简单明了地阐述了因果的本质。因果是自然规律或者客观规律的发展，有必然性。任何事情的发生，都有其必然的原因。事物如今的结果全是过去的原因导致的结果。有因必有果，有果必有因，是谓因果之理。

因果论认为：①世界上没有一件事是偶然发生的，任何事物的产生和发展都有一个原因和结果。因果联系是必然发生的，这种形式的表述就是，有一个原因，则必然有一个结果；有一个刺激，就必然有一个反应；有一个动机，就必然有一个行动。即物有本末，事有终始，告诉我们做任何事情要分析原因得出相应的结果，把握事物发展趋势，遵循客观规律来解决问题。②一种事物产生的原因，必定是另一种事物发展的结果，一种事物发展的结果，也必定是另一种事物产生的原因，每一个原因出现必然产生一个结果，而这个结果又会成为下一个结果的原因，原因和结果是不断循环、永无休止的。③因果规律总是伴随变化而来的，无论原因、还是结果，都是某种变化状态。这是宇宙最根本的定律。④事物间因果联系具有多样性。

因果论也叫因果法则。世人将其俗称为种瓜得瓜，种豆得豆，即种下什么样的因，得到什么样的果。这个法则非常深奥且具极大影响力，以致世人将其称为人类命运的铁律。虽然因果性并不等价于规律性，但人们断定因果联系时，总是含蓄地涉及隐含的某些有关的自然规律。规律分为决定论规律和统计规律。决定论(拉普拉斯信条)是一种认为自然界和人类社会普遍存在客观规律和因果联系的理论和学说。决定论的因果关系说肯定在一定条件下必然会发生某些事情。假如人们了解了所有涉及某种即将发生的事件的因素，那么他们就可以精确地预测到这一事件；或者相反，如果发生了某个事件，那么就可以认为它的发生是不可避免的。统计规律是对大量偶然事件整体起作用的规律，表现这些事物整体的本质和必然的联系。自然界和人类社会普遍存在的客观规律大都是由观测所得，而观测总不可能是全面的，在这个意义上，一切规律可看成统计规律。这无异于说统计规律蕴含了决定性规律。

原因和结果的关系是辩证的：①原因和结果的区分既是确定的，又是不确定的。②原因和结果相互作用，原因产生结果，结果反过来影响原因，互为因果。③原因和结果互相渗透，结果存在于原因之中，原因表现在结果之中。④原因和结果的关系是复杂多样的，有一因多果、一果多因、同因异果、同果异因、多因多果、复合因果等。

2. 因果关系

依照人们对因果的普遍理解，因果是指一定的现象或者现象的变化是由另外一些因素、现象的变化而引起的。任何现象都会引起其他现象的产生，任何现象的产生都是由其他现象引起的。那么发起的、起主动作用的、在事件时间之前的现象为因；被动的、在事件时间之后的现象为结果。它们之间有明确的、规律性的联系，这种引起和被引起的关系，一系列因素(因)和一个现象(果)之间的关系，称为因果关系，又称因果律。因果律是说事件 A 引起了事件 B，或事件 B 因事件 A 所引发。因此，事件 A 是事件 B 的因，而事件 B 是事件 A 的果。因果关系是所有事物之间最重要、最直接(也可以是间接)的关系。

因果律有三个法则。

1) 果由因生

无因不能生果，有果必有其因。原因必定在先，结果只能在后，具有时间序列性，二者的时间顺序不能颠倒。现实中会出现与因果现象实际发生的过程正好相反的现象，人们在探讨因果关系时往往是先知道结果，而后才去探讨其原因，这一过程称为"执果索因"，如医生看病都是由结果得到原因。

2) 事待理成

作为客观现象之间引起与被引起的关系，它是客观存在的，并不以人的意志为转移，在事物中有其普遍的理性。因果律是一种客观的存在，不随观察对象的改变而改变。若两件事具有因果关系，其必然共同出现。但共同出现的事情不一定具有因果关系，如生必有死、聚必有散、合必有离、成必有败，这是必然的理则。

3) 有依空立

有，是指存在，空，是指不存在，任何一种存在的现象都是建立在不存在的基础上。任何存在的事物或理则，都必依否定实在性的本性而成立。如桌子，它在木工制造之前是不存在的，是由木工加工而成，这叫有依空立。客观事物之间的联系多样性决定了因果联系复杂性。任一事物，既有别的事物作为原因，也有其他事物作为结果。从这个意义上看，因果论是一种决定论。假设在某一情况下，认知的主体可以进行某种推论，推论出引起该现象的原因，或者该现象造成的结果。

两个孤立事件之间建立联系的证据并不一定是必然的，哲学上的偶然性和必然性的概念对理解两个事件的关联有重要意义，也就是说因果性也存在着或然性。在科学上，偶然性和必然性的论证需要遵循统计学规律。

3. 因果模型

事物之间的因果联系，必然既是先行后续的关系，又是引起和被引起的关系。在一定条件下，两者可以互相转化。在现实生活中，人们对引起和被引起却有大不相同的看法，结果出现了许多复杂的因果关系表述形式。但是表述越复杂，越容易出现模糊和混乱，给科学地认识因果关系造成困难。

这里借用数理逻辑的思想，从基本假设和定义出发，建构因果模型，以此为基础对复杂因果关系给予解释。因果模型应当反映日常生活中最基本的因果关系。

我们把客观事物分解为动态的事和静态的物两类。物是观测研究的主体，而静态的物则可以独立存在。事是由物参与产生的，事则是物的动态变化过程。把静态的物称为事物，事物的变化称为现象，用 A、B、C 等表示；引起用 → 表示；A 现象引起 B 现象，即现象 A 是现象 B 的原因，用 A→B 表示。我们把它作为基本因果关系的模型。

基本因果关系表达形式可定义为：如果变量 X 发生变化，变量 Y 也随之发生变化，反之则不然，那么就可以说 X 与 Y 有因果关系。其中 X 是 Y 的原因，Y 是 X 的结果，X 是自变量，Y 是因变量。

(1) 直接原因：$Y = f(X)$ 或 $Y = f(X, Z, \cdots)$，记为 $X \rightarrow Y$ 或 $X \rightarrow Y \leftarrow Z$。

(2) 间接原因：$Y = f(g(X))$，$Z = g(X)$，记为 $X \rightarrow Z \rightarrow Y$。

日常生活中最基本的因果关系可以用开关的开、关与灯泡的亮、灭来表示。我们用导线把电池、开关、灯泡三个元件串联起来，构成一个简单电路，静态的开关、灯泡、电池、导线就是事物，开关状态的变化(开和关互变)与灯泡状态的变化(亮和灭互变)就是现象。开关由关到开与灯泡由灭到亮两个现象之间就具有因果关系。开关开与灯泡亮(或开关关与灯泡灭)就存在引起和被引起的关系，可以用符号 A→B 表示。

如果几个现象必须全部出现，结果才出现，即对于结果来说(注意，是对于特定结果来说的)，这些现象缺一不可，那么这些现象就称为"串联现象"；如果几个现象中只要有一个出现，结果就必然出现，那么这些现象就称为"并联现象"。"串联现象"和"并联现象"是相关现象的两类基本关系。可在此基础上研究串联和并联"混合"的现象。

在一个电路中，串联开关的每一个都必须由关到开，才会出现灯泡由灭到亮的结果，所以对于灯泡由灭到亮来说，每一个串联开关由关到开的现象就属于串联现象；并联开关只要有一个由关到开，即可出现灯泡由灭到亮的结果，所以对于灯泡由灭到亮的结果来说，并联开关的每一个由关到开的现象，就属于并联现象。

我们之所以强调"对于特定的结果来说……"，是由于对于不同的结果来说，现象之间的关系就根本不同。例如，对于灯泡"由亮到灭"来说，任何一个串联开关"由开到关"都可以引起这一结果，所以每一个串联开关"由开到关"的现象，正好属于"并联现象"。同理还可以得出，对于灯泡"由亮到灭"来说，每一个并联开关"由开到关"的现象，正好属于"串联现象"。

时间因素对因果关系具有重要意义。从逻辑上说，原因和条件并无区别(因为逻辑分析不考虑时间因素)，只是由于它们出现的时间次序不同，才区分出原因和条件。串联现象中假设有 n 个串联现象，我们对它们发生(成就)的时间次序进行排列，分别为第 1、2、3、…、n 个现象。对结果现象来说，它们中的每一个都是必要的，缺一不可，而直到第 $n-1$ 个现象出现，结果都没有发生，即它们都没有引起结果发生，所以都不是结果发生的原因。而第 n 个现象出现，结果就发生了，根据因果关系定义，它就应当是结果发生的原因，其他 $n-1$ 个现象则只是因果关系发生的相关条件。同理，并联现象中任何一个现象的出现都足以引起结果的出现，所以并联现象中最先出现的那个现象就引起了结果现象的出现，因此它就是结果发生的原因。

一般地说，现象或事件可分为复合现象(事件)及简单现象(事件)。例如，年降水量便是复合现象。可以根据年降水量的多少分解为年降水量少(干旱年)、年降水量正常(正常降水年)及年降水量多(涝年)。这里复合现象是通过量的变化多少再分解成简单现象的。复合现象或事件的分解应满足两个逻辑规则：①划分后的各简单现象或事件彼此互不相容。②各简单现象或事件的逻辑和必须穷尽该复合现象或事件。

利用因果关系基本模型，可以对日常生活中与因果关系有关的情况作出分析和解释。例如，主要原因，是把条件都作为原因，根据它的重要程度所作的区分；间接原因，则是原因的原因或条件的原因；偶然原因是考察原因(或条件)的来源，把来源偶然的原因称为偶然原因；根本原因是探讨原因的原因，直到在特定范围内无法再继续探讨为止。有人把根本原因称为终极原因，但是如前所述，如果不限定范围，任何事物的终极原因都是自然界本身。所以脱离一定范围，终极原因的探讨就毫无意义。

4. 因果关系分类

因果关系反映了客观事物或现象的相互联系和相互作用，表现为千差万别的相互联系的多种表现形式，是各种特殊规律的内在本质关系。相对于不同角度和不同联系而言，其因果关系主要有直接性因果与间接性因果、单一性因果与复杂性因果、量变性因果与质变性因果、可逆性因果与不可逆性因果、同时性因果与非同时性因果、统计性因果与非统计性因果等六大类因果关系。这些因果关系的划分是相对的，而不是绝对的。它们之间也是相互联系和交织结合的。因此我们在探索和明确这些因果关系时，既要注意把握它们之间的相对区别，又要注意把握它们之间的相互联系。

1) 直接性因果与间接性因果

原因与结果是唯物辩证法的一对基本范畴，反映了客观事物或现象的相互联系和相互作用。在这种客观、普遍的相互联系和相互作用中，引起某种现象的因素就是被引起现象的原因，被某种因素所引起的现象则是某种因素的结果。

从联结性上看，因果关系存在直接与间接两种情况，因而，因果可以分为直接性因果与间接性因果。

从普遍联系和相互作用中把因果抽出来加以考察，无数因果构成了一个无限长的因果链条。而在这个因果链条上，任何具体的特定的因果，都是其中的一个环节。无数因果的环、链关系，决定了因果之间的直接性和间接性。正是在这样的环、链关系中，因果的相对性才显现出来，而因果的本来的意义也才能得以确立。直接性因果是指在整个因果链条的一个环节上，因与果之间的关系是直接的，没有被其他任何第三者所间隔，不通过其他中间媒介和环节发生作用，而是直接发生作用的。这就是说，从此因到彼果，或从彼果到此因，是直接联系和相通的。这种在一个环节上直接相联、相通的因果，就是直接性因果。然而，在环环相扣的因果链条中，无数因果通过若干环节或中介而相互联结。这样，一些因果就发生了间接联系。这种在不同环节上间接相连、相通的因果，就是间接性因果。例如，太阳的热能变成动物体内的热能就是通过植物的光合作用吸收太阳能，动物体又吸收植物储藏能等中间环节实现的。显然，太阳的热能不能直接转化为动物体内的热能，而是通过间接的关系和过程与动物体内的热能相连、相通的，所以，这种因果是一种间接性因果。直接性因果与间接性因果的关系，实质上就是因果链条中的环与链的关系。没有环就没有链，反之，没有链也就无所谓环。所以，没有直接性因果，也就没有间接性因果；反之，没有间接性因果，也就无所谓直接性因果。

2) 单一性因果与复杂性因果

因果关系存在单一与复杂两种情况，因而，因果又可分为单一性因果与复杂性因果。因为客观事物或现象之间的相互联系和相互作用是错综复杂的，存在各种各样的特殊情况，所以科学技术领域的因果关系又存在单一性因果与复杂性因果两大类。单一性因果是指一种原因引起一种结果的最简单、最基本的因果。这种因果一般存在于一些极为简单的事物或现象中。例如，风吹草动，氢、氧化合为水等现象中的因果，就是一种单一性因果。虽然单一性因果很简单，但也不能忽视或轻视，因为它集中体现了各种因果的基本要素，是我们研究和把握因果关系的基础。

复杂性因果包括一因多果、一果多因、多因多果等情况。而在多因多果中又有主要因果与次要因果、根本性因果与非根本性因果等。这些复杂情况都要求我们进行全面的具体分析。

一因多果，是指一种原因导致多种结果。例如，一场大雨产生无数雨后现象，一次地震造成很多后果等，都是一因多果的情况。这种因果的特征是结果比原因复杂。

一果多因，是指一个结果来自多种原因。例如，地球上生命的起源、生物的进化、一种生物的新生或绝迹、生态平衡的破坏、环境的污染、科学技术上的重大发明等，都是一果多因的情况。这种因果的特征是原因比结果复杂。

多因多果是指多种原因引起多种结果。例如，计算机技术、微电子技术、网络技术等综合因素引起现代通信的多样性变化，多种生态环境因素的改变导致生物界的多种变化等，都是多因多果的情况。这种因果的特征是原因和结果都比较复杂。

3) 量变性因果与质变性因果

从性质上看，因果关系存在量与质的变化两种情况，因而因果又可分为量变性因果与质变性因果。

量变性因果是指引起客观事物或现象的量的变化或量变过程的因果。例如，树苗吸收营养、水分等使树苗逐渐长大；在常压下把液态水加热，从1℃到100℃，水温逐渐升高，而液态水的基本形态未变。量变性因果的主要特征是没有引起事物或现象的性质发生变化。质变性因果则不同，质变性因果是指能引起客观事物或现象的质的变化或质变过程的因果。质变性因果的主要特征是引起了事物或现象的性质发生变化。量变质变规律表明，量变与质变是相互联系、不可分割的，是可以在一定条件下相互转化的。因此，我们既不能把量变性因果与质变性因果混为一谈，也不能把量变性因果与质变性因果割裂分开，而应既有区别又有联系地把它们辩证统一起来，这样就可以把握住它们之间深刻的内在关系。

4) 可逆性因果与不可逆性因果

从方向性上看，因果关系存在双向性和单向性两种情况，因而因果又可分为可逆性因果与不可逆性因果。从原因到结果，从结果到原因，这是因果关系中作用相反的两种方向。在科学技术领域，大多数因果关系都是单向性的，而只有一部分因果关系具有双向性。具有双向性的因果，因为结果可以反转为原因，是可逆的，所以称为可逆性因果；而具有单向性的因果，因为结果不能反转为原因，是不可逆的，所以称为不可逆性因果。可逆性因果与不可逆性因果都是客观存在的。在可逆性因果中，原因作用于结果，结果又反作用于原因，从这一来一往的相互作用的关系上看，原因和结果又是互为因果的，即因与果之间没有绝对的界限。可逆性因果的特征是可以倒因为果。如科学上的反馈原理就是一种具有可逆性因果的原理。这一原理表明：当一个信息(原因)输入到某个调节机构时，它的输出信息(结果)又会回到输入端。这种原因和结果之间的来回不断的相互作用，造成了反馈现象。反馈原理是控制论中的一个原理，反映了自动器或生物体中控制与通信的共同规律。这一规律对于自动器、生物体等起着自动调节的作用。所以，反馈原理在机器的自动控制和电子计算机中已经得到较为广泛的运用。除了反馈现象中有其可逆性因果之外，世界上还存在着其他一些可逆性因果。例如，化学中的可逆反应、机械能与热能的相互转化、电场与磁场的相互变换等，都属于可逆性因果。

在不可逆性因果中，原因作用于结果具有单向性，也就是说，这种因果中的结果不能变成同一事物产生的原因。它的特征是不能倒果为因。例如，雷电引起火灾、流星落入大气层后消亡、生物由低级形态进化为高级形态等，都包含着不可逆性因果。可以说，凡是只具有单向性作用的和具有向前发展的事物或现象，都包含着不可逆性因果。不可逆性因果跟可逆性因果一样，也是客观存在的。

5) 同时性因果与非同时性因果

从时间性上看，因果关系存在着同时与非同时两种情况，因而因果又可分为同时性因果与非同时性因果。原因与结果作为事物或现象之间的普遍联系和相互作用是可以从时间上来描述的。在事物发展过程中有时原因与结果同时存在，没有先后顺序；有时原因与结果不同时存在，有先后顺序。我们把前一种因果称为同时性因果，把后一种因果称为非同时性因果。长期以来，人们认为所有因果之间都有先后之别，而没有同时性，先因后果成了一种绝对观念。其实，这是一种不全面的观念。在科学技术领域，除了先因后果的情况之外，还有原因与结果同时存在的情况。因为它们的原因与结果是同时存在的，并没有什么明显的先后界限；原因一产生，结果就相伴而生，原因一消除，结果也随之而消除。此外，在一定意义上，也可以说，一切对立统一的双方在同一事物中的产生或存在都是互为因果的，都包含同时性因果。因为，矛盾双方相互依存，同存同亡，互为存在的前提。

我们肯定了同时性因果的存在，但并不否定非同时性因果的存在。在科学技术领域中，的确还存在着许多先因后果的现象。它们绝不是什么逻辑形式或表述上的先后顺序，更不是可能的原因相对于可能的结果而言的，而是过程本身就有其明显的先后之别。例如，在积土成山、水滴石穿等现象中，就包含有先因后果的非同时性因果。它们既不是一种纯粹的逻辑观念，也不是一种约定的表述习惯。可以说：一切在时间上先后相继的两种事件之间和事物在自身发展过程中的两个先后阶段之间所存在的因果，都是非同时性因果。

6) 统计性因果与非统计性因果

从形式上看，因果关系存在统计性与非统计性两种情况，因而因果又可分为统计性因果与非统计性因果。在科学技术领域，既有宏观现象，又有微观现象；既有整体现象，又有局部现象。这些现象错综复杂，各不相同。但从其因果关系看，不外乎以不同的两种形式表现出来：一种是以统计学的形式，即作为现象总体的规律表现出来，这种因果形式或因果律不能完全决定总体中每个个别现象或局部成分的因果关系；另一种则是以精确形式表现出来，表现在某些规则、定律中，这些规则和定律可以完全准确地描述单个事物或现象之间的因果关系。我们把前一种因果称为统计性因果，把后一种因果称为非统计性因果。统计性因果是服从统计学规律的因果，特点是近似地反映大量事件的集体性质。它的普遍数学理论就是概率论。除了统计物理学之外还有生物学、气象学、天文学等，都有其统计性因果。毋庸置疑，统计性因果是科学技术领域中一种重要的因果关系。由于没有把统计性因果视为一种重要的因果关系，因而一些非决定论观念长期影响了科学技术研究及其科学理论的发展。例如，对于量子力学对象的理解以及它是否能称得上一种完备的理论，在物理学界一直存在着严重分歧。波粒二象性的发现导致了自然定律究竟应该是因果决定论的还是统计性的争论。一些非决定论者否定统计性因果关系，排斥具有统计性规律的因果关系。英国物理学家狄拉克认为，因果性的规律只能适用于未被扰动的系统，如果体系很小，不在其中引起急剧的扰动，就不可能对它进行观测，因此，也就不能期望在观测的结果之间存在着什么因果性的联系，所以，在量子论中起作用的是原则上的非决定论，这种情况与都受因果性支配的古典理论的观点是完全不可比拟的。其实，统计性因果并不等同于非决定论。量子力学或微观物理学等领域中的统计性因果也是唯物辩证决定论的一种因果关系，这种因果关系也是以其客观规律为基础的。否认这种统计性因果关系，也就否认了由此统计性因果关系所反映的客观规律，这也是不符合完整的因果性原则和唯物辩证因果观的。

5. 因果关系链

事物的联系是普遍存在、多种多样的。大家都知道蝴蝶效应，该效应讲述的是蝴蝶扇动翅膀的运动，导致身边的空气系统发生变化，并产生微弱的气流，而微弱气流的产生又会引起四周空气或其他系统产生相应的变化，由此引起一个连锁反应，最终导致其他系统的极大变化。这种因果关系的传递方式建立了在事物之间联系的基础上的连锁反应现象。

因果链，又称为因果链条、因果关系链或因果关系链条，是指有序的事件序列，且序列之中的任何一个事件都将引起下一事件的发生。

一个事件作为另一个事件发生的必要条件之一，直接导致了其产生，而因此产生的这个事件同时成了下一个事件发生的必要条件之一；因导致果，果又作为因而导致了下一个果……这样循环往复，连成了一个长长的链条，就是因果链。截取这个链条中的任意两个事件，很可能表面看上去是那么的毫无联系，而它们却有确实的因果关系。蝴蝶效应是一段因果链两端因果关系脆弱性的具体表现：非常微小的事情，通过复杂的因果链，最后可能带来结果的巨大改变。蝴蝶效应横断各个专业，渗透各个领域，几乎可以说是无处不在，时时都有。在一个相互联系的系统中，一个很小的初始能量就可能产生一系列的连锁反应，人们把这种建立在事物之间联系的基础上的连锁反应现象称为多米诺骨牌效应或多米诺效应。

社会其实就是一张巨大的因果网，由其中的不同人发生的不同的事件编织而成。在这个因果网上，事件组成了这个网的纵轴，而时间是这个网的横轴。其中的每一个人发生的所有事件就占据了这个因果网上的一段横向的链条。也就是说，人的一生就是一条因果链，这个链条是人自己的发生事件与周围的社会环境共同作用的结果。由于周围环境本身是不可控的，所以这个人生的因果链是无法精确把握的，未来的事件是无法预测的，每个人只是通过自己的行动来不断影响这个链条的走向。

因果链包含因果关系的传递。原因所引起的结果可再作为原因引起新结果，称为长程链。多因一果或一因多果或多因多果，称为复合链。原因引起的结果反过来引起原因的变化，称为反馈链。层级间的因果链兼有长程、复合、反馈等性质。其中高层与低层之间的反馈链特别重要，它既表明了层级之间的差别，又沟通了层级之间的连接。

人类天然喜欢探究因果联系，喜欢把事物归因到因果链条之中。世界充满因果联系，这本身没错。人对这个世界充满好奇，这也很正常。但同样需要知道的是，真实世界的因果联系很可能不是一根链条，而是一张极复杂的网络，这远远超出了普通人的认知局限。

8.1.2　因果推理概述

1. 逻辑与推理

1) 逻辑

逻辑指的是思维的规律和规则。狭义上逻辑既指思维的规律，也指研究思维规律的学科，即逻辑学。广义上逻辑泛指规律，包括思维规律和客观规律。逻辑包括形式逻辑与辩证逻辑，形式逻辑包括归纳逻辑与演绎逻辑；辩证逻辑包括矛盾逻辑与对称逻辑，对称逻辑是人的整体思维(包括抽象思维与具象思维)的逻辑。

a. 逻辑思维

逻辑就是事情的因果规律。逻辑思维是思维的一种高级形式，是指符合世间事物之间关系(合乎自然规律)的思维方式。人们在逻辑思维中，要用到概念、判断、推理等思维形式和比较、分析、综合、抽象、概括等方法，才能达到对具体对象本质规定的把握，进而认识客观世界。与形象思维不同，逻辑思维用科学的抽象概念揭示事物的本质，表述认识现实的结果，也称为抽象思维。

抽象思维一般有经验型与理论型两种类型。前者是在实践活动的基础上，以实际经验为依据形成概念，进行判断和推理，如工人、农民运用生产经验解决生产中的问题，多属于这种类型。后者是以理论为依据，运用科学的概念、原理、定律、公式等进行判断和推理，科学家和理论工作者的思维多属于这种类型。

逻辑思维的特点是以抽象的概念、判断和推理作为思维的基本形式，以分析、综合、比较、抽象、概括和具体化作为思维的基本过程，从而揭露事物的本质特征和规律性联系。逻辑思维是确定的，而不是模棱两可的；是前后一贯的，而不是自相矛盾的；是有条理、有根据的思维。

b. 思维过程

(1) 分析与综合。分析是在思维中把对象分解为各个部分或因素，分别加以考察的逻辑方法。综合是在思维中把对象的各个部分或因素结合成为一个统一体加以考察的逻辑方法。

(2) 分类与比较。根据事物的共同性与差异性可以把事物分类,具有相同属性的事物归入一类,具有不同属性的事物归入不同的类。比较是比较两个或两类事物的共同点和差异点。通过比较能更好地认识事物的本质。

分类是比较的后继过程,重要的是分类标准的选择,选择得好还可推进重要规律的发现。

(3) 归纳与演绎。归纳是从个别性的前提推出一般性的结论,前提与结论之间的联系是或然性的。演绎是从一般性的前提推出个别性的结论,前提与结论之间的联系是必然性的。

(4) 抽象与概括。抽象就是运用思维的力量,从对象中抽取它本质的属性,抛开其他非本质的东西。概括是在思维中从单独对象的属性推广到这一类事物的全体的思维方法。抽象与概括和分析与综合一样,也是相互联系不可分割的。

c. 逻辑运算

逻辑变量之间的运算称为逻辑运算,逻辑运算又称布尔运算。布尔用数学方法研究逻辑问题,成功地建立了逻辑演算。它用等式表示判断,把推理看作等式的变换。这种变换的有效性不依赖人们对符号的解释,只依赖于符号的组合规律。这一逻辑理论称为布尔代数。

(1) 逻辑常量与变量:逻辑常量只有两个,即 0 和 1,用来表示两个对立的逻辑状态。逻辑变量与普通代数一样,也可以用字母、符号、数字及其组合来表示,但它们之间有着本质区别,因为逻辑常量的取值只有两个,即 0 和 1,而没有中间值。

(2) 逻辑运算:在逻辑代数中,有与∧(逻辑乘法)、或∨(逻辑加法)、非¬(逻辑否定)、异或⊕(异或运算)四种基本逻辑运算。与运算,只有同为真时才为真,近似于乘法。或运算,只有同为假时才为假,近似于加法。非运算,逻辑否运算。异或运算,相同为假,不同为真。

(3) 逻辑函数:逻辑函数是由逻辑变量、常量通过运算符连接起来的代数式。

(4) 逻辑代数:逻辑代数是研究逻辑函数运算和化简的一种数学系统。

2) 推理

逻辑推理是指由一个或几个已知的判断推导出另外一个新的判断的思维形式,是思维的基本形式之一。一切推理都必须是由一个或几个已知的判断(前提)推出新判断(结论)的过程,包括直接推理、间接推理等。任何一个推理都包含已知判断、新的判断和一定的推理形式。作为推理的已知判断称为前提,根据前提推出新的判断称为结论。前提与结论的关系是理由与推断、原因与结果的关系。

直接推理就是从一个前提直接推出结论的推理。它有三个特点:①前提的单一性(前提只有一个);②结论的确定性(前提和结论之间有蕴涵关系,即前提包含结论,前提真,结论必真);③推理的直接性(从前提直接引出结论,不像间接推理那样还需要经过中介或其他条件才能进行推理)。间接推理通常指以两个关系命题为前提而推出另一个关系命题的结论的推理。常见的间接推理有三种:反对称性推理(关系 R 是自返的)、传递性关系推理与反传递性关系推理。

推理是由一个或几个已知的判断推出一个新的判断的思维形式。思维的基本规律是指思维形式自身的各个组成部分的相互关系的规律,即用概念组成判断,用判断组成推理的规律。它有四条:同一律、矛盾律、排中律和充足理由律。简单的逻辑方法是指在认识事物的简单性质和关系的过程中,运用与思维形式有关的一些逻辑方法,通过这些方法去形成明确的概念,作出恰当的判断和进行合乎逻辑的推理。推理按推理过程的思维方向划分,主要有演绎推理、归纳推理和类比推理。

a. 演绎推理

演绎推理是从一般性的前提出发，通过推导(即演绎)，得出具体陈述或个别结论的过程。关于演绎推理，还存在以下几种定义：①是从一般到特殊的推理；②是前提蕴涵结论的推理；③是前提和结论之间具有必然联系的推理；④是前提与结论之间具有充分条件或充分必要条件联系的必然性推理。

演绎推理的逻辑形式对理性的重要意义在于，它对人的思维保持严密性、一贯性有着不可替代的校正作用。这是因为演绎推理保证推理有效的根据并不在于它的内容，而在于它的形式。演绎推理的最典型、最重要的应用，通常存在于逻辑和数学证明中。

演绎推理有三段论、假言推理、选言推理、关系推理等形式。

(1) 三段论是演绎推理的一般模式，包含三个部分：大前提(已知的一般原理)，小前提(所研究的特殊情况)，结论(根据一般原理，对特殊情况作出判断)。例如，知识分子都是应该受到尊重的，人民教师都是知识分子，所以，人民教师都是应该受到尊重的。其中，结论中的主项称为小项，用 S 表示，如上例中的人民教师；结论中的谓项称为大项，用 P 表示，如上例中的应该受到尊重；两个前提中共有的项称为中项，用 M 表示，如上例中的知识分子。在三段论中，含有大项的前提称为大前提，如上例中的知识分子都是应该受到尊重的；含有小项的前提称为小前提，如上例中的人民教师是知识分子。三段论推理是根据两个前提所表明的中项 M 与大项 P 和小项 S 之间的关系，通过中项 M 的媒介作用，从而推导出确定小项 S 与大项 P 之间关系的结论。

(2) 假言推理是根据假言命题的逻辑性质进行的推理。分为充分条件假言推理、必要条件假言推理和充分必要条件假言推理三种。

充分条件假言推理即如果有事物情况 A，则必然有事物情况 B；如果没有事物情况 A 而未必没有事物情况 B，A 就是 B 的充分而不必要条件，简称充分条件。充分条件假言命题的一般形式是：如果 p，那么 q，符号为：$p \rightarrow q$(读作 p 含于 q)。

必要条件假言推理即如果没有事物情况 A，则必然没有事物情况 B；如果有事物情况 B 就一定有事物情况 A，A 就是 B 的必要条件。必要条件是数学中的一种关系形式：如果没有 A，则必然没有 B；如果有 A 而未必有 B，则 A 就是 B 的必要条件，记作 $B \rightarrow A$(读作 B 含于 A)。

充分必要条件假言推理即如果有事物情况 A，则必然有事物情况 B；如果没有事物情况 A，则必然没有事物情况 B，A 就是 B 的充分必要条件。充分必要条件假言命题的一般形式是：p 当且仅当 q，符号为：$p \leftrightarrow q$(读作 p 等值 q)。

充分条件、必要条件以及充分必要条件三者关系的证明如下。

假设 A 是条件，B 是结论：

由 A 可以推出 B，由 B 可以推出 A，则 A 是 B 的充分必要条件(A=B)，或者说 B 的充分必要条件是 A。

由 A 可以推出 B，由 B 不可以推出 A，则 A 是 B 的充分不必要条件(A∈B)。

由 A 不可以推出 B，由 B 可以推出 A，则 A 是 B 的必要不充分条件(B∈A)。

由 A 不可以推出 B，由 B 不可以推出 A，则 A 是 B 的既不充分也不必要条件。

(3) 选言推理分为相容的和不相容的选言推理两种：①相容的选言推理的基本原则是：大前提是一个相容的选言判断，小前提否定了其中一个(或一部分)选言支，结论就要肯定剩下的一个选言支。②不相容的选言推理的基本原则是：大前提是个不相容的选言判断，小前提肯定其中的一个选言支，结论则否定其他选言支；小前提否定除其中一个以外的选言支，结论则肯定剩下的那个选言支。

(4) 关系推理是前提中至少有一个是关系命题的推理。关系推理可分为纯关系推理和混合关系推理两类。在纯关系推理中又可分为直接关系推理和间接关系推理。直接关系推理包括：①对称性关系推理，如 1m=100cm，所以 100cm=1m；②反对称性关系推理，如 a 大于 b ，所以 b 不大于 a 。间接关系推理包括：①传递性关系推理。如 $a>b$ ， $b>c$ ，所以 $a>c$ ；②反传递性关系推理，如赵杰比田芳大 3 岁，田芳比孙青大 3 岁，所以，赵杰不比孙青大 3 岁。

在混合关系推理的前提中既有关系判断又有性质判断，结论是关系判断的推理。例如，所有甲班同学都比乙班同学高，所有 A 组同学都是乙班同学，所以，所有甲班同学都比 A 组同学高。其结构式为：所有的 a 与所有的 b 有 R 关系，所有的 c 都是 b ，所以，所有的 a 与所有的 c 有 R 关系。

b. 归纳推理

归纳推理是指从特殊到一般的推理。传统上，根据前提所考察对象范围的不同，把归纳推理分为完全归纳推理和不完全归纳推理。

(1) 完全归纳推理。完全归纳推理是根据某类事物每一对象都具有某种属性，从而推出该类事物都具有该种属性的结论。

其逻辑形式如下：

S_1 是 P

S_2 是 P

⋮

S_n 是 P

$S_1, S_2, \cdots, S_n$ 是 S 类的全部对象。所以，所有 S 都是 P 。

运用完全归纳推理要获得正确的结论，必须满足两条要求：①在前提中考察了一类事物的全部对象。②前提中对该类事物每个对象所作的断定都是真的。

因为完全归纳推理的前提和结论之间的联系是必然的，所以常被用作强有力的论证方法，通常适用于数量不多的事物。当所要考察的事物数量极多，甚至是无限的时候，完全归纳推理就不适用了，而需要运用另一种归纳推理形式，即不完全归纳推理。

(2) 不完全归纳推理。不完全归纳推理是根据某类事物部分对象都具有某种属性，从而推出该类事物都具有该种属性的结论。不完全归纳推理包括简单枚举归纳推理、科学归纳推理。

在一类事物中，根据已观察到的部分对象都具有某种属性，并且没有遇到任何反例，从而推出该类事物都具有该种属性的结论，这就是简单枚举归纳推理。

简单枚举归纳推理的逻辑形式如下：

S_1 是 P

S_2 是 P

⋮

S_n 是 P

$S_1, S_2, \cdots, S_n$ 是 S 类的部分对象，并且其中没有 S 不是 P 。所以，所有 S 是(或不是) P 。

科学归纳推理是根据某类事物中部分对象与某种属性间因果联系的分析，推出该类事物具有该种属性的推理。

科学归纳推理的形式如下：

S_1 是 P

S_2 是 P

⋮

S_n 是 P

$S_1, S_2, \cdots, S_n$ 是 S 类的部分对象，其中没有 $S_i (1 \leqslant i \leqslant n)$ 不是 P；并且科学研究表明，S 和 P 之间有因果联系。所以，所有 S 都是 P。

科学归纳推理与简单枚举归纳推理相比，有共同点和不同点。它们的共同点是：都属于不完全归纳推理，前提中都只是考察了一类事物的部分对象，结论则都是对一类事物全体的断定，断定的知识范围超出前提。不同点是：①推理根据不同，简单枚举归纳推理仅仅根据已观察到的部分对象都具有某种属性，并且没有遇到任何反例。科学归纳推理则不是停留在对事物的经验的重复上，而是进行深入科学分析，在把握对象与属性之间因果联系的基础上作出结论。②前提数量对于两者的意义不同。对于简单枚举归纳推理来说，前提中考察的对象数量越多，范围越广，结论就越可靠。对于科学归纳推理来说，前提的数量不具有决定性的意义，只要充分认识对象与属性之间的因果联系，即使前提的数量不多，甚至只有一两个典型事例，也能得到可靠结论。

归纳推理和演绎推理既有区别，又有联系。

联系：①演绎推理如果以一般性知识为前提(演绎推理未必都要以一般性知识为前提)，则通常要依赖归纳推理来提供一般性知识。②归纳推理离不开演绎推理。其一，为了提高归纳推理的可靠程度，需要运用已有的理论知识，对归纳推理的个别性前提进行分析，把握其中的因果性、必然性，这就要用到演绎推理。其二，归纳推理依靠演绎推理来验证自己的结论。

区别：①思维进程不同。归纳推理的思维进程是从个别到一般，而演绎推理的思维进程不是从个别到一般，是一个必然得出的思维进程。②对前提真实性的要求不同。演绎推理不要求前提必须真实，归纳推理则要求前提必须真实。③结论所断定的知识范围不同。演绎推理的结论没有超出前提所断定的知识范围。归纳推理除了完全归纳推理，结论都超出了前提所断定的知识范围。④前提与结论间的联系程度不同。演绎推理的前提与结论间的联系是必然的，也就是说，前提真实，推理形式正确，结论就必然是真的。归纳推理除了完全归纳推理前提与结论间的联系是必然的外，其他推理的前提和结论间的联系都是或然的，也就是说，前提真实，推理形式也正确，但不能必然推出真实的结论。

c. 类比推理

类比是根据两个或两类对象的某些属性的相同或相似之处，推出它们的其他属性也相同或相似的思维方式。类比联想可以发现新的结论、新的规律，可以找到解决问题的有效方法和途径。

在逻辑学上，类比推理是根据两个或两类对象在某些属性上相同或相似，推断出它们在另外的属性上(这一属性已在类比的一个对象所具有，在另一个类比的对象那里尚未发现)也相同或相似的非演绎推理，是从特殊推向特殊的推理，简称类推、类比，是推理的一种形式。类比推理是从观察个别现象开始的，因而近似归纳推理。但它又不是由特殊到一般，而是由特殊到特殊，因而又不同于归纳推理。类比推理分为完全类推和不完全类推两种形式。完全类推是两个或两类事物在进行比较的方面完全相同时的类推。不完全类推是两个或两类事物在进行比较的方面不完全相同时的类推。

基本公式是，根据 A 类对象具有 a、b、c、d 属性或事物，B 类对象有 a'、b'、c' 属性或事物，其中 a'、b'、c' 分别与 a、b、c 相同或相似，推出结论：B 类对象也具有与 A 相同或相似的属性 d'。

客观事物有多种属性，这些属性之间往往有一定的关联。A 事物的 a、b、c 属性与 d 属性之间可能具有内在的联系，若 B 事物具有与 A 事物相同的 a、b、c 属性，则可能也具有 d 属性。但是，事物之间不仅具有相似性，也具有差异性。A、B 两个事物尽管许多属性相同或相似，但它们是不同的事物，总会在某些方面有差异，有可能 d 属性正好为 A 事物所有而为 B 事物所无，如下例所示。

过去曾有科学家拿火星跟地球类比，他们认为：地球是太阳系的一颗行星，是球体，自转并绕太阳运行，有大气层，温度适中，有水分，有高等动物存在；火星也是太阳系的一颗行星，也是球体，自转并绕太阳运行，有大气层，温度适中，有水分；所以，火星上也可能有高等动物存在。但后来科学研究推翻了这个结论，这说明类比推理的结论具有或然性。

类比推理不同于演绎推理，区别有三点：①思维方向不同。大多数演绎推理的思维方向是由一般到个别，而类比推理的思维方向是由个别到个别。②结论断定的范围不同。演绎推理结论断定的范围没有超出前提断定的范围，前提蕴含结论；类比推理结论断定的范围超出了前提断定的范围，前提不蕴含结论。③前提和结论联系的性质不同。演绎推理是必然的，类比推理是或然的。

类比推理与不完全归纳推理有同有异。①相同点是二者结论断定的范围都超出了前提断定的范围，前提不蕴涵结论，前提和结论之间的联系都是或然的。②不同点是思维方向不同。归纳推理的思维方向是由个别到一般，而类比推理的思维方向是由个别到个别。

为了提高类比推理结论的可靠性，应当注意以下几点：

(1) 相类比的两个或两类事物已知的相同属性要尽量多。两事物相同的属性越多，意味着两事物在总的性质方面越接近，这样，推出的属性也就更可能是两事物所共有的。

(2) 相类比的两个或两类事物的相同属性与推出属性之间的联系应尽量紧密。类比中相同属性与推出属性之间的联系越紧密，结论的可靠程度就越高。

(3) 要注意被类比的事物中是否存在与推出属性相排斥的属性。被类比的事物如果存在与推出属性相排斥的情况，那么推出的结论不能成立。在科学史上，人们曾用月球与地球相类比，它们有许多相同属性，由此推出月球也有生物。但后来人们发现月球昼夜温差很大，并且没有空气和水，根本不适宜生物生存，因而推翻了月球有生物的论断。后来，这一事实被人造地球卫星登上月球的实地考察所证实。月球上也有生物的结论之所以被推翻，就是因为月球上昼夜温差很大及没有空气和水的属性与推出有生物的属性相排斥。

在运用类比推理时，要注意避免犯机械类比的错误。机械类比，是仅仅依据两个或两类事物表面相似或偶然相似的情况进行类比，从而导致荒谬的结论。

类比推理在科学研究、获取新知及说理论证的活动中具有非常重要的作用，具体表现为：

(1) 类比推理有助于科学发现。科学上许多重要发现是借助于类比推理的。例如，荷兰科学家惠更斯把光和声两种物理现象进行类比，发现它们具有许多共同属性：直线传播、在同一介质中直射、通过不同介质时发生折射、遇到障碍物会反射或衍射等。当时已知声是一种波，由此推断光也是一种波，这一推断后来被科学实验证实。

(2) 类比推理有助于科学实验。现代工程技术中的模拟实验有类比推理之功，用模型代替原型，通过模型间接地研究原型的规律。

(3) 类比推理有助于科技发明。科学技术上许多重要发明得益于类比推理。20世纪60年代兴起的仿生学，实质上是类比推理的应用。仿生学是一门模仿生物的特殊本领、利用生物系统的结构和功能原理来制造技术系统的科学。例如，科学家们根据青蛙的眼睛具有准确跟踪空中飞行目标的特异功能，研制出能跟踪卫星、监视空中目标的电子蛙眼；根据蝙蝠具有发射、回收超声波的功能，发明了能测定、跟踪空中飞行目标的雷达。

(4) 类比推理有助于获取新知。类比推理可以帮助人们获取新的知识。

(5) 类比推理有助于说理论证。类比推理在说理论证中具有特殊的效果。

2. 因果关系推理

根据客观事物之间都具有普遍的和必然的因果联系的规律性，通过揭示原因来推论结果，或者根据结果推论原因，就是因果推理。因果推理主要是基于前因后果间存有的确凿关系，也就是两事物间必有依存的关系来满足因果论。

因果分析的关键是：①分析主要原因和次要原因。②分析结果形成的因果链。③分析同因异果、异因同果、互为因果。

因果推理的误区有：①因果倒置谬误。是指将因看成果、将果看成因的错误。②强加因果谬误。是指仅仅把时间上有先后顺序的事件或者伴随发生的事看成有因果关系的事件。③单一因果谬误。往往只用一个简单、单一的原因解释事件的发生。而事实上，这个原因可能只是对事件起促进作用的原因之一，而不是根本原因或真正原因。④滑坡谬误。指使用连串的因果推论，却夸大了每个环节的因果强度，即不合理地使用连串的因果关系，将可能性转化为必然性，而得到不合理的结论，以实现某种意图。滑坡谬误的问题在于，每个"坡"的因果强度不一，有些因果关系只是可能而非必然，有些因果关系相当微弱，有些因果关系甚至是未知或缺乏证据的，因而即使 A 发生，也无法一路滑到 Z，Z 并非必然(或极可能)发生。⑤臆测原因谬误：针对某个现象，不是通过调查和分析后再得出结论，只是根据自己的主观臆测推断原因，就会造成归因偏差。⑥诉诸公众谬误：即以许多人(或者是大多数人)相信某命题的事实为依据，来证明该命题一定是真的。

在现实中，我们常常认为某些直观的现象之间存在因果关系，但它们并不直接构成因果关联，实际上这两个现象之间有空白需要我们补充，才能形成一个可信的因果链，并在这个因果链中寻找可能导致结果的关键因素。

通过因果分析，我们能弄清楚造成某一现象的原因，包括主要原因以及次要原因。某一现象可能是好的，也可能是不好的。如果是好现象，通过分析引发这一好现象的原因，可以呼吁或引导人们怎样去做。如果是坏现象，通过分析导致这一不好现象的原因，并进一步分析其危害，可以告诫人们不应该去做什么、应该去做什么。

3. 因果与逻辑推理区别

并联现象中最先"成就"的那一个是结果发生的"原因"，而串联现象中最后"成就"的那一个是结果发生的"原因"。原因和条件的区别在于出现的时间不同。时间参数的有无是因果关系与逻辑推理的根本区别。逻辑推理与因果关系的区别主要有以下几点。

(1) 逻辑推理与因果关系的最根本的区别是，逻辑推理不考虑时间因素，而因果关系却必须考虑时间因素。例如，父母结合后生出儿子，在因果关系中，父母结合是原因，生出儿子是结果，二者不能颠倒。但从逻辑推理上说，男女结合却不一定能够生出儿子；反过来说，只要有儿子出生这一条件，则必然能够推出父母结合这一结论。写成逻辑推理形式，就是因为儿子，所以父母。由于有人把因为……所以……框架下的逻辑推理都看作因果关系，结果儿子倒成了父母的原因，闹出大笑话。从这一情况可以看出，用"因为……所以……"形式表述的关系，也可能不是因果关系。

(2) 逻辑推理的条件是有限的，而在任何一个因果关系中，条件实际上是无限的。在逻辑推理中，有时一个条件即可推出一个结论，有时多个条件才能推出一个结论。但即使多个条件推出一个结论，这些条件的个数也都是有限的。但现实中的因果关系却大不相同，与结果现象有关的条件实际上是无限(多)的，无法把它们穷举出来。例如，在简单电路中，导线的性能、元件的材料，以及是谁拉动了开关，他为什么要拉动等，都是因果关系发生的相关情况。在研究中，我们只能够限定范围，对那些不言而喻的条件也只能略而不提，对那些超出界限的情况也不再研究。总之，现实中原因和结果的关系，要比逻辑推理中的条件和结论的关系复杂许多倍。

(3) 逻辑推理中(主要指演义推理)，条件必然蕴涵结论；但在因果关系中，原因并不必然蕴涵结论，而只有在条件都已经具备的情况下，原因的出现才引起了结果的发生。例如，在电路中，n 个串联开关中，只有在前 $n-1$ 个开关都发生了由关到开的变化之后，即在特定条件都已经成就之后，第 n 个开关由关到开才能够成为灯泡由灭变亮的原因。如果我们预先把 n 个开关进行编号，或者设想它们的颜色各不相同但功能完全相同，最后一个发生由关到开变化的那个开关是红色的，那么前面 $n-1$ 个开关中只要有一个没有发生由关到开的变化，那么红色开关由关到开的变化就并不能引起灯泡由灭变亮的结果。所以现实生活中发生的每一个因果关系都是具体的，都是特定的原因引起了特定的结果。也许只有在实验室条件下(在实验室中可以严格限定条件)，原因和结果的关系才是确定不变的：相同的原因必然引起相同的结果，不同的原因引起不同的结果，就像人们在白开水中加入砂糖则必然使白开水变甜，而加入食盐则会使白开水变咸一样清楚明确。通常人们认为，同果必然有同因，异果必然有异因，这一原理也只有在实验室条件下才是有效的。

(4) 因果关系是现实关系，只有在原因现象和结果现象已经发生之后，我们才说原因 A 和结果 B 之间存在因果关系。而逻辑推理是一种理论推导，它不需要任何现实性作支撑，条件就必然蕴涵结论。演绎推理的逻辑结构是：若 A 包含于 B，并且 B 包含于 C，则 A 包含于 C。就像初等数学中 A 小于 B 并且 B 小于 C，那么 A 小于 C 一样。

但是因果关系却不具有这种传递性。即 A 是 B 的原因，并且 B 是 C 的原因，却不能得出 A 是 C 的原因。即结果原因的原因，不是结果的原因。

8.1.3　因果关联方法

因果关联就是根据客观事物之间都具有这种普遍的和必然的因果联系的规律性，通过揭示原因来推论结果，或者根据结果推论原因，建立因果之间联系。

1. 因果关联定义

客观事物普遍存在内在的因果联系，人们只有弄清事物发展变化的前因后果，才能全面、本质地认识事物。因果关联包括四个部分。

(1) 研究对象的先行情况，分析引起某一现象变化原因，确定某一现象是另一现象原因，把作为它的结果的现象与其他的现象区别开来，主要解决为什么的问题，指出原因和结果中的"原因"。

(2) 研究对象的后行情况，根据事情的原因和条件，通过逻辑思维进行判断，并导出结果，这种推理方法称为因果推理。结果也需要一个明确的定义。

(3) 对影响因果关系的因素进行分析，确定事物发展的结果与产生的原因之间的关系。判断因果关系时需要考虑三个要点：①是不是纯属巧合；②是否存在混杂因素；③是否存在逆向因果关系。

(4) 制造反事实，为了判断因果之间是否存在因果关系，利用反事实思维评估因果关系是必不可少的要素。

2. 因果关联推理

1) 因果图法

因果图即因果分析图，一般称特性要因图，又名鱼骨图，这种图顾名思义像鱼的骨架，头尾间用粗线连接，有如脊椎骨。鱼骨图有些类似树状图，都是分析思考、理清思路、找出问题点的工具。因果图法是一种适合描述多种输入条件组合的分析方法，根据输入条件的组合、约束关系和输出条件的因果关系，分析输入条件的各种组合情况，也是一种发现问题根本原因的分析方法。对问题要刨根问底，鱼骨图就是帮助人们全面系统地了解问题、细化问题的利器。

在鱼头填上问题或现状，脊椎就是实现过程的所有步骤与影响因素。想到一个因素，就用一根鱼刺表达，把能想到的有关项都用不同的鱼刺标出。之后再细化，对每个因素进行分析，用鱼刺分支表示每个主因相关的元素，还可以继续三级、四级分叉找出相干元素。经过反复推敲后，一张鱼骨图就有了大体因果关系框架。

因果图是利用一种图解法分析输入的各种组合情况，包括输入条件之间有相互制约、相互依赖的情况(考虑输入条件相互制约及组合关系，输出条件对输入条件的依赖关系)。

(1) 因果图。因果图中使用了简单的逻辑符号，以直线连接左右结点，见图8.1.1。左结点表示输入状态(或称原因)，右结点表示输出状态(或称结果)。c_i为原因，通常置于图的左部；e_i为结果，通常在图的右部。c_i和e_i均可取值0或1，0为某状态不出现，1为某状态出现。

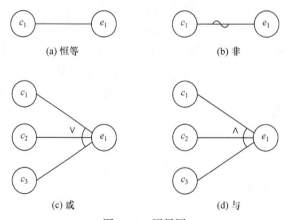

图8.1.1 因果图

因果图关系：①恒等，若c_i是1，则e_i也是1；否则e_i为0。②非，若c_i是1，则e_i是0；否则e_i是1。③或，若c_1或c_2或c_3是1，则e_i是1；否则e_i为0。或可有任意个输入。④与，若c_1和c_2都是1，则e_i为1；否则e_i为0。与也可有任意个输入。

(2) 因果约束。输入状态相互之间还可能存在某些依赖关系，称为约束。例如，某些输入条件本身不可能同时出现，输出状态之间也往往存在约束。在因果图中，用特定的符号标明这些约束，如图8.1.2所示。

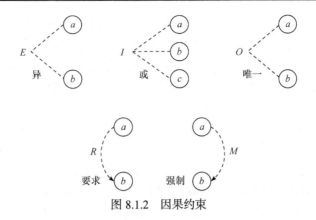

图 8.1.2 因果约束

输入条件的约束有以下四类：①E 约束(异)，a 和 b 中至多有一个可能为 1，即 a 和 b 不能同时为 1。②I 约束(或)，a、b 和 c 中至少有一个必须是 1，即 a、b 和 c 不能同时为 0。③O 约束(唯一)，a 和 b 必须有一个，且仅有 1 个为 1。④R 约束(要求)，a 是 1 时，b 必须是 1，即不可能 a 是 1 时 b 是 0。输出条件的约束只有 M 约束(强制)，若结果 a 是 1，则结果 b 强制为 0。

因果图着重分析输入条件的各种组合，每种组合条件是因，它必然有一个输出的结果，这就是果。因果图的优点是能够将复杂的问题按照各种可能的情况全部列举出来，简明并避免遗漏。

因果图一般和判定表结合使用，通过映射同时发生相互影响的多个输入来确定判定条件。因果图最终生成的就是判定表，判定表是分析和表达多逻辑条件下执行不同操作的情况的工具。与结构化语言和判断树相比，判定表的优点是能把所有条件组合充分地表达出来；缺点是其建立过程较繁杂。

2) 因果模型方法

a. 确定性因果模型

确定性因果关系，自变量与因变量之间的关系可以运用确定性函数关系来表达。确定性因果模型是关于必然现象的数学模型。一个由完全肯定的数学函数关系(因果关系)所决定的模型。必然现象是指事物的变化服从确定的因果联系，从前一时刻的运动状态可以推断以后时刻的运动状态。在数学上，通常可以用各种方程式(代数、微分、积分、差分等方程)来表达。其中，尤以微分方程应用最广。只有一个变量的，可用常微分方程表述；有多个变量的，可用偏微分方程表述。例如，各种波动过程(机械振动、声波、电磁波等)可表示为双曲型偏微分方程，各种输运过程(热传导、分子扩散等)可表示为抛物型偏微分方程，各种稳定过程(稳定的温度分布、浓度分布、静电场等)可表示为椭圆型偏微分方程。对于确定性模型，只要设定了输入和各个输入之间的关系，其输出也是确定的，而与实验次数无关。这种模型包括由微分方程所描述的数学模型，可用解析解法、数值解法求解。

确定性因果模型现象出现的其中一个必要条件是确定性，如传统物理学用确定性物理公式进行因果推理延续了几百年。就是说可以用数学物理公式来直接表示系统在时间和空间维度上的状态，如温度、能量、质量等。

b. 随机性因果模型

随机性因果关系，自变量与因变量之间的关系只能利用统计方法找出它们之间的回归关系，表现现象之间相互联系的规律性。

　　信息革命导致数据的收集量越来越大，已经不是纯确定性模型所能驾驭得了的。在对这种大数据进行建模时，不确定性或随机性的作用就体现出来。既然单纯地通过物理模型很难完全还原复杂的因果关系，那么就需要辅助以概率模型的方法，才能弥补物理模型的缺陷。通过对一系列观察数据的分析与计算，不论其特点如何，如正相关、负相关、强相关或弱相关，都可以通过数学公式定量地加以描述。

　　因果关系模型是反映 x 和 y 两个变量之间非对应关系的一种数学模型。系统变量之间存在某种前因后果关系，找出影响某种结果的几个因素，建立因与果之间的数学模型，根据因素变量的变化预测结果变量的变化，既预测系统发展的方向，又确定具体的数值变化规律。一般因果关系模型中的因变量与自变量在时间上是同步的。其方法主要包括时间序列分析、线性回归分析、概率统计方法、计量经济学方法、系统动力学仿真、神经网络技术等。

　　3) 归纳推理方法

　　归纳推理，又称归纳法，是从特殊的前提出发，推出一般性结论的推理。19 世纪英国逻辑学家穆勒对归纳法作了一次系统的阐述，提出了著名的探索因果联系的归纳方法——穆勒五法，推动了归纳法在科学研究中的应用。

　　a. 契合法

　　契合法即在创造活动中，把两个或两个以上的事物，根据实际的需要，联系在一起进行求同思考，寻求它们的结合点，然后从这些结合点中产生新的创意。因为这种方法是异中求同，所以又称为求同法。

　　考察几个出现某一被研究现象的不同场合，如果各个不同场合除一个条件相同外，其他条件都不同，那么，这个相同条件就是某被研究现象的原因，这个共同情况与被研究的现象之间有因果联系。能够运用契合法的条件是在被研究现象出场的场合中，先行情况只有一个共同因素。正确运用契合法，必须：①分析、确定被研究现象出现的若干场合；②分析先行情况中变化因素和不变因素，确定是否只存在一个共同因素。

　　契合法逻辑形式如下：

场合	先行情况	被研究现象
①	ABC	a
②	ADE	a
③	AFG	a
…	…	…

所以 A 是 a 的原因。

　　契合法的结论是或然性的。为了提高契合法结论的可靠性，应注意以下两点：

　　(1) 结论的可靠性和考察的场合数量有关。考察的场合越多，结论的可靠性越高。

　　(2) 有时在被研究的各个场合中，共同的因素并不止一个，因此，在观察中就应当通过具体分析排除与被研究现象不相关的共同因素。

　　b. 差异法

　　思考者在同类事物中，追求特异之点，并以此作为解决疑难问题的特异方法。因为这种方法是同中求异，所以又称为求异法。比较某现象出现的场合和不出现的场合，如果这两个场合除一点不同外，其他情况都相同，那么这个不同点就是这个现象的原因。那么这个不同情况与被研究现象之间有因果联系。要正确运用差异法，必须：①确定被研究现象(结果)出现不出现的两个场合；②分析两个场合先行情况中变化因素和不变因素，确定其中是否只有一个因素不同。

差异法逻辑形式如下：

场合	先行情况	被研究现象
①	ABC	a
②	$-BC$	$-$

所以 A 是 a 的原因。

差异法是求异除同。运用差异法进行比较的两个场合一定要只有一点不同，其他情况都相同。这种条件在通常情况下是少见的，因而差异法常和实验直接联系。运用差异法应注意以下两点：①运用差异法，必须注意排除除了一点外的其他一切差异因素。如果相比较的两个场合还有其他差异因素未被发觉，结论就会被否定或出现误差；②运用差异法，还应注意两个场合唯一不同的情况是被考察现象的全部原因还是部分原因。

c. 共变法

在其他条件不变的情况下，如果某一现象发生变化，另一现象也随之发生相应变化，那么，前一现象就是后一现象的原因。那么这个发生了相应变化的情况与被研究现象之间存在因果联系。要正确运用共变法，必须：①分析结果存在的若干场合，确定这些场合中，结果发生了程度上的变化；②分析先行情况中变化因素和不变因素，确定是否只有一个因素发生了程度上的变化。

共变法可用公式表示如下：

场合	先行情况	被研究现象
①	A_1BC	a_1
②	A_2BC	a_2
③	A_3BC	a_3
…	…	…

所以 A 是 a 的原因。

应用共变法应注意以下几点：①不能只凭简单观察来确定共变的因果关系，有时两种现象共变，但实际并无因果联系，可能两者都是另一现象引起的结果，如闪电与雷鸣；②共变法通过两种现象之间的共变，来确定两者之间的因果联系，是以其他条件保持不变为前提的；③两种现象的共变是有一定限度的，超过这一限度，两种现象就不再有共变关系。

d. 剩余法

剩余法是探求现象因果联系的方法之一。如果某一复合现象已确定是由某种复合原因引起的，把其中已确认有因果联系的部分减去，那么，剩余部分也必有因果联系。

剩余法可用公式表示如下：

ABC 是复杂现象 abc 的复杂原因，已知 A 是 a 的原因，B 是 b 的原因，所以 C 是 c 的原因。

剩余法得出的结果有或然性。应用剩余法应注意以下两点：①确知复杂现象的复杂原因及其部分对应关系，不得有误差，否则结论不可靠；②复合现象剩余部分的原因，可能又是复杂情况，这又要进行再分析，不能轻率地下结论。

e. 契合差异并用法

契合差异并用法又称为求同、求异并用法。世界上的许多事物都是千差万别，似乎毫不相干，可在特定的环境下，把一些看上去毫不相干的事物联系在一起进行求同或求异后，人们往往会发现新的原因。在科学创新路上如果多运用求同求异思维，会发现意想不到的效果。

如果某被考察现象出现的各个场合(正事例组)只有一个共同的因素,而这个被考察现象不出现的各个场合(负事例组)都没有这个共同因素,那么,这个共同的因素就是某被考察现象的原因。该法的步骤是两次求同一次求异。

契合差异并用法可用下列公式表示:

场合	先行情况	被研究现象
①	ABC	a
②	ADE	a
③	AFG	a
…	…	…
①	$—BC$	—
②	$—DE$	—
③	$—FG$	—
…	…	…

所以 A 是 a 的原因。

应用契合差异并用法应注意以下两点:①正反两组事例的组成场合越多,结论的可靠程度就越高。②所选择的负事例组的各个场合,应与正事例组各场合在客观类属关系上较近。

英国哲学家穆勒归纳了契合法、差异法、共变法、剩余法、契合差异并用法等探求因果关系的基本方法,它们的原则可以简单归纳为:①相同结果必然有相同原因;②不同结果必然有不同原因;③变化的结果必然有变化的原因;④剩余的结果应当有剩余的原因。容易看到,穆勒五法是力图在现象的比较中发现因果关系。应当说,比较法是人们在探索因果关系时经常使用的方法。

8.1.4　因果关系之梯

研究因果关系最大的一个目标,就是找出事物之间真正的因果关系,去掉那些混杂的伪因果关系。Pearl 在 *The Book of Why: The New Science of Cause and Effect* 一书中将因果关系分为三个层次(他称之为因果关系之梯),自底到顶分别是关联、干预、反事实分析。这三级思维,代表了三个问题:①这件事发生了,那件事是否也会跟着发生? ②我采取这个行动,会有什么后果? ③如果我当初没有这么做,现在会是怎样的?

1. 关联

第一层级是关联(association),是通过大量的现象寻找变量之间的相关性,是经验积累,通过数据分析作出预测。

在这个层级中我们通过观察寻找规律。如果观察到某一事件改变另一事件的可能性,我们便说这一事件与另一事件相关。你的生活经验表明下雨会把衣服淋湿,所以下次下雨你最好打伞,这就是观察思维。观察是寻找变量之间的相关性,观察就是积累经验,也就是我们通过观察到的数据找出变量之间的关联性。这无法得出事件互相影响的方向,只知道两者相关,例如,我们知道事件 A 发生时,事件 B 也发生,但我们并不能挖掘出,是不是事件 A 的发生导致了事件 B 的发生。又如,你开了一个便利店,卖牙膏和牙线。观察思维问的问题是,如果一个顾客买牙膏的时候,他有多大概率同时也买牙线呢? 概率论的表述是: P(牙线/牙膏),这个知识很重要,你可以判断要不要把牙线和牙膏放一起,它们应该按照什么比例进货。

2. 干预

第二层级是干预(intervention)，干预就是通过变量的改变去预判结果。通过在变量和结果之间的多次试验，来发现变量和结果之间的因果关系。干预比关联更高级，因为它不仅涉及被动观察，还涉及主动改变现状(刻意干预)。我们希望知道，当我们改变事件 A 时，事件 B 是否会随之改变。现在如果你想知道结果，最好的办法就是做实验。干预，就是说如果你现在把便利店的牙膏的价格提高一倍，对牙线的销量会有什么影响？概率论的表述是：P(牙线/do 牙膏)，do 的意思是做了一个主动干预。至于干预动作的结果到底会怎样，需要更加高级的思维。

3. 反事实分析

第三层级是反事实分析(conterfactuals)，就是对以前发生的事情进行反思。想象思维问的问题是，如果我当时是那么做的话，现在会是一个什么样的结果？操作的过程就是如果当时那样做了会怎样。通过博弈树的不同方向反事实计算，得到最优的变量，可以看作分析得到的因果关系。例如，你没有当程序员，但是你可以想象如果你当了程序员会怎样，通过反思的过程，可以得到一些不需要干预实验或者无法进行干预实验的因果关系。这是一个从来没有发生过的事情，也可以理解为执果索因。提出反事实的假定，设定与事实相反的条件，然后再去确定因果关系。这是以一种基于假想的事态去表征内心活动和模拟事件推演，这种模拟和推演又基于人们在经验中提取的判断事物发生与否的概率和倾向的把握程度，从逻辑结构上分为两种情况，第一种是减法式，在事实的前提中去除掉某个现实中发生过的条件，然后去假想整个事情的经过，如果这件事情的某条件没有发生过，那这个事情将会如何如何。另外一个则是加法式，在前提中加入某个现实生活或者事实经验中并未发生过的条件或者行动，然后去推演新的一轮事实重构，如果这件事情的某条件发生过，那这个事情将会如何。反事实推理的提出往往是条件性命题，伴随着前提和结果的同时出现。

如果你没有把牙线和牙膏放一起，你积累的大数据好像用不上。反事实与数据之间存在着一种特别棘手的关系，因为数据顾名思义就是事实。数据无法告诉我们在反事实或虚构的世界里会发生什么，在反事实世界里，观察到的事实被直接否定了。这里的事实其实就是数据，虽然说数据仿佛就可以构成世界，但是如果数据之间没有内在的因果关系，则无法构成世界。回答因果关系之梯中第一个问题也许只需要数据分析，即用大量的数据来寻找规律和相关性、联系性。但是后面两个问题，需要因果模型，需要知道什么导致什么。使用实验和数据分析来确定每一个因果关系的强弱大小，这样就有了一个完整的因果模型。

8.2　地理因果关联

地理事物的形成是各种地理因素相互作用、相互影响的结果。地理成因是反映地理事物因果联系的地理理性知识。地理因果联系反映地理事物现象的成因，揭示地理特征和地理规律形成的原因，包括由果溯因和由因导果两种过程。由果溯因是收敛求证的过程，由因导果是发散求解的过程。研究地理成因不但掌握一定数量的地理事实材料，还要掌握必要的地理基本原理，以明确各种地理事物和现象的形成原因。各种地理事物和现象都存在着一定的因果联系，没有任何原因的地理现象、特征和规律是根本不存在的。

8.2.1　地理因果概述

地理学是研究地理环境及人地关系时空变化规律的科学，是沟通自然与人文的桥梁。近代地理学的先驱洪堡、李特尔创立的因果关系论，旨在研究地理环境与人类社会相互作用的因果关系，试图在自然历史与人类历史的多方面分析比较中，寻找二者之间的联系与规律性。1925 年出版的《人生地理》教科书，在导言中即明确指出"地理学之宗旨，在于研究地理与人生之关系，使吾人对于世界各地之风土人情，皆能解释其因果，说明其系统，且能根据已知推考未知"。该书以人地关系为线索，系统论述了区位、地形、水利、土壤、矿产、气候、生物与人类社会的因果关系。我国近代地理学的奠基人之一竺可桢先生在 1929 年撰写的《地理教学法》一文中曾指出"地理所授材料，大体分为两大类，即生活与环境是也"，"两者不可偏废，须融会贯通，明其因果，述其关系"。

1. 地理因果关系定义

地理因果关系是地理事物之间的引起与被引起的关系，这种关系是内在的、必然的，有一定的规律性，而各种地理因果关系又相互联系、相互制约、相互渗透，从而形成了地理环境的整体性。这种关系有一定的必然性和规律性，称为地理因果律。关于地理因果关系的相关内容，国内学者如陆希舜教授认为有的地理事物由许多不同的原因产生；有的由一种主要原因产生；有的则是若干原因综合产生的结果。

在地理环境中，任何现象都是一个原因或一组原因在其他相应条件下作用的结果。这种结果有可能再转化为原因，既影响将要获得的新结果，也改造先期影响结果的原因。研究产生地理的结果同形成结果的原因，以及二者互相作用、互为消长，共同构成了地理因果律的实体。

由地理因果律出发，进一步发展到系统的反馈效应、映射效应、记忆效应、缓冲效应、迟滞效应等一系列功能，使地理因果律越来越复杂，也越来越体现出其本质作用。理论地理学的一项研究目标，就在于揭示地理因果之间的联合，并进而探索产生结果的原因机制，以及某种原因可能产生的结果机制。

地理因果关系主要阐述地理事物的形成演变过程。具有因果关系的知识彼此之间并不是独立的，而是互为因果。因此，在分析地理事物之间的因果关系时既要区分好因果，避免因果混淆，又要联系因果，看到它们之间的发展关系。此外，判断地理事物之间是否具有因果联系，还需要有一定的推理能力。从哲学和逻辑学的角度，我们可以把地理知识的来源分为三类：亲知——由个人感官和亲身经历所得的经验而获得的知识；闻知——从旁人口头或书面传授得到的知识，相当于间接经验；说知——在亲知和闻知的基础上，通过推理活动而获得的知识。有学者认为，通过推理能够获得新的地理知识，能够从我们已有的地理知识出发，推导出未知的地理知识。

地理因果逻辑性比较强，地理知识之间存在着因果推理关系，如果能够准确地掌握地理事物之间的前因后果，多次运用连续推理或者是逆推理的方法，就可以得到因果关系知识的脉络，形成地理知识网。我们用一个很常见的例子——自然地理现象影响因子来加以说明，如图 8.2.1 所示。

判断地理事物的因果联系，是分析判断地理事物的概念内涵及其基本特征，同诸多影响因素之间的因果关系，并进行逐项推理判断。各地理要素的发展变化都有它的外部影响条件，统称为影响因素。例如，影响聚落形成与发展的主要环境因素有地形、气候、资源、交通等；影响气候的主要因素有纬度位置、大气环流、海陆分布、洋流和地形以及人类活动等；影响河流的主要因素有地形、地势、气候、土质、植被和人类活动等；影响交通线路分布的因素有自然因素和社会经济因素，自然因素包括：地形、气候、水文；社会经济因素包括：人口、资源、城镇分布、工农业基础、科技发展水平等；影响农业区位选择的因素有光照、水源、

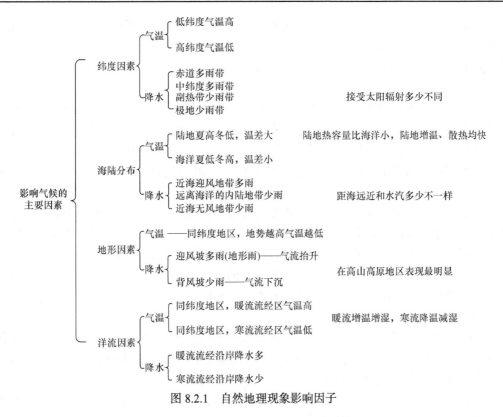

图 8.2.1 自然地理现象影响因子

土壤、地形、科学技术、交通、市场、政府政策、饮食习惯等;影响人口分布的因素有气候、海拔、水体、土壤、矿产资源、社会生产方式、生产发展与布局、历史、社会和政治等。

自然地理现象受什么因子的影响都要具体分析,根据各影响因素的影响状况来判断地理事物主要的因果关系。例如,热力环流的形成原因:①太阳辐射在地表分布不均匀(有高低纬度的差异);②地表受热不均匀引起大气上升和下降的垂直运动;③大气上升的原因是气体受热膨胀上升;④大气上升时导致高低空气压发生变化(近地面是低压,高空是高压);⑤大气下降的原因是气体冷却收缩和高空有气流补充;⑥大气下降时导致高低空气压发生变化(高空低压,近地面高压);⑦高空气压发生变化的原因是大气垂直运动;⑧水平气压发生变化的原因是高空气压发生变化;⑨气体水平运动的原因是水平气压发生了变化;⑩形成风的原因是水平气压发生了变化,而后产生同一水平方向上的气压差,继而形成水平气压梯度力使大气在水平方向上由高压流向低压。

地理关联图是反映地理事物间相互关系与联系的示意图,又称地理关系联系图。地理关系联系图用关联线(带箭头的线段)把各种地理事物连接在一起,可以揭示各种地理事物间的因果关系,对因果链条知识的教学有重要的作用。例如,太阳辐射→地面辐射→大气温度→气压梯度→大气运动→大气环流反映了它们之间的因果联系。这类示意图清晰地反映了地理事物的因果联系,对地理认识能力有促进作用。

2. 地理因果关系特征

1) 客观性

地表变化的过程和现象赖以产生的力量源泉或能源,部分是地球本身特有的,自从地球形成以来就属于它的,称为地球能;部分是来自别的宇宙星体,特别是太阳,并以机械的或物理的形式作用于地球，称为宇宙能。地表的一切变化过程都基于这些宇宙能和地球能的共同作用，不同的能结合起来共同起作用，产生了变化无穷的各种过程，这些过程又不仅限于一种表现形式，而是以极其多样的方式互相过渡。

2) 时序性

在地表事物的变化过程中，地理事物的因与果在时间上总是具有先后相继性的。因是时间上发生在先的地理现象，果是时间上发生在后的地理现象。因此，在时间上我们总是在先行的地理事物中寻找被研究的地理现象的因，但与此同时，我们也特别地要防止以时间的先后去判定地理因果联系的错误，因为先后相继只是地理因果联系的一个重要特征，但不是因果联系的唯一特征。单凭这一特征，还不足以确定地理因果联系。在时间上有先后相继的现象并不一定有地理因果联系。某一地理现象可能经常地先于另一地理现象而出现，但二者毫无地理因果关系。例如，春天与夏天，它们在时序上是相承的，春天总是先于夏天，但春天不是夏天的原因。把地理现象在时间上的先后相继与地理因果联系混为一谈是错误的，这种错误称为以先后为因果的逻辑错误。在一个现象之前，先行的地理现象是多种多样的，究竟哪些先行的地理现象是它的原因，我们则需要进行仔细地研究。

3) 传递性

在实际的地理因果关系中，原因或结果可以分为直接的和间接的。假设在某个特定的情景中发生的一个地理因果关系 X caused Y，X 是直接导致事件 Y 发生的原因，则 X 称为 Y 的直接原因(Y 称为 X 的直接结果)。

当且仅当 X 引起 Y，而且存在另外一个地理事实 Z，使得 X 引起 Z 且 Z 引起 Y，则 X 称为 Y 的间接原因(Y 称为 X 的间接结果)。

当且仅当 X 引起 Y，且存在另外一系列的地理事实 $Z_1, Z_2, \cdots, Z_n$，使得 X 引起 Z_1，Z_1 引起 $Z_2, \cdots, Z_{n-1}$ 引起 Z_n，Z_n 引起 Y。这些地理事实就与 XY 形成一个因果链。

直接原因是不经过中间事物，直接与既定对象进行关联的；间接原因是在与既定对象发生关联的时候，必须借助一个中间媒介才能产生关联，没有中间媒介就不会产生关联。

显然，X 可以是 Y 的直接原因或者间接原因(Y 是 X 的直接结果或者间接结果)，但是不能两者都是。在间接原因或间接结果情形下，传递性产生了因果链。

对于结果来说，沿着因果链可以追溯中间原因和终极原因。相似地，对于原因来说，沿着因果链也可以追寻中间结果和终极结果。

4) 多样性

有些地理现象是由单一的原因引起的，如日食和月食。有些地理现象不是由某一个特定的原因引起的，而是由许多不同的原因引起的，如某地的气候变化，可以是温度升高或降低，也可以是降水增多或减少，还可以是太阳辐射等因素引起的。有些地理现象是由若干个原因共同引起的，如农作物的丰收是由土质、水分、阳光、肥料、种子等共同作用的结果。

5) 确定性

在地球表面众多的地理事物当中，虽然地理因果关系链条非常复杂，但对于任何一条具体的地理因果链条而言，某一种地理现象的出现都是由另一种地理现象引起的，在相同的条件下，同样的地理事物会引起同样的地理现象。当地理事物发生变化时，由其引起的地理现象也会发生变化。例如，中国的温带大陆性气候和俄罗斯的温带大陆性气候，由于纬度位置、海陆位置等因素的不同，必然会导致气温和降水的不同。

3. 地理因果关系分类

从广义上讲，因果关系是一个事件、过程、状态或对象(原因)与另一个事件、过程、状态或对象(结果)之间的作用关系，是各种自然现象和社会现象之间的一种内在的必然联系。根据因果之间的对应关系，可将因果关系分为一因一果、一因多果、多因一果、多因多果、同因异果和同果异因等多种形式。相应地，这种分类对地理因果关系也适用。

1) 一因一果关系

一个因对应一个果的，是一对一的关系，又称直接因果关系，表达式为"果=因"。

一因一果是最简单的因果关系形式，只要注意因，果基本就能确定。它的原因和结果比较容易推导，包括由果溯因和由因导果法。

2) 一因多果关系

所谓"一因多果"，即是说一种原因可以引起多种结果，表达式为"果=因(1，2，3，…，n)"。它具体表现为两种情形：一是一个原因同时引起多种结果；二是一个原因在不同的场合引起不同的结果。地理事物中一因多果的推导是进行多向联系的又一种方式。如因地球自转产生太阳辐射的变化、昼夜更替、地表温度的变化等。

3) 多因一果关系

多因一果指一个结果的产生，是由于多种因素综合作用产生的结果。客观世界是复杂的，多因一果现象很普遍，表达式为"因(1，2，3，…，n)=果"。

多种原因之间可能具有线性的叠加关系，还可能具有非线性的交互关系，所产生的影响要远远超过一个因素单独所发挥作用的总和。

4) 多因多果关系

多因多果又称复合因果，即原因和结果都不是单一的，而是复合的。在现实中，一因多果和多因一果常常是兼而有之，表现为在一定条件下,多种原因可以产生多种结果。表达式为"因(1，2，3，…，n)=果(1，2，3，…，n)"。

"多因多果"实际上是一因一果关系的复合。由于多因多果类地理知识的影响因素比较复杂，各个原因和结果之间都是相互联系的，它们的形成和演变都是有一定规律的。为了深入研究地理事象，我们可以将地理事象的整体分解成若干个组成部分，分别对各个部分进行分析、研究，然后在分析的基础上找出地理事象各部分之间的相互联系和因果关系，并将各部分结合成为一个整体的认识方法，这就是地理综合分析策略。

5) 同因异果关系

同因异果即同样的原因在不同的条件下产生了不同的结果。

6) 同果异因关系

同果异因即同样的结果是由不同原因引起的。

8.2.2　地理因果律

地理事物和现象之间也存在复杂多样的关系，使地理因果律越来越复杂。理解地理事物和现象之间复杂的因果关系，不仅需要逻辑思维能力和判断能力，而且还要具备基础的地理知识。从内含和外延来看，地理成因包括简单地理成因和复杂地理成因。简单地理成因的内涵较集中，外延相对较狭窄，而复杂地理成因的内涵相对厚重，外延也比较宽泛。复杂成因又具体分为多元成因与连锁成因。

1. 地理基本原理

原理是指带有普遍性的、最基本的、可以作为其他规律的基础的规律。地理原理主要在于理解，是解决分析地理问题的基础。地理系统是指地球表层具有一定结构和功能的物质和能量流、物质动态组合、生物与人类等要素的整体。在特定地理边界约束下，地理系统作为一个整体与邻近的地理系统以及地球的外层空间不断地进行相互作用。地理系统具有显著的自组织特征，在其动态发展过程中划分为若干圈层状结构的子系统，包括大气、水、生物、岩石和人类等(图 8.2.2)。

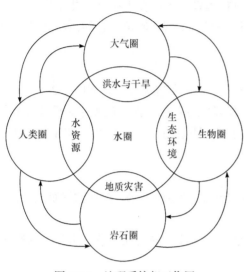

图 8.2.2　地理系统相互作用

地球子系统是相互作用而成的。圈层之间的相互作用，都是通过能量、物质与信息的交换来完成。要弄清地球表层环境发生、发展过程与变化规律，弄清其空间分布、分异特征与规律，就必须从圈层的相互作用出发。

1) 热力环流

太阳辐射是地球上最主要的能量来源。太阳辐射经过大气时，大气对太阳辐射进行吸收、反射、散射，大气对太阳辐射具有削弱作用，从而使到达地面的能量大为减少。同时，大气对地面具有保温作用。近地面空气的受热不均，引起气流的上升或下沉运动；太阳辐射能的纬度分布不均，造成高低纬度间的热量差异，引起大气运动。同一水平面上气压的差异和大气的水平运动都会影响热力环流的变化。我们把地面冷热不均而形成的空气环流，称为热力环流。热力环流是大气运动最简单的形式，在现实生活中存在较为广泛，如季风，山谷风、海陆风、城市风等。

2) 大气环流

地球上各地气候不同的根本原因是地表接收到的太阳辐射能量的不匀性，因而产生了大气的流动。大气环流形成的原因有四种：①太阳辐射，这是地球上大气运动能量的来源，由于地球的自转和公转，地球表面接受太阳辐射的能量是不均匀的。热带地区多，而极地地区少，从而形成大气的热力环流。②地球自转，在地球表面运动的大气都会受地转偏向力作用而发生偏转。③地球表面海陆分布不均匀。④大气内部南北之间能量的相互交换。以上种种因素构成了地球大气环流的平均状态和复杂多变的形态。大气循环分为三圈环流、季风环流、局地环流等。

3) 水循环原理

水循环是指地球上不同的地方上的水，通过吸收太阳的能量，改变状态(气态、液态和固态)到地球上另外一个地方。蒸发是水循环中最重要的环节之一，由蒸发产生的水汽进入大气并随大气活动而运动。大气中的水汽主要来自海洋，一部分还来自大陆表面的蒸散发。大气层中水汽的循环是蒸发—凝结—降水—蒸发的周而复始的过程。从海洋蒸发出来的水蒸气，被气流带到陆地上空，凝结为雨、雪、雹等落到地面，一部分被蒸发返回大气，其余部分成为地面径流或地下径流等，最终回归海洋。这种海洋和陆地之间水的往复运动过程，称为水的大循环。仅在局部地区(陆地或海洋)进行的水循环称为水的小循环。环境中水的循环是大、小循环交织在一起的，并在全球范围内和在地球上各个地区内不停地进行。

4) 地壳物质循环原理

从 35 亿~36 亿年前原始地壳形成至今，在漫长的地质历史岁月中，岩石圈和其下的软流层之间存在着大规模的物质循环，即地质循环。地质循环并没有一定的次序，交织成复杂的过程，不断地反复进行。

地壳运动、板块构造、岩浆活动等地质作用生成新的岩石并隆起高山，使地面和洋底凹凸不平。而物理、化学和生物的地质作用以及水流、冰川和风的地质作用使岩石风化、破碎、溶解并搬运到盆地沉积，起到削高补低的作用。而大洋盆地是地球上的最低点，陆地上的物质原则上都要回到洋底去，并在洋底沉积为岩石(包括化学沉积、生物沉积和固体碎屑沉积)。最后随着板块运动回到地幔中消亡。这就是地壳物质循环。

在地质循环的过程中，在一些地方岩石圈不断地诞生，在一些地方岩石圈则逐渐消亡，与之相伴的是大地的沧桑巨变以及地壳物质形态的持续转化。

5) 物质的生物循环

生物循环是指生态系统中的物质循环，即生态系统中的生物成分和非生物成分间物质往返流动的过程。生物合成有机质和分解有机质的过程构成了地理环境中的物质生物循环。物质生物循环是指植物吸收空气、水、土壤中的无机养分合成植物的有机质，植物的有机质被动物吸收后合成动物的有机质，动物、植物死后的残体被微生物分解成无机物回到空气、水和土壤中的连续过程。按地理环境的垂直结构，物质生物循环可划分为两种类型：①在陆地和上层进行着由无机化合物形成有机物的过程，同时也发生着有机物矿化作用。在矿化作用同时还发生腐殖化作用，一些有机物留在环境中，有机物的合成占优势。②在陆地较深处、潜水层和海洋深层，由于阳光达不到，主要是微生物在分解有机物过程中形成新的生命物质。因此，生命物质不是由无机物转化产生，而是从其他生物的有机物转化产生。

生物小循环是指植物营养元素在生物体和土壤之间的迁移转化过程。生物小循环的核心是植被的光合作用。植物根系依靠溶质势从成土母质、土壤溶液吸收可溶态营养元素，输送到植物的各个器官，在叶部合成绿色有机物，植物被动物吞食会成为动物躯体的组成部分，同时动植物新陈代谢过程会以代谢产物或残体的形式归还土壤，土壤中的这些有机物又在微生物的作用下，再转化为可溶态营养元素，被土壤胶体吸附保存，以供下一代植物吸收。这个过程与地质大循环相比，其时间和空间范围都很小，且均是通过生物作用来完成的。它促进了植物营养元素在土壤表层的聚积，是土壤及其肥力形成和发展的核心。

生物循环的核心是植物的光合作用。营养物质从大气、水体和土壤等的自然环境中通过绿色植物的吸收，进入到生态系统中，在生态系统内各种生物间流动，最终重新归还到环境中，完成一次循环，整个过程继续进行，归还的物质再次被植物吸收进入生态系统，周而复始往复持续，这种物质的反复传递和转化过程就称为物质循环。

地球表面组成自然地理环境的大气、水、岩石、地貌、生物和土壤等要素，通过大气循环、水循环、生物循环和地质循环等物质运动和能量交换，彼此间发生着密切的相互联系和相互作用，从而形成不可分割的一个整体(或系统)。

2. 地理环境基本规律

规律是指事物之间内在的本质联系。地理规律更多强调地理事象的表现，是通过进一步综合分析、比较判断、逐步推理，最终抽象出来的本质联系，任何地理规律在时间上和空间上都具有连续不断、符合实际变化过程中每一个状况的特点，反映各种地理事物之间本质的、必然的联系。

1) 地理环境整体性规律

地理环境各要素的相互联系、相互制约和相互渗透，构成了地理环境的整体性。地理环境整体性主要表现为：①地理环境各要素与环境总体特征协调一致；②地理环境各要素之间相互制约，牵一发而动全身；③不同区域之间的联系，一个区域的变化会影响到其他区域。地理环境的要素结构作为其子系统的地域(或区域)的自然地理要素结构，是指其诸多自然地理要素之间通过能量流、物质流和信息流而相互联系、相互作用形成的具有复杂因果反馈关系的要素结构。它可以包括二自然地理要素结构、三自然地理要素结构、四自然地理要素结构和全自然地理要素结构。

地理环境的整体性是指全球大小不同的自然综合体内部的各要素和各部分相互联系、相互制约，从而形成一个完整的、独立的、内部具有相对一致性、外部具有独特性的整体。地理环境中各要素和各部分之间的相互联系、相互作用具体表现在以下两个方面：①地理环境各要素并不是彼此孤立的，而是作为一个整体存在的。各要素在特征上保持协调一致，并与总体特征相统一。②地理环境的整体性还表现为某一要素的变化会导致其他要素连锁变化以及整体环境状态的变化。例如，副热带高气压带及信风带控制的大陆中心和大陆西岸，由于常年受副热带高气压下沉气流及来自内陆的信风控制，气候极其干燥。由于水分不足，地表径流浅或全无，物理风化强烈，风成作用盛行，形成大片沙漠、砾漠，植被稀疏，动物则因食物不足而相当贫乏。以上各要素之间一环扣一环，一个要素影响另外的要素。当其中一个要素发生变化时，其他要素因受其影响，相应地也会发生变化。

能量是维持地球表层系统运行与发展的动力，也是联系四大圈层的桥梁和纽带，圈层间进行着多种不同能量的传输。

(1) 大气圈与水圈之间存在热能、动能、化学能和势能的传输与交换。由于大气与水体之间温度的差异，大气圈与水圈之间热能交换一直在不停地进行。例如，冷空气经过的水面会发生降温现象，热流对大气有增温、增湿作用。由于大气与水面之间的摩擦作用，大气运动往往影响和带动水体的运动，例如，风吹拂水面会产生波浪，信风作用于洋面产生洋流。当然，水体的运动也会影响和改变大气的运动，例如，在静风天气时，来到瀑布或河流，立即感到风的存在，这是大气圈与水圈动能交换的结果。大气与水体(主要是海洋)之间在不断地进行着物质的交换，在交换过程中也会发生某些化学反应，因此两者之间也存在化学能的交换。气压代表了大气势能的大小，当大气压力不同或发生变化时，会改变水体的分布与位势。如当气压偏低时，海平面就会升高；当气压偏高时，海平面就会相应降低。例如，台风经过的海面，由于台风中心气压比较低，海平面往往会高出四周几十厘米至几米。当水体分布发生变化时，同样也会引起气压的变化。例如，高山、高原冰川以及中高纬度地区冰盖的发育，将会使这些地区的近地面气压升高，导致区域间的气压差增大。

(2) 大气圈与岩石圈之间存在着热能、化学能、动能的交换。地面与大气之间通过长波辐射、大气逆辐射进行热能的交换。大气圈与岩石圈之间也在进行着物质的交换，例如，风化作用从大气中吸收 CO_2，同时也使岩石中的某些元素开释出来，因此两圈之间存在化学能的交换。通过大气与地面之间的接触与摩擦作用，岩石圈的动能可以传递给大气圈，大气圈的动能也可以传递给岩石圈。例如，地球自转速度变化，通过地面摩擦动能从岩石圈传递给大气圈，从而导致大气运动速度的改变。研究表明，在厄尔尼诺发生的年份，由于地球自转速度的减慢，在赤道四周的大气可以获得 1cm/s 的向东相对速度。当然，大气运动的动能也可以通过地面摩擦传递给固体地球。

(3) 水圈与岩石圈之间存在热能、动能、势能与化学能的交换。在水与岩石接触的界面上，由于岩石与水温度的差异，导致两个圈层之间的热能交换。最明显的例子是海底火山、海底熔岩的溢出，加热了海水。热流不仅使所经过地区的大气温度升高，而且还使四周的岩石与土壤温度升高，冷流则对经过区域的大气和岩石具有冷却作用。岩石圈的变动往往引起水体分布的变化，水体分布的变化也会反过来通过均衡作用引起地面岩石高程的调整。例如，当山地隆升到一定高度，冰川开始发育，使原来分布于海洋的水体以固态水的形式分布在山体顶部，从而提高这些水的势能。当冰川达到一定厚度，就会导致地面的均衡下沉，反过来对岩石圈的位势产生一定的影响。水圈与岩石圈之间的物质交换也是很频繁的，并且存在着一系列化学反应，从而进行着化学能的交换。如水对岩石的风化、分解与溶蚀，水中碳酸盐、硅酸盐等物质的析出与沉淀，海底火山喷出大量物质到海水中，洋中脊四周熔岩与海水的反应等，都是岩石圈与水圈化学能交换的例证。

(4) 生物圈与三个圈层之间，普遍存在热能与化学能的交换。热能的交换很好理解。假如没有一定的气温、水温和土壤温度，生物是无法生长与发育的，生物需要从三大圈层中吸收热量以保持自身所需要的温度，当然生物呼吸也会释放热量到三大圈层中。化学能的交换主要表现在生物圈与三大圈层之间的物质交换上，生物生长过程中不断地从环境(三大圈层)吸收营养物质，同时生物的新陈代谢也不断向环境(三大圈层)排泄出物质。生物死亡后生物体被分解，物质回到环境(三大圈层)。通过物质的循环及其化学反应，生物圈与三个圈层之间进行化学能的交换。碳、氮、氧、磷、硫、氯等物质的循环，就是一个很好的例证。

能量驱动地球表层系统的物质迁移与循环，反过来，物质迁移与循环不仅带动了能量的活动与传输，而且还导致能量的转化与交换。物质迁移与循环，同能量传输与转化一样，是地球表层系统发展演化的原因与动力，也是圈层间相互联系的纽带、相互作用的桥梁。

水循环似乎是水圈中的物质循环，但实际上水循环跨越了大气圈、生物圈和岩石圈。降水发生在大气圈，水汽的运移是由大气运动完成的；径流发生在岩石圈表层(地表径流)和岩石圈内部(地下径流)，是水循环的重要步骤；植物的蒸腾是水循环的重要方面，植被对降水的截流，改变了水循环的过程与速度。

水循环是地球表层系统中最重要的物质循环之一，对地球表层系统的能量起着再分配的作用。当水蒸发时，吸收大气的热量；当降水发生时，释放热量到大气中；当蒸腾发生时，带走植物体内的热量，同时也吸收大气的热量。它是地球表层系统其他物质运动与循环的传送带。任何物质的运动和循环都离不开水的运动和循环，如泥沙的搬运、沉积，岩石的风化、分解，元素的迁移等，大都是在水的参与下完成的。

全球大小各级自然综合体内部，任何一个要素和部分的发展变化，都要受到整体的制约。自然综合体一经形成就具有稳定性，其内部各要素和各部分是整体不可分割的部分，要单独改变其中任一要素和部分是困难的。当然，在人类强有力的影响下，地理环境也会发生局部的变化，例如，由于人工灌溉，沙漠地区可以出现局部绿洲；由于人为滥伐，热带雨林可以局部出现草原及半荒漠景观，但一旦人类的影响停止，让其自然发展，只要大气环流形势不变，最终地理环境仍然要恢复它原来的面貌。这表明任何一个要素和部分的发展变化都要受到地理环境整体的制约。

2) 地域分异规律

从总体上看，全球地理环境是一个统一的整体，但是在这个整体的不同地区，却经常表现出极为显著的地域差异。地域差异在地理环境中是普遍存在的。从炎热的华南到温凉的北方，从多雨的东南沿海到干旱的西北内陆，从高山的山麓攀登到山顶，都可以观察到地理环境及其组成要素的显著差异。

影响地域分异的基本因素有两个：①地球表面太阳辐射的纬度分带性，即纬度地带性因素，简称地带性因素。②地球内能，这种分异因素称为非纬度地带性因素，简称非地带性因素。它们控制和反映自然地理环境的大尺度分异。

地带性分异规律是俄国著名地理学家道库恰耶夫于19世纪末发现并揭示出来的，其要点可以概括为：①太阳辐射能是自然带和自然地带形成的能量基础。②由宇宙-行星因素引起的太阳辐射能在地表不同纬度区域的不均匀分布，是形成自然带和自然地带的动力学原因。③自然带和自然地带只在理想情况下呈东西方向延伸，并具有环球分布特点，同时沿南北方向发生更替。④客观上应存在除地带性规律以外的规律。

非地带性是由地球内能作用而产生的海陆分布、地势起伏、构造运动、岩浆活动等自然综合体的分异规律。海陆分异，海底地貌分异，陆地上大至沿海—内陆间的分异，小至区域地质、地貌、岩性分异，以及山地、高原的垂直分异，均属非地带性分异范畴。

自然地理环境在两种基本地域分异因素的共同作用下所产生的新的地域分异因素，称为派生性分异因素。两种基本的地域分异因素的作用大致均等，很难分出以哪种因素为主。在两种基本的地域分异因素作用的背景下，还存在着使自然地域发生局部的中小尺度分异的因素，这类因素称为局部的地域分异因素。在两种基本的地域分异因素、派生性地域分异因素和局部的分异因素的作用下，自然地理环境分化为多级镶嵌的物质系统，形成了多姿多彩的自然景观。

对地域分异规律研究的明显趋势是确定不同规模的地域分异规律和其作用范围。苏联学者把地带性规律分为两种规模，延续于所有大陆、数量有限的总的世界地理地带和在主要世界地理地带以内形成的局部性纬度地带。英国学者在自然地理研究中提出全球性规模的研究、大陆和区域性规模的研究和地方性规模的研究。一些中国学者认为地域分异规律按规模和作用范围不同，可分为四个等级：①全球性规模的地域分异规律，如全球性的热量带。②大陆和大洋规模的分异规律，如横贯整个大陆的纬度自然地带和海洋上的自然带。③区域性规模的地域分异规律，其表现是干湿度省性(又称经度省性)，指自然地理环境各组成成分和整个自然综合体，从沿海向内陆方向发生有规律的更替，属于全大陆尺度内非地带性地域分异。如在温带大陆东岸、大陆内部和大陆西岸分布不同的区域性地带。垂直带性也是区域性的分异规律。④地方性的地域分异有两类：第一，由地方地形、地面组成物质和地下水埋藏深度的不同所引起的系列性地域分异；第二，由地方地形的不同所引起的坡向上的地域分异。

任何一个自然系统的空间分布都是纬度、经度和高程的函数，可表示为

$$S = f(W, D, H)$$

式中，S 为自然地理系统；W 为纬度；D 为经度；H 为高度。在平原地区，H 接近常数，可简化成 $S = f(W, D)$，此种地域分异规律称为水平分异规律。在面积不大的山区，W 和 D 可近似地看成常数，可简化成 $S = f(H)$，此种地域分异规律称为垂直分异规律。

水平自然带的分异规律有两个：①从沿海到内陆的地域分异规律，以水分为基础。②从赤道向两极的地域分异规律，以热量为基础。

地球表层存在明显的地势起伏，在一定高度的山区，随着高度上升，温度逐渐降低，降水

发生变化，从山麓到山顶自然环境及其组成要素会出现逐渐变化更迭的现象，这就是垂直分异。垂直地域分异规律又称从山麓到山顶的地域分异规律。山脉垂直分异规律是以热量和水分为基础的。

3) 地理系统的时空演变规律

自然界的一切事物和现象都是以时间和空间相统一而存在的。因此，空间地理分布规律不能离开时间而存在；同样，各种自然现象随着时间的演化，也必然有它的表现形式。自然地理环境的发生、发展和演化都是地球不同地质历史时期的具体反映。这种反映随着时间的推移是不可逆的过程。它是由简单向复杂、由无机向有机、由纯自然向人地共生方向发展的过程。在它的每一个历史进程中都表现出一定的节律性，但不同时段内的节律性绝不是简单的重复，特别是人类的出现给自然地理环境增添了新的内涵。

无论在宇宙空间，还是在我们生存的地球；无论是有机界还是无机界；无论是宏观世界，还是微观粒子，物质世界随着时间的推移，它的发生、发展及其演变都表现出极其令人惊叹的周而复始的运动规律。这种规律称为周期律。周期律按成因划分为以下几种。

(1) 天文因素引起的周期性，是指由地球外的大小天体对地球的作用而产生的地理现象和过程随时间的推移而呈有规律演替的现象。概括起来主要包括太阳周期性活动、月球和太阳引力的周期性变化、行星地球运动的周期性和旋回性变化、太阳系绕银河系质心运动的旋回性变化四个方面。关于天文因素作用而导致的周期性现象，如潮汐现象，已被证实是月球和太阳的引潮力作用形成的，地球上的磁暴是太阳黑子活动的结果。

(2) 地球转动引起的周期性，主要是指地球的自转、公转、进动等引起的地理现象及过程随时间的演替。由于地球自转具有一定的周期性，势必导致地理现象和过程的周期性。如昼夜更替、气温、气压、温度、日照、生物的生长及习性等具有一定规律的日变化特征。

地球公转，势必产生季节更替和日长的变化。由季节的周期性变化而使地球上的气温、气压、降水、季节性冻土、植物的生长等产生年变化周期，同时也使大气环流南北移动，在全球形成了五带。公转使日长发生变化，导致了恒星日和回归日的差异，带来了冬长夏短的地理现象；地轴的进动使春分点西移产生了岁差，产生了具有一定周期性的闰年。

(3) 地内物质运动引起的周期性，主要是指地下岩浆活动使地壳物质呈一定规律性的演替。地槽-地台学说认为地壳以垂直运动为主，地槽阶段是相对活跃期，地台阶段是相对稳定期，活跃期和稳定期相互更替。海底扩张学说认为六大板块的张裂处是岩浆溢出区，也是新岩层产生区，板块的碰撞处为老岩层的尖灭区，随着地幔对流的进行，新老岩层不断地更替，具有一定的周期性。板块构造学说认为全球是由六大板块形成的，其间又分出不同级别小板块。地球表层的火山、地震以及地壳变迁都与板块运动有关，并且具有一定的规律性，这种规律性在地域的分布上已经得到了印证，但在时间的演替上人们还在探索研究中。

(4) 生物自身特性引起的周期性，具有阶段性的特点，因为它们在表现自身周期性的同时还受天文因素和地球因素的影响。因此以一定阶段为周期表现出突变性的重复。按周期性的性质可分为两类：一类是生物生长的周期。这种周期性对于生物来说，其生长过程总是经历着个体的出生、成长和衰亡，然后子代个体又重复着这一类似的过程。种类相同的生物在一定区域内其生命周期基本相同，种类不同的生物其生命周期的差异很大。另一类是生物进化的周期。自古生代以来，地球发展史大约经历了六亿年，古生物的突变性发展有六个大阶段，有五次大灭绝。说明地球生物界的进化不是匀速渐变的，而是阶段性的突变和跃进，表现为短期内某些生物门类突发性迅速繁殖，然后进入鼎盛时期；这一时代结束时，大量不同生物门类和不同生态位的动植物发生死亡，甚至灭绝；接着又是新物种大量涌现，高级取代低级，强者淘汰弱者，如此多次反复地发生，阶段性跃进地发展。

4) 地理系统的复杂性规律

地理系统是一个开放、复杂的系统，它的复杂性越来越受到广泛的关注。

(1) 在地理系统的动力模型中，分散与集中两种对立的过程并存是普遍存在的，并组成了地理系统的动力机制。

(2) 地理系统的线性与非线性特征并存现象也是普遍存在的。对于一些系统来说，它的局部可能是线性的，但整体可能是非线性的；从系统的发展阶段来看，某一段时间系统可能表现为线性特征，而全部过程则可能为非线性过程；或从微观来看可能是线性的，但从宏观来看可能是非线性的。所以系统的过程线性与非线性并存，但以非线性为主。

(3) 在地理系统的发展过程中，有序与无序并存的现象是客观存在的。系统在发展过程中，往往存在以下几种情况：从局部来看它可能是有序的，从整体来看，它又可能是无序的；或相反，从总体来看它可能是有序的，但它的局部可能又是无序的。从某一时段来看，它可能是有序的，但从较长时段来看，可能又是无序的；或相反，从某一时段来看，它可能是无序的，但从长时期来看，它可能又是有序的。

(4) 对于地理系统的数据来说，有的数据是非常精确的，但有一些数据则是模糊的，而且也不可能做到精确。这两种数据并存的现象是普遍存在的。

(5) 地理系统的时间与空间尺度的大与小、快与慢并存现象随处可见。

由于地理系统的动态性质和人类活动的目的性及其调节、控制能力，地理学者把地理系统理解为一个复杂的控制系统，通常应用微分方程和差分方程表示地理系统的动态过程。因为地理系统具有非线性和高阶多层反馈作用的特点，用数学函数难以直接求解，所以研究中又常用系统动力学的数值模拟方法来求解。

3. 地理影响因子分析

地理影响因子分析是探究地理基本原理、过程、成因及规律的基本方法之一。地理事象因果分析要注意把握两点：①要清楚重要地理事象的组成因子，并理解因子与地理事象之间的因果联系；②明确分析的原因类型。

1) 因子分析

因子分析是将错综复杂的实测变量归结为少数几个因子的多元统计分析方法。其目的是揭示变量之间的内在关联性，通过研究众多变量之间的内部依赖关系，探求观测数据中的基本结构，并用少数几个假想变量来表示其基本的数据结构。这几个假想变量能够反映原来众多变量的主要信息，简化数据维数，便于发现规律或本质。原始的变量是可观测的显在变量，而假想变量是不可观测的潜在变量，称为因子。

因子分析与回归分析不同，因子分析中的因子是一个比较抽象的概念，而回归分析中的因子有非常明确的实际意义；主成分分析与因子分析也有不同，主成分分析仅是变量变换，而因子分析需要构造因子模型。因子分析的基本原理是根据相关性大小把变量分组，使得同组变量之间的相关性较高，不同组变量之间的相关性较低。每组变量代表一个基本结构，这个结构用公共因子来进行解释。

因子分析法的数学公式可表示为矩阵形式：$X = AF + B$，即

$$
\begin{cases}
x_1 = a_{11}f_1 + a_{12}f_2 + a_{13}f_3 + \cdots + a_{1k}f_k \\
x_2 = a_{21}f_1 + a_{22}f_2 + a_{23}f_3 + \cdots + a_{2k}f_k \\
x_3 = a_{31}f_1 + a_{32}f_2 + a_{33}f_3 + \cdots + a_{3k}f_k \qquad (k \leqslant p)\\
\qquad\qquad\cdots\cdots \\
x_p = a_{p1}f_1 + a_{p2}f_2 + a_{p3}f_3 + \cdots + a_{pk}f_k + \beta_p
\end{cases}
$$

式中，向量 $X(x_1,x_2,x_3,\cdots,x_p)$ 为可观测随机向量，即原始观测变量；$F(f_1,f_2,f_3,\cdots,f_k)$ 为 $X(x_1,x_2,x_3,\cdots,x_p)$ 的公共因子，即各个原观测变量的表达式中共同出现的因子，是相互独立的不可观测的理论变量，公共因子的具体含义必须结合实际研究问题来界定；$A(\alpha_{ij})$ 为公共因子 $F(f_1,f_2,f_3,\cdots,f_k)$ 的系数，称为因子载荷矩阵；$\alpha_{ij}(i=1,2,\cdots,p;\ j=1,2,\cdots,k)$ 为因子载荷，是第 i 个原有变量在第 j 个因子上的负荷，或可将 α_{ij} 看作第 i 个变量在第 j 公共因子上的权重；α_{ij} 为 x_i 与 f_j 的协方差，也是 x_i 与 f_j 的相关系数，表示 x_i 对 f_j 的依赖程度或相关程度，α_{ij} 的绝对值越大，表明公共因子 f_j 对于 x_i 的载荷量越大；$B(\beta_1,\beta_2,\beta_3,\cdots,\beta_p)$ 为 $X(x_1,x_2,x_3,\cdots,x_p)$ 的特殊因子，是不能被前 k 个公共因子包含的部分，这种因子也是不可观测的。各特殊因子之间以及特殊因子与所有公共因子之间都是相互独立的。

　　因子分析的方法有两类，一类是探索性因子分析法，另一类是验证性因子分析。探索性因子分析不事先假定因子与测度项之间的关系，而让数据自己"说话"。主成分分析和公因子分析是其中的典型方法。验证性因子分析假定因子与测度项的关系是部分知道的，即哪个测度项对应于哪个因子，虽然我们尚且不知道具体的系数。验证性因子分析往往用极大似然估计法求解。

　　因子分析有两个核心问题：①如何构造因子变量。②如何对因子变量进行命名解释。因子分析有下面四个基本步骤。

　　(1) 构造因子变量。因子分析的基本逻辑是从原始变量中构造出少数几个具有代表意义的因子变量，确定原有若干变量是否适合因子分析，这就要求原有变量之间要具有比较强的相关性，否则，因子分析将无法提取变量间的共性特征。实际应用时，可以使用相关性矩阵进行验证，如果相关系数小于 0.3，那么变量间的共性较小，不适合使用因子分析。

　　(2) 确定因子变量。因子分析中有多种确定因子变量的方法，如基于主成分模型的主成分分析法和基于因子分析模型的主轴因子法、极大似然法、最小二乘法等。其中基于主成分模型的主成分分析法是使用最多的因子分析方法之一。

　　(3) 解释因子变量。利用旋转使得因子变量更具有可解释性。在实际分析工作中，主要是因子分析得到因子和原变量的关系，从而对新的因子能够进行命名和解释，否则在其不具有可解释性的前提下，与主成分分析(PCA)技术相比就没有明显的可解释价值。主成分分析也称主分量分析，旨在利用降维的思想，把多指标转化为少数几个综合指标。在统计学中，PCA 是一种简化数据集的技术。PCA 是一个线性变换，这个变换把数据变换到一个新的坐标系统中，使得任何数据投影的第一大方差在第一个坐标(称为第一主成分)上，第二大方差在第二个坐标(第二主成分)上，依次类推。主成分分析经常用于减少数据集的维数，同时保持数据集对方差贡献最大的特征。

　　(4) 计算因子变量的得分。计算因子得分是因子分析的最后一步，因子变量确定以后，对每一个样本数据，希望得到它们在不同因子上的具体数据值。这些数值就是因子得分，它和原变量的得分相对应。

2) 地理成因分析

(1) 地理因子。地理因子(geographical factors)又称地理基质，指影响和决定地理现象的原因和条件，也是构成地理环境整体的各个独立的、性质不同的、但应服从整体演化规律的基本物质组分和能量组分。地理因子具有以下基本特点：①独立性。各种地理因子只能互相作用，互相影响，互相调节，而不可代替或极小代替。②最小限制性。在构成地理环境的总体质量中，对贡献最小的那个因子，具有限制作用。③等值性。任何一个地理因子，在规模或数量上尽管不相同，但在对地理质量施加限制的作用上，并无本质差异。④组织性。地理因子单独存在所具有的功能，小于各种地理因子组织起来所表现出的整体功能。⑤形成上的非同时性。各种地理因子虽非同时出现，但具有互相联系、互相依赖的特点。

地理因子包括自然因子和人为因子两种。自然因子一般从经纬度位置、海陆位置、地形、气候、水文、植被、土壤、矿产、洋流等方面来分析；人为因子一般从人口、工农业、城市、交通、市场、政策、科技等方面来分析。

(2) 地理成因。地理成因有以下几个方面：①地壳运动；②气候；③水力冲击和水力沉积；④风力侵蚀；⑤人为因子，这些都是影响地理因素的要点。

在探寻与地理事象的成因对应的地理过程时，对于简单的地理事象，可以从来和去两个视角切入。例如，分析洪涝的成因时，可依据水平衡原理分析得出：来水主要有降水、冰雪融水、河流水等，去水主要有地表径流、蒸发、下渗等。对于复杂地理事物的形成过程，需要进一步思考其本质，并在教学实践中不断总结。例如，三角洲、冲积扇的形成原因，是泥沙在出山口或入海口堆积的过程，需要思考出山口或入海口来沙量、流速(外力)情况和沉积环境等因素。

在分析地理事象的成因时，沿着其形成过程的思路分析，有利于抓住主导因素，并且表述会更准确、更具逻辑性。以影响气温(近地面大气)的因素为例。

影响气温高低的因素包括：①纬度；②地形地势；③下垫面性质(海陆位置、植被、湖泊、裸地、寒流、暖流等)；④天气状况(阴、晴)；⑤季节；⑥人类活动等因素。

影响气温年较差的因素及变化规律包括：①纬度；②下垫面性质；③天气状况。

影响降水多少的因素包括：①大气环流；②地形；③洋流；④海陆位置；⑤向岸风或离岸风。

影响气候的因素包括：①纬度位置；②大气环流；③地形；④洋流；⑤海陆位置。

针对太阳辐射因素，需要考虑太阳辐射本身的强度和持续时间。太阳辐射的强度主要由太阳高度角和大气的作用决定。太阳高度角又由纬度、季节、地形(坡度、坡向)决定。太阳辐射的时间主要由昼长、天气等因素决定。除此之外，地面的温度还受比热容、反射率等因素的影响。太阳辐射因素对气温的影响的思维导图如图 8.2.3 所示。

地理成因分析时需要考虑地理事象发生、发展的时空条件，从时空综合的角度分析地理事象的发生、发展和演化。同一个地理过程在不同的时空条件下，导致的结果往往不同，其主要影响因素也不同。例如，降水的过程是水汽过饱和，凝结形成液态或固态水的过程，但在不同的空间，形成的现象却不同。如果近地面温度较低，水汽在近地面凝结形成的是霜、露、雾等；在高空凝结形成的是雨、雪、冰雹等。水汽凝结的过程在不同的环境下又有所不同，主要有地形雨、锋面雨、对流雨等。表 8.2.1～表 8.2.5 表示了不同地理事象的成因分析结果。

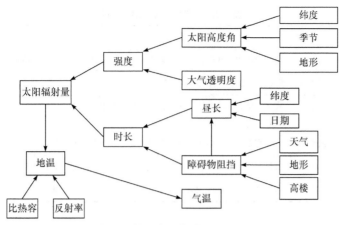

图 8.2.3　太阳辐射因素对气温的影响的思维导图

表 8.2.1　气候成因分析

地理要素	影响因素	成因分析
气温	太阳辐射(纬度)、大气环流、下垫面状况等	①纬度低，获得的太阳辐射较多，气温较高；纬度高，获得的太阳辐射较少，气温较低。纬度低，气温的年变化较小；纬度高，气温的年变化较大。②寒流对沿岸气候有降温减湿作用，寒流经过的地区气温相对较低；暖流对沿岸气候有增温增湿作用，暖流经过的地区气温相对较高。③沿海地区受海洋影响大，气温年变化和日变化小。④地势高的地区气温低(海拔每升高 100m，气温下降约 0.6℃)。⑤人类活动破坏植被，气温年变化和日变化增大。⑥城市排放的热较多，形成城市热岛效应，气温高于郊区
降水	海陆位置、大气环流、洋流、植被和水文状况、人类活动等	①沿海地区降水多，大陆内部干旱少雨；②锋面(冷锋、暖锋、准静止锋)过境时都易产生降水，低压中心气流上升，多阴雨天气；③迎风坡降水多，背风坡降水少；④暖流对沿岸气候有增温增湿作用；⑤植被覆盖率高的地区以及湖沼、水库周围，空气湿度较大，降水相对较多；⑥人类活动的影响主要体现在城市雨岛效应、人工降水等方面

表 8.2.2　河流特征成因分析

地理要素	影响因素	成因分析
流量变化	降水量的变化或气温变化；流域面积的大小；水利工程和湖泊的调蓄功能	降水量季节变化大，河流的流量季节变化大；以冰雪融水补给为主的河流，气温高，冰雪融化量大，河流流量大；流域面积广，河流的流量较大；修建水利工程(水库)，下游的流量变化减小；湖泊对径流有调节作用，湖泊下游地区河流的流量变化减小
凌汛	纬度、流向、流域气候	①由较低纬向较高纬流动；②有结冰期(气温在 0℃以下)，较高纬度区域结冰时间早、较低纬度区域结冰时间晚，较低纬度区域融冰时间早、较高纬度区域融冰时间晚
水能	流量、落差	流域内降水多，河流流量大，且水位落差大的河流水能丰富
航运价值	自然因素(河流的通航里程、水量大小及其变化)和社会经济因素(流域内经济发达程度、人口和城市数量)	①气候：降水量大，流量大，降水季节变化小，冬季气温在 0℃以上，无结冰期，常年可通航；②地形：平原地形，河宽水深，水流平缓，则航运价值大；③流域内人口密度大，经济发达，客货运输量大，则航运价值大

表 8.2.3　人口变化的原因分析

人口变化		原因分析
人口迁移	自然原因	迁往自然条件好的地区(具体结合地区特点分析)
	经济原因	迁往经济发达和工资水平高的地区
	社会原因	政策、战争、就业机会和婚姻家庭等
人口增长模式转变		经济的发展、医疗水平的提高、生育观念的转变、社会福利制度的完善等

表 8.2.4　自然灾害成因分析

自然灾害		成因分析
地质灾害	自然原因	地形起伏大；地壳运动导致岩石破碎；降水集中；植被覆盖率低
	人为原因	对植被的破坏；工程建设等
洪涝灾害	自然原因	降水强度大，降水持续时间长，导致河流水量大；地势低洼，排水不畅；支流众多，流域面积大等
	人为原因	人口密度大，上游植被破坏较严重，水土流失严重；围湖造田等
干旱灾害	自然原因	气候干旱，降水少；降水和蒸发的时空变化、气候异常等导致河流水量小且季节变化大
	人为原因	人口稠密，工农业发达，用水量大；水污染和浪费严重

表 8.2.5　环境问题的成因及解决措施分析

环境问题		成因分析	解决措施
水土流失	自然原因	①地势起伏大，坡度大；②土质疏松，垂直节理发育(如黄土高原)；③降水量大且集中，多暴雨；④植被覆盖率低	调整土地利用结构，因地制宜，促进农林牧综合发展，扩大林、草种植面积，改善天然草场的植被状况，合理放牧；大力开展矿区的土地复垦工作；采用工程、生物、技术措施，加强小流域综合治理
	人为原因	①过度垦殖、过度放牧、过度樵采；②开矿；③土地利用不合理等	
土壤盐碱化	自然原因	①地势低洼，排水不畅；②旱涝灾害频繁	引淡淋盐；井排井灌；秸秆覆盖；营造防护林；间作套种等
	人为原因	不合理的灌溉，只灌不排	
土地沙漠化	自然原因	气候干旱，土质疏松，植被少，大风日数多	合理利用水资源；利用生物措施和工程措施构筑防护体系；调节农、林、牧用地之间的关系；从开源和节流两方面，解决农牧区的能源问题；控制人口数量，提高人口素质
	人为原因	过度樵采，过度放牧，过度开垦，水资源的不合理利用	

3) 地理模型因子分析

计算机中使用模型来映射现实世界。地理模型是对现实世界的简化表达，再现现实世界中地理事物静态的存在状况和动态的演变过程。在计算机上运行的地理模型成为解决大型复杂地理问题的基础及关键因素，是解决地理问题的有效手段。随着地理数据数量和种类的增多，描述地理演变规律、地理预测规律等地理时空变换的地理模型的复杂性也越来越高，模型之间的关系也变得更加复杂，这增加了研究者对地理模型的研究与应用难度。地理模型因子分析包括数据分析法和机理分析法两类。

(1) 数据分析法。数据称为观测值，是实验、测量、观察、调查等的结果。数据分析中所处理的数据分为定性数据和定量数据。数据分析是指用适当的统计分析方法对收集来的大量数据进行分析，加以汇总和理解并消化，以求最大化地开发数据的功能，发挥数据的作用，是为了提取有用信息和形成结论而对数据加以详细研究和概括总结的过程。其目的是把隐藏在一大批看来杂乱无章的数据中的信息集中和提炼出来，从而找出所研究对象的内在规律。

在统计学领域，有些人将数据分析划分为描述性数据分析、探索性数据分析以及验证性数据分析。描述性数据统计分析是指运用制表和分类，图形以及计算概括性数据来描述数据特征的各项活动。探索性数据分析是对测量、调查、实验所得到的一些初步的杂乱无章的数据，在尽量少的先验假定下进行处理，通过作图、制表等形式和方程拟合、计算某些特征量等手段，探索数据的结构和规律的一种数据分析方法。验证性数据分析是根据一定的理论对潜在变数与观察变数间的关系作出合理的假设并对这种假设进行统计检验的现代统计方法。它也可以用来识别和分析未知的变量之间的关系，预测某一变量对另一变量的影响，分析解释变量之间的因果关系。

不同数据分析有不同特点，概括如下。①描述性数据分析特点：利用各种指标和图表对数据特征进行概括。②探索性数据分析特点：研究从原始数据入手，完全以实际数据为依据，不执着于方法的理论根据。它通过探索，来发现数据背后隐藏的内在规律和联系，侧重于在数据之中发现新的特征。它是一种对资料的性质、分布特点等完全不清楚的时候对变量进行更加深入研究的描述性统计方法。③验证性数据分析特点：根据研究的问题提出假设，再用统计的方法判断提出的假设是否正确。它侧重于已有假设的证实或证伪，聚焦在识别研究问题之间的关联，而不是像预测性因素分析那样强调单变量的解释能力。它的输出内容——识别的因素的数量和解释变量的数量，有助于确定因果关系的存在及其对被解释变量的影响程度。

(2) 机理分析法。机理是指事物变化的理由与道理，机理分析是指通过对系统内部原因(机理)的分析研究，从而找出事物发展变化规律的一种科学研究方法。这种方法常常与科学研究的演绎法配合使用，相辅相成，在科学发展史上起到巨大作用。机理分析法主要包括结构分析法、功能分析法和过程分析法三个部分。

结构分析法。任何事物和现象都是由两个或两个以上的部分、方面或因素组成，这些部分、方面或因素之间形成一种相对稳定的联系，这种相对稳定的联系称为结构。结构是指事物自身各种要素之间的相互关联和相互作用的方式，包括构成事物要素的数量比例、排列次序、结合方式和因发展而引起的变化。结构是事物的存在形式，这就是说，一切事物都有结构，事物不同，结构也不同。地理结构表示地理系统内部各事物之间的关系，是组成地理系统的各个事物，在数量上的比例、空间中的格局以及时间上的联系方式。通常反映在以下几个方面：①物质的组成。各组成成分的分配状况，各组成单位的概率变动特征，各组成要素的联系程度与联系方式。②能量的组成。包括能量的机态、表现方式、传输方式、组成情形等。③空间的表现。地理事物的层次、等级和联系，地理实体的分布，地理现象的空间格局与联系方式等。④时间的表现。包括地理流的方向，地理过程的联系方式，过程速率的非均匀组合等。

功能分析法。相互联系的各个部分、方面或因素之间总是相互依存、相互作用的，这种事物或现象内部各个部分、方面或因素之间的相互作用和影响以及该事物或现象对于外部其他事物或现象的影响和作用，称为功能。分析事物或现象功能的方法，称为功能分析方法。功能分析可从两个方面进行：①从功能与结构的关系中分析系统功能。一般说来，结构决定功能。②从系统与环境的关系中分析系统功能。因为系统与环境发生物质、能量和信息交换，所以可从输入和输出分析系统的功能。通过从形式上分析现象的内部结构关系，可以弄清现象内部各组成要素在形式上的排列和比例。功能分析法步骤为：①明确分析对象。②考察各组成要素在形式上的排列和比例。③考察各组成要素间的相互影响和相互作用。④考察现象整体对社会的影响和作用。⑤通过理论分析得出结论。

过程分析法。过程指事情进行或事物发展所经过的程序。在质量管理学中过程定义为：利用输入实现预期结果的相互关联或相互影响的一组活动。地理过程是指地理事物和现象发生、发展、演变的过程，强调陆地表层系统地理事物和现象随时间变化的特征，主要包括地理事物的时间演变、结构演变和数量演变。尤其在不同时间尺度下地理事物表现出空间上的特征演变，使地理事物变得更加复杂。过程分析法要求我们在建模分析时，要注重系统与要素、要素与要素、系统与环境的相互联系，还要注重地理系统的演化过程。微分方程建模法，是过程分析法常用的建模方法之一。

8.3　地理数据统计关联方法

因果观认为一切事物都有因果联系，整个世界都被纳入了各种各样的因果联系之中。虽然因果性并不等价于规律性，但当断定因果联系时，总是离不开某种专业知识，含蓄地涉及一些自然规律。规律是对必然性的陈述，可分为决定论规律和统计规律。决定论规律说的是在一定条件下必然会发生某些事件。这类规律即可用定性或定量的术语描述。统计规律是随机事件的整体性规律，表现这些事物整体的本质和必然的联系，又称大数定律。概率是统计规律理论的基本概念，反映随机过程的本质特征，表征一个随机事件发生的可能性的大小，即该事件在过程的多次重复中出现的频率。从统计的角度，因果关系是通过概率或者分布函数的角度体现出来的，基于统计学理论研究因果关系成为当今大数据时代的热点。

8.3.1　因果关系基本条件

地理学家孜孜以求的目标仍然是寻找或确立事物间的因果联系。在现实世界中，原因总是伴随着一定的结果，结果总是由于一定的原因所引起的。原因与结果相互依存，共同构成了一个因果系列。因果联系是某一种现象必然引起另一种现象的本质联系，在有相关关系的两个变量中，如果明确说明了一个变量的变化引起另一个变量的变化，这种联系具有时间顺序性，其中一种现象在前发生，另一种现象随后发生。那么这种关系就可以称作因果关系。因果关系必须符合三个条件：①x 和 y 有相关关系(关联性)；②x 的变化在时间上先于 y 的变化(时序性)；③x、y 之间的关系不是由其他因素形成的(因变性)。时序性、关联性和因变性是寻找因果关系的理论基础。

1. 时序性

因果关系的第一个基本条件是时序性。时序性是指原因必须出现在结果之前，也就是说，由原因引出结果，而不是由结果产生原因。时间顺序是确立事物之间因果关系的必要条件，但不是充分条件。确立因果关系并不容易，想要找到答案，研究者就要寻找其他信息，或者设计出一个能够检验时间顺序的研究。确定时间顺序对简单因果关系来说并不难做到，因为简单因果关系是单向的，即从原因到结果。复杂因果关系很难确定时间顺序，因为复杂因果关系涉及交互因果关系或者同步因果关系。

2. 关联性

因果关系的第二个条件是两个变量之间有关联(association)或者说共变(covariation)的关系。关联就是通常所说的相关性(correlation)，也称为共变性，即原因发生变化，结果也发生变化。当某一变量发生一定的变化时，另外一个变量也随之发生一定的变化，这说明两个变量是相互关联的，存在着共变性，而这种共变性关系在时间上是持续不断的。

判断因果关系是否存在就要看是否存在着共变性，也就是通过事物变化的数量或程度来判断因果关系。共变法是采用一种归纳方法判明现象因果联系，即在确定两个现象因果关系研究中，如果其中只有某一个现象变化，并引起被研究现象的变化，依此去确定某一个现象是被研究现象原因的方法。在运用共变法时，需要对研究对象进行精确测量，由此才能得出可靠的结论。然而，在实际研究中，人们常把相关与关联混为一谈。相关是一个显示关联数量的统计量，代表了两个或多个变量之间关系的程度和方向。而关联则是一般性概念，通常用两个或多个变量同时发生的变化来测量，称为共变。

关联是因果关系的必要条件，而非充分条件。也就是说，要确定事物的因果关系，不同事物之间首先要有关联，但是光凭关联还不足以构成因果关系。两事物之间的共变关系并非一定是因果关系，必须把相关与因果关系区分开来。许多共变的事物之间并无因果关系，相关性是确定变量之间因果关系的基础，但是相关关系并不等于因果关系。例如，A 与 B 相关，可能意味着 A 是 B 的决定因素，也可能意味着 B 是 A 的决定因素，还可能意味着其他变量 X 同时决定了 A 和 B，或者 A 与 B 的相关是由人为因素造成的。只有实验才能控制各种条件和影响，最终把变量之间的相关关系确定为因果关系。另外，还要把关联与因果关系区分开来。研究者可能在不同变量之间找到某种关联，但是这种关联并不意味着因果关系。关联是对其他无关原因的排除，但是却无法认定真正的原因。

像时序性一样，共变性是因果关系的必要条件，但不是充分条件。当且仅当一个事物既是另一事物发生的必要条件又是充分条件的时候，前者才是后者真正的原因，即唯一的原因。

3. 因变性

因果关系的第三个条件是因变性。因变性定义为果事件的变化是由于因事件的变化引起的。也就是 x、y 之间的关系不是由其他因素形成的。研究者要确定结果确实是由原因而不是由其他因素造成的，就需要排除干扰变量。在因果推断过程中，运用专业知识推敲怀疑事件 A 是造成事件 B 的原因之一后，观察到事件 B 总是随着事件 A 的变化而改变，而人为干预事件 B 时却无法观察到事件 A 的变化，则可以说事件 A 具有构成 AB 因果联系的因变性特征。

8.3.2 概率因果推理

地理现象是复杂的、随机的，存在不确定性。地理现象的成因和相互影响也存在随机性。相关性指如果我们观测到了一个变量 X 的分布，就能推断出另一个变量 Y 的分布，那么说明 X 和 Y 是有相关性的。而因果性则强调，如果我们操作了某个变量 X，而这种(暗中)控制 (manipulate)引起了 Y 变量的变化，那么我们才能说明 X 是 Y 的原因，而 Y 是 X 的结果，这是概率因果推理的基本出发点，我们要找的是这样的因果关系，而不是简单的相关关系。如果要按照定义来找因果关系，那么应该通过做实验，控制变量，改变某一个变量 X，然后观察另一个变量 Y 是否跟着改变。但是实际上很多情况下我们只有大量的统计数据，而非实验结果，而且，有些情景我们也无法做实验，如有违反科学伦理的内容，或者由于客观条件不可能开展实验的，如宏观经济现象我们就无法通过实验来证明，只能通过已有的数据来进行分析。那么，如何从各个变量的数据集中找到它们的因果关系，是因果推断的基本内容。

地理因果关系研究主要采用实验性研究和观测性研究。实验性研究是收集直接数据的一种方法，选择适当的群体，通过不同的手段，控制有关因素，检验群体间的反应差别。研究者运用科学实验的原理和方法，主要目的是建立变量之间的因果关系，一般做法是研究者预先提出一种因果关系尝试性假设，然后通过实验操作来检验，实验研究是一种受控的研究方法，通过一个或多个变量的变化来评估它对一个或多个变量产生的效应。观测性研究是从已有的能观测到的数据中进行因果推理的研究。因果推理是根据一个结果发生的条件对因果关系得出结论的过程。其常用方法主要有因果图模型和潜在结果框架。潜在结果框架也被称为鲁宾因果模型(Rubin causal model，RCM)。研究因果图模型和潜在结果框架需要条件概率、格兰杰因果关系、概率模型、概率图模型等基础知识。

1. 条件概率概述

在一定条件下，在个别试验或观察中呈现不确定性，但在大量重复试验或观察中其结果又具有一定规律性的现象，称为随机现象。概率论是研究随机现象数量规律的数学分支。

1) 概率

概率，又称或然率，是反映随机事件出现的可能性大小。概率定义为

$$P(A) = m/n$$

式中，n 为该试验中所有可能出现的基本结果的总数目；m 为事件 A 包含的试验基本结果数。

在一定条件下，重复做 n 次试验，n_A 为 n 次试验中事件 A 发生的次数，如果随着 n 逐渐增大，频率 n_A/n 逐渐稳定在某一数值 p 附近，则数值 p 称为事件 A 在该条件下发生的概率，记作 $P(A) = p$。这个定义称为概率的统计定义。

公理化定义如下：设 E 是随机试验，S 是它的样本空间。对 E 的每一事件 A 赋予一个实数，记为 $P(A)$，称为事件 A 的概率。这里 $P(A)$ 是一个集合函数，$P(A)$ 要满足下列条件：

(1) 非负性，对于每一个事件 A，有 $P(A) \geqslant 0$；

(2) 规范性，对于必然事件，有 $P(\Omega) = 1$；

(3) 可列可加性，设 $A_1, A_2 \cdots$ 是两两互不相容的事件，即对于 $i \neq j$，$A_i \bigcap A_j = \varnothing$，$(i, j = 1, 2 \cdots)$，则有 $P(A_1 \bigcup A_2 \bigcup \cdots) = P(A_1) + P(A_2) + \cdots$

2) 条件概率

条件概率是指事件 A 在另外一个事件 B 已经发生的条件下的发生概率。条件概率表示为 $P(A|B)$，读作在 B 的条件下 A 的概率。若只有两个事件 A、B，那么，$P(A|B) = \dfrac{P(AB)}{P(B)}$。

联合概率表示两个事件共同发生的概率。A 与 B 的联合概率表示为 $P(AB)$，或者 $P(A, B)$，或者 $P(A \bigcap B)$。在概率论中，联合概率是指在多元的概率分布中多个随机变量分别满足各自条件的概率。举例说明：假设 X 和 Y 都服从正态分布，那么 $P\{X < 4, Y < 0\}$ 就是一个联合概率，表示 $X < 4$，$Y < 0$ 两个条件同时成立的概率。

(1) 定理 1　设 A、B 是两个事件，且 A 不是不可能事件，则称 $P(B|A) = \dfrac{P(AB)}{P(A)}$ 为在事件 A 发生的条件下，事件 B 发生的条件概率。一般地，$P(B|A) \neq P(B)$。

(2) 定理 2　设 E 为随机试验，Ω 为样本空间，A、B 为任意两个事件，设 $P(A) > 0$，称 $P(B|A) = \dfrac{P(AB)}{P(A)}$ 为在事件 A 发生的条件下事件 B 的条件概率。

两个事件的条件概率公式可推广到任意有限个事件时的情况。

设 $A_1, A_2, \cdots, A_n$ 为任意 n 个事件($n \geqslant 2$)且 $P(A_1, A_2, \cdots, A_n) > 0$，则 $P(A_1, A_2, \cdots, A_n) = P(A_1) P(A_2|A_1) \cdots P(A_n|A_1 A_2 \cdots A_{n-1})$。

(3) 定理 3(全概率公式)。

定义：(完备事件组/样本空间的划分)

设 $B_1, B_2, \cdots, B_n$ 是一组事件，若：①$\forall i \neq j \in \{1, 2, \cdots, n\}$，$B_i \bigcap B_j = \varnothing$；②$B_1 \bigcup B_2 \bigcup \cdots \bigcup B_n = \Omega$；则称 $B_1, B_2, \cdots, B_n$ 样本空间 Ω 的一个划分，或称为样本空间 Ω 的一个完备事件组。

设事件组 $\{B_i\}$ 是样本空间 Ω 的一个划分，且 $P(B_i) > 0 (i = 1, 2, \cdots, n)$，则对任一事件 B，有

$$P(A) = \sum_{i=1}^{n} P(B_i) P(A \mid B_i) \text{。}$$

(4) 定理 4(贝叶斯公式)。

设 $B_1, B_2, \cdots, B_n \cdots$ 是一完备事件组，则对任一事件 A，$P(A) > 0$，有

$$P(B_i \mid A) = \frac{P(AB_i)}{P(A)} = \frac{P(B_i) P(A \mid B_i)}{\sum_i P(B_i) P(A \mid B_i)}$$

2. 格兰杰因果关系

格兰杰(Granger)于 1969 年提出了一种基于预测的因果关系(格兰杰因果关系)，后经西蒙斯的发展，格兰杰因果检验作为一种计量方法已经被经济学家们普遍接受并广泛使用，尽管在哲学层面上，人们对格兰杰因果关系是否是一种真正的因果关系还存在很大的争议。

一个变量(x)的变化会引起另一个变量(y)的相应变化，这两个变量间的关系即为因果关系。要探讨因果关系，首先当然要定义什么是因果关系。这里不再谈伽利略抑或休谟等在哲学意义上所说的因果关系，只从统计意义上介绍其定义。简单来说它通过比较已知上一时刻的所有信息，这一时刻 X 的概率分布情况和已知上一时刻除 Y 以外的所有信息，推断这一时刻 X 的概率分布情况，主要使用方式在于以此定义进行假设检验，来判断 X 与 Y 是否存在因果关系。

从统计的角度，因果关系是通过概率或者分布函数的角度体现出来的。在宇宙中所有其他事件的发生情况固定不变的条件下，如果一个事件 A 的发生与不发生对于另一个事件 B 的发生的概率(如果通过事件定义了随机变量那么也可以说分布函数)有影响，并且这两个事件在时间上有先后顺序(A 前 B 后)，那么我们便可以说 A 是 B 的原因。早期因果性是简单通过概率来定义的，即如果 $P(B \mid A) > P(B)$ 那么 A 就是 B 的原因；然而这种定义有两大缺陷：①没有考虑时间先后顺序；②从 $P(B \mid A) > P(B)$ 由条件概率公式可以推出 $P(A \mid B) > P(A)$，显然定义就自相矛盾了(并且定义中的 $>$ 毫无道理，换成 $<$ 照样讲得通，后来通过改进，把定义中的 $>$ 改为了 $\neq$，其实按照同样的推理，这样定义一样站不住脚)。

事实上，以上定义还有更大的缺陷，就是信息集的问题。严格来讲，要真正确定因果关系，就必须考虑完整的信息集，也就是说，要得出 A 是 B 的原因这样的结论，必须全面考虑宇宙中所有的事件，否则就会发生误解。最明显的例子就是若另有一个事件 C，它是 A 和 B 的共同原因，考虑一个极端情况：若 $P(A \mid C) = 1$，$P(B \mid C) = 1$，那么显然有 $P(B \mid AC) = P(B \mid C)$，此时可以看出 A 事件是否发生与 B 事件已经没有关系了。

因此,格兰杰于 1967 年提出了格兰杰因果关系的定义(均值和方差意义上的均值因果性)，并在 1980 年将其进行了扩展(分布意义上的全民因果性)。他的定义是建立在完整信息集以及发生时间先后顺序的基础上的。

从便于理解的角度按照从一般到特殊的顺序讲:最一般的情况是根据分布函数(条件分布)判断。约定 Ω_n 为到 n 期为止宇宙中的所有信息，Y_n 为到 n 期为止所有的 $Y_t (t = 1, \cdots, n)$，Y_{n+1} 为第 $n+1$ 期 X 的取值，$\Omega_n - Y_n$ 为除 Y 之外的所有信息。Y 的发生影响 X 的发生的表达式为

$$F(X_{n+1} \mid \Omega_n) \neq F(X_{n+1} \mid \Omega_n - Y_n)$$

后来认为宇宙信息集是不可能找到的，于是退而求其次，找一个可获取的信息集 J 来替

代 Ω :

$$F(X_{n+1}|J_n) \neq F(X_{n+1}|J_n - Y_n)$$

再后来，大家又认为验证分布函数是否相等实在是太复杂，于是再次退而求其次，只是验证期望是否相等(这种称为均值因果性，上面用分布函数验证的因果关系称为全面因果性)：

$$E(X_{n+1}|J_n) \neq E(X_{n+1}|J_n - Y_n)$$

也有一种方法是验证 Y 的出现是否能减小对 X_{n+1} 的预测误差，即比较方差是否发生变化：

$$\mathrm{Var}(X_{n+1}|J_n) \neq \mathrm{Var}(X_{n+1}|J_n - Y_n)$$

上面因果关系的最后一种表达方法已经接近我们最常用的格兰杰因果检验方法，统计上通常用残差平方和来表示预测误差，于是常常用 X 和 Y 建立回归方程，通过假设检验的方法(F 检验)检验 Y 的系数是否为零。

可以看出，我们所使用的格兰杰因果检验与其最初的定义已经偏离甚远，削减了很多条件(并且由回归分析方法和 F 检验的使用我们可以知道还增强了若干条件)，这很可能会导致虚假的因果关系。因此，在使用这种方法时，务必检查前提条件，使其尽量能够满足。此外，统计方法并非万能的，评判一个对象，往往需要多种角度的观察。正所谓兼听则明，偏听则暗。诚然真相永远只有一个，但是也需要科学的探索方法。

3. 概率模型

概率模型(probabilistic model)是用来描述不同的随机变量之间关系的数学模型，通常情况下刻画了一个或多个随机变量之间的相互非确定性的概率关系，主要针对变量或变量间的相互不确定性的概率关系建模。从数学上讲，该模型通常被表达为 (Y, P)，其中 Y 是观测集合用来描述可能的观测结果，P 是 Y 对应的概率分布函数集合。若使用概率模型，一般而言需假设存在一个确定的分布 P 生成观测数据 Y。因此通常使用统计推断的办法确定集合 P 中谁是数据产生的原因。大多数统计检验都可以被理解为一种概率模型。检验与模型的另一个共同点则是两者都需要提出假设，并且误差在模型中常被假设为正态分布。

概率模型主要针对变量或变量间的相互不确定性的概率关系建模。概率模型 $\mathscr{P}$ 是一个概率分布函数或密度函数的集合。可分为参数模型、无参数和半参数模型。总的来说，概率模型分为以下两类。

1) 参数模型

参数模型可以用有限个参数进行准确定义。参数模型是一组由有限维参数构成的分布集合 $\mathscr{P} = \{\mathbb{P}_\theta : \theta \in \Theta\}$。其中：$\theta$ 为参数；而 $\Theta \subseteq \mathbb{R}^d$ 为其可行欧几里得子空间。概率模型可被用来描述一组可产生已知采样数据的分布集合。例如，假设数据产生于唯一参数的高斯分布，则我们可假设该概率模型为 $\mathscr{P} = \{\mathbb{P}(x; \mu, \sigma) = \dfrac{1}{\sqrt{2\pi}\sigma} \exp\left\{-\dfrac{1}{2\sigma^2}(x - \mu)^2\right\} : \mu \in \mathbb{R}, \ \sigma > 0\}$。

2) 非参数模型

非参数模型是无法采用有限参数进行准确定义的模型。无参数模型则是一组由无限维参数构成的概率分布函数集合，可被表示为 $\mathscr{P} = \{\text{all distributions}\}$。

相比于无参数模型和参数模型，半参数模型也由无限维参数构成，但其在分布函数空间内并不紧密。例如，一组混叠的高斯模型。确切地说，设 d 为参数的维度，n 为数据点的大小，如果随着 $d \to \infty$ 和 $n \to \infty$ 则 $d/n \to 0$，则称为半参数模型。

概率模型是所有数理统计问题的前提，选择合适的概率模型对解决实际问题具有非常重要的意义。在选择模型时，需要考虑以下因素：①所研究的随机现象的基本概率特征。②描述随机现象的随机变量是连续随机变量还是离散随机变量，或者相关随机变量是否具有混合概率分布等复杂分布形式。③解决问题所要用到的统计量，以及相应的假设检验方法。

4. 概率图模型

概率图模型(probabilistic graphical model，PGM)是概率模型的一种，通过利用有向图或者无向图来表示变量之间的概率关系，结合概率论与图论的知识，利用图来表示与模型有关的变量的联合概率分布。概率图模型在形式上是由图结构组成的，图的每个节点(node)都关联了一个随机变量，而图的边(edge)则被用于编码这些随机变量之间的关系，如图 8.3.1 所示。

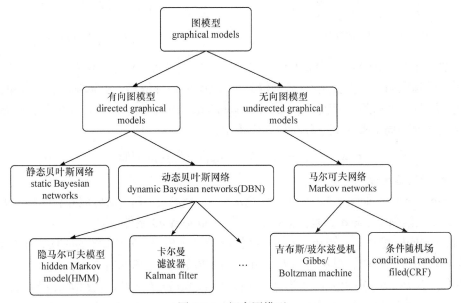

图 8.3.1　概率图模型

概率图中的节点分为隐含节点和观测节点，边分为有向边和无向边。从概率论的角度，节点对应于随机变量，边对应于随机变量的依赖或相关关系，其中有向边表示单向依赖关系，无向边表示相互依赖关系。概率图模型分为贝叶斯网络(Bayesian network)和马尔可夫网络(Markov network)两大类。贝叶斯网络可以用一个有向图结构表示，马尔可夫网络可以表示成一个无向图的网络结构。更详细地说，概率图模型包括了朴素贝叶斯、最大熵、隐马尔可夫、条件随机场、主题等模型，在机器学习的诸多场景中都有广泛的应用。

1) 贝叶斯网络

贝叶斯网络(Bayesian network)，又称信念网络(belief network)，或有向无环图模型(directed acyclic graphical model)，是一种概率图模型，于 1985 年由朱迪亚·珀尔(Judea Pearl)首先提出。它是一种模拟人类推理过程中因果关系的不确定性处理模型，其网络拓扑结构是一个有向无环图(DAG)，如图 8.3.2 所示。

贝叶斯网络的有向无环图中的节点表示随机变量 $\{X_1, X_2, \cdots, X_n\}$。它们可以是可观察到的变量，或隐变量、未知参数等。认为有因果关系(或非条件独立)的变量或命题则用箭头来连接。若两个节点间以一个单箭头连接在一起，表示其中一个节点是因(parents)，另一个是果(children)，两节点就会产生一个条件概率值。例如，假设节点 E 直接影响到节点 H，即 $E \rightarrow H$，

则用从 E 指向 H 的箭头建立结点 E 到结点 H 的有向弧 (E,H)，权值(即连接强度)用条件概率 $P(H|E)$ 来表示，如图 8.3.3 所示。

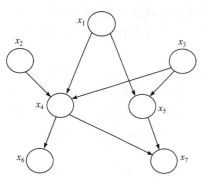

图 8.3.2　网络拓扑结构

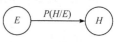

图 8.3.3　条件概率

简言之，把某个研究系统中涉及的随机变量，根据是否条件独立绘制在一个有向图中，就形成了贝叶斯网络。其主要用来描述随机变量之间的条件依赖，用圈表示随机变量(random variables)，用箭头表示条件依赖(conditional dependencies)。此外，对于任意的随机变量，其联合概率可由各自的局部条件概率分布相乘而得出：

$$P(x_1,\cdots,x_k)=P(x_k|x_1,\cdots,x_{k-1})\cdots P(x_2|x_1)P(x_1)$$

2) 贝叶斯网络的结构形式

(1) head-to-head。如图 8.3.4 所示，有 $P(a,b,c)=P(a)P(b)P(c|a,b)$ 成立，即在 c 未知的条件下，a、b 被阻断(blocked)，是独立的，称为 head-to-head 条件独立。

(2) tail-to-tail。考虑 c 未知和 c 已知两种情况(图 8.3.5)：①在 c 未知的时候，有 $P(a,b,c)=P(c)P(a|c)P(b|c)$，此时，没法得出 $P(a,b)=P(a)P(b)$，即 c 未知时，a、b 不独立。②在 c 已知的时候，有 $P(a,b|c)=P(a,b,c)/P(c)$，然后将 $P(a,b,c)=P(c)P(a|c)P(b|c)$ 代入式子中，得到 $P(a,b|c)=P(a,b,c)/P(c)=P(c)P(a|c)P(b|c)/P(c)=P(a|c)P(b|c)$，即 c 已知时，a、b 独立。

(3) head-to-tail。考虑 c 未知和 c 已知这两种情况(图 8.3.6)：c 未知时，有 $P(a,b,c)=P(a)P(c|a)P(b|c)$，但无法推出 $P(a,b)=P(a)P(b)$，即 c 未知时，a、b 不独立。c 已知时，有 $P(a,b|c)=P(a,b,c)/P(c)$，且根据 $P(a,c)=P(a)P(c|a)=P(c)P(a|c)$，可化简得到

$$P(a,b|c)=P(a,b,c)/P(c)=P(a)P(c|a)P(b|c)/P(c)$$
$$=P(a,c)P(b|c)/P(c)=P(a|c)P(b|c)$$

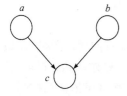

图 8.3.4　head-to-head

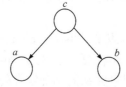

图 8.3.5　tail-to-tail

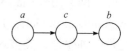

图 8.3.6　head-to-tail

所以，在 c 给定的条件下，a，b 被阻断(blocked)，是独立的，称为 head-to-tail 条件独立。这个 head-to-tail 其实就是一个链式网络，如图 8.3.7 所示。

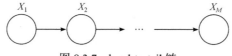

图 8.3.7　head-to-tail 链

根据之前对 head-to-tail 的讲解，我们已经知道，在 x_i 给定的条件下，x_{i+1} 的分布和 x_1，x_2，$\cdots$，x_{i-1} 条件独立。意味着 x_{i+1} 的分布状态只和 x_i 有关，和其他变量条件独立。通俗点说，当前状态只跟上一状态有关，跟上上或上上之前的状态无关。这种顺次演变的随机过程，称为马尔可夫链(Markov chain)。

我们可以将复杂的概率模型转换为纯粹的代数运算。PGM(problistic graphical model)是用图来表示变量概率依赖关系的理论。概率图理论共分为三个部分，分别为概率图模型表示理论、概率图模型推理理论和概率图模型学习理论。它提供了一种简单的可视化概率模型方法，有利于设计和开发新模型；用于表示复杂的推理和学习运算，可以简化数学表达。近 10 年概率图模型推理理论已成为不确定性推理的研究热点，在人工智能、机器学习和计算机视觉等领域有广阔的应用前景。

3) 因子图

因子图就是对函数进行因子分解得到的一种概率图。将一个具有多变量的全局函数因子分解，得到几个局部函数的乘积，以此为基础得到的一个双向图称为因子图(factor graph)。图中的一个节点可以看作一个影响因子，两个影响因子之间的联系用图的边来表示。

一般内含两种节点：变量节点和函数节点。我们知道，一个全局函数通过因式分解能够分解为多个局部函数的乘积，这些局部函数和对应的变量关系就体现在因子图上。

举个例子，现在有一个全局函数，其因式分解方程为

$$g(x_1,x_2,x_3,x_4,x_5) = f_A(x_1)f_B(x_2)f_C(x_1,x_2,x_3)f_D(x_3,x_4)f_E(x_3,x_5)$$

式中，f_A、f_B、f_C、f_D、f_E 为各函数，表示变量之间的关系，可以是条件概率也可以是其他关系。其对应的因子如图 8.3.8 所示。

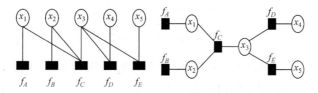

图 8.3.8　因子分解图两种表示方法

在概率图中，求某个变量的边缘分布是常见的问题。这类问题有很多求解方法，其中之一是把贝叶斯网络或马尔可夫随机场转换成因子图，然后用 sum-product 算法求解。换言之，基于因子图可以用 sum-product 算法高效地求各个变量的边缘分布。

在 PGM 中，定义概率分布的基础和原子是影响因子。基于影响因子定义的操作是概率分布公式推导的基础。最简单的有向图的 PGM 模型，两个影响因子与概率的转化关系如图 8.3.9 所示。

一个 PGM 可以建模表示成所有影响因子的联合概率分布，该联合概率分布可进一步转化为可运算的概率分布的乘积。如图 8.3.9 所示，Factor1 是 Factor2 的条件，则 Factor1 有箭头指向 Factor2，P(Factor2) = P(Factor2|Factor1)。

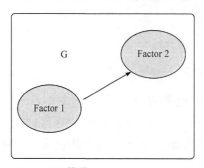

G ↔ PGM模型
PGM模型 ↔ 联合概率分布(joint distribution) ↔ P(Factor 1. Factor 2)
P(Factor 1. Factor 2) = P(Factor 1)*P(Factor 2|Factor 1)

图 8.3.9　Factor 与概率的转化关系

在有向图 PGM 模型中，Factor 之间的相互影响，可以用链式法则(chain rules)来表示。如图 8.3.10 中，P(G, D, I, S, L)是有向 PGM 模型的联合概率分布。事件影响因子如下：Difficulty 代表课程难度，Intelligence 代表学生智力，Grade 代表成绩等级，SAT 代表高考成绩，Letter 代表推荐可能。在该模型中，Grade 受 Difficulty 和 Intelligence 的影响；SAT 受 Intelligence 的影响；Letter 受 Grade 的影响。

根据前述的运算规则，有：P(D, I, G, S, L) = P(D)*P(I)*P(G|I, D)*P(L|G)*P(S|I)，也就是说，PGM 模型的所有因子的联合概率分布，等于各因子概率的乘积。

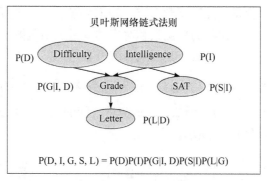

图 8.3.10　链式法则图

概率图模型可以简单的理解为"概率+结构"，即利用图模型来结构化各变量的概率，描述变量间的相互依赖关系，同时还能进行高效的推理，因此在机器学习中概率图模型是一种应用广泛的方法。

5. 表示方法分类

概率图模型是用图来表示变量概率依赖关系的理论，结合概率论与图论的知识，利用图来表示与模型有关的变量的联合概率分布。概率图模型的表示由参数和结构两部分组成，PGM 的分类如下。

1) 根据边有无方向性分类

根据图是有向的还是无向的，我们可以将图的模式分为三大类——有向图模型，也称贝叶斯网络(Bayesian network，BN)；无向图模型，也称马尔可夫网络(Markov networks，MN)；局部有向模型，即同时存在有向边和无向边的模型，包括条件随机场(conditional random field，CRF)和链图(chain graph)。

2) 根据表示的抽象级别不同分类

根据表示的抽象级别不同，PGM 可分两类：一是基于随机变量的概率图模型，如贝叶斯网络、马尔可夫网络、条件随机场和链图等；二是基于模板的概率图模型。基于模板的概率图模型根据应用场景不同又可分为两种：一是暂态模型，包括动态贝叶斯网络(dynamic Bayesian network，DBN)和状态观测模型，状态观测模型又包括线性动态系统(linear dynamic system，LDS)和隐马尔可夫模型(hidden Markov model，HMM)；二是对象关系领域的概率图模型，包括盘模型(plate model，PM)、概率关系模型(probabilistic relational model，PRM)和关系马尔可夫网络(relational Markov network，RMN)。

a. 有向图模型

贝叶斯网络(Bayesian networks)，又称有向无环图模型(directed acyclic graphical model)，或者因果网络(causal networks)，是描述数据变量之间依赖关系的一种图形模式，是一种用来进行推理的模型。贝叶斯网络为人们提供了一种方便的框架结构来表示因果关系，这使得不确定性推理在逻辑上变得更为清晰、可理解性更强。

对于贝叶斯网络，我们可以用两种方法来看待：①贝叶斯网络表达了各个结点间的条件独立关系，我们可以直观地从贝叶斯网络中得出属性间的条件独立以及依赖关系；②贝叶斯网络用另一种形式表示出了事件的联合概率分布，根据贝叶斯网络的结构以及条件概率表(CPT)我们可以快速得到每个基本事件(所有属性值的一个组合)的概率。贝叶斯学习理论利用先验知识和样本数据来获得对未知样本的估计，而概率(包括联合概率和条件概率)是先验信息和样本数据信息在贝叶斯学习理论当中的表现形式。

(1) 贝叶斯网络结构。贝叶斯网络结构中每个结点代表一个属性或者数据变量，结点间的弧代表属性(数据变量)间的概率依赖关系。一条弧由一个属性(数据变量)A 指向另外一个属性(数据变量)B 说明属性 A 的取值可以对属性 B 的取值产生影响，由于是有向无环图，A、B 间不会出现有向回路。在贝叶斯网络当中，直接的原因结点(弧尾)A 称为其结果结点(弧头)B 的双亲结点(parents)，B 称为 A 的孩子结点(children)。如果从一个结点 X 有一条有向通路指向 Y，则称结点 X 为结点 Y 的祖先(ancestor)，同时称结点 Y 为结点 X 的后代(descendent)。连接两个结点的箭头代表此两个随机变量是具有因果关系或是非条件独立的；而结点中变量间若没有箭头相互连接一起的情况就称其随机变量彼此间为条件独立。若两个结点间以一个单箭头连接在一起，表示其中一个结点是因(parents)，另一个是果(descendants or children)，两结点就会产生一个条件概率值。我们用图 8.3.11 的例子来具体说明贝叶斯网络的结构。

图 8.3.11 中共有五个结点和五条弧。下雪 A_1 是一个原因结点，它会导致堵车 A_2 和摔跤 A_3。而我们知道堵车 A_2 和摔跤 A_3 都可能最终导致上班迟到 A_4。另外，如果在路上摔跤严重的话还可能导致骨折 A_5。这是一个简单的贝叶斯网络的例子。在贝叶斯网络中像 A_1 这样没有输入的结点被称作根结点(root)，其他结点被统称为非根结点。

贝叶斯网络当中的弧表达了结点间的依赖关系，如果两个结点间有弧连接说明两者之间有因果联系，反之如果两者之间没有直接的弧连接或者是间接的有向联通路径，则说明两者之间没有依赖关系，即是相互独立的。结点间的相互独立关系是贝叶斯网络当中很重要的一个属性，可以大大减少建网过程当中的计算量，

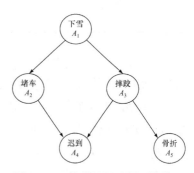

图 8.3.11　简单的贝叶斯网络模型

同时根据独立关系来学习贝叶斯网络也是一个重要的方法。使用贝叶斯网络结构可以使人清晰地得出属性结点间的关系，进而也使得使用贝叶斯网络进行推理和预测变得相对容易实现。

从图 8.3.11 中我们可以看出，结点间的有向路径可以不止一条，一个祖先结点可以通过不同的途径来影响它的后代结点。例如，下雪可能会导致迟到，而导致迟到的直接原因可能是堵车，也可能是在雪天滑倒了，摔了一跤。这里每当我们说一个原因结点的出现会导致某个结果的产生时，都是一个概率的表述，而不是必然的，这样就需要为每个结点添加一个条件概率。一个结点在其双亲结点(直接的原因结点)的不同取值组合条件下取不同属性值的概率，就构成了该结点的条件概率表。

(2) 条件概率表。条件概率表一般由两列(概率和关联事件)组成，表示某个事件发生的条件概率是另一种事件发生的概率，如表 8.3.1 和表 8.3.2 所示。条件概率可以由某方面的专家总结以往的经验给出(但这是非常困难的，只适合某些特殊领域)，另外一种方法就是通过条件概率公式，在大样本数据当中统计求得。在这里我们先根据图 8.3.11 的贝叶斯网络给出其中的一些条件概率表，使大家对条件概率表有一个感性的认识。贝叶斯网络中的条件概率表是结点的条件概率的集合。当使用贝叶斯网络进行推理时，实际上是使用条件概率表当中的先验概率和已知的证据结点来计算所查询的目标结点的后验概率的过程。

如果将结点下雪 A_1 当作证据结点，那么发生堵车 A_2 的概率如何呢？表 8.3.1 给出了相应的条件概率。

表 8.3.1 简单条件概率表

A_1	$P(A_2|A_1)$	
	True	False
True	0.8	0.2
False	0.1	0.9

表 8.3.1 是最简单的情况，如果有不止一个双亲结点的话，那么情况会变得更为复杂一些，见表 8.3.2。

表 8.3.2 复杂条件概率表

A_2	A_3	$P(A_4|A_2,A_3)$	
		True	False
True	True	0.90	0.10
True	False	0.80	0.20

由表 8.3.2 中可以看出，当堵车 A_2 和摔跤 A_3 取不同的属性值时，导致迟到 A_4 的概率是不同的。贝叶斯网络条件概率表中的每个条件概率都是以当前结点的双亲结点作为条件集的。如果一个结点有 n 个父结点，在最简单的情况下(即每个结点都是二值结点，只有两个可能的属性值：True 或者 False)，那么它的条件概率表有 2^n 行；如果每个属性结点有 k 个属性值，则有 k^n 行记录，其中每行有 $k-1$ 项(因为 k 项概率的总和为 1，所以只需知道其中的 $k-1$ 项，最后一项可以用减法求得)，这样该条件概率表将一共有 $(k-1)k^n$ 项记录。

根据条件概率和贝叶斯网络结构，我们不仅可以由祖先结点推出后代的结果，还可以通过后代当中的证据结点来向前推出祖先取各种状态的概率。

贝叶斯网络可以处理不完整和带有噪声的数据集，因此被日益广泛地应用于各种推理程序当中。同时因为可以方便地结合已有的先验知识，将已有的经验与数据集的潜在知识相结合，可以弥补相互的片面性与缺点，所以越来越受到研究者的喜欢。

(3) 贝叶斯网络。令 $G = (I, E)$ 表示一个有向无环图，其中 I 代表图形中所有的结点的集合，而 E 代表有向连接线段的集合，且令 $X = (X_i)i \in I$ 为其有向无环图中的某一结点 i 所代表的随机变量，若结点 X 的联合概率分配可以表示成

$$p(x) = \prod_{i \in I} p(x_i \mid x_{pa(i)})$$

则称 X 为相对于一有向无环图 G 的贝叶斯网络，$pa(i)$ 为结点 i 的因。对于任意的随机变量，其联合分配可由各自的局部条件概率分配相乘而得出：

$$P(X_1 = x_1, \cdots, X_n = x_n) = \prod_{i=1}^{n} P(X_i = x_i \mid X_{i+1} = x_{i+1}, \cdots, X_n = x_n)$$

依照上式，可以将贝叶斯网络的联合概率分配写成：

$$P(X_1 = x_1, \cdots, X_n = x_n) = \prod_{i=1}^{n} P(X_i = x_i \mid X_j = x_j)(\text{对每个相对于 } X_i \text{ 的因变量 } X_j \text{ 而言})$$

上面两个公式的差别在于条件概率的部分，在贝叶斯网络中，若已知其因变量下，某些结点会与其因变量条件独立，只有与因变量有关的结点才会有条件概率地存在。

b. 无向图模型

马尔可夫网络(也称为马尔可夫随机场、概率无向图模型)与贝叶斯网络有相似之处，它也可用于表示随机变量之间的依赖关系。但它又和贝叶斯网络有所不同：一方面它可以表示贝叶斯网络无法表示的一些依赖关系，如循环依赖；另一方面，它不能表示贝叶斯网络能够表示的某些关系，如推导关系。

马尔可夫性质指的是将一个随机变量状态序列按时间先后顺序展开后，在给定现在状态及所有过去状态情况下，其未来状态的条件概率分布仅依赖于当前状态；换句话说，在给定随机变量现在状态时，它的取值与过去状态(即状态转移的历史路径)无关，那么此随机过程即具有马尔可夫性质。

在马尔可夫随机场中定义全局马尔可夫性、局部马尔可夫性和成对马尔可夫性。

(1) 全局马尔可夫性。设结点集合 A、B 是在无向图 G 中被结点 C 分开的任意结点集合，结点集合 A、B 和 C 所对应的随机变量组分别是 Y_A、Y_B 和 Y_C。全局马尔可夫性是指在给定随机变量组 Y_C 条件下随机变量组 Y_A 和 Y_B 是条件独立的，即 $P(Y_A, Y_B \mid Y_C) = P(Y_A, Y_C)P(Y_B \mid Y_C)$，如图 8.3.12 所示。

(2) 局部马尔可夫性。设 $v \in V$ 是无向图 G 中任意一个结点，W 为与 v 有边连接的所有结点，O 为 v，W 以外的其他所有结点。v 为的随机变量是 Y_v，W 表示的随机变量组为 Y_W，O 表示的随机变量组为 Y_O。局部马尔可夫性指的是在给定随机变量组 Y_W 的条件下随机变量 Y_v 与随机变量组 Y_O 是独立的，即 $P(Y_v, Y_O \mid Y_W) = P(Y_v \mid Y_W)P(Y_O \mid Y_W)$，如图 8.3.13 所示。

(3) 成对马尔可夫性。设 u 和 v 是无向图 G 中任意两个没有边连接的结点，结点 u 和 v 分布对应随机变量 Y_u 和 Y_v。其他所有结点为 O，对应的随机变量组是 Y_O。成对马尔可夫性是指给定随机变量组 Y_O 的条件下随机变量 Y_u 和 Y_v 是条件独立的，即 $P(Y_u, Y_v \mid Y_O) = P(Y_u \mid Y_P)P(Y_v \mid Y_O)$。

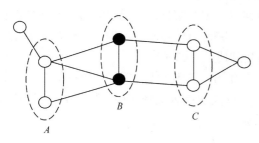

图 8.3.12　全局马尔可夫性

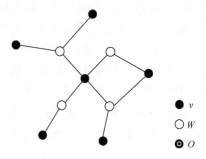

图 8.3.13　局部马尔可夫性

马尔可夫网络是一组有马尔可夫性质的随机变量的联合概率分布模型，它由一个无向图 $G=(V,E)$ 表示和定义于 G 上的势函数组成。在图 G 中，结点表示随机变量，边表示随机变量之间的依赖关系。

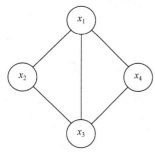

图 8.3.14　成对马尔可夫性

无向图 G 中任何两个结点均有边连接的结点子集(完全子图)称为团。若 C 是无向图 G 的一个团，且不能加进任何一个 G 的结点使其成为一个更大的团，则称此 C 为最大团。图 8.3.14 中，由 2 个结点构成的团有 5 个：$\{x_1,x_2\}$，$\{x_1,x_3\}$，$\{x_1,x_4\}$，$\{x_2,x_3\}$ 和 $\{x_3,x_4\}$。有 2 个最大团：$\{x_1,x_2,x_3\}$ 和 $\{x_1,x_3,x_4\}$，而 $\{x_1,x_2,x_3,x_4\}$ 不是一个团，因为 x_2 和 x_4 没有连接。

在无向图中，对每个团定义一个势函数，用来表示团内随机变量之间的相关关系。势函数取自物理学中的势能概念，势能在物理中指的是储存于一个系统内潜在的能量。在无向图中的势函数使团内随机变量偏向于具有某些相关关系。例如，假设团 $\{x_1,x_2\}$ 具有势函数：

$$\psi(x_1,x_2)=\begin{cases}1.5 & \text{如果}x_1=x_2\\0.1 & \text{其他}\end{cases}$$

则说明该团的势函数偏向使 x_1 和 x_2 具有相同的取值。势函数刻画了局部变量之间的相关关系，它应该是非负的函数，为了满足非负性常用指数函数来定义势函数，即

$$\psi(x)=\mathrm{e}^{-H(x)}$$

$H(x)$ 是一个定义在变量 x 上的实值函数，常见形式为

$$H(x)=\sum_{u,v\in Q,u=v}\alpha_{uv}x_ux_v+\sum_{v\in Q}\beta_vx_v$$

式中，Q 为团内所有结点的集合，第一项需考虑所有结点的关系，第二项只要考虑单结点；α_{uv} 和 β_v 为需要通过学习来确定的参数。

在概率图模型中，更重要的是如何求出联合概率分布。我们将马尔可夫网络中的联合概率分布表示为其最大团上的随机变量的函数的乘积形式的操作，称为因子分解。

给定马尔可夫网络，设其无向图为 G，C 为 G 上的最大团集合，Y_C 表示 C 对应的随机变量。那么马尔可夫网络的联合概率分布 $P(Y)$ 可写作图中所有最大团 C 上的势函数的乘积形式，即吉布斯分布(Gibbs distribution)：

$$P(Y) = \frac{1}{Z} \prod_C \psi_C(Y_C)$$

式中，Z 为规范化因子，由式 $Z = \sum_Y \prod_C \psi_C(Y_C)$ 给出，它保证了 $P(Y)$ 构成一个概率分布。

6. 因果推理方法

因果推理方法是研究因果关系及其推理规则的一类推理方法的统称。因果关系与普通的关联有所区别，不能仅仅根据观察到的两个变量之间的关联来合理推断两个变量之间的因果关系。

1) 正统理论

对于什么是原因(cause)，什么是结果(effect)，几个世纪以来哲学家似乎都没有给出一个明确定义。这种现象产生的一个主要原因是对原因和结果的定义部分依赖彼此，即需要通过结果来定义原因，通过原因来定义结果。与此同时，原因和结果嵌套在因果关系之中，这使得两者之间关系复杂。对此，哲学家洛克对因果给出了一个定义，他认为："会产生任何想法的事务，不论是简单或复杂，我们都称为因，而被生产出来的，就称为果。因就是会使任何其他东西产生的事务，不管该事务是简单的想法、物质或状态；而任何东西，只要起源于其他的事务，就是果"。这一定义使得哲学家和科学家开始对原因、结果和因果关系产生了浓厚的兴趣，并尝试发展因果关系的基础理论。

传统的因果推论聚焦于由因推果的因果探索方式，又称评估型研究。因果推理是根据一个结果发生的条件对因果关系得出结论的过程。因果推理的思想主要遵循连续性或相关性的规律(regularity of succession or correlation)这一范式，认为因果关系是发现规律的过程。判定因果关系有三项原则：①原因在结果之前。②原因变化，结果也变化。③两者之间变化不是由第三个变量产生的。因果关系的判定描述为遵循三个标准：①两个变量之间因果关系必须有时间顺序关系(temporal order)，这意味着在时间序列上，原因必须在结果之前，如果 A 是原因，B 是结果，那么，A 必须发生在 B 之前。②两个变量之间必须在经验上具有相关性。③更为重要的是，两个变量之间观察到的因果关系不能够被第三个变量解释，即两个变量之间不能是伪关系(spurious)。

随后，越来越多的学者认识到通过发现连续性或相关性的规律来探讨因果关系，并不一定能够得出真正的因果关系。正统因果关系研究主要是继承了休谟对因果关系的第一个定义，强调了规律性对于因果关系的重要性，而从规律性分析来理解因果关系存在很多缺陷。正是对因果关系中规律性思维范式的挑战，提出一种不同于规律性分析的另一条路径，即对因果关系的反事实分析(counter factual analysis)，开始出现通过反事实框架(counter factual framework)来探索因果关系。既然是反事实，就代表着无法在事实中进行观测。我们自己可以看到、经历了的状态，为事实状态；现实生活中没有发生的状态为反事实状态。

因果推断中的根本性问题是反事实状态无法直接观测。解决根本性问题的措施是找到和被研究者特别相像的替代者，用它们在不同处理变量下的响应变量值去估计被研究者的反事实结果。形成了界定可比较相似性(comparative similarity)——用相似性来说明反事实——用反事实来定义反事实依赖性——用反事实依赖性来阐述因果依赖性——用因果依赖性来解释因果性的逻辑链条。反事实的核心观点是世界之间存在可比较相似性的关系，一个世界与现实世界更接近意味着它与其他世界相比，与现实世界有更多的相似性。

　　对因果关系进行反事实分析，使得反事实从一种思想转化为一种分析框架，为因果关系的理论思考提供了另一种路径。反事实框架主要是对一般性因果关系的讨论，对于同一研究对象而言，通常我们不能够既观察其干预的结果，又观察其不干预的结果。对于接受干预的研究对象而言，不接受干预时的状态是一种反事实状态；对于不接受干预的研究对象而言，接受干预时的状态也是一种反事实状态，所以该模型又被某些研究者称为反事实框架(counterfactual framework)。该框架的主要贡献者是哈佛大学著名统计学家鲁宾，因此该模型又被称为鲁宾因果模型(Rubin causal model，RCM)。不过，鲁宾并不认同反事实框架的概念，他认为结果的出现与否主要取决于干预机制(assignment mechanism)，这并不意味着一种结果不存在，只是我们事实上只能够看到一种结果。对于鲁宾而言，潜在结果(potential outcomes)是一个更合适的概念。

　　2) 潜在结果模型

　　通过借鉴统计学中潜在结果和随机的概念，建构了因果推理的新路径。奈曼是第一个提出潜在结果概念并将之应用于随机实验的统计学家，而费希尔则是第一个提出随机实验(randomized experiment)概念的统计学家。潜在结果和随机这两个概念奠定了潜在结果模型的思想基础。鲁宾则进一步将两者结合，并将潜在结果模型系统地应用于随机实验和观察研究(observational study)，系统地提出潜在结果模型的理论假设、核心内容和操作方法，其中匹配(matching)和倾向值(propensity score analysis)更是革新了社会科学的研究方法。

　　奈曼在其博士论文中首先使用了潜在结果这一表述，并将之用于农业实验中，以估计每一块田地的潜在产出(potential yield)。他对潜在结果概念的提出始于一个农业实地实验(field experiment)的描述，设想在 m 块土地中需要种植 v 个不一样的种子，用 U_{ik} 表示潜在产出，其中 i 为不同种子，$i=1,\cdots,v$，$k=1,\cdots,m$ 为不同地块。潜在产出不同于实际产出，每一块土地在实际过程中只能接受一种干预，实现一种产出，它是所有潜在产出的实际表现形式。潜在结果的集合是对所有潜在结果的描述，$U=\{U_{ik}:\ i=1,\cdots,v,\ \ k=1,\cdots,m\}$。

　　潜在结果模型和反事实框架两者之间既具有共同点，也存在差异。就共同点而言，潜在结果模型和反事实框架使用不同语言系统表达了相同的含义，都要求比较没有发生干预和发生干预的世界，反事实框架使用了可能世界语义学，潜在结果模型使用了潜在结果的概念。当然，两者之间也存在较大差异。反事实框架更多是一种文字理论，强调使用语言来对理论进行阐述，即便有一些符号也是为了语言的清晰表达，因此，哲学中反事实框架更多是对休谟思想的清晰化。相反，潜在结果模型则是一种计算模型，强调使用数学和可计算的语言来对理论进行阐述，这也使得这一理论会将其假设、命题和结论以清晰化的方式呈现，这也有利于该理论的传播和扩散。此外，反事实框架更多关注对因果关系的界定，而潜在结果模型不仅关注对因果关系的界定，而且还关注因果推理，从某种程度上看，因果推理构成了潜在结果模型需要解决的最核心问题。

主要参考文献

安晓亚. 2013. 空间数据几何相似性度量理论方法与应用研究. 测绘学报, 42(1): 157

陈常松. 1998. 地理信息分类体系在 GIS 语义数据模型设计中的作用. 测绘通报, (8): 16-29

陈杰, 邓敏, 徐枫, 等. 2010. 面状地图空间信息度量方法研究. 测绘科学, 35(1): 74-76, 49

陈杰, 韩亮, 梁洁. 2020. 多尺度空间面群目标相似性度量方法研究. 山西大同大学学报(自然科学版), 36(6): 88-90

陈军, 刘万增, 武昊, 等. 2019. 基础地理知识服务的基本问题与研究方向. 武汉大学学报(信息科学版), 44(1): 38-47

陈占龙, 吴亮, 周林, 等. 2016. 地理空间场景相似性度量理论、方法与应用. 武汉: 中国地质大学出版社

陈占龙, 周林, 龚希, 等. 2015. 基于方向关系矩阵的空间方向相似性定量计算方法. 测绘学报, 44(7): 813-821

崔阳, 杨炳儒. 2009. 知识发现中的因果关联规则挖掘研究. 计算机工程与应用, 45(31): 9-11, 14

戴晓燕, 过仲阳, 李勤奋, 等. 2003. 空间聚类的研究现状及其应用. 上海地质, (4): 41-46

杜世宏, 雒立群, 赵文智, 等. 2015. 多尺度空间关系研究进展. 地球信息科学学报, 17(2): 135-146

段红伟. 2013. 地理语义查询关键技术研究. 武汉: 武汉大学博士学位论文.

段晓旗. 2017. 多尺度点群目标相似度计算模型. 兰州: 兰州交通大学硕士学位论文.

段晓旗, 刘涛, 武丹. 2016. 基于层次分析法的多尺度点群目标相似度计算. 地球信息科学学报, 18(10): 1312-1321

樊兴华, 仲昕, 张勤, 等. 2001. 因果图推理的一种新方法. 计算机科学, 28(11): 48-52, 43

范新南, 朱佳媛. 2009. 基于小波变换的快速图像匹配算法与实现. 计算机工程与设计, 30(20): 4674-4676

冯晓丽, 吴小芳, 沈德才, 等. 2015. 基于 DEM 的森林地形与植被空间格局关联分析. 福建林业科技, 42(1): 26-30

郭晖, 董源, 周钢. 2018. 基于属性关联相似度的中文简称匹配算法研究.计算机与数字工程, 46(9): 1726-1730

郭黎, 崔铁军, 郑海鹰, 等. 2008. 基于空间方向相似性的面状矢量空间数据匹配算法. 测绘科学技术学报, (5): 380-382

郭庆胜, 丁虹. 2004. 基于栅格数据的面状目标空间方向相似性研究. 武汉大学学报(信息科学版), 29(5): 447-450, 465

郭庆胜, 郑春燕, 胡华科. 基于邻近图的点群层次聚类方法的研究. 2008. 测绘学报, 37(2): 256-261

郝燕玲, 唐文静, 赵玉新, 等. 2008. 基于空间相似性的面实体匹配算法研究. 测绘学报, 37(4): 501-506

何占军. 2019. 地理空间关联模式的统计挖掘方法研究. 测绘学报, 48(8): 1069

胡兆量. 1991. 地理学的基本规律. 人文地理, 6(1): 9-13

黄蔚, 蒋捷. 2011. 多尺度矢量简单几何实体数据几何匹配方法研究. 遥感信息, 2011(1): 27-31

江浩, 褚衍东, 闫浩文, 等. 2009. 多尺度地理空间点群目标相似关系的计算研究. 地理与地理信息科学, 25(6): 1-4

江浩, 褚衍东, 闫浩文, 等. 2010. 多尺度地理空间线状目标形状相似性的度量. 测绘科学, 35(5): 35-38

姜晶莉, 郭黎, 崔铁军, 等. 2018. 面向空间关联的空间关系计算方法. 测绘科学技术学报, 35(4): 430-434, 440

蓝振家, 郭庆胜, 刘纪平, 等. 2017. 多尺度面实体的匹配方法研究. 测绘工程, 26(11): 28-31

李波. 2018. 因果关系概率分析的一种新趋势. 自然辩证法通讯, 40(2): 45-50

李凤. 2014. 因子分析的原理与应用. 产业与科技论坛, 13(10): 76-77

李哈滨, 王政权, 王庆成. 1998. 空间异质性定量研究理论与方法. 应用生态学报, 9(6): 93-99

李慕寒. 1987. 试论地理环境结构的整体性与差异性. 徐州师范学院学报(自然科学版), 15: 135-141

李朋朋, 刘纪平, 闫浩文, 等. 2018. 基于方向关系矩阵的空间方向相似性计算改进模型. 测绘科学技术学报,

35(2): 216-220

李文钊. 2018. 因果推理中的潜在结果模型:起源,逻辑与意蕴. 公共行政评论, (1): 124-149, 221-222

李小文, 曹春香, 常超一. 2007. 地理学第一定律与时空邻近度的提出. 自然杂志, 29(2): 69-71

李兴宁, 张小超. 2004. 浅论自然界的自相似性. 泰州职业技术学院学报, 4(1): 1-3

李媛媛, 王俊超, 徐立, 等. 2014. 几何地理要素的相似性度量方法研究. 测绘与空间地理信息, 37(3): 31-34

李志林. 2005. 地理空间数据处理的尺度理论. 地理信息世界, 3(2): 1-5

梁星, 刘杨东涵. 2017. 基于空间关联分析的自然资源生态绩效评价——以山东省为例. 会计之友, (18): 30-34

梁亚婷, 温家洪, 杜士强, 等. 2015. 人口的时空分布模拟及其在灾害与风险管理中的应用. 灾害学, 30(4): 220-228

刘朝辉, 李锐, 王璟琦. 2017. 顾及语义尺度的时空对象属性特征动态表达. 地球信息科学学报, 19(9): 1185-1194

刘德儿, 王永君, 闾国年. 2014. 基于地理特征语义单元的地理空间建模. 测绘科学, 39(7): 48-52

刘凤臣, 程歆, 葛银华, 等. 2018. 基于关联数据的地理科学数据语义关联模型研究. 计算机时代, (4): 11-15

刘光孟, 刘万增. 2014. 线目标特征点相似性匹配. 测绘工程, 23(1): 35-38

刘宏哲, 须德. 2012. 基于本体的语义相似度和相关度计算研究综述. 计算机科学, 39(2): 8-13

刘慧敏, 邓敏, 徐震, 等. 2014. 线要素几何信息量度量方法. 武汉大学学报(信息科学版), 39(4): 500-504

刘朋飞, 崔铁军. 2019. 地理数据关联研究进展. 天津师范大学学报(自然科学版), 39(3): 10-15

刘泉菲. 2018. 多尺度空间目标相似性度量研究. 长沙: 长沙理工大学硕士学位论文

刘仕全, 谢兴田, 刘增林. 2013. 地图符号语义描述与动态符号化实现. 测绘, 36(2): 76-79

刘思峰, 谢乃明, Forrest J. 2010. 基于相似性和接近性视角的新型灰色关联分析模型. 系统工程理论与实践, 30(5): 881-887

刘涛, 杜清运, 毛海辰. 2012. 空间线群目标相似度计算模型研究. 武汉大学学报(信息科学版), 37(8): 992-995

刘涛, 杜清运, 闫浩文. 2011. 空间点群目标相似度计算. 武汉大学学报(信息科学版), 36(10): 1149-1153

刘涛, 闫浩文. 2013. 空间面群目标几何相似度计算模型. 地球信息科学学报, 15(5): 635-642

禄小敏, 闫浩文, 王中辉. 2018. 群组目标空间方向关系建模. 地球信息科学, 20(6): 721-729

禄小敏, 闫浩文, 王中辉, 等. 2015. 群组目标空间方向关系图谱研究. 测绘科学技术学报, 32(5): 530-534

罗继业. 1988. 《论相似性》——探讨地理信息系统中的相似性结构和基本特征. 黄石教育学院学报, (2): 73-78

闾国年, 袁林旺, 俞肇元. 2017. 地理学视角下测绘地理信息再透视. 测绘学报, 46(10): 1549-1556

吕秀琴, 吴凡. 2006. 多尺度空间对象拓扑相似关系的表达与计算. 测绘地理信息, 31(2): 29-31

梅耀元, 闫浩文, 李强. 2010. 多尺度地理空间点状要素相似关系研究. 测绘与空间地理信息, 33(2): 18-20

孟凡相, 程耀东, 王欣. 2009. 面状要素化简前后相似度计算方法研究. 测绘科学, 34(S2): 91-93

苗旺, 刘春辰, 耿直. 2018. 因果推断的统计方法. 中国科学(数学), 48(12): 1753-1778

缪亚敏, 朱阿兴, 杨琳, 等. 2016. 一种基于地理环境相似度的滑坡负样本可信度度量方法. 地理科学进展, 35(7): 860-869

倪洪祥. 2000. 地理学科中的相似性. 现代特殊教育·优才教育, (6): 40, 43-44

裴梧延, 张琳. 2015. 基于属性相似度在概念格的概念相似度计算方法. 现代计算机(专业版), (17): 10-13

钱宇华, 成红红, 梁新彦, 等. 2015. 大数据关联关系度量研究综述. 数据采集与处理, 30(6): 1147-1159

冉奎, 桂起权. 2016. 再论因果关系的 INUS 理论. 科学技术哲学研究, 33(2): 45-49

石伟铂, 陈海芹, 李艳国, 等. 2012. 一种基于矩阵的 MBR 方向关系模型. 计算机光盘软件与应用, (17): 215, 217

舒红. 2006. 整体地理时空语义. 黑龙江工程学院学报(自然科学版), 20(4): 10-13

舒红, 陈军, 杜道生, 等. 1997. 时空拓扑关系定义及时态拓扑关系描述. 测绘学报, 26(4): 299-306

宋长青, 程昌秀, 史培军. 2018. 新时代地理复杂性的内涵. 地理学报, 73(7): 1204-1213

孙俊, 潘玉君, 和瑞芳, 等. 2012. 地理学第一定律之争及其对地理学理论建设的启示. 地理研究, 31(10): 1749-1763

孙伟, 欧阳继红, 马亭新, 等. 2014. 不确定区域间方向关系的相似性度量方法. 电子学报, 42(3): 597-601
孙英君, 王劲峰, 柏延臣. 2004. 地统计学方法进展研究. 地球科学进展, 19(2): 268-274
索俊锋, 刘勇, 邹松兵. 2017. 基于地理本体的综合语义相似度算法. 兰州大学学报(自然科学版), 53(01): 19-27
谭建荣, 岳小莉, 陆国栋. 2002. 图形相似的基本原理、方法及其在结构模式识别中的应用. 计算机学报, 25(9): 959-967
谭永滨, 唐瑶, 李小龙, 等. 2017. 语义支持的地理要素属性相似性计算模型. 遥感信息, 32(1): 126-133
谭章禄, 王兆刚, 胡翰. 2020. 时间序列趋势相似性度量方法研究. 计算机工程与应用, 56(10): 94-99
唐雅媛, 徐德智, 赖雅. 2012. 基于概念特征的语义相似度计算方法. 计算机工程, 38(05): 170-172, 175
王超超, 史霄, 黄娟, 等. 2011. 多尺度地理空间点群目标相似度的分析与计算. 商丘师范学院学报, 27(3): 1-5
王家耀, 谢明霞, 郭建忠, 等. 2011. 基于相似性保持和特征变换的高维数据聚类改进算法. 测绘学报, 40(3): 269-275
王健健, 王艳楠, 周良辰, 等. 2017. 多粒度时空对象关联关系的分类体系与表达模型. 地球信息科学学报, 19(9): 1164-1170
王俊超, 刘晨帆, 徐明世等. 2012. 语义相似性度量技术在地名匹配研究中的应用. 辽宁工程技术大学学报(自然科学版), 31(6): 871-874
王锵, 石纯一. 1997. DFCR: 因果推理的一种形式框架. 计算机研究与发展, 34(增刊): 9-14
王桥. 1995. 线状地图要素的自相似性分析及其自动综合. 武汉测绘科技大学学报, 20(2): 123-128
王清印, 郭立田. 2005. 广义关联分析方法研究. 华中科技大学学报(自然科学版), (8): 97-99
王孝本. 2002. 自然地理环境随时间演化规律性探究. 哈尔滨学院学报(社会科学), 23(7): 125-127
王馨. 2008. 多源空间数据同名实体几何匹配方法研究. 郑州: 解放军信息工程大学硕士毕业论文
王知津, 郑悦萍. 2013. 信息组织中的语义关系概念及类型. 图书馆工作与研究, (11): 13-19
吴静, 尹涛. 2011. 多尺度空间关系相似性研究. 测绘科学, 36(4): 69-71
吴小安. 2020. 因果模型与传递性. 自然辩证法通讯, 42(8): 1-9
肖教燎, 贾仁安. 2010. 因果关系图系统基模计算方法及其应用. 南昌大学学报(理科版), 34(2): 131-136
徐广翔, 陈杰, 马素媛. 2013. 面状空间要素相似性度量方法研究. 测绘科学, 38(3): 31-33
闫浩文, 褚衍东. 2009. 多尺度地图空间相似关系基本问题研究. 地理与地理信息科学, 25(04): 42-44, 48
杨小明, 李静怡, 吴曼琳. 2015. 因果性的数学解释. 科学技术哲学研究, 32(4): 32-36
姚春雨, 唐新明, 史绍雨, 等. 2013. 时空数据的动态关联技术研究. 测绘科学, 38(2): 156-159
于枫, 胡广朋, 凌青华. 2007. 时态关系的向量表示及其推理. 科学技术与工程, 7(6): 1191-1193, 1204
俞志谦. 1997a. 地理信息关联性研究(上)——地理信息关联基本框架的构建. 地球信息, (1): 21-29
俞志谦. 1997b. 地理信息关联性研究(下). 地球信息, (2): 29-32
张连均, 张晶, 侯晓慧, 等. 2010. 江苏省人口分布的空间自相关分析. 首都师范大学学报(自然科学版), 31(4): 7-10
张婷, 郭丽峰, 江浩. 2009. 多尺度地理空间线状目标相似关系分析. 重庆工学院学报(自然科学), 23(12): 58-61
张永华, 程耀东, 闫浩文, 等. 2008. 多尺度空间线状实体形状相似关系的表达与度量. 测绘科学, 33(6): 83-85.
张政, 华一新, 张晓楠, 等. 2017. 多粒度时空对象关联关系基本问题初探. 地球信息科学学报, 19(9): 1158-1163.
赵彬彬. 2011. 多尺度矢量地图空间目标匹配方法及其应用研究. 长沙: 中南大学博士学位论文
赵彬彬, 邓敏, 刘慧敏, 等. 2011. 多尺度地图的水系面目标与线目标匹配方法与实验. 地球信息科学学报, 13(3): 361-366
赵红伟, 诸云强, 杨宏伟, 等. 2016. 地理空间数据本质特征语义相关度计算模型.地理研究, 35(1): 58-70
赵锐, 赵宏, 何隆华, 等. 1994. 地理现象分形研究. 地理科学, 14(1): 9-15, 99
赵心树. 2007. 因果关系的类型和概率分布. 中国海洋大学学报(社会科学版), (1): 32-44
郑培根, 刘梓修. 1986. 偏相关系数的定义及计算. 江西财经学院学报, (1): 75-79
仲新宇. 2009. 一种基于结构相似的本体匹配方法. 电脑开发与应用, 22(4): 12-14

周书锋, 陈杰. 2011. 基于本体的概念语义相似度计算. 情报杂志, 30(S1): 131-134

周文浩, 曾波. 2020. 灰色关联度模型研究综述.统计与决策, 36(15): 29-34

朱阿兴, 闾国年, 周成虎等. 2020. 地理相似性: 地理学的第三定律. 地球信息科学学报, 22(4): 673-679

庄敏. 2016. 地理实体匹配技术研究. 南京: 东南大学硕士毕业论文

George K, Han E H, Kumar V. 1999. Chameleon: A hierarchincal clustering algorithm using dynamic modeling. IEEE Computer, (8): 68-75

Huang Z. 1998. Extensions to the k-means algorithm for clustering large data sets with categorical values. Data Mining and Knowledge Discovery, 2(2): 283-304

Huang Z X, Ng M K. 1999. A fuzzy k-modes algorithm for clustering categorical data. IEEE Transactions on Fuzzy Systems, 7(4): 446-452

Kohonen T. 1995. Self-Organizing Maps. Berlin: Springer

Wendy R F. 1991. Finding groups in data: An introduction to cluster analysis. Journal of the Royal Statistical Society Series C, 40(3): 486-487